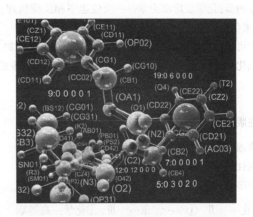

化学原理

Principle of Chemistry

主 编 李文有 张禄梅

U0190393

重庆大学出版社

内容摘要

本书是按照化工及相关专业对化学基础知识和原理的基本要求,在教学实践和广泛征集意见的基础上编写而成。除绪论外,全书共分为10章,主要内容包括气体、液体和溶液;原子结构;分子结构与晶体结构;化学热力学初步;化学反应动力学——反应速率和反应机理;相律与相图;电解质溶液;氧化还原反应;配位化合物;元素化学导论。

本书可作为高职高专院校化学、化工、纺织、制药、材料、轻工、食品、冶金、环保、生物工程等专业的化学原理和基础化学教材,也可用作成人教育化工类及相关专业的学习用书。

图书在版编目(CIP)数据

化学原理/李文有,张禄梅主编. —重庆:重庆
大学出版社,2015.8(2022.7 重印)
ISBN 978-7-5624-9390-7

Ⅰ.①化… Ⅱ.①李…②张… Ⅲ.①化学—高等职
业教育—教材 Ⅳ.①O6

中国版本图书馆 CIP 数据核字(2015)第 197977 号

化学原理

主 编 李文有 张禄梅
策划编辑:鲁 黎
责任编辑:陈 力 版式设计:鲁 黎
责任校对:张红梅 责任印制:张 策

*
重庆大学出版社出版发行
出版人:饶帮华

社址:重庆市沙坪坝区大学城西路 21 号
邮编:401331
电话:(023)88617190 88617185(中小学)
传真:(023)88617186 88617166
网址:http://www.cqup.com.cn
邮箱:fxk@cqup.com.cn(营销中心)
全国新华书店经销
POD:重庆新生代彩印技术有限公司

*
开本:787mm×1092mm 1/16 印张:18.25 字数:462 千 插页:8 开 1 页
2015 年 8 月第 1 版 2022 年 7 月第 4 次印刷
ISBN 978-7-5624-9390-7 定价:45.00 元

前言

　　本书是按照化工及相关专业对化学基础知识和原理的基本要求，在教学实践和广泛征集意见的基础上编写而成。除绪论外，全书共分为10章，主要内容包括气体、液体和溶液；原子结构；分子结构与晶体结构；化学热力学初步；化学反应动力学；相律与相图；电解质溶液；氧化还原反应；配位化合物；元素化学导论。

　　本书体现了近年来高职高专化学课程教学改革的成果，突出"实用为主，够用为度，应用为本"的特色。从教学实际出发，整合无机化学和物理化学的相关基础内容，并根据高职学生的特点，注重基本概念和基本知识的阐述，并力求做到循序渐进、由浅入深，理论与实际相结合，加强实用性，以利于高职学生对知识的理解和掌握。并强化了与后续专业课程的衔接以及与生产、生活实际联系较为密切的内容。

　　本书由李文有、张禄梅共同编写，其中李文有编写绪论、第1章至第4章；张禄梅编写第5章至第10章。本书在编写过程中，得到了许新兵、刘吉和以及孔祥波等老师的关心和帮助，在此表示衷心的感谢。

　　限于编者的水平，本书疏漏之处在所难免，敬请同行与读者批评指正。

编　者

2015 年 1 月

目录

绪　论

一、什么是化学

"化学"一词,若仅是从字面解释就是"变化的科学"。化学如同物理一样皆为自然科学的基础科学,是一门以实验为基础的自然科学。很多人称化学为"中心科学",因为化学为部分科学学科的核心,如材料科学、纳米科技、生物化学等。化学是在原子层次上研究物质的组成、结构、性质以及变化规律的科学,这也是化学变化的核心基础。

化学对人们认识和利用物质具有重要的作用。宇宙是由物质组成的,化学则是人类认识和改造物质世界的主要方法和手段之一,它是一门历史悠久而又富有活力的学科,与人类进步和社会发展的关系非常密切,其成就是社会文明的重要标志。

从开始用火的原始社会,到使用各种人造物质的现代社会,人类都在享用化学成果。人类的生活能够不断提高和改善,化学的贡献在其中起了重要的作用。

二、化学简史——从黑色魔术到现代科学

化学的历史渊源非常古老,可以说从人类学会使用火就开始了最早的化学实践活动。我们的祖先钻木取火、利用火烘烤食物、寒夜取暖、驱赶猛兽,充分利用燃烧时的发光发热现象,当时这只是一种经验的积累。化学知识的形成、化学的发展经历了漫长而曲折的道路。它伴随着人类社会的进步而发展,是社会发展的必然结果。而它的发展,又促进了生产力的发展,推动历史的前进。化学的发展,主要经历了下述几个时期。

1. 萌芽时期

从远古到公元前 1500 年,人类学会在熊熊的烈火中由黏土制出陶器、由矿石烧出金属,学会从谷物酿造出酒、给丝麻等织物染上颜色,这些都是在实践经验的直接启发下经过长期摸索而来的最早的化学工艺,但还没有形成化学知识,只是化学的萌芽时期。古时候,原始人类为了他们的生存,在与自然界的种种灾难进行抗争的过程中,发现和利用了火。从原始人类用火

之时开始,他们由野蛮进入文明,同时也就开始了用化学方法认识和改造天然物质。燃烧就是一种化学现象(火的发现和利用,改善了人类生存的条件,并使人类变得聪明而强大)。在掌握了火以后,人类开始食用熟食;继而人类又陆续发现了一些物质的变化,如发现在翠绿色的孔雀石等铜矿石上面燃烧炭火,会有红色的铜生成。在中国,铁器牛耕引发的社会变革推动了化学的发展。这样,人类在逐步了解和利用这些物质变化的过程中,制得了对人类具有使用价值的产品。人类逐步学会了制陶、冶炼;而后又懂得了酿造、染色等。这些由天然物质加工改造而成的制品,成为古代文明的标志。在这些生产实践的基础上,萌发了古代化学知识。

2. 丹药时期

从公元前1500年到公元1650年,化学被炼丹术、炼金术所控制。为求得长生不老的仙丹或象征富贵的黄金,炼丹家和炼金术士们开始了最早的化学实验。而后记载、总结炼丹术的书籍也相继出现。虽然炼丹家、炼金术士们都以失败而告终,但他们在炼制长生不老药的过程中,在探索"点石成金"的方法中实现了物质间用人工方法进行的相互转变,积累了许多物质发生化学变化的条件和现象,为化学的发展积累了丰富的实践经验。当时出现的"化学"一词,其含义便是"炼金术"。但随着炼丹术、炼金术的衰落,人们更多地看到其荒唐的一面,实际上,化学方法转而在医药和冶金方面得到正当发挥,中、外药物学和冶金学的发展为化学成为一门科学准备了丰富的素材。与此同时,进一步分类研究了各种物质的性质,特别是相互反应的性能,这些都为近代化学的产生奠定了基础,许多器具和方法经过改进后,仍然在今天的化学实验中沿用。炼丹家在实验过程中发明了火药,发现了若干元素,制成了某些合金,还制出和提纯了许多化合物,这些成果我们至今仍在利用。

3. 燃素时期

燃素时期从1650到1775年,是近代化学的孕育时期。随着冶金工业和实验室经验的积累,人们总结感性知识,进行化学变化的理论研究,使化学成为自然科学的一个分支。这一阶段开始的标志是英国化学家波义耳为化学元素定义了科学的概念。继之,化学又借燃素说从炼金术中解放出来。燃素说认为,可燃物能够燃烧是因为它含有燃素,燃烧过程是可燃物中燃素放出的过程,尽管这个理论是错误的,但它把大量的化学事实统一在一个概念之下,解释了许多化学现象。在燃素说流行的一百多年间,化学家为解释各种现象做了大量的实验,发现多种气体的存在,积累了更多关于物质转化的新知识。特别是燃素说,认为化学反应是一种物质转移到另一种物质的过程,化学反应中物质守恒,这些观点奠定了近代化学思维的基础。这一时期,不仅从科学实践上,还从思想上都为近代化学的发展做了准备,这一时期成为近代化学的孕育时期。从16世纪开始,欧洲工业生产蓬勃兴起,推动了医药化学和冶金化学的创立和发展。使炼金术转向生活和实际应用,继而更加注意物质化学变化本身的研究。在元素的科学概念建立后,通过对燃烧现象的精密实验研究,建立了科学的氧化理论和质量守恒定律,随后又建立了定比定律、倍比定律和化合量定律,为化学进一步科学的发展奠定了基础。

4. 发展时期

发展时期从1775到1900年,是近代化学发展的时期。1775年前后,拉瓦锡用定量化学实验阐述了燃烧的氧化学说,开创了定量化学时期,使化学沿着正确的轨道发展。19世纪初,英国化学家道尔顿提出近代原子学说,着重强调了各种元素原子的质量为其最基本的特征,其中量的概念的引入,是与古代原子论的一个主要区别。近代原子论使当时的化学知识和理论得到了合理的解释,并成为说明化学现象的统一理论,随后意大利科学家阿伏伽德罗提出分子概念。自从用原子—分子论来研究化学,化学才真正被确立为一门科学。这一时期,建立了不少化学基本定律。俄国化学家门捷列夫发现元素周期律,德国化学家李比希和维勒发展了有机结构理论,这些都使化学成为一门系统的科学,也为现代化学的发展奠定了基础。

19 世纪下半叶,热力学等物理学理论引入化学之后,不仅澄清了化学平衡和反应速率的概念,而且可以定量地判断化学反应中物质转化的方向和条件。从而相继建立了溶液理论、电离理论、电化学和化学动力学的理论基础。物理化学的诞生,将化学从理论上提高到一个新的水平。通过对矿物的分析,发现了许多新元素,加上对原子分子学说的实验验证,经典性的化学分析方法也有了自己的体系。草酸和尿素的合成、原子价概念的产生、苯的六环结构和碳价键四面体等学说的创立、酒石酸拆分成旋光异构体,以及分子的不对称性等的发现,导致了有机化学结构理论的建立,使人们对分子本质的认识更加深入,并奠定了有机化学的基础。

5. 现代时期

20 世纪的化学是一门建立在实验基础上的科学,实验与理论一直是化学研究中相互依赖、彼此促进的两个方面。进入 20 世纪以后,由于受自然科学其他学科发展的影响,并广泛地应用了当代科学的理论、技术和方法,化学在认识物质的组成、结构、合成和测试等方面都有了长足的进展,而且在理论方面取得了许多重要成果。在无机化学、分析化学、有机化学和物理化学四大分支学科的基础上产生了新的化学分支学科。

近代物理的理论和技术、数学方法及计算机技术在化学中的应用,对现代化学的发展起了很大的推动作用。19 世纪末,电子、X 射线和放射性的发现为化学研究在 20 世纪的重大发展创造了条件。

在结构化学方面,由于电子的发现开始从而确立的现代的有核原子模型,不仅丰富和深化了对元素周期表的认识,而且发展了分子理论。

从氢分子结构的研究开始,逐步揭示了化学键的本质,先后创立了价键理论、分子轨道理论和配位场理论。化学反应理论也随着深入微观境界。应用 X 射线作为研究物质结构的新分析手段,其可以洞察物质的晶体化学结构。测定化学立体结构的衍射方法有 X 射线衍射、电子衍射和中子衍射等,其中以 X 射线衍射法的应用所积累的精密分子立体结构信息为最多。

研究物质结构的谱学方法也由可见光谱、紫外光谱、红外光谱扩展到核磁共振谱、电子自旋共振谱、光电子能谱、射线共振光谱、穆斯堡尔谱等,与计算机联用后,积累了大量物质结构与性能相关的资料,正由经验向理论发展。电子显微镜放大倍数也在不断提高,从而使人们可以直接观察分子的结构。

经典的元素学说由于放射性的发现而产生了深刻的变革。从放射性衰变理论的创立、同位素的发现到人工核反应和核裂变的实现、氚的发现、中子和正电子及其他基本粒子的发现,不仅使人类的认识深入亚原子层次,而且创立了相应的实验方法和理论;不仅实现了古代炼丹家转变元素的思想,而且改变了人的宇宙观。

作为 20 世纪的时代标志,人类开始掌握和使用核能。放射化学和核化学等分支学科相继产生,并迅速发展;同位素地质学、同位素宇宙化学等交叉学科接踵诞生/元素周期表扩充了,并且正在探索超重元素以验证元素"稳定岛假说"。与现代宇宙学相依存的元素起源学说和与演化学说密切相关的核素年龄测定等工作,都在不断补充和更新元素的观念。

酚醛树脂的合成,开辟了高分子科学领域。20 世纪 30 年代聚酰胺纤维的合成,使高分子的概念得到了广泛的确认。后来,高分子的合成、结构和性能研究、应用3方面保持互相配合和促进,使高分子化学得以迅速发展。

各种高分子材料的合成和应用,为现代工农业、交通运输、医疗卫生、军事技术,以及人们衣食住行各方面提供了多种性能优异而成本较低的重要材料,成为现代物质文明的重要标志。高分子工业发展为化学工业的重要支柱,20世纪是有机合成的黄金时代。化学的分离手段和结构分析方法已经有了很大发展,许多天然有机化合物的结构问题纷纷获得圆满解决,还发现了许多新的重要的有机反应和专一性有机试剂,在此基础上,精细有机合成,特别是在不对称合成方面取得了很大进展。

一方面,合成了各种有特种结构和特种性能的有机化合物;另一方面,合成了从不稳定的自由基到有生物活性的蛋白质、核酸等生命基础物质。有机化学家还合成了有复杂结构的天然有机化合物和有特效的药物。这些成就对促进科学的发展起了巨大的作用,为合成有高度生物活性的物质,并与其他学科协同解决有生命物质的合成问题及解决前生命物质的化学问题等提供了有利条件。

20世纪以来,化学发展的趋势可以归纳为:由宏观向微观、由定性向定量、由稳定态向亚稳定态发展,由经验逐渐上升到理论,再用于指导设计和开拓创新的研究。一方面,为生产和技术部门提供尽可能多的新物质、新材料;另一方面,在与其他自然科学相互渗透的进程中不断产生新学科,并向探索生命科学和宇宙起源的方向发展。

三、化学王国的版图

化学在发展过程中,根据所研究的分子类别和研究手段、目的、任务的不同,派生出不同层次的许多分支。在20世纪20年代以前,化学传统地分为无机化学、有机化学、物理化学和分析化学4个分支。20年代以后,由于世界经济的高速发展,化学键的电子理论和量子力学的诞生、电子技术和计算机技术的兴起,化学研究在理论上和实验技术上都获得了新的手段,导致这门学科自20世纪30年代以来的飞跃发展,出现了崭新的面貌。化学内容一般分为生物化学、有机化学、高分子化学、应用化学、化学工程学、物理化学、无机化学七大类共80项,即实际包括了七大分支学科。

根据当今化学学科的发展以及它与天文学、物理学、数学、生物学、医学、地学等学科相互渗透的情况,化学可作下所述分类。

1. 无机化学

无机化学包括元素化学、无机合成化学、无机高分子化学、无机固体化学、配位化学(即络合物化学)、同位素化学、生物无机化学、金属有机化学、金属酶化学等。

2. 有机化学

有机化学包括普通有机化学、有机合成化学、金属和非金属有机化学、物理有机化学、生物有机化学、有机分析化学。

3. 物理化学

物理化学包括结构化学、热化学、化学热力学、化学动力学、电化学、溶液理论、界面化学、胶体化学、量子化学、催化作用及其理论等。

4. 分析化学

分析化学包括化学分析、仪器和新技术分析。具体内容有性能测定、监控、各种光谱和光化学分析、各种电化学分析方法、质谱分析法、各种电镜、成像和形貌分析方法,在线分析、活性分析、实时分析等,各种物理化学性能和生理活性的检测方法,萃取、离子交换、色谱、质谱等分离方法,分离分析联用、合成分离分析三联用等。

5. 高分子化学

高分子化学包括天然高分子化学、高分子合成化学、高分子物理化学、高聚物应用、高分子物理。

6. 核化学

核化学包括放射性元素化学、放射分析化学、辐射化学、同位素化学、核化学。

7. 生物化学

生物化学一般是指生物化学、酶类、微生物化学、植物化学、免疫化学、发酵和生物工程、食品化学、煤化学等。

其他与化学有关的边缘学科还有:地球化学、海洋化学、大气化学、环境化学、宇宙化学、星际化学等。

四、化学的理论支柱

化学的主要理论支柱是热力学、统计力学和量子力学三大部分。热力学和量子力学适用于微观系统,统计力学则为二者的桥梁。原则上用统计力学方法能通过分子、原子的微观数据来推断或计算物质的宏观现象。

五、化学——面向未来

未来化学在人类生存、生存质量和安全方面将以新的思路、观念和方式发挥核心科学的作用。应该说,20 世纪的化学科学在保证人们衣食住行需求、提高人民生活水平和健康状态等方面起了重大作用。展望未来,人口、环境、资源、能源问题日趋严重,人类的生存会不会成问题,生存质量是会再提高,还是要下降?虽然这些难题的解决要依赖各个学科,但是无论如何总是要依靠物质基础。即需要优化资源利用、更有效地控制自然的和人为的过程、提供更有效、更安全的化学品等。在这些方面,未来化学将仍然是提供解决人类赖以进步的物质基础这一难题的核心科学。

1. 化学仍是解决食物短缺问题的主要学科之一

食物问题是涉及人类生存和生存质量的最大问题。以我国人口来说,预计在 21 世纪上半叶将达到 16 亿,今后任务的严重性在于:既要增加食物产量保证人类生存,又要保证质量以保证人类安全,还要保护耕地草原,改善农牧业生态环境,以保持农牧业可持续发展。生物学将在提供优良物种、提供转基因生物等方面作出贡献。但是这一切必须得到化学的支撑。化学将在设计、合成功能分子和结构材料以及从分子层次阐明和控制生物过程(如光合作用、动植物生长)的机理等方面,为研究开发高效安全肥料、饲料和肥料饲料添加剂、农药、农用材料(如生物可降解的农用薄膜)、环境友好的生物肥料、生物农药等打下基础。

再进一步看,未来的食品将不只满足人类生存的需要,还要在提高人类生存质量、提高健康水平和身体素质方面起作用。人们已经看到利用食品保健是大势所趋,不能因为目前保健食品的泛滥无度和虚夸不实而忽视这一趋势。除确定可食性动植物的营养价值外、用化学方法研究有预防性药理作用的成分,包括无营养价值但有活性的成分,显然是重要的。利用化学和生物的方法增加动植物食品的防病有效成分,提供安全有疾病预防作用的食物和食物添加剂(特别是抗氧化剂),改进食品储存加工方法,以减少不安全因素,保持有益成分等,都是化学研究的重要内容。

2. 化学在能源和资源的合理开发和高效安全利用中起关键作用

经过 20 世纪竭泽而渔的开采以后,人们开始意识到能源的开采和利用必须基于国情,贯彻可持续性发展的原则。虽然在 21 世纪初期,我国重点能源仍然为煤炭(包括煤层气转化)、天然气和石油等化石能源。但上述这些不可再生的能源将在 100 年后变得稀缺,故必须提早节约和保存,并为后代作好利用新能源的准备,况且上述能源已经成为 20 世纪人类影响环境的主要因素。因此,必须建立适合我国国情的、有步骤的开发利用能源的计划。

第一,要研究高效洁净的转化技术和控制低品位燃料的化学反应,使之既能保护环境又能降低能源的成本。这不仅是化工问题,也有基础化学问题。例如,要解决煤、天然气、石油的高效洁净转化,就要研究它们的组成和结构、转化过程中的反应,研究高效催化剂,以及如何优化反应条件以控制过程等。

第二,要开发新能源,新能源必须满足高效、洁净、经济、安全的要求。利用太阳能以及新型的高效、洁净化学电源与燃料电池都将成为 21 世纪的重要能源。除去已经有研究基础和生产经历的上述能源外,从基本上寻找更新型的能源(例如,天然气水化合物)的工作不可忽视。而这些研究大多数要从化学基本问题做起,即研究有关的理论与技术。

矿产资源也是不可再生的。如何合理使用同样事关重大。例如,稀土是战略物资。我国稀土矿物储量丰富,为世界所瞩目。但是我们面临稀土资源的浪费:一方面出口原料和粗制品,进口产品和精制品;另一方面在国内使用上仍然停留在"粗用"水平,将粗加工的混合稀土加入肥料,大量撒在耕地、林区中,造成资源浪费。保护稀土矿藏和精细加工利用为大势所趋,这要依靠深入研究稀土的分离和深加工,研究稀土的精细利用,研究开拓各种稀土化合物的特种功能和应用等。在其他矿产资源中,盐湖资源和土资源等都应该做更深的基础研究,寻找发挥更高层次的作用。例如,法国用天然膨润土制作成为药物(国内商品名思密达),顿时身价百倍。

3. 化学继续推动材料科学发展

各种结构材料和功能材料与粮食一样永远是人类赖以生存和发展的物质基础。在满足人类衣食住行基本需求之后,为提高生存质量和安全,为可持续发展,不断提出新材料的要求。新功能材料研究已经是物质科学的研究重点,未来会更加发展扩大。化学是新材料的"源泉",任何功能材料都是以功能分子为基础。发现具有某种功能的新型结构会引起重要突破。回顾以往卟啉、茂金属化合物、冠醚以及后来的富勒烯的研究都是如此。但还要看到以往功能材料化学研究的历史特点,往往新型功能结构的发现是偶然的,但一经发现,再扩展研究,比较有章可循,容易成为大家争先恐后(研究)的热点。于是在高潮之中,不可避免盲目性、重复性以及低水平工作。总结经验,今后的研究必须减少盲目性和低水平重复,要重视通过总结结构—性质—功能关系设计和寻找新材料。

最初化学家研究材料主要是用合成—筛选模式寻找功能分子。后来,利用构磁关系在寻找新药和新农药方面有了较大的进展。基于化合物物理性质的定量构—效关系已是引人入胜,很快量子化学和分子力学又借高功能计算机进入分子设计,于是计算机辅助设计一步一步地使分子设计更加合理。但是药物和农药是主要以活性分子的结构为基础的,设计的仅仅是分子的结构。故对于大多数功能材料来说,一个分子即便具有某种性质和功能,但还不是材料。作为材料必须有 3 个层次的结构因素,即分子结构决定其有潜在的功能;分子以上的有序结构决定其具有可表现的功能;而构筑成材料的外形决定其具有某种特定有效的功能。例如,贝壳的基本性质由构成它的文石(碳酸钙)和多糖基质的结构决定,但是二者通过有序组装构成的复合材料决定了它的基本材料性质。而且只有当这种材料构成一定形状的壳状结构时,它才能起贝壳的作用。同样是碳酸钙和多糖基质构成的蛋壳就因为有不同组装方式和不同外形而有不同功能。与之相似,有催化活性的化合物不是催化剂;有非线性光学性质的物质不是非线性光学材料。作为材料,必须要有分子结构和性能的基础,但是还要重视由功能分子组装成具有特定功能的材料这重要的一步。过去的功能材料研究,物理学和生物学只重视研究功能,而化学只做到合成有功能的分子,两个方面都很少考虑材料的结构。从超导体、半导体,到催化剂载体、药物控释载体,都需要从根本上研究材料的结构。化学可以从分子结构和高级结构两个层次上研究结构与功能的关系,从而提出分子设计和材料设计的指导思想。除多层次结构决定材料功能以外,还将注意材料的超微尺度问题。超微尺度的化学包括:超微尺寸的凝聚态和分散系的特殊行为,以及宏观物体中的超微结构与功能的关系。过去化学已注意到分散系中的纳米级分散相和细微分散颗粒的化学性质不同于宏观物体。近年来,物理学提出了纳米尺度介观效应,并从理论上加以诠释,从而使超微尺度的化学会具有了更宽的内涵。

在现今社会,探求特定结构的形成规律和方法,包括合成、组装和构筑是一个广阔的研究领域。

以往合成的材料自然也有高级结构,不过那是自发形成的。如何按照要求设计高级结构?这是要求化学家们深入探索的问题。生物材料具有独特的分子组成和高级结构,因此具有独特的性能,模仿天然材料的高级结构是一条目前可以探索的途径。

例如,人们已经在模拟沸石结构合成分子筛方面取得很大成就,并开发了许多催化剂载体。未来化学在研究仿生功能材料中将越来越重要。值得注意的是,仿生材料研究已经经历了两个阶段,如以模拟骨的生物矿物材料为例,首先是模仿组成,如磷灰石生物陶瓷以及磷灰石加胶原蛋白的复合材料;后来注意到复合材料不是混合材料,必须模拟其结构,于是用材料学方法制备有复合结构的材料。直到最近,人们开始意识到更重要的是模拟生物材料形成过程,预计今后在生物矿化的模拟研究上会有所突破。

像酶这样的生物催化剂也会成为未来发展的重点。20 世纪只是模拟酶的活性中心。例如,模拟超氧化物歧化酶活性中心,合成—筛选了许多铜的配合物,但是距离酶的特异性和高效性很远。人们意识到决定酶全面功能的不仅仅是活性中心,还在于活性中心以外的其他结构部分。可用于生产、生活、医疗的模拟酶在 21 世纪将会有所突破,而突破是基于构筑既有活性中心又有保证活性功能的高级结构的化合物。

电子—信息技术将在 21 世纪以更快的速度发展,这就要求化学家作出更大的努力。回顾

20世纪电子信息技术的发展历程,经历了由电子管到半导体、到集成电路、再到大规模集成电路等几个阶段。在每个阶段中,化学家创造了必需的材料,诸如早期的单晶硅、半导体材料、光刻胶等,以及后期的液晶及其他显示材料、信号储存材料、电致发光材料、光导材料、光电磁记录材料、光导纤维材料和技术等,这些都推动了电子信号技术的发展。21世纪电子信息技术将向更快、更小、功能更强的方向发展。

目前大家正致力于量子计算机、生物计算机、分子电路、生物芯片等新技术,即标志着进入"分子信息技术"阶段。这需要物理学家提供器件设计思路,化学家则设计、合成所需的物质和材料。可以想象未来各国之间信息科学的领先地位之争会异常猛烈。依靠外国的技术和材料不可能领先于别人。领先一靠创新思路,二靠实现新思路的物质基础。有时并不一定先有思路,后造材料;也可能先发现独特性能的材料,后形成思路。所以化学家应该更加主动地研究各种与电子信息有关的材料的性质和功能以及与各层次结构的关系,特别是物质与能的相互作用的化学特征;进一步吸收其他学科提出的新思路和概念,将化学理论和概念融合进去,创造具有特殊功能的新物质和新材料。此外,化学必须推进凝聚态化学的研究,如纳米科学技术、超分子凝聚态构筑、晶体工程等,以创造新的聚集态构筑技术。

4. 化学是提高人类生存质量和生存安全的有效保障

化学在保证人类的生存并不断提高人类的生活质量方面起着重要的作用。利用化学生产化肥和农药,以增加粮食的产量;利用化学合成药物,以抑制细菌和病毒,保障人体健康;利用化学开发新能源和新材料,以改善人类的生存条件;利用化学综合应用自然资源和保护环境,以使人类生活得更加美好。

六、如何学好化学原理?

1. 主动学习

学习可以分为主动和被动两种学习方式。主动学习是指学生主动地思考所学知识、主动地发现自己尚未理解的问题、主动地寻求解答问题,以及主动地预习和复习课堂讲授内容。被动学习是指学生被动地接受知识,被动地等待教师来发现自己的问题,被动地等待答案等。通常人们相信主动学习的同学对所学内容会有比较好的理解,也更有可能获得好成绩。

2. 预习和复习

课前浏览一遍下一节课将要讲到的内容和重要的概念是一个很好的学习习惯,因为这样可以帮助学生了解课堂教学的重点,使学生更加关注于重点问题或自己不太理解的问题,从而提高课堂的学习效率。故建议学生在课后的当天复习课堂内容。因为拖延复习可能导致遗忘某些关键内容,造成学生对一些课堂知识难以理解。在复习中,学生应依据课堂笔记,同时借助教材和参考书,把所学知识贯穿起来,并检验自己是否能独立应用所学原理解决问题。

3. 课堂注意听讲

课堂学习是学好本门课程的关键。由于教师的教学内容与教材不完全相同,因此课堂学习是获取一些重要知识的关键途径。在课堂上应保持安静,思想集中,认真做笔记。课堂笔记不应当是事无巨细地记录老师的每一句话,而应当是记下老师讲课的重点和教材上没有的内容。课堂笔记是复习考试时的重要参考,因此一份条理清晰、简明扼要的笔记对于同学们最后获得好成绩非常重要。

4. 课后练习

俗话说"不到水里就学不会游泳",因此,习题演练对于掌握所学知识非常重要。课后作业就是帮助学生们掌握关键学习内容的重要手段。每当同学们发现自己不会做某道习题时,就表明对某些基本概念还未完全领会。这时就应当复习相应内容,重新理解所学内容。当学生在某一道习题上"卡壳"时,应当立即向其他同学或老师寻求帮助。

5. 学习小组

根据以往的经验,我们建议同学们可以自由组成 3~6 人的学习小组。在小组内讨论学习上遇到的问题,交换学习经验。由于每个人知识背景的不同、看问题的出发点不同,因此小组学习有助于同学们开阔思路,练习与他人沟通的有效方法,且每个小组成员都可从中受益。

6. 融会贯通

认知心理学认为,增强理解能力和记忆力的最有效方法是在所学知识之间建立联系。因此,学生在学习中应当有意识地打通所学知识之间的联系,学会用自己以前的知识来解释新学到的知识。这种方法也是检验自己是否真正理解课堂内容的一个有效途径。如果同学在理解过程中遇到困难,可以向老师寻求帮助。

7. 有效地管理个人时间

每个人的时间都是相同的,但是学习效率却因人而异。所以能否有效地管理时间、提高学习效率是能否获得大学阶段成功的关键。而有效利用时间的关键是在学习中保持注意力(而不是拖长学习的时间)。我们希望每一位同学都能在学习中掌握有效的学习方法。

8. 认真准备考试

考试的内容就是老师的授课内容。当然,这不是说记住老师的每一句话就可以得满分。考试通常强调学生对所学原理和概念的理解,以及学生是否会应用这些概念来解决实际问题。在平时和考试复习期间,同学们应当认真归纳总结所学过的概念、公式和定理,应当勤做练习题来检查自己是否已经真正理解所学内容。我们反对学生在考前"临阵磨枪"的做法,因为这样很难达到真正理解,并很容易在考试中失败。

七、科学方法论

科学方法论是"自然科学方法论"的简称。它既是马克思主义认识论的具体体现,又是对各门自然科学认识方法的概括和总结。它所涉及的观察、实验、测定、数据处理、分类、提出假说、验证假说、得出结论等步骤,正体现了化学研究方法的一般规律。所以,科学方法论是正确认识化学知识的重要理论依据,又是培养解决化学问题能力的基本途径和步骤。

八、科学计算——有效数字

1. 有效数字及其位数

有效数字是指实际能测量得到的数字。一个数据中的有效数字包括所有确定的数字和最后一位不确定的数字。

有效数字即保留末尾一位为可疑数值,其他均为有效数字。如24.34的有效数字是4位,最后一位"4"是可疑值。

2."0"在数值的作用

"0"在数值中有3种作用,即有效(定值)、定位(无效)、不确定。

(1)有效(定值)作用

当"0"在小数点后,而小数点前为非"0"时,"0"为有效(定值)作用。如1.000为4位有效数字;1.0002为5位有效数字。

(2)定位(无效)作用

当"0"在小数点后、又在数字之前,而小数点前为"0"时,"0"为定位(无效作用)如0.00241为3位有效数字,2之前的"0"均为定位作用;0.02040为4位有效数字。

(3)不确定作用

当"0"在整数位后时,其表示的位数是不确定的。如2400的有效位数是不确定的,用3位有效数字表示时为0.240×10^4、0.00240×10^6;用2位有效数字表示时为0.24×10^4、0.0024×10^6。

3.数据修约

	修约前	修约后(保留至小数点后一位数)
四舍六入五考虑	12.44	12.4
五后为零看前位	12.46	12.5
五前为奇要进一	12.35	12.4
五前为偶要舍弃	12.45	12.4
五后非零要进一	12.451	12.5

4.有效数字的运算规则

①记录测量数值时,只保留一位可疑数字。

②当有效数字位数确定后,其余数字应一律舍弃,舍弃办法为采取"四舍六入五留双"的规则。

③加减法。几个数据相加或相减时,它们的和或差的有效数字的保留,应以小数点后位数最少的数字为准。

④在乘除法中,有效数字的保留应以有效数字位数最少的为准。

⑤分数和倍数的计算,分数和倍数是非测量值,为无限位数有效数字。

第 **1** 章
气体、液体和溶液

一、理想气体状态方程

（一）气体的基本状态参数

描写物质的每一聚集状态下的特性的物理量称为物质的状态参数。物质的每一状态都有确定数值的状态参数与其对应，只要有一个状态参数发生变化，就表示物质状态在改变。描写气体状态的基本参数有温度、压强、体积和比容。

1. 温度

温度表示物体冷热的程度。从分子运动论的观点看，温度是分子热运动平均动能的量度，温度越高，分子的热运动平均动能就越大，为了具体地确定分子运动的数值，在工程上常用的测温标尺有摄氏温标和热力学温标。

摄氏温标规定在一个标准大气压下，冰的熔点为 0 摄氏度，水的沸点为 100 摄氏度，将它分成 100 等份，每一等份为 1 摄氏度。用摄氏温度表示的温度称为摄氏温度，量的符号为 t，单位名称为摄氏度，单位符号为℃，低于冰点温度，用负值表示，例如在 6 at 下，空气液化温度为 -173 ℃。

实践证明，-273 ℃是实际能够接近而不可能达到的最低温度。如果 -273 ℃作为温度的起算点，就不会出现负温度值，故将 -273 ℃称为绝对零度。从绝对零度起算，温度测度与摄氏温度相同，这种计算温度的标尺称为热力学温标，也称绝对温标。热力学温度量的符号为 T，单位名称为开尔文，单位符号为 K。

两种温标的关系是：$T = 273.15 + t(\mathrm{K})$，通常简化为 $T = 273 + t(\mathrm{K})$

$t = T - 273.15(℃)$ 通常简化为 $t = T - 273(℃)$

例如在标准大气压下，冰的熔点为 0 ℃即 273 K。

测量温度的仪器有水银温度计、铂电阻温度计、热电偶温度计等。仪表指示的温度常用℃，而工程计算中常用 K，为此应熟悉这两种温标的换算。由于摄氏温度和绝对温度所示的温标每一个刻度值大小一样，不论是采用哪种温标，它们的数值是相同的。

2. 压强

分子运动论将气体的压力看作是气体分子撞击容器壁的宏观表现。物体单位面积上所承受的垂直作用力称为压强,使用习惯称为"压力"。

在法定的单位制中,压力的符号为 P,单位名称为帕斯卡,单位符号为 Pa。就是 $1 \ m^2$ 的面积上均匀地用 1 N 的垂直作用力所产生的压强,即 $1 \ Pa = 1 \ N/m^2$。

在物理学中将 0 ℃时纬度45°海平面上大气压力称为标准大气压或物理大气压,单位符号为 atm,$1 \ atm = 101 \ 325 \ Pa = 760 \ mmHg$。

除特别指明外,以前工程计算上用的大气压是指工程大气压,单位符号为 at,$1 \ at = 98 \ 066.5 \ Pa$。

气体的压力也可用液柱高度来表示,也就是用液柱对底面上的压力表示气体压力。常用的有毫米汞柱和毫米水柱,$1 \ mmHg = 133.322 \ Pa$,$1 \ mm \ H_2O = 9.80 \ 665 \ Pa$。

测量压力的仪表所指示的压力是被测压力的绝对值与大气压之差。容器内气体对容器壁的实际压力称为绝对压力。容器内实际压力小于当地大气压力的数值称为真空度,三者关系为:

$$P_{绝} = P_{大气} + P_{表}$$
$$P_{绝} = P_{大气} - P_{真}$$

由于压力表测出的是表压力和真空度,而实际计算时都用绝对压力,因为只有绝对压力才能说明气体的真实状况。

3. 体积

体积是物质所占据的空间,用 "V" 表示。由于气体分子易扩散,能充满容器的整个空间,所以气体的体积就是容纳气体容器的容积,单位为 m^3,此外,也习惯用 L、mL 表示。体积单位间的换算关系为:

$$1 \ m^3 = 10^3 \ L = 10^6 \ mL$$

4. 比容

单位质量的气体所占有的容积称为比容,量的符号为 u,单位符号 m^3/kg。反之,单位容积中气体的质量称为气体密度,量的符号为 ρ,单位符号 kg/m^3,比容和密度互为倒数。

在说明气体的比容和密度时,必须说明气体所处的状态,因为同一气体在不同温度和压力条件下,有不同数值的比容和密度。

在标准状态下(压力为 101.325 kPa,温度为 0 ℃时)气体的标准比容 u_0 和密度 ρ_0 可分别表示。

除温度、压力、体积、比容几个基本状态参数外,内能、焓和熵也是气体状态参数,尤其焓和熵的概念会经常用到,本节将不作介绍。

(二)理想气体状态方程

能定量表示物质的 P、V、T 等宏观性质间关系的方程称为状态方程。

理想气体状态方程:

$$PV = nRT$$

式中　P——气体的压力,单位 Pa(帕)(米千克秒制);

　　　V——一定量气体在该温度下的体积,单位为 m^3(立方米);

T——绝对温度，$T(K) = t(℃) + 273.15$；

R——气体常数为8.314，单位为 $J \cdot mol^{-1} \cdot K$。

理想气体状态方程是一个表达了 P、V、T、n 4个量间关系的方程式。在这4个量之间，只要知道了其中的3个量，就可以求另一个量。理想气体状态方程适用于低压下的实际气体。

例1：体积为 $0.2\ m^3$ 钢瓶盛有 CO_2 0.89 kg，当温度为 0 ℃ 时，问钢瓶内气体的压力为多少？

解：已知 $V = 0.2\ m^3$，$m = 890\ g$，$M = 44\ g \cdot mol^{-1}$，$T = 273.15\ K$，$R = 8.314\ J \cdot mol^{-1} \cdot K$，求 P。

$$n = \frac{m}{M} \quad PV = nRT$$

$$P = \frac{nRT}{V} = \frac{mRT}{MV} = \frac{890 \times 8.314 \times 273.15}{44 \times 0.2} = 2.30 \times 10^5\ (Pa)$$

例2：某厂氢气柜的设计容积为 $2.00 \times 10^3\ m^3$，设计容许压力为 $5.00 \times 10^3\ kPa$。设 H_2 为理想气体，问气柜在 300 K 时最多可装多少千克 H_2？

已知：$V = 2.00 \times 10^3\ m^3$，$T = 300\ K$，$p = 5.00 \times 10^3\ kPa$，求 m。

解：$m = nM$

$$PV = nRT$$

$$n = \frac{PV}{RT} = \frac{5.00 \times 10^6 \times 2.00 \times 10^3}{8.314 \times 300}\ mol = 4.01 \times 10^6\ (mol)$$

$$M(H_2) = 2.016 \times 10^{-3}\ (kg \cdot mol^{-1})$$

$$m = nM = 4.01 \times 10^6 \times 2.016 \times 10^{-3}\ kg = 8.08 \times 10^3\ (kg)$$

例3：某反应器操作压力为 106.4 kPa，温度为 723 K，每小时送入该反应器的气体为 $4.00 \times 10^4\ m^3$，试计算每小时实际通过反应器的气体体积（体积流量）。

已知：$P_2 = 106.4\ kPa$，$T_2 = 723\ K$，$T_1 = 273\ K$，$P_1 = 101.3\ kPa$，$V_1 = 4.00 \times 10^4\ m^3$，求 V_2。

解：$P_1 V_1 = nRT_1$，$P_2 V_2 = nRT_2$

$$\frac{P_1 V_1}{T_1} = \frac{P_2 V_2}{T_2}$$

$$V_2 = \frac{P_1 V_1 T_2}{T_1 P_2} = \frac{101.3 \times 4.00 \times 10^4 \times 723}{106.4 \times 273} = 1.01 \times 10^5\ (m^3)$$

二、道尔顿分压定律

混合气体的组成常用摩尔分数（物质的量分数）表示，符号为"y_B"。

摩尔分数定义式为：$y_B = \dfrac{n_B}{n}$

式中　y_B——混合气体中任一组分 B 的摩尔分数；

　　　n_B——混合气体中任一组分 B 的摩尔质量；

　　　n——混合气体总的物质的量。

例4:在300 K、748.3 kPa下,某气柜中有0.140 kg一氧化碳气、0.020 kg氢气,求CO和H$_2$的摩尔分数。

解:$n(\text{CO}) = \dfrac{140}{28}\ \text{mol} = 5\ (\text{mol})$,$n(\text{H}_2) = \dfrac{20}{2}\ \text{mol} = 10\ (\text{mol})$

$n_{总} = n(\text{CO}) + n(\text{H}_2) = 15(\text{mol})$

$y(\text{CO}) = \dfrac{5}{15} = 0.333$ $y(\text{H}_2) = 1 - 0.333 = 0.667$

①通常情况下气体都能以任何比例均匀地混合。

②在一定温度下,体积为V的容器中盛有1、2两种气体,其物质的量分别为n_1、n_2,此时所产生的气体压力为P,即为1、2两种气体共同作用于单位容器壁上的压力称为总压力,简称为气体压力P。气体1、2各自的压力称为分压力。

③推导。1和2两组分单独存在时,分别占有混合气体的总体积V,并且具有相同的温度T,测得A、B的压力为P_1和P_2,分别称为混合气体中组分1和组分2的分压力。所以分压是指混合气体中某组分单独存在,并与混合气体具有相同的体积和温度时所具有的压力。

混合气体	气体1	气体2
T、V	T、V	T、V
$n_1 + n_2 = n$	n_1	n_2
$P = P_1 + P_2$	P_1	P_2

$P = \dfrac{n}{V}RT$,$P_1 = \dfrac{n_1}{V}RT$,$P_2 = \dfrac{n_2}{V}RT$

$P_1 + P_2 = \dfrac{n_1}{V}RT + \dfrac{n_2}{V}RT = \dfrac{n_1 + n_2}{V}RT = \dfrac{n}{V}RT$

$P = P_1 + P_2$

④推论。

a. 道尔顿分压定律:混合气体的总压力等于组成混合气体的各组分的分压之和。

b.
$$P = \sum P_B \quad (P_B\ 为组分\ B\ 的分压)$$

$$P_B = \dfrac{n_B RT}{V}$$

$$\dfrac{P_B}{P} = \dfrac{n_B}{n} = y_B$$

$$P_B = y_B P$$

式中 y_B——组分B的摩尔分数,它是组分B的物质的量和混合气体物质的量的比值。

c. 说明:某组分的分压是该组分的摩尔分数与混合气体总压的乘积,y_B的总和等于1。分压是指混合气体中某组分单独存在,并与混合气体具有相同的体积和温度时所具有的压力。实际上气体只有在低压下接近理想气体时才能适用。

例5:求在273.15 K、压力为230 kPa时某钢瓶中所装CO$_2$气体的密度。已知$T = 273.15$ K,$P = 230$ kPa,$M(\text{CO}_2) = 44$ g/mol。求ρ。

解:$\rho = \dfrac{m}{V}$,$PV = nRT$

$$\rho = \frac{nMP}{nRT} = \frac{MP}{RT} = \frac{230 \times 10^3 \times 44}{8.314 \times 273.15} \text{ g/m}^3 = 4.46 \times 10^3 (\text{g} \cdot \text{m}^{-3})$$

因为低压下实际气体的行为接近于理想气体,所以低压气体 $P-V-T$ 的关系可以用理想气体状态方程来近似处理,由于 P、V、T 数值容易直接测量,所以在实际生产中的用途很大。

例6:在 300 K 时,将 101.3 kPa、2.00×10^{-3} m³ 的氧气与 50.65 kPa、2.00×10^{-3} m³ 的氮气混合,混合后温度为 300 K,总体积为 4.00×10^{-3} m³,求总压力为多少?

已知:$P(O_2) = 101.3$ kPa,$T = 300$ K,$V(O_2) = 2.00 \times 10^{-3}$ m³,$P(N_2) = 50.65$ kPa;

$\quad\quad V(N_2) = 2.00 \times 10^{-3}$ m³,$V = 4.00 \times 10^{-3}$ m³。

解:$P_1 V_1 = P_2 V_2$,$P_2 = \dfrac{P_1 V_1}{V_2}$

$$P(O_2) = \frac{101.3 \times 10^3 \times 2.00 \times 10^{-3}}{4.00 \times 10^{-3}} = 50.65(\text{kPa})$$

$$P(N_2) = \frac{50.65 \times 10^3 \times 2.00 \times 10^{-3}}{4.00 \times 10^{-3}} = 25.325(\text{kPa})$$

$$P = P(O_2) + P(N_2) = 75.975(\text{kPa})$$

三、阿麦格分体积定律

①分体积。混合气体中某组分 B 单独存在,并且与混合气体的 T、P 相同是所具有的体积,称为混合气体中组分 B 的分体积。

②推导。两组分分体积 V_1、V_2,混合气体的总体积为 V。

混合气体	气体1	气体2
T、P	T、P	T、P
$n_1 + n_2 = n$	n_1	n_2
$V = V_1 + V_2$	V_1	V_2

$V = \dfrac{n}{P}RT$,$V_A = \dfrac{n_A}{P}RT$,$V_B = \dfrac{n_B}{P}RT$;

$V_A + V_B = \dfrac{n_A}{P}RT + \dfrac{n_B}{P}RT = \dfrac{n_A + n_B}{P}RT = \dfrac{n}{P}RT$;

$V = V_1 + V_2$。

③阿玛格分体积定律:混合气体的总体积等于组成混合气体的各组分的分体积之和。

④$V = \sum V_B$(V_B 为组分 B 的分体积);

$V_B = \dfrac{n_B}{P}RT$,$\dfrac{V_B}{V} = \dfrac{n_B}{n} = y_B$;

$V_B = y_B V$;

式中 y_B——组分 B 的摩尔分数,它是组分 B 的物质的量和混合气体物质的量的比值。

$n = \sum n_B$;

$$\sum y_B = \sum \frac{n_B}{n} = \frac{1}{n} \sum n_B = 1。$$

说明：某组分的分体积是该组分的摩尔分数与混合气体总体积的乘积，y_B 的总和等于1。分体积是在与混合气体相当的压力和温度条件下各气体的体积。实际上气体只有在低压下接近理想气体时才能适用。

例7：某厂锅炉的烟囱每小时排放 573 标准立方米（STP）的废气，其中 CO_2 的含量为 23.0%（摩尔分数），求每小时排放 CO_2 的质量。

已知：$V = 573 \ m^3，T = 273.15 \ K，P = 101 \ 325 \ Pa，y(CO_2) = 0.23$，求 $m(CO_2)$。

解：$V(CO_2) = y(CO_2) \times V = 0.23 \times 573 \ m^3 = 132 （m^3）$；

根据 $PV = nRT$：

$$n(CO_2) = \frac{PV(CO_2)}{RT} = \frac{101 \ 325 \times 132}{8.314 \times 273.15} \ mol = 5.89 \times 10^3 （mol）；$$

$$m(CO_2) = n(CO_2) \times M(CO_2) = 5.89 \times 10^3 \times 44 \ g = 2.59 \times 10^5 \ g = 259（kg）。$$

四、真实气体

道尔顿分压定律和阿麦格分体积定律的适用条件是理想气体。真实气体只有在高温、低压下，才能遵守这些定律。当温度较低、压力较高时将产生较大的偏差。

理想气体是假设气体本身没有体积，分子之间没有相互作用力，在任何温度和压力下都能严格遵守气体的基本定律。

凡能满足下述3个条件的气体称为理想气体。

①分子本身的体积忽略不计。

②分子间相互没有作用力。

③分子间不发生化学反应。

理想气体虽然是一种实际上不存在的假想气体，但是在上述假设条件中，气体分子运动的规律就可大大简化，即能得出简单的数学关系式。为区别理想气体，故将自然界中的实际气体称为真实气体。真实气体在通常压力下，大多数符合理想气体的假设条件，例如 O_2、N_2、H_2 等气体均符合上述条件。

实际气体在高温低压下，气体分子之间间距很大，作用力很小，分子本身体积与气体体积相比可以忽略不计，可近似看作理想气体。

（一）压缩因子

理想气体没有体积，但真实气体的分子体积的确存在。只有在高温低压下分子会十分稀薄，气体本身体积与运动空间相比才可以略而不计；反之，在高压低温下，真实气体本身的体积不能忽略。另外，理想气体分子间没有作用力，但真实气体分子间确有作用力存在，而且以分子间的吸引力为主。在温度较高时，由于分子运动激烈，分子运动的动能较大，相对而言，分子间的作用力可以忽略。另一方面，在压力较低时，气体密度较小，分子间距较大，分子间的引力也可忽略不计；然而在低温或高压下分子间的作用力不容忽略。

真实气体状态方程通常较复杂。在工程速算上，在理想气体状态方程基础上引入了校正因子，即可用于真实气体。为了定量比较实际气体之间的偏差，引入了压缩因子这一物理量，即：

$$PV = ZnRT$$

式中　Z——校正因子，也称为压缩因子；

　　　V——实际气体的体积。

Z 等于同一温度、压力下，物质的量相同的实际气体的体积与理想气体的体积之比：

$$Z = \frac{V}{V_{理想}}$$

$$V_{真实} = \frac{ZnRT}{P} = ZV_{理想}$$

对于理想气体来说，$Z = 1$，$V = V_{理想} = \frac{nRT}{P}$

如 $Z > 1$，则 $V_{真实} > V_{理想}$，即真实气体的体积大于理想气体，真实气体比理想气体难压缩。

如 $Z < 1$，则 $V_{真实} < V_{理想}$，即真实气体的体积小于理想气体，真实气体比理想气体易压缩。

"Z"集中反映了真实气体对理想气体的偏差，以压缩比加以表达，故得到压缩因子，据此可以作出压缩因子图，但是该图只能适用于一种气体。故需要许许多多压缩因子图，不是很方便。压缩因子反映了实际气体与理想气体在压缩性上的偏差。

实际气体分子间存在相互作用力，分子本身占有体积，加之分子引力的存在，使得实际气体比理想气体容易压缩，$Z < 1$。分子体积的存在，使得气体实际可压缩的空间减小，当气体压缩到一定程度时，分子间距离得很近，会产生对抗性的斥力，造成实际气体比理想气体难压缩，$Z > 1$。通常在低温下，低压及中压时，引力因素起主导作用，故 $Z < 1$。

（二）真实气体 P、V、T 关系的处理方法之一——范德华方程

范德华方程考虑了两个方面，即体积修正和压力修正。

在 $pV_m = RT$ 方程式中的 p 是指分子间无引力时，气体分子碰撞容器所产生的压力。但由于分子间引力的存在，真实气体所产生的压力要比无吸引力时小。若真实气体表现出的压力为 p，换算成没有引力时（作为理想气体）的压力应该为：$p + a/V_m^2$。范德华将 a/V_m^2 项称为分子内压，其反映分子间引力对气体压力所产生的影响。

同样，在 $pV_m = RT$ 方程式中的 V_m 是指 1 mol 气体分子自由活动的空间。理想气体因为分子本身没有体积，则 V_m 等于容器的体积。而真实气体考虑到分子本身的体积，所以 1 mol 气体自由活动的空间已不是 V_m，而要从中减去一个与气体分子本身体积有关的修正项 b，即将 V_m 换成 $V_m - b$。

经过两项修正，真实气体可看作理想气体加以处理：用 $V_m - b$ 代替理想气体状态方程中的 V_m，以 $p + a/V_m^2$ 代替方程中 p，即为范德华方程：

$$\left(p + \frac{n^2 a}{V^2} \right)(V - nb) = nRT$$

或 $\left(p + a/V_m^2 \right)\left(V_m - b \right) = RT$

压力校正项　体积校正项

17

以上两式中的 a、b 是与气体种类有关的物性常数,通常称为范德华常数,它们分别与气体分子间作用力和分子体积的大小有关。a、b 的单位分别是 Pa·m^6·mol^{-2} 和 m^3·mol^{-1},当然,在体积和压力单位改变时,这些常数的单位也会改变。

例 8:1 mol 的 N_2 在 0 ℃时体积为 70.3×10^{-6} m^3,分别用:①理想气体方程计算压力;②范德华方程式计算压力。(已知实测值为 40.53 MPa,分别计算两种方法的误差)

解:①按理想气体方程计算

$$P = \frac{RT}{V_m} = \frac{8.314 \times 273.15}{70.3 \times 10^{-6}} = 32.3 (MPa);$$

$$误差 = \frac{32.3 - 40.53}{40.53} \times 100\% = -20.3\%。$$

②按范德华方程式计算

查附录得 $a = 0.141$ Pa·m^6·mol^{-2},$b = 0.039\ 1 \times 10^{-3}$ m^3·mol^{-1};

$$P = \frac{RT}{V_m - b} - \frac{a}{V_m^2} = \frac{8.314 \times 273.15}{70.3 \times 10^{-6} - 39.1 \times 10^{-6}} - \frac{0.141}{(70.3 \times 10^{-6})^2} = 44.3 (MPa),$$

$$误差 = \frac{44.3 - 40.53}{40.53} \times 100\% = 9.3\%。$$

五、气体的临界状态及液化条件

实际气体除了 $P—V—T$ 关系不符合理想气体状态方程外,还能靠分子间引力的作用凝聚为液体,这种过程称为液化或凝结,在实际生产中,气体液化的途径有两条:一条是降温,另一条是加压。实践表明,单凭降温可使气体液化,但单凭加压不一定能使气体液化,这说明气体的液化是有条件的。

(1)临界状态

气体在临界点时所处的状态称为临界状态。

临界温度(T_c):使气体能够液化的最高温度。

临界压力(P_c):在临界温度下,使气体液化所需的最低压力。

临界体积(V_c):在 T_c、P_c 下,气体的摩尔体积。

实际气体在高于临界温度和低压区域内比较符合理想气体状态方程,而在低温高压下与理想气体的性质的偏差较大,从而得出了气体的液化条件。

(2)气体的液化条件

必要条件,气体的温度低于临界温度。

充分条件,压力大于在该温度下的饱和蒸气压。

六、溶液浓度及溶解度

当两种或两种以上的物质彼此以分子形态相互均匀混合时,就形成了一个多组分均相系统。若系统中各组分都按相同的方法来研究,则称此均相系统为混合物。如果系统中各组分以不同的方法来研究,则称此均相系统为溶液。溶液又可分为气态溶液、液态溶液和固态溶液。通常所说的溶液多是针对液态溶液而言。在液态溶液(以下简称溶液)中,常将液体组分当作溶剂,将溶解在液体中的气体或固体称为溶质。当液体溶于液体时,通常将含量较多的一种组分称为溶剂,含量较少的一种组分称为溶质。但当两个液体组分含量差不多时,溶剂和溶质就没有明显的区别。

(一)溶液浓度的表示法及其换算

根据不同的需要,溶液浓度可以采用不同的表示法,如下所述。

(1)物质 B 的物质的量的浓度 c_B

物质 B 的物质的量浓度(简称物质 B 的浓度)定义为:物质 B 的物质的量 n_B 除以溶液的体积 V,符号为 c_B,即

$$c_B = \frac{n_B}{V}$$

式中　c_B 的 SI 单位为 mol/m,常用单位 mol/L,$1\ mol/L = 10^3\ mol \cdot m^{-3}$。

(2)溶质 B 的质量摩尔浓度 b_B

溶液中溶质 B 的物质的量 n_B 除以溶剂的质量 m_A,称为物质 B 的质量摩尔浓度,简称质量摩尔浓度,符号为 b_B(或 m_B),即:

$$b_B = \frac{n_B}{m_A}$$

式中　b_B 的单位为 mol/kg。质量摩尔浓度只是在讨论稀溶液的依数性等处使用,在其他地方用得极少。

(3)物质 B 的摩尔分数

物质 B 的物质的量 n_B 除以溶液中各组分的物质的量之和 $\sum n$,称为物质 B 的摩尔分数,简称摩尔分数,符号为 x_B,即:

$$x_B = \frac{n_B}{\sum_B n_B}$$

式中　n_B——B 的物质的量;

　　　x_B——一个量纲一的量,其单位为 1。

显然 $\sum_B n_B = 1$。

(4)物质 B 的质量分数

物质 B 的质量 m_B 除以溶液的质量 m,称为 B 的质量分数,符号为 w_B,即:

$$w_B = \frac{m_B}{m}$$

式中　m_B——B 的质量;

　　　w_B——一个量纲一的量,其单位为 1。

(5)质量体积 ρ_B

气体或液体的混合物某组分 B 的质量 m_B 与混合物总体积 V 之比,称为质量体积,也称为

B 的质量浓度,即:

$$\rho_B = \frac{m_B}{V}$$

式中　m_B——B 的质量;

　　　V——混合物总体积。

平时在溶液里也将质量体积称为密度,其常用单位为克每升($g \cdot L^{-1}$)或克每毫升($g \cdot mL^{-1}$)。

例 9:23 g 乙醇溶于 500 g 水中形成混合物(或溶液),其质量体积 $\rho = 992$ kg/m³。计算:①乙醇的摩尔分数;②乙醇的摩尔浓度;③乙醇的质量分数;④乙醇的质量摩尔浓度。

解:已知 $M_{乙醇} = 46.069$ g/mol,$M_水 = 18.016 \times 10^{-3}$ g/mol。

①$n_B = \dfrac{23}{46.069}$,$n_总 = \dfrac{23}{46.069} + \dfrac{500}{18.016}$;

$$x_B = \frac{n_B}{\sum_B n_B} = \frac{\dfrac{23}{46.069}}{\dfrac{500}{18.016} + \dfrac{23}{46.069}} = 0.017\ 67。$$

②$n_B = \dfrac{23}{46.069}$,$V = \dfrac{500 + 23}{992 \times 10^{-3}}$;

$$c_B = \frac{n_B}{V} = 947\ mol \cdot m^{-3} = 0.947\ mol \cdot dm^{-3}。$$

③$w_B = \dfrac{m_B}{m} = \dfrac{23}{500 + 23} \times 100\% = 0.04\ 398 \times 100\% = 4.398\%。$

④$m_A = 500 \times 10^{-3}$ kg,$n_B = \dfrac{23}{46.069}$ mol;

$$b_B = \frac{n_B}{m_A} = 0.998\ 5\ (mol \cdot kg^{-1})。$$

例 10:欲配制 $c(HCl) = 0.10$ mol/L 的溶液 1 000 ml,需要密度为 1.19 g/mL,质量分数为 37.32% 的浓盐酸多少毫升?

解:已知 $M(HCl) = 36.5$ g/mol,设所需质量分数为 37.32% 的浓盐酸 x mL,则:

　　　　　0.10 mol/L × 36.5 g/mol × 1 L = x mL × 1.19 g/mL × 37.32%

解得:$x = 8.1$ mL

(6)ppm 和 ppb 所代表的溶液浓度

当所用的药品是一些极稀的溶液,可使用百万分浓度(ppm)或十亿分浓度(ppb)表示。

ppm 表示溶质质量占溶液质量的百万分之几(10^{-6}),即每千克溶液中含溶质的毫克数。如:在正常人体的血浆中,含胆红素每 100 g 中为 0.2 ~ 1.0 mg。相当于每千克血浆中 2 ~ 10 mg。ppm 表示的就是 2 ~ 10 ppm。

ppb 表示溶质质量占溶液质量的十亿分之几(10^{-9})。即每千克溶液中含溶质的微克数。例如,人的血浆中含中微量的氨,为每 100 g 血浆含血氨氮 10 ~ 60 μg,以 ppb 表示,就是人体中血氨氮的量为 100 ~ 600 ppb。

(二)溶解度

在一定温度下,某固态物质在 100 g 溶剂中达到饱和状态时所溶解的质量,称为这种物质在这种溶剂中的溶解度。

固体及少量液体物质的溶解度是指在一定的温度下,某固体物质在 100 g 溶剂里(通常为水)达到饱和状态时所能溶解的质量(在一定温度下,100 g 溶剂里溶解某物质的最大量),用字母 S 表示,其单位是"g/100 g 水"。在未注明的情况下,通常溶解度指的是物质在水里的溶解度。

气体的溶解度通常指的是该气体(其压强为 1 标准大气压)在一定温度时溶解在 1 体积水里的体积数。也常用"g/100g 溶剂"作单位(自然也可用体积)。

特别注意:溶解度的单位是 g(或者是 g/100 g 溶剂)而不是没有单位。

一定温度下与未溶解溶质同时共存的饱和溶液可以看作是动态平衡之中。

$$未溶解的溶质 \underset{结晶}{\overset{溶解}{\rightleftharpoons}} 溶液中的溶质$$

既然饱和溶液的溶解平衡属于动态平衡,其平衡移动应能以勒沙特列原理来说明。升高温度时平衡向吸热方向移动。因此一个已经饱和的溶液,如果它继续溶解的过程是吸热,则升高温度时溶解度将增大。相反,如果饱和溶液继续溶解的过程是放热,则升高温度时溶解度将减少。

大多数固体和液体物质溶于液体时,升温溶解度增大。气体溶于液体几乎都是放热的,因为气体分子间相互作用力很小,其本来就是各自独立的,故升高温度,气体在液体中的溶解度下降。

溶解度与温度的依赖关系可以用溶解度曲线来表示。氯化钠(NaCl)的溶解度随温度的升高而缓慢增大,硝酸钾(KNO_3)的溶解度随温度的升高而迅速增大,而硫酸钠(Na_2SO_4)的溶解度却随温度的升高而减小。固体和液体的溶解度基本不受压力的影响,而气体在液体中的溶解度与气体的分压成正比。

物质的溶解度对于化学和化学工业都很重要,在固体物质的重结晶和分级结晶、化学物质的制备和分离、混合气体的分离等工艺中都要利用物质溶解度的差别。

七、稀溶液的依数性

溶液的性质与溶质、溶剂的本性有关,然而溶液也有一些性质仅决定于溶液的浓度。例如,理想稀薄溶液中溶剂的蒸气压下降、沸点上升(溶质不挥发)、凝固点下降和渗透压的数值等,仅与溶液中所含溶质的数量有关而与溶质的本性无关,故称为"稀溶液的依数性"。此定律称为稀溶液定律,又称为依数定律,以上性质又称为稀溶液的依数性。工业上应用的干燥剂、抗凝剂、冷冻剂以及反渗透技术都与这些性质有关,现分别讨论如下所述。

(一)溶液的蒸气压下降

(1)蒸气压

如果将一杯液体(如水)置于密闭的容器中,液面上那些能量较大的分子就会克服液体分子间的引力从表面逸出,成为蒸气分子。这个过程称为蒸发,又称为汽化。蒸发是吸热过程,也是系统熵值增大的过程。相反,蒸发出来的蒸气分子在液面上的空间不断运动时,某些蒸气分子可能撞到液面,为液体分子所吸引而重新进入液体中,这个过程称为凝聚。凝聚是放热过程,同时系统的熵值减小。由于液体在一定温度时的蒸发速率是恒定的,蒸发刚开始时,蒸气分子不多,凝聚的速率远小于蒸发的速率。随着蒸发的进行,蒸气浓度逐渐增大,凝聚的速率也就随之加大。当凝聚的速率和蒸发的速率达到相等时,液体和它的蒸气就处于平衡状态。此时,蒸气所具有的压力称为该温度下液体的饱和蒸气压,或简称蒸气压。

以水为例,在一定温度下达到如下相平衡时:

$$H_2O(l) \underset{\text{凝聚}}{\overset{\text{蒸发}}{\rightleftharpoons}} H_2O(g)$$

即为该温度下水(H_2O)的蒸气压,例如 100 ℃时,$p(H_2O) = 101.325$ kPa。

(2)蒸气压下降

由实验可测出,若往溶剂(如水)中加入任何一种难挥发的溶质,使它溶解而生成溶液时,溶剂的蒸气压力便下降。即在同一温度下,溶有难挥发溶质 B 的溶液中,溶剂 A 的蒸气压力总是低于纯溶剂 A 的蒸气压力。在这里,所谓溶液的蒸气压力实际是指溶液中溶剂的蒸气压力(因为溶质是难挥发的,其蒸气压可忽略不计)。同一温度下,纯溶剂蒸气压力与溶液蒸气压力之差称为溶液的蒸气压下降。

溶液的蒸气压力比纯溶剂要低的原因可理解如下:由于溶剂溶解了难挥发的溶质后,溶剂的一部分表面或多或少地被溶质的微粒所占据,从而使得单位时间内从溶液中蒸发出的溶剂分子数比原来从纯溶剂中蒸发出的分子数要少,也就是使得溶剂的蒸发速率变小。纯溶剂气相与液相之间原来势均力敌的蒸发与凝聚两个过程,在加入难挥发溶质后,由于溶剂蒸发速率的减小,使凝聚占了优势,结果使系统在较低的蒸气浓度或压力下,溶剂的蒸气(气相)与溶剂(液相)重建平衡。因此,在达到平衡时,难挥发溶质的溶液中溶剂的蒸气压力低于纯溶剂的蒸气压力。显然,溶液的浓度越大,溶液的蒸气压下降越多。

在一定温度时,难挥发的非电解质稀溶液中溶剂的蒸气压下降(Δp)与溶质的摩尔分数成正比。其数学表达式为:

$$\Delta p = \frac{n_B}{n} \times p(A)$$

式中　n_B——溶质 B 的物质的量;

　　　n_B/n——溶质 B 的摩尔分数;

　　　$p(A)$——纯溶剂的蒸气压。

在水与水蒸气的相平衡中,由于水的蒸发是吸热的,温度升高,K 增大,水的蒸气压力增大。表 1.1 中列出了一些不同温度时水的蒸气压值。

表 1.1　不同温度时水和冰的蒸气压力

温度/℃	-20	-15	-10	-6	-5	-4	-3	-2	-1	0
冰的蒸气压/Pa	103	165	260	369	402	437	476	518	563	611
水的蒸气气压/Pa				391	422	455	490	527	568	611
温度/℃	5	10	20	30	40	60	80	100	150	200
水的蒸气压/Pa	873	1 228	2 339	4 246	7 381	19 932	47 373	101 325	475 720	1 553 600

日常生活中可以看到,在严寒的冬季里,晾洗的衣服上结的冰可以逐渐消失;大地上的冰雪不经融化也可以逐渐减小乃至消失;而樟脑(萘)丸在常温下就易逐渐挥发。这些现象都说明固体表面的分子也能蒸发。如果将固体放在密封的容器内,固体(固相)和它的蒸气(气相)之间也能达成平衡,此时固体具有一定的蒸气压力。固体的蒸气压力也随温度的升高而增大。

(二)溶液的沸点上升

当某一液体的蒸气压力等于外界压力(101 325 Pa)时,液体就会沸腾,此时的温度称为该液体的沸点,以 bp(boilingpoint 的缩写)表示。

由图 1.1 可知,由于溶液的蒸气压低于同一温度下纯溶剂的蒸气压,溶液蒸气压曲线的位置也低于纯溶剂的蒸气压曲线。当纯溶剂蒸气压已等于外界大气压而沸腾时(对于水为373.15 K),溶液的蒸气压尚低于外界大气压。为使溶液蒸气压等于外界大气压而沸腾,必须继续升高温度;结果溶液的沸点将高于纯溶剂的沸点,这一现象称为"溶液的沸点升高"。

图 1.2 所示为溶质对水沸点的示意图。

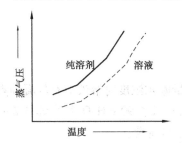

图 1.1 溶液蒸气压降低　　　图 1.2 溶质对水沸点影响的示意图

拉乌尔定律指出:对于不挥发性非电解质的稀溶液,沸点升高数值与溶液的质量摩尔浓度成正比,而与溶质的种类无关。即:

$$\Delta T_b = K_b b_B$$

式中　ΔT_b——溶液的沸点升高值;

　　　b_B——溶液的质量摩尔浓度;

　　　K_b——沸点升高常数。

例 11:90 g $H_2O(l)$ 中溶解某物质 B 2 g,测得溶液的沸点上升 0.033 3 ℃,求溶质 B 的摩尔质量 M_B。已知 $K_b = 0.52$。

解:根据　$\Delta T_b = K_b b_B$,

$$b_B = \frac{\Delta T_b}{K_b} = \frac{0.0333}{0.52},$$

$$b_B = \frac{n_B \times 1\,000}{m_A} = \frac{m_B \times 1\,000}{M_B m_A},$$

$$M_B = \frac{2 \times 1\,000 \times 0.52}{90 \times 0.033\,3} = 347(\text{g} \cdot \text{mol}^{-1})。$$

(三)凝固点下降

凝固点为物质固、液两态蒸气压相等,两相能够同时共存的温度。对于水来说,凝固点也可称为冰点,为 273.15 K。此时的饱和蒸气压为 610.5 Pa。

由图 1.3 可知,由于溶液的蒸气压低于纯溶剂的蒸气压,在纯溶剂的正常凝固点温度时,溶液的蒸气压尚低于固态的蒸气压。要想两相同时共存,必须继续降低温度,结果使溶液的凝固点低于纯溶剂的凝固点,这一现象称为溶液的凝固点降低。

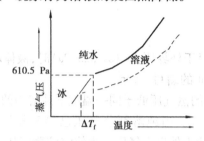

图 1.3　溶液凝固点下降示意图

拉乌尔定律同时指出:对于不挥发性非电解质的稀溶液,凝固点降低数值与溶液的质量摩尔浓度成正比,而与溶质的种类无关。即:

$$\Delta T_f = k_f b_B$$

式中　ΔT_f——溶液的凝固点降低值;

　　　b_B——溶液的质量摩尔浓度;

　　　k_f——溶液的凝固点降低常数,它表示单位质量摩尔浓度时溶液应有的凝固点降低值。

例 12:已知水 $H_2O(l)$ 的凝固点为 0 ℃,$k_f = 1.86$,如果在 90 g $H_2O(l)$ 中溶解 2 g $C_{12}H_{22}O_{11}$(蔗糖,以 B 表示)时,$\Delta T_f = 0.121$ K,求 $C_{12}H_{22}O_{11}$ 的摩尔质量。

解:根据　$b_B = n_B \times 1\,000/m_A = m_B \times 1\,000/M_B m_A$,

$\Delta T_f = K_f b_B$,

$b_B = \Delta T_f / K_f = 0.121/1.86 = m_B \times 1\,000/M_B m_A$,

$M_B = 342$ g/mol。

部分溶剂的摩尔沸点上升和摩尔凝固点下降常数见表 1.2。

表 1.2　部分溶剂的摩尔沸点上升和摩尔凝固点下降常数

溶　剂	沸点/℃	k_b/(K·kg·mol^{-1})	凝固点/℃	k_f/(K·kg·mol^{-1})
醋酸	117.9	2.530	16.66	3.90
苯	80.100	2.53	5.533	5.12
氯仿	61.150	3.62	—	—
萘	217.955	5.80	80.29	6.94
水	100.00	0.515	0.0	1.853

在生产和科学实验中,溶液的凝固点下降这一性质得到广泛的应用。例如,汽车的散热器(水箱)的用水中,在寒冷的季节,通常加入乙二醇 $C_2H_4(OH)_2$ 使溶液的凝固点下降而防止结冰。

(四)渗透压

渗透必须通过一种膜来进行,这种膜上的孔只能允许溶剂的分子通过,而不能允许溶质的分子通过,因此称为半透膜。若被半透膜隔开的两边溶液的浓度不等(即单位体积内溶剂的分子数不等),则可发生渗透现象。如按图1.4所示的装置用半透膜将溶液和纯溶剂隔开,此时溶剂分子在单位时间内进入溶液内的数目,要比溶液内的溶剂分子在同一时间内进入纯溶剂的数目为多。结果使得溶液的体积逐渐增大,垂直的细玻璃管中的液面逐渐上升,即渗透是溶剂通过半透膜进入溶液的单方向扩散过程。图1.4所示为一个显示渗透现象的简单装置。

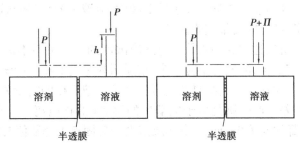

图 1.4　渗透平衡示意图

若要使膜内溶液与膜外纯溶剂的液面相平,即要使溶液的液面不上升,必须在溶液液面上增加一定压力。此时在单位时间内,溶剂分子从两个相反的方向通过半透膜的数目彼此相等,即达到渗透平衡。这样,溶液液面上所增加的压力就是这个溶液的渗透压力。因此渗透压是为维持被半透膜所隔开的溶液与纯溶剂之间的渗透平衡而需要的额外压力。

如果外加在溶液上的压力超过了渗透压,则反而会使溶液中的溶剂向纯溶剂方向流动,使纯溶剂的体积增加,这个过程称为反渗透。反渗透的原理广泛应用于海水淡化、工业废水或污水处理以及溶液的浓缩等方面。

难挥发的非电解质稀溶液的渗透压与溶液的浓度($mol \cdot dm^{-3}$)及绝对温度成正比。若以 Π 表示渗透压,c 表示浓度($mol \cdot dm^{-3}$),T 表示热力学温度,n 表示溶质的物质的量,V 表示溶液的体积,则:

$$\Pi = cRT = (n/V)RT \quad 或 \quad \Pi V = nRT$$

这一方程式的形式与理想气体方程式完全相似,R 的数值也完全一样,但气体的压力和溶液的渗透压产生的原因是不同的。气体由于其分子运动碰撞容器壁而产生压力,但溶液的渗透压是溶剂分子渗透的结果。

渗透压在生物学中具有重要意义。有机体的细胞膜大多具有半透膜的性质,渗透压是引起水在生物体中运动的重要推动力。渗透压的数值相当可观,以298.15 K时0.100 $mol \cdot dm^{-3}$ 溶液的渗透压为例,可按式计算如下:

由于 $R = 8.314$ Pa $\cdot$ m^3 $\cdot$ mol^{-1} $\cdot$ K^{-1} 浓度的单位应转换为 mol $\cdot$ m^{-3} 即

$c = 0.100$ mol $\cdot$ dm^{-3} = 0.100×10^3 mol $\cdot$ m^{-3} 所以

$\Pi = cRT = 0.100 \times 10^3$ mol $\cdot$ m^{-3} $\times 8.314$ Pa $\cdot$ m^3 $\cdot$ mol^{-1} $\cdot$ K^{-1} $\times 298$ K = 248 kPa

例13:在1 L溶液中含有5.0 g马的血红素,298 K时测得溶液的渗透压为 1.82×10^2 Pa,求马的血红素的平均摩尔质量。

解:$c = \Pi/RT = \dfrac{1.82 \times 10^2}{8.31 \times 298} = 7.3 \times 10^{-5}$(mol/L),

平均摩尔质量 $= \dfrac{5.0}{7.3 \times 10^{-5}} = 6.8 \times 10^4$(g/mol)

一般植物细胞汁的渗透压约可达2 000 kPa,故水分可以从植物的根部运送到数十米高的顶端。

人体血液平均的渗透压约为 780 kPa。由于人体有保持渗透压在正常范围的要求,因此,对人体注射或静脉输液时应使用渗透压与人体内的基本相等的溶液,在生物学和医学上这种溶液称为等渗溶液,例如,临床常用的是质量分数为 5.0%(0.28 mol · dm^{-3})葡萄糖溶液,否则由于渗透作用,可产生严重后果。如果将血红细胞放入渗透压较大(与正常血液的相比)的溶液中,血红细胞中的水就会通过细胞膜渗透出来,甚至能引起血红细胞收缩并从悬浮状态中沉降下来;如果将这种细胞放入渗透压较小的溶液中,血液中的水就会通过血红细胞的膜流入细胞中,而使细胞膨胀,甚至能使细胞膜破裂。

但是,稀溶液定律所表达的这些依数性与溶液浓度的定量关系不适用于浓溶液和电解质溶液。这是因为在浓溶液中,溶质的微粒较多,溶质微粒之间的相互影响以及溶质微粒与溶剂分子之间的相互影响大大加强。这些复杂的因素使稀溶液定律的定量关系产生了偏差。而在电解质溶液中,这种偏差的产生则是由于电解质的解离(旧称电离)。例如,一些电解质水溶液的凝固点下降数值都比同浓度(m)非电解质溶液的凝固点下降数值要大。

习　题

一、判断题

1.1 ppm = 1 000 ppb。　　　　　　　　　　　　　　　　　　　　　　　　　（　　）

2.在临床实践中,对患者输液常用 0.9% 氯化钠溶液和 5% 葡萄糖溶液,这是由体液的渗透压决定的。　　　　　　　　　　　　　　　　　　　　　　　　　　　　　（　　）

3.水中加入酒精,溶液沸点高于水。　　　　　　　　　　　　　　　　　　　（　　）

4.醋酸水溶液的凝固点比同浓度的 NaCl 水溶液的凝固点高。　　　　　　　（　　）

5.渗透压法特别适合测定大分子的摩尔质量。　　　　　　　　　　　　　　（　　）

二、选择题

1.0.5 mol 乙醇溶于 36 g 水中,乙醇的摩尔分数为（　　　）。

　　A.1/2　　　　　　　　B.1/4　　　　　　　　C.1/5　　　　　　　　D.4/5

2.已知硫酸溶液的物质的量浓度为 a mol/L,密度为 d g/cm³,则该溶液的质量百分浓度为（　　）。

　　A.(1 000/98)$a/d \times 100\%$　　　　　　　　B.(98/1 000)$a/d \times 100\%$

　　C.(1 000/98)$d/a \times 100\%$　　　　　　　　D.(98/1 000)$d/a \times 100\%$

3.水中加入乙二醇,则溶液的（　　　）。

　　A.蒸气压下降　　　B.蒸气压上升　　　C.冰点升高　　　D.沸点降低

4.溶解 2.76 g 甘油于 200 g 水中,凝固点下降 0.278 K,则甘油的分子量为（　　　）。

　　A.78　　　　　　　　B.92　　　　　　　　C.29　　　　　　　　D.60

5.配制 3% 的 Na_2CO_3 溶液(密度为 1.03 g/cm³)200 mL,需要 $Na_2CO_3 \cdot 10H_2O$（　　）。

　　A.16.47 g　　　　　B.16.57 g　　　　　C.16.67 g　　　　　D.16.77 g

6.题 5 中 Na_2CO_3 溶液的体积摩尔浓度为（　　　）。

　　A.0.19 mol　　　　　B.0.29 mol　　　　　C.0.39 mol　　　　　D.0.92 mol

　　宇宙中纷繁复杂的数千万种物质都是由化学元素周期表中有限的一百多种元素神奇地衍生出来的。化学正是研究物质的产生、组成、结构、性质及其变化规律的一门科学。有限的元素为何能形成如此繁多的物质？不同的物质为何具有不同的特性？物质之间的化学反应为何遵循基本的化学原理和规律？元素和它们的化合物的性质与它们的原子结构有密切的关系。要从根本上回答这些问题，就必须从微观的角度来研究物质，掌握物质的内部组成和结构，了解组成物质的、对化学反应至关重要的微粒——原子的结构。

一、原子的组成

　　物质世界是由什么构成，宇宙万物如何变化？这一问题长期以来为人们所关注。公元前5世纪后，古希腊哲学家留基伯和德谟克利特最先提出千千万万种物质都是由最微小、坚不可入且不可再分的微粒组成。这种微粒称为"原子"，希腊语原意即"不可分割"。到18世纪末，人们已普遍承认物质为某种小微粒组成。质量守恒定律、定组成定律及倍比定律等基本定律的发现，为化学新理论的诞生打下了基础。1803年，道尔顿提出了原子论，合理解释了当时的各个化学基本定律，同时开创了原子量的测定工作。其后几十年间，由于原子量测定工作的普遍开展，导致了元素周期律的发现，揭示了各种化学元素性质变化的内在联系。但是，道尔顿的原子论将原子看成是组成物质的"最后质点"，是"绝对不可再分"的微粒的观点，受到19世纪末一系列重大科学发现的有力冲击。电子的发现打开了原子的大门，放射性的发现则进一步揭示了原子核的奥秘，使人们对物质结构的认识和研究深入原子内部。

　　物质是由分子或原子构成的，原子又是由带正电的原子核和带负电的电子构成的。由于原子核带的电量与核外电子的电量相等，而电性相反，因此整个原子不显电性。原子的体积很小，原子核位于原子的中心，它的体积更小，只占原子体积的几千亿分之一。假设原子有十层楼那么大，而原子核仅相当于一个樱桃那么小。原子核由质子和中子构成，每个质子带一个单位正电荷，中子不带电。因此，核电荷数由质子数决定。质子数决定元素的种类。不同种类元素的原子核内质子数不同，核电荷数不同，核外电子数也不同。核电荷数的符号为 Z。

$$核电荷数(Z) = 核内质子数 = 核外电子数 = 原子序数$$

　　科学实验测定,质子的质量为 1.6726×10^{-27} kg,相对质量为 1.007;中子的质量为 1.6748×10^{-27} kg,相对质量为 1.008;电子质量很小,为 9.110×10^{-31} kg,相对质量为 0.00055。一个电子质量约为质子质量的 1/1 836,一个原子中电子数目有限,故原子质量主要集中于原子核上。由于质子、中子的质量很小,计算不方便,因此通常使用它们的相对质量。这种相对质量是以碳-12 的质量的 1/12 为标准相比较而得到的数值。实验测得,碳-12 原子的质量是 1.9927×10^{-26} kg,它的 1/12 为 1.6606×10^{-27} kg。质子和中子对它的相对质量分别为 1.007 和 1.008,取近似整数值为 1。因为电子的质量很小,在计算原子的质量时,通常可以忽略不计。如果将原子核内所有质子和中子的相对质量取近似整数值加起来,所得数值称为质量数,用符号 A 表示,中子数用符号 N 表示。则有:

$$\text{质量数}(A) = \text{质子数}(Z) + \text{中子数}(N)$$

　　只要知道这 3 个数值中的任何两个,就可以推算出另一个。例如,知道镁原子的核电荷为 12,质量为 24。则镁原子核内中子数 $= A - Z = 24 - 12 = 12$。

　　归纳起来,如以 $^A_Z X$ 代表一个质量数为 A、质子数为 Z 的原子,组成原子的粒子间的关系可表示如下:

原子($^A_Z X$)原子核:质子 Z 个

中子($A - Z$)个

核外电子 Z 个

　　人们将质子数相同而中子数不同的同种元素的原子互称为同位素。许多元素都有同位素,如碳有碳-12、碳-13、碳-14 等几种同位素。

　　在自然界存在的某种元素里,不论是游离态还是化合态,各种元素所占的原子百分比一般是不会变的。人们通常所说的某种元素的原子量,是按它的各种同位素原子所占的一定百分比算出来的平均值。例如碳元素的原子量:

符号	同位素的原子量	在自然界各同位素原子的百分组成
$^{12}_6 C$	12	98.9
$^{13}_6 C$	13	1.1
$^{14}_6 C$	14	1×10^{-10}

$12 \times 98.9\% + 13 \times 1.1\% + 14 \times 1 \times 10^{-10}\% = 12.01$

即碳的原子量为 12.01。

二、原子核外电子的排布

　　电子是带负电荷的质量很小的微粒,它在原子的空间内运动,速度很快,接近光速。核外电子的运动没有确定的轨道,人们不能测定出其在某一刻所在的位置,也不能描画其运动轨迹。人们在描述核外电子运动时,只能指出它在原子核外空间某处出现机会的多少。电子在核外空间一定范围内出现,好像带负电荷的云雾笼罩在原子核周围,所以人们形象地称它为"电子云"。氢原子的"电子云雾"呈球形对称,在离核越近的地方,电子云的密度越大,表明单位体积的空间中电子出现的机会越多,离核越远的地方,电子云密度越小,表明在单位体积的空间中电子出现的机会越少。

（一）核外电子运动状态研究史

物质受到高能量激发后,会以光谱的形式发射出能量,经分光后所得的按波长顺序排列的若干条不连续的谱线称为原子发射光谱。不同元素的原子发射光谱是不同的,最简单的是氢原子发射光谱。1883 年瑞典物理学家巴耳默首先在可见光区发现了氢原子发射光谱的 4 条谱线,称为巴耳默系。

1.玻尔氢原子结构理论

1913 年,年轻的丹麦的物理学家玻尔,根据普朗克的量子论和爱因斯坦的光子学说中光子能量与辐射频率的关系,提出了玻尔氢原子结构理论。该理论指出:

①原子核外电子不能在任意的轨道上运动,只能在符合玻尔量子化条件的、具有确定半径的圆形轨道上运动,这种轨道称为稳定轨道,电子在稳定轨道上运动时,既不吸收能量也不放出能量。

②电子在不同的稳定轨道上运动,其能量是不同的,轨道离核越远,能量越高;当原子处于能量最低的状态时称为基态,其他的状态称为激发态。

③电子在不同轨道间跃迁时,才能发生能量的辐射或吸收。通常情况下,电子处于基态,在高能量作用下,电子激发到离核较远的高能量轨道后,会自发地跃迁回低能量轨道,同时发射出光谱,发射光谱的能量确定于两个轨道间的能力差。

玻尔氢原子结构理论成功地解释了氢原子光谱的规律性,但是用于解释多电子原子的光谱时却遇到了困难,其主要原因是没有完全冲破经典物理的束缚,后来,微观粒子二象性的发现,导致了原子结构的现代理论。

2.电子的波粒二象性

原子、分子、电子、光子等微观粒子最突出的特征是既具有微粒性又具有波动性,称为波粒二象性。1923 年,法国物理学家德布罗意在光具有波粒二象性的启发下,提出了电子等微观粒子也具有波粒二象性的假设。德布罗意大胆推测,电子、原子等微观粒子也应和光子一样,既具有波动性,也具有微观性。他假设联系"波粒"二象性的两式也适用于电子等微粒,给出了著名的德布罗意关系式:

$$\lambda = \frac{h}{mv} = \frac{h}{p}$$

上式表明,具有质量为 m、运动速度为 v 的粒子,其相应的波长为 λ,称为德布罗意波,也称为物质波。表征波性的波长与表征粒性的动量仍然是通过普朗克常数定量地联系在一起。这就是电子等实物粒子的波粒二象性。

对一个速度为 10^6 m/s 的电子,其德布罗意波长应为:

$$\lambda = \frac{h}{mv} = \frac{6.63 \times 10^{-34}}{9.11 \times 10^{-31} \times 10^6} = 0.7 \times 10^{-9} \text{ m} = 700 \text{ pm}$$

可见,电子的波长与晶体中原子间距的数量级相近。可以设想用晶体衍射光栅,应观察到电子衍射现象。

1927 年,美国物理学家戴维逊和革末用已知能量的电子在晶体上进行电子衍射实验,得到了与 X 射线相似的衍射环纹,证实电子具有波动性。

量子力学论证了不能用描述宏观物体运动的"轨迹"概念来描述微观物体的运动。所谓"轨迹",即意味着运动中的物体在每一确定的时刻就有一确定的位置。微观粒子不同于宏观物体,它们的运动是无轨迹的,即在一确定的时间没有一确定的位置。这一点可以用海森堡不确定原理来说明:对于一个物体的动量(mv)的测量的偏差(Δmv)和对该物体的位置(x)的测量偏差(Δx)的乘积处于普朗克常数的数量级,即:

$$\Delta x \cdot (\Delta mv) \geqslant h/4\pi = 5.273 \times 10^{-35} (kg \cdot m^2 \cdot s^{-1})$$

例1:对于氢原子的基态电子,玻尔理论得出结论是:氢原子核外电子的玻尔半径是53 pm;它的运动速度为2.18×10^7 m/s,相当于光速(3×10^8 m/s)的7%。已知电子的质量为9.1×10^{-31} kg,假设人们对电子速度的测量偏差小到1%,即:

$$(\Delta mv) = 0.01 \times 9.1 \times 10^{-31} \times 2.18 \times 10^7 \, kg \cdot m/s = 2 \times 10^{-25} (kg \cdot m^{-1} \cdot s^{-1})$$

这样,电子的运动坐标的测量偏差就会大到:

$$\Delta x = \frac{5.273 \times 10^{-35} \, kg \cdot m^2 \cdot s^{-1}}{2 \times 10^{-25} kg \cdot m \cdot s^{-1}}$$
$$= 260 \times 10^{-12} \, m = 260(pm)$$

这就是说,这个电子在相当于玻尔半径的约5倍(260/53)的内外空间里都可以找到(包括原子核上),这样,玻尔半径以及线性轨道便成了无稽之谈。则必须打破轨迹的束缚:宏观→确定时间→确定位置→轨迹。

微观世界的特点:

①能量量子化(能层、能级)。

②波粒二象性(测不准原理,即不能同时确定位置和动量)。

③运动规律要用量子力学描述,没有确定的运动轨道,只能由波函数确定其概率密度分布规律。

(二)核外电子运动状态描述

具有波粒二象性的电子等微观粒子不能用经典力学来处理,即不能用固定的轨道描述其运动规律。它们服从波动力学(即量子力学)的规律,可用波函数来描述其运动状态。根据量子力学的基本理论,1926年奥地利物理学家薛定谔建立了描述电子运动的薛定谔方程,也称波动方程。由薛定谔方程求解所得到的结果是一个包含3个常数(n、l、m)和3个未知数的函数式。3个常数称为量子数,它们的取值有一定的规则,当一组量子数确定后,能够描述电子特定的一种运动状态。

一组量子数n、l、m决定一个波函数,即一个原子轨道。因而,常将n、l、m称为轨道量子数。它们决定电子的轨道运动状态,描述电子离核远近、轨道形状及在空间的伸展方向。此外,超精细光谱实验表明,电子除轨道运动外,还具有自旋运动,由自旋量子数m_s来决定,m_s也简称为自旋量子数。因此,要完整地描述核外电子的运动状态,一般需要4个量子数,即n、l、m、m_s。下面分别讨论它们的含义及取值关系。

1. 主量子数(n)

与能层对应的量子数称为主量子数,主量子数用n表示,其取值为正整数,即$n = 1$、2、3、4、5、6、7、…,各取值还可用相应的光谱符号K、L、M、N、O、P、Q、…来表示,主量子数取值相同的一组原子轨道为一个电子层。如K层即第一电子层,L层为第二电子层,M层为第三电子层,等等。电子所处的电子层不同时,电子能量就不同。例如,镁原子核外有12个电子,分3层排布,第一层有2个电子,第二层有8个电子,第三层有2个电子,其中能量最低的是第一层的两个电子,最高的是第三层的两个电子。

不同的 n 值,对应于不同的电子层,见表2.1。

表2.1 主量子数与电子层数符号表

主量子数 n	1	2	3	4	5	6	7	…
电子层符号	K	L	M	N	O	P	Q	…

主量子数是决定电子能量高低的主要因素。n 越小,电子离核平均距离越近,其能量越低。

n 不相同,l 相同时,$E_{1s} < E_{2s} < E_{3s} < E_{4s}$。

n 相同,l 不相同时,$E_{4s} < E_{4p} < E_{4d} < E_{4f}$。

物理意义:描述电子运动的范围,即通常所说的电子层,决定电子能量的高低。

2. 角量子数(l)

与能级对应的量子数称为角两子数,符号 l。角量子数 l 取值由 n 确定,即 l 可取从 0 到 $(n-1)$ 的正整数。电子绕核运动不仅具有一定的能量,而且也具有一定的轨道角动量。l 与轨道角动量的量子化有关,故称为角量子数。常用光谱符号 s、p、d、f、… 分别表示 l 为 0、1、2、3、… 的电子,见表2.2。

表2.2 角量子数、轨道符号与轨道形状表

角量子数(l)	0	1	2	3	…
轨道符号	s	p	d	f	…
轨道形状	球形	哑铃形	四叶花瓣形	复杂形状	

在多电子原子中,电子的能量不仅与轨道的大小(n)有关,而且与轨道形状(l)有关。一般 n 相同时,l 越大,能量越高,如:$E_{4s} < E_{4p} < E_{4d} < E_{4f}$。

其原因与电子的钻穿效应有关。n 相同时,l 相同的电子能量相同,是处于同一亚层(或分层)的电子。n 与 l 的关系及相应的电子层与亚层关系见表2.3。

表2.3 n 与 l 的关系及相应的电子层与亚层关系

电子层(n)	电子亚层(l)	亚层数目
K(1)	1s (0)	1
L(2)	2s (0) 2p (1)	2
M(3)	3s (0) 3p (1) 3d (2)	3

n、l 相同的亚层其能量相同,常称为电子能级。例如,3s 亚层常称为 3s 能级,具有这种运动状态的电子也称为 3s 电子。

物理意义:表示电子轨道的形状(决定了 ψ 角度函数的形状和概率的径向分布)和在多电子原子中和主量子数一起决定电子的能量,它的取值受 n 的限制。

3. 磁量子数(m)

与轨道对应的量子数称为磁量子数,符号 m。磁量子数 m 可取 0、± 1、± 2、$\cdots$、$\pm l$;其值决定了 ψ 角度函数的空间取向。

通常把 n,l,m 都确定的电子运动状态称原子轨道,其关系见表2.4。

例如: $n=2$, $l=0$, $m=0$, 2s

  $n=3$, $l=1$, $m=0$, 3pz

  $n=3$, $l=2$, $m=0$, $3dz^2$

表2.4 l,m 的关系

角量子数	磁量子数	轨道数	轨道符号
0	0	1	ns
1	$0,-1,+1$	3	np$_z$, np$_x$, np$_y$
2	$0,-1,-2,+1,+2$	5	nd$_{z2}$,nd$_{x2-y2}$,nd$_{xy}$, nd$_{xz}$, $n$dy$_z$

磁量子数的取值受角量子数的制约,它可取从 $+l$ 到 $-l$,包括 0 在内的整数值,l 确定后,m 可有 $2l+1$ 个值。当 $l=0$ 时,$m=0$ 即 s 轨道无方向,在空间只有 1 种取向;p 轨道在空间有 3 种取向;d 轨道在空间有 5 种取向;f 轨道在空间有 7 种取向。见表2.4l 和 m 的关系。因此 s 亚层只有 1 个原子轨道,p 亚层有 3 个原子轨道,d 亚层有 5 个原子轨道,f 亚层有 7 个原子轨道。磁量子数不影响原子轨道的能量,n,l 都相同的 n 个原子轨道能量是相同的,这样的轨道称等价轨道或简并轨道。例如,l 相同的 3 个 p 轨道。5 个子轨道、7 个子轨道都是简并轨道。

轨道数与量子数、波函数之间的关系见表2.5。

表2.5 轨道数与量子数、波函数之间的关系

n	l	m	轨道名称	波函数	轨道数	轨道数
1	0	0	1s	Ψ_{1s}	1	1
2	0	0	1s	Ψ_{2s}	1	4
	1	0	2p$_z$	Ψ_{2pz}	3	
		-1	2p$_x$	Ψ_{2px}		
		$+1$	2p$_y$	Ψ_{2py}		
3	0	0	3s	Ψ_{3s}	1	9
	1	0	3p$_z$	Ψ_{3p_z}	3	
		-1	3p$_x$	Ψ_{3p_x}		
		$+1$	3p$_y$	Ψ_{3p_y}		
	2	0	3d$_{z2}$	$\Psi_{3}d_{z2}$	5	
		-1	3d$_{x2-y2}$	$\Psi_{3}d_{x2-y2}$		
		-2	3d$_{xz}$	$\Psi_{3}d_{xz}$		
		$+1$	3d$_{xy}$	$\Psi_{3}d_{xy}$		
		$+2$	3d$_{yz}$	$\Psi_{3}d_{yz}$		

注意:

①主量子数等于电子层数,等于各电子层的亚层数又等于其该电子层的能层数。

②每一电子层中的轨道数等于电子层数的平方也等于其空间取向数。

③电子层的状态数等于其电子层平方的 2 倍。

一个波函数(原子轨道)的值由 n, l, m 3 个量子数决定,记作 $\psi n, l, m$。

例如:$\psi_{2,1,0}$ 代表 $n = 2$, $l = 1$, $m = 0$ 的原子轨道,就是 2pz 轨道,也表示为 ψ_{2pz}。

4 种表示方法为:

①$\psi_{2,1,0}$;②2pz;③ψ_{2pz};④$n = 2$, $l = 1$, $m = 0$。

4. 自旋量子数(m_s)

与电子的自旋状态对应的量子数称为自旋量子数,符号 ms。自旋量子数不是薛定谔方程求解的结果,它是为了解释氢原子光谱在磁场中的分裂而提出来的, 取值为 + 1/2 或 – 1/2 (通常用↓或↑表示两种不同的自旋方向)。

通过这样一组特定的 4 个量子数可得到一个相应的波函数(ψ),即表示氢原子核外电子的一运动状态,将此代入薛定谔方程可得与此相对应的能量 E。

①主量子数(n)　　　　　　$n = 1、2、3、\cdots$

②角量子数(l)　　　　　　$l = 0、1、2、\cdots、n-1$。

③磁量子数(m)　　　　　　$m = -l、\cdots、0、\cdots+l$。

④自旋量子数(m_s)　　　　$m_s = +\dfrac{1}{2}$ 或 $-\dfrac{1}{2}$。

例 2:对于某多电子原子,试问在其第三电子层中,

①亚层数是多少? 并用符号表示各亚层。

②各亚层上的轨道数是多少? 该电子层上的轨道总数是多少?

③哪些是等价轨道?

解:第三层为 N,其主量子数 $n = 3$。

①亚层数是由角量子数的取值数所决定的, $l = 0、1、2$。所以有 3 个亚层,即 3s、3p、3d。

②各亚层的轨道数由磁量子数决定,即

$n = 3$　　　　$l = 0, m = 0$　　　　　　　　　　1 个 3s 轨道;

$n = 3$　　　　$l = 1, m = 0, +1, -1$　　　　　　3 个 3p 轨道;

$n = 3$　　　　$l = 2, m = 0, +1, -1, +2, -2$　　5 个 3d 轨道。

此电子层上共有 9 个轨道。

③3 个 3p 轨道是等价轨道;5 个 3d 轨道也是等价轨道。

综上所述,电子在原子核外的运动状态是相当复杂的,必须由它所处的电子层、电子亚层、电子云的伸展方向和自旋状态 4 个方面来决定。因此,要说明一个电子的运动状态时,也必须同时从这 4 个方面一一指明。

(三)多电子原子轨道的能级

凡原子核外只有一个电子的离子称为类氢离子,如 He^+,Li^{2+} 等。类氢离子的核外电子只受核的吸引力,其波函数(ψ)的形式与氢原子相似,轨道能量除与主量子数有关外,还与核电荷数 Z 有关。除氢原子外,其他元素的原子核外电子数都多于一个,统称为多电子原子。它们的核外电子不仅受核的吸引,同时存在彼此间的相互排斥作用。要精确计算这种体系中电子的能量是很困难的,一般采用近似方法处理,故先来学习核外电子排布所遵循的规律。

1. 泡利不相容原理

在一个原子中不可能有两个电子具有完全相同的 4 个量子数,也就是说,在一个原子轨道中最多容纳两个自旋方向相反的电子。

根据这个原理,如果有两个电子处于一个轨道(即主量子数、角量子数、磁量子数都相同的轨道)上,那么两个电子的自旋方向就一定相反。例如,氦原子核外的两个电子处于 K 层 s 亚层,s 亚层只有一个轨道,所以,它们是 s 轨道上自旋方向相反的两个电子。

根据泡利不相容原理,可以推算出各电子层可以容纳的最多电子数,每个电子层可能有的最多轨道数为 n^2,而每个轨道又只能容纳 2 个自旋方向相反的电子,所以各电子层可能容纳的电子总数为 $2n^2$。

电子层可容纳电子的最大数目列于表 2.6 中。

表 2.6　1—4 电子层可容纳电子的最大数目

电子层(n)	K	L		M			N			
电子亚层	s	s	p	s	p	d	s	p	d	f
亚层中的轨道数	1	1	3	1	3	5	1	3	5	7
亚层中的电子数	2	2	6	2	6	10	2	6	10	14
每个电子层中可容纳电子的最大数目	2	8		18			32			

2. 能量最低原理

在不违背泡利原理的前提下,各个电子将优先占据能量较低的原子轨道,使体系的能量最低,原子处于基态。

在核外电子排布中,通常状况下电子总是尽先占有能级最低的轨道,只有当这些轨道占满后,电子才依次进入能级较高的轨道,这个规律称为能量最低原理。

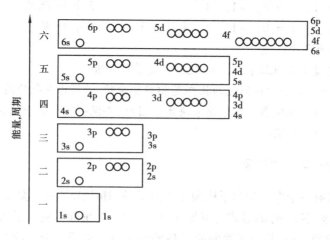

图 2.1　多电子原子电子的近似能级图

所谓能级,就是将原子中不同电子层和亚层按能量高低排成顺序,像台阶一样,称为能级。例如,1s 能级,2s 能级,2p 能级,3s 能级等。在一个原子中,不同电子层的能级不同,离核越近,n 越小的电子层能级越低,如 1s 的能级低于 2s 的能级。在同一电子层中,各亚层的能级也不相同,它们是按 s、p、d、f 的次序依次升高的。如 2p 的能级高于 2s 能级,3d 的能级高于 3p,等等。但是对于那些核外电子数较多的原子来说,情况就比较复杂。因为多电子原子中的各个电子,除去原子核对它们的吸引力外,同时各电子间还存在排斥力,因而使多电子原子的电子所处的能级产生了交错现象。

从图 2.1 可以看出,自第三电子层就有能级交错现象,如 3d 电子的能量似乎应低于 4s,而实际上 $E_{4s} < E_{3d}$。因此,按照能量最低原理,电子在进入核外电子层时,不是排完了 3p 就排 3d,而是先排 4s,排完 4s,再排 3d。

应用多电子原子电子的近似能级图,并根据能量最低原理,就可以确定电子排入轨道的次序,如图 2.2 所示。

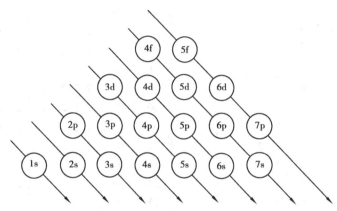

图 2.2 电子填入轨道的顺序图

3. 简并轨道原理

泡利不相容原理和能量最低原理,基本上明确了核外电子排布时进入不同轨道的次序,但是如果有两个或两个以上能量相同的电子进入能级相同的轨道(如 3 个 p 轨道或 5 个 d 轨道等)时,它们是以自旋方向相反的状态成对进入同一轨道,还是分占不同的轨道呢?

(1)洪特规则

在能量相同的轨道上电子的排布,将尽可能以自旋方向相同的状态分占不同的轨道。在同一个亚层中的各个轨道上,电子的排布尽可能分占不同的轨道,而且自旋方向相同,这样排布整个原子的能量最低。

(2)恩晓定理

在能量相同的轨道上电子排布为全充满(p^6,d^{10},f^{14})、半充满(p^3,d^5,f^7)或全空(p^0,d^0,f^0)状态时较稳定。

两者都是讨论简并轨道上电子的排布问题,所以将它们合并在一起称为简并轨道原理。

根据上述 3 个原理和多电子原子电子的近似能级图,将核电荷数为 1—36 的元素的电子层排布情况列入表 2.7 中。

表 2.7　核电荷数为 1—36 的元素的电子层排布

核电荷数	元素符号	K	L		M			N		核电荷数	元素符号	K	L		M			N	
		1s	2s	2p	3s	3p	3d	4s	4p			1s	2s	2p	3s	3p	3d	4s	4p
1	H	1								19	K	2	2	6	2	6		1	
2	He	2								20	Ca	2	2	6	2	6		2	
3	Li	2	1							21	Sc	2	2	6	2	6	1	2	
4	Be	2	2							22	Ti	2	2	6	2	6	2	2	
5	B	2	2	1						23	V	2	2	6	2	6	3	2	
6	C	2	2	2						24	Cr	2	2	6	2	6	5	1	
7	N	2	2	3						25	Mn	2	2	6	2	6	5	2	
8	O	2	2	4						26	Fe	2	2	6	2	6	6	2	
9	F	2	2	5						27	Co	2	2	6	2	6	7	2	
10	Ne	2	2	6						28	Ni	2	2	6	2	6	8	2	
11	Na	2	2	6	1					29	Cu	2	2	6	2	6	10	1	
12	Mg	2	2	6	2					30	Zn	2	2	6	2	6	10	2	
13	Al	2	2	6	2	1				31	Ga	2	2	6	2	6	10	2	1
14	Si	2	2	6	2	2				32	Ge	2	2	6	2	6	10	2	2
15	P	2	2	6	2	3				33	As	2	2	6	2	6	10	2	3
16	S	2	2	6	2	4				34	Se	2	2	6	2	6	10	2	4
17	Cl	2	2	6	2	5				35	Br	2	2	6	2	6	10	2	5
18	Ar	2	2	6	2	6				36	Kr	2	2	6	2	6	10	2	6

从表 2.7 可知,核电荷数为 24 的元素 Cr,核电荷数为 29 的元素 Cu,它们的电子层结构并没有完全按照前述规律排布,Cr 和 Cu 在排了 $3p^6$ 之后应排成 $3d^44s^2$ 和 $3d^94s^2$,但实验数据表明应排成 $3d^54s^1$ 和 $3d^{10}4s^1$,这就符合了简并轨道原理。

三、原子结构与元素周期系

随着原子序数的递增,元素的性质呈现出周期性的变化,这种变化的原因在于原子结构周期性变化的结果。当将元素按核电荷递增的顺序依次排列成周期表时,核外电子相应地逐渐填充,电子层结构呈现出明显的周期性变化。从现代元素周期表中可以看出元素周期系与原子结构的几种对应关系。

①原子序数等于核电荷数(核中质子数),也等于核外电子数。

②周期数等于电子层数,即等于主量子数。第 1 周期只有两种元素,称为特短周期。其他周期从碱金属开始至稀有气体为止。第 2、3 周期各有 8 种元素,称为短周期。第 4、5 周期各有 18 种元素,称为长周期。第 6 周期有 32 种元素,称为特长周期。第 7 周期目前尚未完成,称为未完成周期,预计应有 32 种元素的特长周期。第 8 周期若发现,预言为含有 50 种元素的超长周期。

③族与电子构型的关系稍为复杂一些。

周期表中18列分为16个族,7个主族(A族)、7个副族(B族),还有一个第Ⅷ族及0族。第Ⅷ族按横行分成3组:铁系、轻铂系和重铂系元素。由于从 La 至 Lu 的 15 种元素,以及从 Ac 至 Lr 的 15 种元素性质极相似,单独成行列于元素周期表下,分别称为镧系元素及锕系元素。

④元素周期表可按原子的结构特征分为 5 个区,见表 2.8。

表 2.8　元素周期表按原子结构特征分区表

元素分区	最后填充能级	族　　数	元素主要性质
s 区	ns^{1-2}	ⅠA　　ⅡA	活泼金属,氧化数为 +1、+2
p 区	ns^2np^{1-6}	ⅢA-ⅦA,0 族	非金属 p 区金属及稀有气体,氧化数为 +3—+8
d 区	$(n-1)d^{1-9}ns^{1-2}$	ⅢB-ⅦB,Ⅷ族	过渡金属,氧化数多种
ds 区	$(n-1)d^{10}ns^{1-2}$	ⅠB,ⅡB	不活泼金属,氧化数多为 +1、+2
f 区	$(n-2)f^{1-14}(n-1)d^{0-2}ns^2$	镧系,锕系	稀土金属及超铀元素,性质极相似

四、原子结构与元素性质的关系

1. 有效核电荷

元素的有效核电荷 $Z^* = Z - \sigma$,与电子的屏蔽作用有关。由于内层电子对外层电子的屏蔽作用较强,同层电子之间彼此屏蔽作用较弱,使得 Z^* 随原子序数递增而呈现周期性变化,尽管原子的核电荷 Z 随原子序数增大而直线上升。

同一周期主族元素从左向右,Z^* 显著增大,是因为增加的电子填充在同一最外层上,其屏蔽作用较弱;同周期的副族元素从左至右,Z^* 增加不大,是因为它们的电子增加在次外层上,对外层电子排布作用较强。同族元素由上至下,Z^* 显著增大,是因为相邻周期的同族元素间相隔 8 或 18 种元素,核电荷 Z 显著增大。

一般说来,Z^* 越小,原子核对核外电子引力越小,电子越容易失去。因此,有效核电荷的变化势必影响原子得失电子的能力。不过,原子得失电子能力还与原子半径的大小有关,如图 2.3 所示。

2. 原子半径(r)

原子半径随原子序数递增而呈现周期性变化。同一周期元素从左到右,原子半径一般是逐渐减小的;但不同的周期,减小的幅度不同。这与原子有效核电荷的变化规律有关。同一主族元素由上到下,因电子层数增多,原子半径递增。副族元素的原子半径变化不明显,第五和第六周期的元素半径非常接近,这主要由"镧系收缩"造成的。镧系元素随原子序数的递增,原子半径在总趋势上有所收缩的现象称为镧系收缩,如图 2.4 所示。

3. 电离能(I)

由元素的基态的气态原子去掉一个电子成为气态的一价阳离子时所需要的最少能量,称为该原子的第一电离能(I_1)。元素的第一电离能单位为 kJ/mol 或 eV:

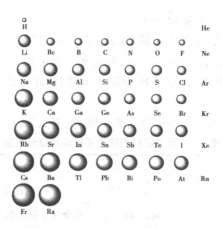

图 2.3　元素原子半径的周期性变化

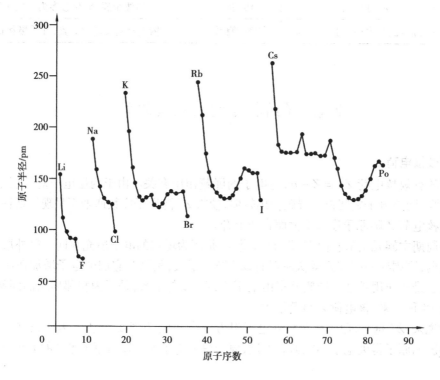

图 2.4　原子半径周期性变化

$$A(g) \rightarrow A^{+}(g) + e^{-} \quad 第一电离能$$

气态的基态正一价离子失去一个电子成为气态正二价离子所需要的最少能量,称为第二电离能 I_2。

$$A^{+}(g) \rightarrow A^{2+}(g) + e^{-} \quad 第二电离能$$

其余类推。

同一周期主族元素,第一电离能从左向右总趋势是增大的。对副族元素,从左向右由于原子半径减小的幅度很小,有效核电荷数增加不大,核对外层电子引力略为增强,因而第一电离能总的看来略有增大,而且个别处变化还不太规律,导致副族元素金属性变化不明显。对同一族元素,主族元素第一电离能从上到下依次减小。这是因为从上到下核电荷数虽然增多,但电子层数也相应增加,原子半径显著增大,使核对外层电子引力减弱,因而易失去电子的缘故。对副族元素,从上到下原子半径只略有增加而且由于镧系收缩造成的第五、六周期同族元素相比较,第一电离能的趋势是增大的,但其间的变化没有较好的规律,如图 2.5 所示。

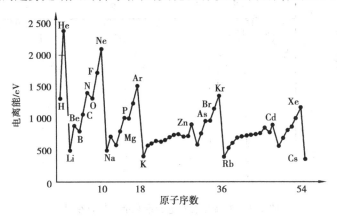

图 2.5　元素第一电离能变化规律

4. 电负性(x)

元素的电负性是指在分子中原子吸引成键电子的能力。可以衡量元素得失电子的综合能力。同一周期元素从左到右,电负性一般递增;同一主族元素从上到下,电负性通常递减。因此电负性大的元素集中在周期表的右上角,F 的电负性最大,而电负性小的元素集中在元素周期表的左下角,Cs 的电负性最小。金属性越强,电负性越小,反之非金属性越强,电负性越大,如图 2.6 所示。

H 2.1																	He
Li 1.0	Be 1.6											B 2.0	C 2.5	N 3.0	O 3.5	F 4.0	Ne
Na 0.9	Mg 1.2											Al 1.5	Si 1.8	P 2.1	S 2.5	Cl 3.0	Ar
K 0.8	Ca 1.0	Sc 1.3	Ti 1.5	V 1.6	Cr 1.6	Mn 1.5	Fe 1.8	Co 1.9	Ni 1.9	Cu 1.9	Zn 1.6	Ga 1.6	Ge 1.8	As 2.0	Se 2.4	Br 2.8	Kr
Rb 0.8	Sr 1.0	Y 1.2	Zr 1.4	Nb 1.6	Mo 1.8	Tc 1.9	Ru 2.2	Rh 2.2	Pd 2.2	Ag 1.9	Cb 1.7	In 1.7	Sn 1.8	Sb 1.9	Te 2.1	I 2.5	Xe
Cs 0.7	Ba 0.9	La 1.0	Hf 1.3	Ta 1.5	W 1.7	Re 1.9	Os 2.2	Ir 2.2	Pt 2.2	Au 2.4	Hg 1.9	Tl 1.8	Pb 1.9	Bi 1.9	Po 2.0	At 2.1	Rn

图 2.6　元素的电负性

5. 电子亲和能

一个气态的基态原子得到一个电子成为气态的负一价离子所放出的能量,称为该原子的第一电子亲和能(Y_1),单位为 kJ/mol 或 eV。

$A(g) + e^- \rightarrow A^-(g)$　　第一电子亲和能;

$A^-(g) + e^- \rightarrow A^{2-}(g)$　　第二电子亲和能。

元素的第一电子亲和能越小,原子就越易得电子,该元素的非金属性就越强。反之亦然。电子亲和能在周期表中从左到右总的变化趋势是增大的,表明元素的非金属性增强;主族元素从上到下总的变化趋势是减小的,表明元素的非金属性减弱,如图2.7所示。

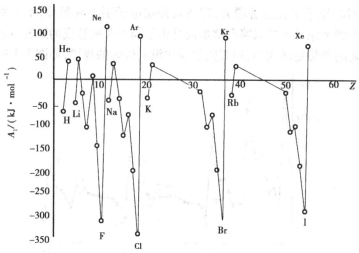

图2.7 主族元素的电子亲和能周期性变化

6.元素的金属性与非金属性

一般来说,原子易失电子,该元素的金属性强;原子易得电子,该元素的非金属性活泼。同一周期元素从左到右,金属性减弱,非金属性增强,由活泼金属过渡到活泼非金属。同一主族元素从上到下,金属性增强,非金属性减弱。金属和非金属之间没有严格界限,周期表中存在一斜对角线区域,位于这一区域的元素为两性或准金属。如图2.8所示。偏右上方元素具有两性,偏非金属性,偏左下方元素具有两性偏金属性,越靠右上方的元素非金属性越强,越靠左下方的元素金属性越强。

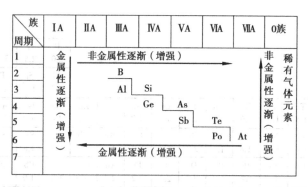

图2.8 元素金属性和非金属性递变

通常金属和非金属的交界处容易找到半导体材料。过渡元素特别是第八族元素(Ⅷ)的单质或化合物是常用的催化剂。过渡元素均为配合物的优良的中心离子。

元素的金属性是指原子失去电子成为阳离子的能力,通常可用电离能来衡量。元素的非金属性是指原子得到电子成为阴离子的能力,通常可用电子亲和能来衡量。元素的电负性综合反映了原子得失电子的能力,故可作为元素金属性与非金属性统一衡量的依据。

7.元素的氧化值

元素的最高氧化值随价层电子构型的周期性重复,也呈周期性的变化。通常元素的最高氧化值等于其价电子总数,也等于其族数。但也有例外,如ⅧA 和ⅧB,IB族(Cu 为 +2;Ag、Au 为 +3)。

习　题

一、判断题

1. 电子在原子核外运动的能量越高,它与原子核的距离就越远。任何时候,1s 电子总比 2s 电子更靠近原子核,因为 $E_{2s} > E_{1s}$。　　　　　　　　　　　　　　（　　）

2. 原子中某电子的各种波函数,代表了该电子可能存在的各种运动状态,每一种状态可视为一个轨道。　　　　　　　　　　　　　　　　　　　　　　　　　　　（　　）

3. 氢原子中,2s 与 2p 轨道是简并轨道,其简并度为 4;在钪原子中,2s 与 2p 轨道不是简并轨道,$2p_x$,$2p_y$,$2p_z$ 为简并轨道,简并度为 3。　　　　　　　　　　　（　　）

4. 从原子轨道能级图上可知,任何原子在相同主量子数的轨道上,能量高低的顺序总是 f > d > p > s;在不同主量子数的轨道上,总是 $(n-1)p > (n-2)f > (n-1)d > ns$。　　　　　　　　　　　　　　　　　　　　　　　　　　　　　　　　（　　）

5. 在元素周期表中,每一周期的元素个数正好等于该周期元素最外电子层轨道可以容纳的电子个数。　　　　　　　　　　　　　　　　　　　　　　　　　　　　（　　）

6. 所有非金属元素(H,He 除外)都在 p 区,但 p 区所有元素并非都是非金属元素。　　　　　　　　　　　　　　　　　　　　　　　　　　　　　　　　　　（　　）

7. 就热效应而言,电离能一定是吸热的,电子亲和能一定是放热的。　　（　　）

8. 铬原子的电子排布为 $Cr[Ar]4s^1 3d^5$,由此得出,洪特规则在与能量最低原理出现矛盾时,首先应服从洪特规则。　　　　　　　　　　　　　　　　　　　　　　（　　）

9. s 区元素原子丢失最外层的 s 电子得到相应的离子,d 区元素的原子丢失处于最高能级的 d 电子而得到相应的离子。　　　　　　　　　　　　　　　　　　　　（　　）

10. 在原子核里因质子数和中子数不同,就组成了不同的核素;同样在原子核里因质子数和中子数不等,就构成了同位素。可见,核素也就是同位素。　　　　　　　　（　　）

二、选择题

1. 玻尔在他的原子理论中（　　　）。

A. 证明了电子在核外圆形轨道上运动

B. 推导出原子半径与量子数平方成反比

C. 应用了量子力学的概念和方法

D. 解决了氢原子光谱和电子能量之间的关系问题

2. 波函数和原子轨道二者之间的关系是（　　）。

A. 波函数是函数式,原子轨道是电子轨迹　　B. 波函数和原子轨道是同义词

C. 只有轨道波函数与原子轨道才是同义的　　D. 以上 3 种说法都不对

3. 多电子原子的原子轨道能级顺序随着原子序数的增加（　　）。

A. 轨道能量逐渐降低,但能级顺序不变

B. 轨道能量基本不变,但能级顺序改变

C. 轨道能量逐渐增加,能级顺序不变

D. 轨道能量逐渐降低,能级顺序也会改变

4. 周期表中各周期元素数目是由( )决定的。

A. $2n^2$ (n 为主量子数)　　　　　　　　　B. 相应能级组中所含轨道总数

C. 相应能级组中所含电子总数　　　　　　　　D. $n + 0.7$ 规则

5. 下列电子构型中,电离能最低的是( )。

A. ns^2np^3　　　　　　B. ns^2np^4　　　　　　C. ns^2np^5　　　　　　D. ns^2np^6

6. 下列元素中,第一电离能最大的是( )。

A. B　　　　　　　　　B. C　　　　　　　　　C. Al　　　　　　　　　D. Si

7. 原子光谱中存在着不连续的线谱,证明了( )。

A. 在原子中仅有某些电子能够被激发

B. 一个原子中的电子只可能有某些特定的能量状态

C. 原子发射的光,在性质上不同于普通的白光

D. 白光是由许许多多单色光组成

8. 原子轨道中"填充"电子时必须遵循能量最低原理,这里的能量主要是指( )。

A. 亲和能　　　　　　B. 电能　　　　　　C. 势能　　　　　　D. 动能

9. 下列哪一原子的原子轨道能量与角量子数无关? ( )。

A. Na　　　　　　　　B. Ne　　　　　　　C. F　　　　　　　　D. H

10. 下列哪一种元素性质的周期规律最不明显( )。

A. 电子亲和能　　　　B. 电负性　　　　　C. 电离能　　　　　D. 原子体积

11. 用来表示核外某电子运动状态的下列各组量子数(n , l , m , m_s)中哪一组是合理的? ( )。

A. $\left(2, 1, -1, -\dfrac{1}{2}\right)$　　B. $\left(0, 0, 0, +\dfrac{1}{2}\right)$　　C. $\left(3, 1, 2, +\dfrac{1}{2}\right)$　　D. $(2, 1, 0, 0)$

12. 元素和单质相比较时,正确的说法是( )。

A. 元素由单质构成　　　　　　　　　　　　B. 元素可分解为单质

C. 元素的质量比单质的质量重　　　　　　　D. 单质是元素存在的一种形式

13. 核素和同位素的相同点是( )。

A. 它们中的质子数均大于中子数　　　　　　B. 它们中的质子数均小于中子数

C. 它们中的质子数和中子数相等　　　　　　D. 它们各自含有相同的质子数

14. 关于核素的正确说法是( )。

A. 具有一定数目的核电荷的一种原子

B. 具有一定数目的质子的一种原子

C. 具有一定数目的中子的一种原子

D. 具有一定数目的中子和一定数目的质子的一种原子

15. 测定原子量最直接的方法是( )。

A. 质谱法　　　　　　B. 化合量法　　　　　C. 气体密度法　　　　　D. α-粒子散射法

三、填空题

1. 在 1～18 号元素中,电子总数是最外层电子数两倍的元素是( );最外层电子数是次外层电子数两倍的元素是( );次外层电子数是最外层电子数两倍的元素是( );内层电子总数是最外层电子数两倍的元素是( )。

2. A 元素原子 M 电子层有 6 个电子,B 元素与 A 元素原子具有相同电子层数,B 元素的原子最外层上只有 1 个电子。

(1)画出 B 元素的原子结构示意图。

(2)A、B 两元素形成的化合物的名称是(　　　　),该化合物在无色火焰上灼烧时,火焰呈(　　　　)色。

3. 与氖原子核外电子数相同的双原子分子是(　　　　);与氖原子核外电子数相同的三原子分子是(　　　　);与氖原子核外电子数相同的四原子分子是(　　　　);与氖原子核外电子数相同的五原子分子是(　　　　)。

4. 画出下列各微粒的结构示意图。

(1)与氖原子电子层结构相同的 -2 价阴离子:(　　　　)。

(2)最外层电子数为次外层电子数 2 倍的原子:(　　　　)。

(3)L 层电子数为 K 层、M 层电子数之和的原子:(　　　　)。

(4)与氩原子电子层结构相同的 $+1$ 价阳离子:(　　　　)。

5. 某元素原子的核电荷数是电子层数的 5 倍,其质子数是最外层电子数的 3 倍,该元素的原子结构示意图为(　　　　)。

6. 某金属若干克,其原子核外共有 2 mol 电子,核内共有 1.204×10^{24} 个中子;同质量的该金属与足量稀盐酸反应,有 0.2 mol 电子发生转移,生成 6.02×10^{22} 个阳离子,试回答:

(1)该金属元素的原子符号为(　　　　),摩尔质量为(　　　　)。

(2)在原子核的组成中,中子有(　　　　)个,质子有(　　　　)个。

7. 主量子数为 4 的一个电子,其角量子数的可能取值有(　　　　)种,它的磁量子数的可能取值有(　　　　)种。

8. 在氢原子中,4s 和 3d 轨道的能量高低为(　　　　),而在 19 号元素 K 和 26 号元素 Fe 中,4s 和 3d 轨道的能量高低顺序分别为(　　　　)和(　　　　)。

9. 填上合理的量子数:$n = 2, l = ($　　　　$), m = ($　　　　$), m_s = +1/2$。

10. $+3$ 价离子的电子层结构与 S^{2-} 离子相同的元素是(　　　　)。

11. 微观粒子运动与宏观物质相比具有两大特征,它们是(　　　　)和(　　　　),说明微观粒子运动特点的两个重要实验是(　　　　)。

12. $\psi_{n,l,m}$ 是(　　　　),当 n, l, m 一定时,处于 $\psi_{n,l,m}$ 状态的一个电子的(　　　　),(　　　　),(　　　　)可以确定 n, l, m 可以确定一个(　　　　)。

13. 氢原子的电子能级由(　　　　)决定,而钠原子的电子能级由(　　　　)决定。

14. Mn 原子的价电子构型为(　　　　),用 4 个量子数分别表示每个价电子的一定状态,是(　　　　)。

15. 在电子构型 a. $1s^2 2s^2$, b. $1s^2 2s^2 2p^4 4s^1$, c. $1s^2 2s^1 2p^1 3d^1 3s^1$, d. $1s^2 2s^2 2p^6 3s^1 3d^1$, e. $1s^2 2p^2$, f. $1s^2 3s^2 2p^1$, g. $1s^1 2s^2 2p^1 3d^1$ 中,属于原子基态的是(　　　　),属于原子激发态的是(　　　　),纯属错误的是(　　　　)。

16. 用元素符号填空:(均以天然存在为准)原子半径最大的元素是(　　　　),第一电离能最大的元素是(　　　　),原子中 3d 半充满的元素是(　　　　),原子中 4p 半充满的元素是(　　　　),电负性差最大的两个元素是(　　　　),化学性质最不活泼的元素是(　　　　)。

四、简答题

1. 第 114 号元素属于第几周期？第几族？

2. 为什么碳（^6C）的外围电子构型是 $2s^22p^2$，而不是 $2s^12p^3$，而铜（^{29}Cu）的外围电子构型是 $3d^{10}4s^1$，而不是 $3d^94s^2$？

五、综合题

1. 某元素位于周期表中 36 号元素之前，该元素失去 2 个电子以后，在角量子数 $l=2$ 的轨道上正好半充满，试回答：

（1）该元素的原子序数，符号，所处周期和族。

（2）写出表示全部价电子运动状态的 4 个量子数。

（3）该元素最高价氧化物水合物的分子式及酸碱性。

2. 某元素原子序数为 33，试问：

（1）此元素原子的电子总数是多少？有多少个未成对电子？

（2）它有多少个电子层？多少个能级？最高能级组中的电子数是多少？

（3）它的价电子数是多少？它属于第几周期？第几族？是金属还是非金属？最高化合价是几？

3. 写出原子序数为 24 的元素的名称，符号及其基态原子的电子排布式，并用 4 个量子数分别表示每个价电子的运动状态。

第 3 章

分子结构与晶体结构

保持物质化学性质的微粒是分子,分子是由原子结合而成的。从原子结构可知,绝大多数原子都不是稳定结构,而是要相互结合形成分子才能稳定存在。那么原子和原子是怎样结合成分子的呢? 形成分子后为什么其性质与原来差别很大?

原子与原子之间以一定的结合力连接在一起,形成分子。人们将直接相连的原子间主要的、强烈的相互作用力称为化学键,这是分子结构的主要内容之一。原子的外层电子运动状态不同,原子结合的方式不同,化学键又分为离子键、共价键、金属键等几种类型。此外分子之间很普遍存在一种较弱的相互作用力,通常称为分子间力或范德华力。它是决定物质沸点、熔点、溶解度等物理性质的主要因素。

一、化学键

许多活泼金属原子与活泼非金属原子所形成的化合物,如 NaCl、MgO 等通常以晶体形式存在,在熔融状态下可以导电,且在阳极上析出非金属气体,在阴极上析出金属,这表明它们是由阴、阳离子结合形成的离子化合物,其中阴、阳离子间通过静电作用所形成的化学键称为离子键。

(一)离子键

1.离子键的形成

以 NaCl 为例,金属钠可在氯气中剧烈燃烧生成白色的氯化钠晶粒。因为钠原子电负性很小,而氯原子的电负性较大,在一定条件下相遇时,前者易失去价电子形成 Na^+,后者易获得电子形成 Cl^-,都变成稳定结构。Na^+ 与 Cl^- 离子间靠静电引力相互接近;同时电子之间、原子核之间都存在着相互排斥的作用,当两种离子接近到某一定距离时,吸引和排斥作用暂时达到平衡,于是阴、阳离子之间形成了稳定的离子键。

只有电负性相差较大的元素之间才能发生原子间的电子转移,形成离子键。通常认为金属和非金属两元素的电负性差值达到 1.7 以上,其形成的化学键以离子键为主。

2. 离子键的特性

(1)有阴、阳离子存在,结合力为静电作用

离子是带电荷的原子或原子团,离子所带电荷的符号和数目决定于原子成键时得失电子的数目。例如,钠与氯反应生成氯化钠,每个钠原子失去一个电子形成 Na^+,每个氯原子得到一个电子形成 Cl^-。

(2)离子的电子层结构

主族元素所形成的离子的电子层一般是饱和的,例如,Li^+、Be^{2+} 等离子最外层是 2 个电子,Na^+、K^+、Ca^{2+}、Mg^{2+}、Al^{3+}、S^{2-}、F^-、Cl^- 等离子最外层是 8 个电子;副族和第Ⅷ族元素所形成离子的电子层常常是不饱和的,例如,Cu^{2+} 最外层有 17 个电子,Fe^{2+} 最外层有 14 个电子等。

(3)离子的半径

由于阳离子是由原子失去外层电子而形成的,所以阳离子的半径比相应的原子半径小。阴离子的外层电子数比相应的原子增多,而核电荷没有变化,故阴离子的半径比相应的原子半径大。电子层结构相同的离子,如 Mg^{2+}、Al^{3+}、Na^+、Cl^-(它们的电子层结构与氖原子相同),随着核电荷的逐渐增加,离子半径逐渐减小。

离子的电子层结构与原子半径与相应的原子比较都不相同,因此离子的性质与相应原子的性质差别很大。

(二)共价键

1. 共价键的形成

在通常情况下,当一个氢原子和另一个氢原子接近时,就相互作用而生成氢分子。在形成氢分子过程中,电子不是从一个氢原子转移到另一个氢原子,而是在两个氢原子间共用两个电子。这两个共用电子填充在两个氢原子的 1s 轨道,在两个原子核周围运动。这样,每个氢原子的 1s 轨道都是充满的,每个氢原子都具有氦原子的稳定结构。

像氢分子那样,原子间通过共用电子对所形成的化学键,称为共价键。

2. 价键理论基本要点

随着量子力学的发展,鲍林等人建立了现代价键理论,也称为电子配对法。其基本要点有:

(1)电子配对原理

两个原子接近时,自旋方向相反的未成对电子可以配对形成共价键。自旋方向相同或没有未成对电子的原子之间不能形成共价键。一个原子含有几个未成对电子,通常就能与其他原子的几个自旋方向相反的未成对电子配对形成共价键。也就是说,一个原子所形成共价键的数目不是任意的,一般受未成对电子数目的限制,这就是共价键的饱和性。

(2)轨道最大重叠原理

成键电子的原子轨道重叠得越多,核间电子云密度越大,体系能量就越低,形成的共价键越稳定,这就是原子轨道最大重叠原理。因此,在可能的情况下,共价键的形成将沿着原子轨道最大重叠的方向进行。共价键的本质是原子轨道的叠加。

除 s 轨道呈球形对称而无方向性外,其他轨道在空间都有各自特定的伸展方向。因此形成共价键时,成键电子的轨道只有沿着轨道伸展方向进行重叠,才能实现最大限度地重叠。这就决定了所形成的共价键具有方向性。如硫化氢分子中两个 H—S 键之间的夹角应为 90°,与实验结果(92°)相近。

（3）共价键最小排斥原理

每个原子周围的共价键（即共用电子对）应尽可能相互远离。

分子内价电子对之间存在着相互的排斥作用，各个价电子对之间距离越远，互斥作用越小，分子越稳定。由此引出了价电子对互斥理论和杂化轨道理论，可以说明许多简单分子的几何构型及成键情况。

以上3点可称为价键理论的成键三原理。

3. 共价键的类型

成键原子的电负性不同，所提供的轨道和电子数不同，则形成的共价键也不同。按研究的着眼点不同，可将共价键分成 σ 键和 π 键等几种类型。

（1）σ 键和 π 键

成键原子轨道沿键轴（两原子核间联线）方向以"头碰头"方式重叠所形成的共价键称为 σ 键。

σ 键对称轴方向具有圆柱形对称性，沿键轴方向旋转任意角度，轨道的形状和符号均不改变。由于 σ 键是沿着键轴方向以"头碰头"方式重叠所形成的，因此，σ 键重叠程度大，键能高，稳定性好，并且 σ 键针对键轴呈圆柱形的对称，成键的两原子沿着键轴任意相对旋转，σ 键不易被破坏，可形成 σ 键的原子轨道有 s—s 轨道重叠，s—px 轨道重叠，px—px 轨道重叠。如图3.1 所示。

s-s：σ 键，如：H—H；

s-p：σ 键，如：H—Cl；

p-p：σ 键，如：Cl—Cl。

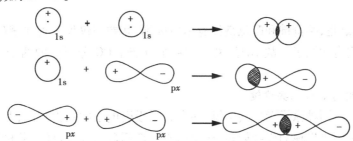

图3.1　σ 键的形成

原子轨道垂直于键轴以"肩并肩"方式重叠所形成的共价化学键称为 π 键。

表3.1　σ 键和 π 键的比较

	σ 键	π 键
成键方向	沿轴方向，以"头碰头"方式重叠	垂直于键轴以"肩并肩"方式重叠
电子云形状	轴对称	镜像对称
存在形式	能单独存在	不能单独存在
牢固程度	强度大，不易断裂	强度较小，易断裂
成键的判断规律	通常共价单键为 σ 键；共价双键中，一个是 σ 键、一个是 π 键；共价三键中一个是 σ 键，另外两个是 π 键。含共价双键和叁键的化合物的重键容易打开，参与反应。	

形成 π 键时,原子轨道的重叠部分对等地分布在包括键轴在内的平面的上、下两侧,形状相同,符号相反,成镜面反对称。P_y-P_y、P_z-P_z 之间相互重叠形成的就是 π 键。由于 π 键是垂直于键轴以"肩并肩"方式重叠所形成的,因此,重叠程度小,键能低于 σ 键,稳定性较差,含有 π 键的物质化学性质活泼,容易发生化学反应。另外,含有 π 键的两原子不能相对自由旋转,否则 π 键断裂,见表3.1。

(2)单键与多重键

根据键合原子间共用电子对的数目,常将共价键分为单键和多重键。单键是键合原子间共用一对电子,一般由 σ 键构成。多重键则是键合原子间共用两对或叁对电子等,分别称为双键或叁键等。

通常共价单键为 σ 键,π 键只能和 σ 键在一起,即共价双键中,一个是 σ 键、一个是 π 键,共价三键中一个是 σ 键,另外两个是 π 键。如氮气分子(N≡N)的形成,两个 N 原子的 $2p_x$ 轨道之间相互"头碰头"的重叠形成一个 σ 键;$2p_y$ 与 $2p_y$,$2p_z$ 与 $2p_z$ 之间相互"肩并肩"重叠形成两个 π 键,3 个共价键彼此垂直,如图 3.2 所示。

图 3.2　氮气分子中的共价键

(3)配位共价键

共价键中按共用电子对提供的方式不同,又可分为正常共价键和配位共价键两种类型。由一个原子单独提供共用电子对而形成的共价键称为配位共价键,简称配位键。配位键用箭头"→"表示,箭头方向由提供电子对的原子指向接受电子对的原子。

形成配位键的条件是:①一方有可提供的孤对电子;②另一方有可接受孤对电子的空轨道。

需要说明的一点是,共价键和配位键没有本质区别,其差别仅仅表现在键的形成过程中,一旦成键之后,就完全相同了。故 NH_4^+ 离子中 4 个 σ 键。CO 分子中的两个 π 键是完全等同的。

(4)极性共价键与非极性共价键

在单质分子中,由同种原子形成共价键,两个原子吸引电子的能力相同,共用电子对不偏向任何一方,而在键中央出现的机会最多,成键的原子都不显电性,这样的共价键称为非极性共价键,简称非极性键。例如,H—H 键,Cl—Cl 键都是非极性键。

不同原子间形成共价键,两键合原子吸引电子的本领不同,共用电子对偏向电负性较大的原子一端,使之带负电荷,另一端原子则带部分正电荷,所以电荷分布不对称,形成极性共价键,例如 HCl、H_2O、NH_3 等化合物分子中的共价键。

共价键极性的强弱,可由成键原子电负性的大小来表示。极性共价键是非极性共价键和离子键的过渡键型。

例:

	H—F	H—Cl	H—Br	H—I
电负性	2.1　4.0	2.1　3.0	2.1　2.8	2.1　2.5
电负性差值	1.9	0.9	0.7	0.4

极性变小 →

4.几个重要键参数

表征化学键性质的物理量称为键参数,常见的键参数有键能、键长、键角等。

（1）键能与解离能

键能表示拆开某个键所需要的能量。

在标准压力 100 kPa、298 K 条件下,将 1 mol 理想气体分子 AB 断开为气态 A、B 原子时,所需要的能量称为 AB 的键离解能,用 D_{A-B} 表示,单位为 kJ/mol。双原子分子的键离解能就是其键能,即 $E_{A-B} = D_{A-B}$,如:

$HCl \longrightarrow H(g) + Cl(g)$,解离能 D = 键能 E = 431.8 kJ/mol。

对于 3 个或 3 个以上的多原子分子,键能是指分子中同种类型键的离解能的平均值,用 E_{A-B} 表示。如:

NH_3 分子中 N—H 键的键离解能分别为:

$NH_3(g) \longrightarrow NH_2(g) + H(g)$,$D_1 = 435.1$ kJ/mol;

$NH_2(g) \longrightarrow NH(g) + H(g)$,$D_2 = 397.5$ kJ/mol;

$NH(g) \longrightarrow N(g) + H(g)$,$D_3 = 338.9$ kJ/mol;

N—H 键的键能为:$E_{N-H} = \dfrac{D_1 + D_2 + D_3}{3} = 390.5$ kJ/mol。

键能的大小表明了共价键的稳定性。键能越大,则破坏该键需要的能量越多,键越牢固,相应的分子越稳定;反之,共价键就越弱,越易被破坏。

（2）键长与共价半径

成键的两个原子核之间的距离称为键长。同核双原子分子单键键长的一半即为该原子的共价半径;异核原子间键长一般比共价半径之和稍小,这与键的极性有关。用衍射或光谱法可以测定许多复杂分子中共价键的键长,见表 3.2。

表 3.2　一些化学键键长的数据

化学键	C—C	C=C	C≡C	N—N	N=N	N≡N	C—N	C≡N
键长/pm	154	134	120	146	125	110	147	116
键能/（kJ·mol^{-1}）	346	610	835	160	418	941	285	889

由表 3.2 可知,键长与键能有联系。通常键长越长,键能越小,共价键越不牢固,分子就越活泼;键长越短,键能越大,共价键越牢固,形成的分子越稳定。实验表明,同一种键在不同分子中的键长数值基本上是定值,键能也近于一个常数,这说明一个键的性质主要取决于键合原子的本性。

（3）键角与几何构型

键角是指共价分子中某个原子与其键合原子的核间连线之间的夹角,即所形成的化学键之间的夹角。对于简单的 AB_n 型分子,键角直接表示了分子的几何构型。键角也可用衍射及光谱法确定。如果知道了一个分子中所有化学键的键长和键角,则其空间构型就可以确定,见表 3.3。

表 3.3　一些 AB_n 型分子的键角及几何构型

AB_n	AB_2		AB_3		AB_4	AB_5
键角	180°	<180°	120°	<120°	109.5°	90°,180°
几何构型	直线形	V 形	正三角形	三角锥形	正四面体	正八面体
实例	CO_2	H_2O	BF_3	NH_3	CH_4	SF_6

键长和键角确定,分子构型就确定了。

价键理论比较简明地阐述了共价键的形成过程和本质,并成功地解释了共价键的饱和性和方向性,但在解释分子的空间构型(结构)方面发生了一定困难。

5. 共价键的特点

①饱和性:一个原子有几个未成对电子,就只能和同数目的自旋方向相反的未成对电子配对成键。

②方向性:共价键尽可能沿着原子轨道最大重叠的方向形成。如形成 HCl 时,只有氢原子沿着 x 轴与氯原子的 P 轨道成键时,轨道重叠最多。

(三)杂化轨道理论和分子的几何构型

1. 杂化轨道理论基本要点

价键理论阐明了共价键的形成和本质,但它在说明分子的空间构型时却遇到了困难,如甲烷的空间构型为正四面体形状。实验证明甲烷的空间构型为正四面体,C 原子位于结构中心,4 个 H 原子分别位于正四面体的 4 个顶点上,4 个 C—H 键等同,键角均为 109.5°。C 原子的电子排布为 $1s^2 2s^2 2p^2$,价电子层中只有 2p 轨道中的两个电子是成单电子,根据价键理论,C 就只能形成两个共价键,且键角应为 90°,这显然与实验事实不符。为了说明多原子分子的空间构型,在价键理论基础上,鲍林提出了杂化轨道理论,其基本要点有:

①原子在形成分子的过程中,根据原子的成键要求,在周围原子的影响下,该原子能量相近的原子轨道混合起来,重新组成一组能量相同的轨道,这一过程称原子轨道杂化,杂化后组成的新轨道称为杂化轨道。

请注意,只有在形成分子的过程中,能量相近的原子轨道才能进行杂化,孤立的原子不可能发生杂化,常见的杂化方式有 ns-np 杂化、ns-np-nd 杂化和 $(n-1)$d-ns-np 杂化。有多少个原子轨道参加杂化,就形成多少个杂化轨道。杂化轨道用参与杂化的原子轨道的角量子数来表示,如 1 个 ns 轨道和 2 个 np 轨道形成 3 个 sp^2 杂化轨道。

②杂化轨道的成键能力更强,形成的分子更加稳定。例如,s 轨道和 p 轨道杂化形成的 sp 杂化轨道,原子轨道杂化后,使一头大,电子云分布更集中,成键能力更强,比 s 轨道和 p 轨道的成键能力都强。杂化后,体系的能量降得更低,生成的分子也更稳定。

③杂化轨道在空间总是有规则排列的,根据最大重叠原理,可以由杂化轨道类型推断分子的空间构型。

在形成 CH_4 分子过程中,C 原子受周围原子的影响,不再使用纯粹的 s 和 p 轨道,而是由它们"混合"起来重新组成 4 个能量相同的新轨道。由一个 s 轨道和 3 个 p 轨道组成的杂化轨道称为 sp^3 杂化轨道。这 4 个 sp^3 杂化轨道可与 4 个 H 原子的 s 轨道重叠成键,形成 4 个等同的 C—Hσ 键,由于杂化轨道间夹角均为 109.5°,使 CH_4 分子具有正四面体构型,这就完美地解释了 CH_4 的分子构型。

2. 轨道杂化的类型及分子的空间构型

(1)直线分子与 sp 杂化

一个 ns 轨道和一个 np 轨道杂化,形成两个 sp 杂化轨道,每个杂化轨道含有 1/2s 轨道成分和 1/2p 轨道成分。两个杂化轨道呈直线形分布,所以 sp 杂化所形成的分子几何构型为直线形。例如,$BeCl_2$ 分子的形成过程中,中心原子 Be 的 2s 轨道中的一个电子被激发到能量相近的 2p 轨道,2s 与含有一个电子的 2p 轨道杂化,形成等性的两个 sp 杂化轨道,它们分别与两个 Cl 原子的 p_x 轨道以"头碰头"方式形成两个 σ 键,所以 $BeCl_2$ 为直线形分子,与 $BeCl_2$ 类似的还有 $HgCl_2$、CO_2 等分子,如图 3.3 所示。

例：$HgCl_2$　　　　Hg　　　5d^{10}6s^2

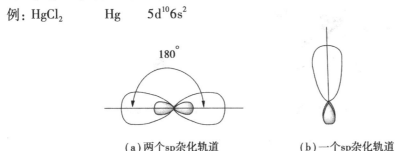

(a)两个sp杂化轨道　　　　　(b)一个sp杂化轨道

图 3.3　sp 杂化轨道的形成

ⅡB 族形成的 AB_2 型分子都为直线形。

(2)三角形分子与 sp^2 杂化

一个 ns 轨道和两个 np 轨道杂化,形成 3 个 sp^2 杂化轨道,每个杂化轨道含有 1/3s 轨道成分和 2/3p 轨道成分。3 个杂化轨道沿平面三角形的 3 个顶点分布,所以 sp^2 杂化所形成的分子,空间几何构型为平面三角形。例如,在 BF_3 分子的形成过程中,中心原子 B 的 2s 轨道中的一个电子被激发到能量相近的 2p 空轨道上,2s 与两个 2p 轨道进行杂化,形成等性的 3 个 sp^2 杂化轨道,它们分别与 3 个 F 原子的单电子 3p 轨道以"头碰头"方式形成 3 个 σ 键,键角为 120°,BF_3 分子的空间构型为平面三角形。类似的还有 HCHO,BBr_3,NO_3^-,CO_3^{2-} 等 ,如图 3.4 所示。

(a)三个sp^{2}杂化轨道　　　　　(b)sp^{2}杂化轨道

图 3.4　碳原子的 sp^2 杂化

(3)四面体分子与 sp^3 杂化

一个 ns 轨道和 3 个 np 轨道杂化,形成 4 个 sp^3 杂化轨道,每个杂化轨道含有 1/4s 轨道成分和 3/4p 轨道成分。4 个 sp^3 杂化轨道沿正四面体的 4 个顶点分布,所以 sp^3 杂化所形成的分子,空间几何构型为正四面体形。例如,CH_4 分子的形成过程中,C 原子的一个 2s 电子被激发到能量相近的空的 2p 轨道上,2s 与 3 个 2p 轨道进行杂化,形成等性的 4 个 sp^3 杂化轨道,它们分别与 4 个 H 原子的单电子 1s 轨道以"头碰头"方式形成 4 个 σ 键,键角为 109.5°,CH_4 分子的空间构型为正四面体形,键角为 109.5°。

CCl_4、$SiCl_4$、SO_4^{2-}、PO_4^{3-} 等也是正四面体分子,中心原子亦采取 sp^3 杂化轨道成键,如图 3.5所示。

(4)含孤对电子的分子与不等性杂化

由原子轨道组合成一组简并杂化轨道的杂化过程称为等性杂化。完全由一组具有未成对电子的原子轨道或空轨道参与的杂化都是等性杂化。如果杂化后所得到的一组杂化轨道并不完全简并,则称为不等性杂化,有孤对电子参与的杂化都是不等性杂化。

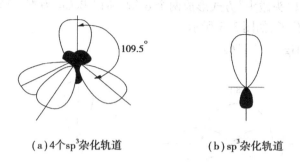

(a)4个sp³杂化轨道　　　　　(b)sp³杂化轨道

图3.5　碳原子的sp³杂化

NH₃的几何构型:NH₃是三角锥形分子,含有一个孤电子对。杂化轨道理论认为,中心 N 原子价电子构型为$2s^22p^3$,在形成 NH₃ 时亦采取 sp³ 杂化,形成 4 个 sp³ 杂化轨道,其中一个被孤电子对所占据,成键时 3 个填有未成对电子的 sp³ 杂化轨道与 H 原子的 s 轨道重叠,形成 3 个 N—Hσ 键。一个孤电子对由于未参加成键而靠近 N 原子,其电子云占有较大的空间,对 3 个 N—Hσ 键的电子云有较大的排斥作用,使键角被压缩到107.3°,故 NH₃ 分子呈三角锥形。

H₂O 分子的几何构型:含有两个孤对电子的 H₂O 分子呈 V 形,同样可用 O 原子采取不等性 sp³ 杂化轨道与氢原子成键来解释。由于孤对电子不成键,能量较低,对成键电子云排斥更大,使两个 O—H 键角压缩成104.5°,使键角(104.5°)比 NH₃ 分子的键角更小。(而正四面体型为109.5°,两孤对电子之间夹角 >109.5°)

斥力:孤对电子 – 孤对电子 > 孤对电子 – 成键电子 > 成键电子 – 成键电子。

(5)含有重键的分子中的杂化

C₂H₂ 是直线形分子,分子中含有两个 C—H 单键和一个 C≡C 叁键。杂化轨道理论认为,每个碳原子都采取 sp 杂化,形成两个 sp 杂化轨道,一个与 H 原子的 s 轨道重叠,形成 sp—sσ 键;一个与另一碳原子的 sp 杂化轨道重叠,形成 sp—sp 的 σ 键;每个碳原子各余两个 p 轨道,可分别从侧面重叠,形成两个互相垂直的 π 键。这样乙炔分子中形成的两个 C—Hσ 键和一个 C—Cσ 键在同一直线上,决定了分子的骨架,而未参与杂化的 p 轨道所形成的 π 键不影响分子的形状,如图3.6所示。

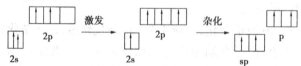

图3.6　乙炔分子的形成及空间构型

C₂H₄ 是平面形分子,可用 C 原子采取 sp² 杂化轨道,形成 4 个 C—Hsp²—sσ 键,一个 C—Csp²—sp²σ 键及一个 C—Cp—pπ 键来说明,如图3.7所示。

在含重键的分子中,参与杂化的轨道形成 σ 键,决定了分子的骨架;而 π 键由未参与杂化的 p 轨道形成,不影响分子的骨架,见表3.4。

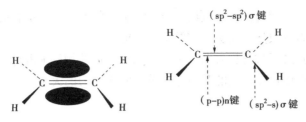

图 3.7　乙烯分子的 σ 键和 π 键

表 3.4　常见杂化轨道类型及空间构型

配位数	杂化轨道类型	杂化轨道夹角	空间构型	实　例
2	sp	180°	直线形	$HgCl_2$, CO_2
3	sp^2	120°	平面三角形	BF_3 , SO_3
4	sp^3	109.5°	四面体	CCl_4 , SO_4^{2-}
5	sp^3d	90°,120°,180°	三角双锥	PCl_5 , SOF_4
6	sp^3d^2	90°,180°	八面体	SF_6 , SiF_6^{2-}
4	dsp^2	90°,180°	平面正方形	$Cu(NH_3)_4^{2+}$

（四）金属键

　　金属元素由于电负性较小,电离能较小,原子核对价电子的吸引能力较弱,而且大部分的金属原子价电子数也比较少,因而外层价电子容易脱离原子核的束缚而游离出来,这些电子不断地在原子和离子间进行交换,不再属于某一固定的金属原子,而是在整个金属体中自由运动,因此将其称为自由电子。自由电子在三维空间中运动,将金属原子或离子连接起来,这种自由电子与金属原子或离子之间的作用力就称为金属键。由于金属键可看成是由许多原子和离子共用许多电子而形成的,因此也称为改性共价键。

二、分子间力与氢键

（一）分子间力

　　分子或离子中相邻原子间的强烈相互作用——化学键,它是决定化学性质的主要因素。但单从化学键角度还不能说明物质的全部性质及变化。例如,水蒸气可凝聚成水,水又可凝结成冰。气态物质能够转变为液态和固态,说明气态物质分子能缩短彼此间的距离,并由无规则的运动转变为有规则排列,这表明分子间还存在一种相互吸引作用,称为分子间力。1873 年范德华首先提出分子间力,所以这种分子间的作用力又称为范德华力。

　　分子间作用力没有饱和性和方向性,它比化学键弱得多。通常化学键能为 130 ~ 850 kJ/mol,而分子间力通常为每摩尔十来个至几十个千焦。如 HCl 分子的 H—Cl 键能为 431 kJ/mol,而 HCl 分子作用力仅为 21.13 kJ/mol。

分子间作用力的大小对物质的熔点、沸点、溶解度等有影响。分子间作用力越大,它的熔点和沸点就越高,因为克服分子间引力需要更多的能量。

影响分子间作用力的因素很多,例如组成和结构相似的物质随着分子量的增大,分子间的作用力也增大,表现在熔点和沸点的升高上。分子间作用力的大小还与分子的极性、分子的性状等因素有关。

1.分子的极性

根据正、负电荷重心是否重合,共价键有极性共价键和非极性共价键之分。同理,由共价键构成的分子也有极性和非极性之分。如果分子中的正、负电荷中心重合,整个分子无极性,则为非极性分子;如果分子的正、负电荷两中心不重合,整个分子有极性,则为极性分子。

①由共价键结合的双原子分子,键的极性和分子极性一致。

例:O_2、N_2、H_2、Cl_2 非极性键,非极性分子。

HI、HBr 极性键,极性分子。

②由共价键结合的多原子分子,键的极性与分子极性不完全一致,而与几何构型有关。

由极性共价键结合的多原子分子不一定都是极性分子,如果分子的空间构型是完全对称的,则共价键的极性被抵消,正、负电荷中心正好重合,是非极性分子,如 CO_2、CH_4 等;如果分子的空间构型不对称,正、负电荷中心不重合,则是极性分子,如 NH_3、H_2O 等。

③分子极性的大小通常用偶极矩来度量。

分子的极性的大小常用分子偶极矩来衡量。分子偶极矩 μ 等于正电荷中心(或负电荷中心)的电量 q 与正、负电荷中心间距离 d 的乘积:

$$\mu = qd$$

式中　μ——偶极矩,由实验测得,为矢量,方向从正极到负极约等于 10^{-30} C·m;

　　　q——原子的正或负中心,一端的电荷量,单位:库仑(C),1 个电子的电量 = 1.602×10^{-19} C;

　　　d——正、负电荷中心间距离,单位:米(m),其数量级相当于原子距离,约等于 10^{-11} m;

测定 μ,①可判断分子极性大小;②可判断多原子分子是否具有对称结构。

分子偶极矩越大,分子的极性越大;分子偶极矩越小,分子的极性就越小;分子偶极矩为零的分子是非极性分子。

2.分子间力的分类

分子间力按产生的原因,一般分为 3 个部分:色散力、诱导力和取向力。

(1)色散力

在外电场作用下,分子中的正、负电荷中心的位置发生改变,产生"诱导偶极",这种现象称为分子的极化或变形极化。分子受极化后,分子外形发生改变,称为分子的变形。

色散力是由非极性分子间相互作用而产生的。非极性分子没有极性,但由于分子可变形及其中各种荷电粒子的运动,会出现瞬时的正、负电荷中心不重合的现象,即产生瞬时偶极。邻近瞬时偶极的异极间吸引,所产生的吸引力为色散力。非极性分子间正是由于色散力的作用才能凝聚为液体或固体。

由于极性分子中也会产生瞬时偶极,因此非极性分子与极性分子之间及极性分子之间也存在色散力。

（2）诱导力

诱导力发生在非极性分子与极性分子之间及极性分子与极性分子之间。

诱导力是由非极性分子与极性分子间相互作用而产生的。当极性分子与非极性分子充分接近时,在极性分子固有偶极的影响下,非极性分子原来重合的正、负电荷中心发生相对的位移而产生诱导偶极,在极性分子的固有偶极与非极性分子的诱导偶极之间产生静电作用力。这种极性分子固有偶极与非极性分子诱导偶极之间的作用力称为诱导力。

当极性分子充分接近时,在固有偶极的相互影响下,每个极性分子的正、负电荷中心距离被拉大,也产生诱导偶极,因此诱导力也存在于极性分子之间。

（3）取向力

取向力是由极性分子之间相互作用而产生的。极性分子的正、负电荷中心不重合,分子中存在固有偶极。当极性分子充分接近时,极性分子的固有偶极间同极相斥、异极相吸,在空间的运动遵循着一定的方向,发生定向变化,这种由固有偶极的取向而产生的作用力称为取向力。

综上所述,在非极性分子之间,只存在色散力;在极性分子与非极性分子之间,存在色散力和诱导力;在极性分子之间包括色散力、诱导力和取向力 3 种。对于大多数分子来说,色散力是主要的;只有当分子的极性很大时,取向力才比较显著;诱导力通常很小。

3. 分子间作用力的特性

①分子间作用力是存在于分子间的一种永久性吸引作用。

②分子间力是一种短程力,作用范围为 300 ~ 500 pm 时较显著,因此,只有当分子之间距离很近时,才有分子间作用力。当距离很远时,这种力消失。

③分子间力实质为静电引力,没有方向性和饱和性。

④分子间力的大小只有几到几十千焦每摩尔,比化学键小很多,强度为化学键的 1/10 ~ 1/100。

⑤除 μ 很大的分子(如 H_2O)外,分子间作用力以色散力为主。

（二）氢键

根据分子间作用力与物质熔点、沸点的关系,同族元素氢化物的熔点、沸点随着分子量的增大而升高,但 H_2O、HF、NH_3 等物质的熔点、沸点却不符合这一规律,它们是同族氢化物中熔点、沸点较高的物质。

表 3.5　一些氢化物的沸点/℃

碳　族		氮　族		氧　族		卤　族	
CH_4	−160	NH_3	−33	H_2O	100	HF	20
SiH_4	−112	PH_3	−88	H_2S	−61	HCl	−85
GeH_4	−88	AsH_3	−55	H_2Se	−41	HBr	−67
SnH_4	−52	SbH_3	−18	H_2Te	−2	HI	−36

从表 3.5 和图 3.8 可以看出,碳族元素的氢化物随着分子量的增大,沸点逐渐增高,这是符合上述规律的。但是在氮族、氧族、卤族的氢化物中,NH_3、H_2O、HF 出现沸点反常现象,例如,HF 的沸点按曲线下降趋势应在 −90 ℃以下,而实际是 +20 ℃;H_2O 的沸点按曲线下降的趋势应在 −70 ℃以下,而实际是 +100 ℃。

这种反常现象说明，H_2O、HF、NH_3 分子间除了分子间作用力外，还存在一种特殊的作用力——氢键。

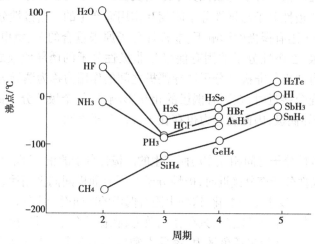

图 3.8 ⅣA—ⅦA 氢化物沸点递变情况

1.氢键形成的条件

氢原子和电负性较大的 X 原子(如 O、N、F 等)以共价键结合后，共用电子对强烈地偏向 X 原子，氢核几乎"裸露"出来。这个半径很小，无内层电子的"裸露"氢核，不易被其他原子的电子云排斥，并且它还能吸引另一个电负性较大的 Y 原子(如 O、N、F 等)中的孤对电子，使之充分靠近而形成氢键。

氢键通常用 X—H⋯Y 表示。X 和 Y 代表 O、N、F 等电负性大而原子半径小，具有孤对电子的非金属原子。X 和 Y 可以是两种相同的元素，如液态 HF、H_2O 中的氢键，如图 3.9、图 3.10所示。

图 3.9 (HF)$_n$ 中的氢键　　　　　图 3.10 水分子间的氢键

也可以是两种不同的元素，如 NH_3 与 H_2O 分子间，如图 3.11 所示。

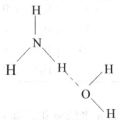

图 3.11 不同分子之间的氢键

2. 氢键的分类

氢键可以在相同的或不同的分子间形成,称为分子间氢键,例如,HF 之间、H_2O 分子间与 NH_3 分子间都可形成分子间氢键,如图 3.12 所示;氢键也可以在一个分子内部形成,称为分子内氢键,如邻硝基苯酚分子、硝酸分子、水杨醛分子内都可以形成分子内氢键。

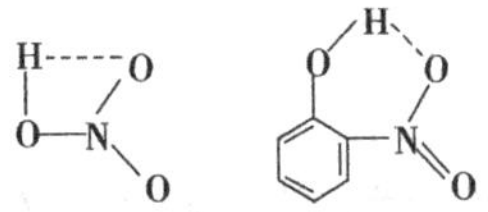

图 3.12　分子内氢键

3. 氢键的特点

①氢键具有饱和性和方向性,但其含义与其他价键的方向性、饱和性有所不同。氢键的方向性是指 Y 原子与 X—H 形成氢键时,在尽可能的范围内要使氢键的方向与 X—H 键轴在同一个方向,即 X—H…Y 3 个原子在同一直线上。因为按这样的方向成键,可使 X 与 Y 之间的距离最远,两原子电子云之间的斥力最小,所形成的氢键最强,体系更稳定。

氢键的饱和性是指每一个 X—H 只能与一个 Y 原子形成氢键。原因是 H 原子半径比 X 与 Y 原子半径小得多,当 X—H 与一个 Y 原子形成 X—H…Y 后,若再有一个极性分子的 Y 原子靠近它们,则这个原子的电子云受 X—H…Y 上的 X、Y 原子电子云的排斥力比受 H 核的吸引力大得多,使 X—H…Y 上的这个 H 原子不可能与第二个 Y 原子再形成氢键。

②氢键的强弱与元素的电负性及原子半径有关。X、Y 原子的电负性越大,半径越小,形成的氢键越强。例如,F 原子电负性最大,半径又小,形成的氢键最强,Cl 原子半径较大,形成的氢键很弱;C 原子电负性较小,一般不形成氢键。通常氢键的强弱为:

F—H…F > O—H…O > O—H…N > N—H…N

③氢键只存在于某些含氢原子的分子之间。

④氢键的本质目前尚无统一认识。一种认识从键的性质角度认为,氢键与共价键一样,都有饱和性和方向性,应属化学键范畴,但键能比共价键小得多,因此将氢键称为弱化学键。另一种认识从氢键的键能角度认为,氢键的键能与分子间力更为接近,可归于分子间力范畴。考虑到氢键有方向性,可将氢键看作有方向的分子间力。目前较多的人倾向于后一种看法,但无论哪种看法,氢键本质上是电性的。

4. 氢键对化合物性质的影响

能够形成氢键的物质有很多,通常是在液态时生成。但形成后有时也能继续存在于某些晶体甚至气态物质中。氢键的存在可影响物质的某些性质,出现“反常”行为。如分子间形成氢键时,分子间产生较强的结合力,因而使物质的沸点、熔点显著升高。分子内形成氢键,一般削弱了分子间结合力,会使物质的沸点、熔点降低。分子间氢键会使溶液的密度和黏度增大,而分子内氢键没有这方面影响。溶剂与溶质分子间形成氢键,会导致溶解度的增大,如乙醇与水的互溶;溶质分子内形成氢键,将导致溶质在极性溶剂中的溶解度下降,在非极性溶剂中的溶解度上升。如邻硝基苯酚比对硝基苯酚在水中的溶解度小,而在苯中,邻硝基苯酚比对硝基苯酚的溶解度大。

三、晶体的结构和类型

（一）晶体与非晶体

固体物质可分为晶体与非晶体两大类,其中晶体具有特殊的重要性,与非晶体物质(如石蜡、玻璃、塑料等)相比,晶体具有下述明显特征。

1.晶体的特性

①有一定的几何外形。例如生长得很好的完整食盐晶体是立方体形,明矾是八面体形。

②有固定的熔点。加热晶体到某一固定熔点时即开始熔化。但是晶体全部熔化之前,虽继续加热,但温度并不再上升。这时外界所提供的热量都被用来削弱晶体中原子(或离子、分子)之间的作用力,使晶体熔化。只有晶体完全熔化后,温度才会重新上升。

③各向异性。多数晶体在不同方向上的物理性质,如导电性、导热性、机械强度等可以不同,有的甚至相差极大。例如,石墨晶体在不同方向上的导电能力相差很大;石墨与云母在不同方向上的强度不同,云母在某个方向上很容易被撕成薄片,而在垂直于此的方向上则难以撕裂。

晶体的以上特性完全是组成它的质点(原子、离子、分子)在空间做周期性的重复排列的特点决定的。因而得出定义:凡是内部质点呈规律性排列的固体,均称为晶体。

研究晶体结构一般可从两个方面考虑,一是研究晶体内部粒子(或质点)的排列方式;二是研究晶体内部粒子(或质点)的性质以及相互间的作用力。

2.晶格和晶胞

在研究晶体内部粒子的排列时,可以将这些粒子抽象地当成几何的点,于是整个晶体可看作这些点在空间按一定规律整齐排列的总和(点群)称为晶格。晶格上的点称为晶格的结点,如图3.13所示。

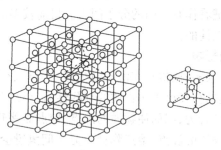

图3.13　晶格及晶胞

因为晶胞是晶体结构的基本单位,故如知道晶胞的大小、形状和组成,也就知道了相应晶体的空间结构。

3.晶格类型

根据晶胞质点排列方式,可以将晶体划分为若干个晶系。在每个晶系中又有不同的晶格类型。这里讨论无机物中常见的3种立方晶胞,即简单立方、体心立方和面心立方晶格,它们的晶胞如图3.14所示。

（a）简单立方　　（b）体心立方　　（c）面心立方

图 3.14　无机物中 3 种常见立方晶体

从图 3.14 中可以看出,在简单立方晶格内,立方体的 8 个角各被一个质点占据着;在体心立方晶格内,除立方体的 8 个角各被一个质点占据外,立方体的中心还有一个质点;在面心立方晶格内,不仅立方体的各个角,而且 6 个面的中心都被一个质点占据着。

（二）晶体的基本类型

根据晶格结点上质点种类的不同,晶体可分为 4 种主要类型:离子晶体、原子晶体、分子晶体和金属晶体。它们之间的区别不仅是构成晶格的质点不同,更重要的是质点之间作用力有显著的不同,因而性质也不相同。

1. 离子晶体

以离子键结合而成的化合物就是离子化合物。离子化合物在室温下成晶体形式存在。离子间通过离子键结合而成的晶体称为离子晶体。在离子晶体中,阴、阳离子按一定规律在空间排列。如图 3.15 所示氯化钠的晶体结构。在氯化钠晶体中,每个 Na^+ 吸引了 6 个 Cl^-,每个 Cl^- 也同时吸引着 6 个 Na^+。因此,在氯化钠晶体中不存在单个氯化钠分子,但它们的阴、阳离子数目的比是 1∶1。NaCl 这个式子是表示离子晶体中离子的个数比,它是表示物质组成的化学式,而不是表示分子组成的分子式。

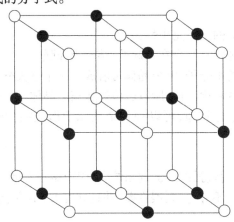

图 3.15　氯化钠的晶体结构

（1）结构特点

①粒子晶体晶格上的质点是阴、阳离子。

②结合力:离子键。这种力的本质是静电作用力。离子电荷越高,核间距离越小,结合力越强。

③离子键没有方向性和饱和性,只要空间条件允许就可以在周围排列尽可能多的异号离子,因此一般配位数较高。在晶体中与一个微粒最邻近的微粒数称为配位数,氯化钠晶体的配位数为 6。

④晶体中只有阴、阳离子,没有独立存在的分子。以氯化钠晶体为例,在氯化钠晶体中,每

个 Na^+ 吸引着 6 个 Cl^-，每个 Cl^- 也同时吸引着 6 个 Na^+。因此，在氯化钠晶体中 Na^+ 离子数和 Cl^- 离子数的比例是 $1:1$，NaCl 这个式子是表示离子晶体中离子的个数比，它只表示物质组成化学式，并不表示一个氯化钠分子的组成。

（2）性质

在离子化合物中，离子间存在着较强的离子键，因此，离子化合物一般来说，硬度较高，密度较大，难于压缩，难于挥发，有较高的熔点和沸点。例如，氯化钠的熔点是 801 ℃，沸点是 1 413 ℃。

多种金属的盐类、氧化物、氢氧化物等都属于离子晶体，例如 KBr、MgO、NaOH 等。

2. 原子晶体

金刚石是由碳原子形成的单质，它的结构和离子晶体不同。

在金刚石的晶体里，每个碳原子都以相同的共价键与相邻的 4 个碳原子（共用一对对子）结合，共价键的键长是 1.55×10^{-10} m，键角为 109.5°，成正四面体结构。这些正四面体结构向空间发展，构成一种坚实的、彼此联结的空间网状结构的晶体，称为原子晶体。碳化硅、二氧化硅晶体等也是原子晶体，如图 3.16、图 3.17 所示。

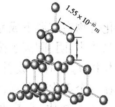

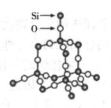

图 3.16　金刚石的晶体结构示意图　　图 3.17　二氧化硅晶体结构示意图

（1）结构特点

①原子晶体晶格结点上的质点是中性原子。

②原子间是通过共价键相互结合在一起的，结合力极强。

③晶体中不存在单个的小分子，整个晶体可看成是一个巨大分子。

④由于共价键有方向性和饱和性，所以配位数比离子晶体小。如在金刚石原子晶体中，每个碳原子能形成 4 个 sp^3 杂化轨道，可以和 4 个碳原子形成共价键，组成正四面体，键角为 109.5°，配位数为 4。

（2）性质

在原子晶体中，原子间用较强的共价键相结合，因而熔点和沸点较高（如金刚石的熔点为 3 550 ℃，沸点为 4 827 ℃），不导电，延展性差，并且硬度大，难溶于溶剂。

3. 分子晶体

分子间以分子间作用力互相结合而成的晶体称为分子晶体。非极性分子和极性分子都可以形成分子晶体。图 3.18 所示为固体二氧化碳（干冰）的晶体结构示意图。

（1）结构特点

①在晶体中组成晶格的质点是分子（包括极性分子或非极性分子）。

②质点间的作用力是分子间力，但每个分子内部原子之间却是借共价键结合的。

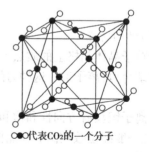

○●代表 CO_2 的一个分子

图 3.18　固态二氧化碳的晶体结构示意图

③晶体中有独立的分子存在。

由于分子间力没有方向性和饱和性,所以配位数较高,最高可达 12。以二氧化碳结构为例,其晶格类型是面心立方,每个顶点和每个面的中心均有一个 CO_2 分子。

(2)性质

由于分子间作用力很弱,因此分子晶体具有较低的熔点、沸点和较小的硬度,并有较大的挥发性,不是电的良导体。

许多非金属单质、非金属元素所组成的化合物(包括大多数有机物)都能形成分子晶体,例如,卤素、稀有气体、氧、二氧化碳、氨、氯化氢、甲烷等都能形成分子晶体。

4. 金属晶体

通过金属键形成的单质晶体,称为金属晶体。

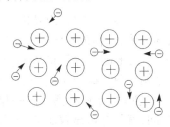

金属晶体常见的有 3 种紧密堆积方式:体心立方晶格、面心立方晶格、六方晶格。

金属晶体有良好的导电性、导热性、可塑性、光泽和颜色等。各种金属的密度、熔点和硬度等性质有很大差别。习惯上,人们将密度大于 5 的金属称为重金属,密度小于 5 的金属称为轻金属。

为了便于比较,上述 4 种基本类型晶体的结构与性质的关系见表 3.6。

表 3.6　晶体类型

晶体类型	组成粒子	粒子间作用力	物理性质			举　例
			熔沸点	硬度	熔融导电性	
金属晶体	原子、离子	金属键	高低	大小	好	Cr、K
原子晶体	原子	共价键	高	大	差	SiO_2
离子晶体	离子	离子键	较高	大	好	NaCl
分子晶体	分子或原子	分子间力和氢键	低	小	差	干冰

5. 混合型晶体

晶体的分类,除了上述 4 种典型的晶体类型外,往往还有少数晶体很难准确地划归某一类型,也就是说,在少数晶体中,质点之间并非只用一种结合力,而是有两种以上结合力同时存在,将这些晶格上的结点联系在一起,这样的晶体称为混合型晶体。其中最典型的是石墨晶体,它含有 3 种不同结合力——共价键、金属键和分子间力,如图 3.19 所示。

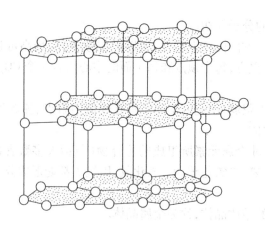

图 3.19 石墨的晶体结构

石墨与金刚石同为碳的同素异形体,但物理性质却相差甚远。与金刚石不同,石墨的每个碳原子是以 sp^2 杂化轨道与同一个平面上的碳原子形成共价键,结果在同一平面上的碳原子间形成了大片稳定的六边形网状结构。每个碳原子剩余的一个 p 电子,此时可参与形成同层上的大 π 键,使电子可在同层上自由流动,导致石墨在同一层的平面上有较好的导电性和导热性。然而,两个相邻的石墨层之间,就只好依靠较弱的分子间力来维系了,因而石墨层易于相互剥离,呈鳞片状脱落,可制成铅笔芯乃至固体润滑剂。石墨在垂直于层的方向上导电性甚微。

实际上还有一些物质如云母、氮化硼、氢氧化钙等也属于混合型晶体。

习　题

一、判断题

1.两原子间可以形成多重键,但两个以上的原子间不可能形成多重键。　　　　　　(　　)

2.只有第一,第二周期的非金属元素之间才可形成 π 键。　　　　　　　　　　(　　)

3.键的极性越大,键就越强。　　　　　　　　　　　　　　　　　　　　　(　　)

4.分子间的范德华力与分子大小很有关系,在结构相似的情况下,分子越大,范德华力也越大。　　　　　　　　　　　　　　　　　　　　　　　　　　　　　　　(　　)

5.HF 液体的氢键键能比水大,而且有一定的方向性。　　　　　　　　　　　(　　)

6.只有抗磁性物质才具有抗磁性,顺磁性物质无抗磁性。　　　　　　　　　　(　　)

7.在 NH_3 分子中的 3 个 N—H 键的键能是一样的,因此破坏每个 N—H 键所消耗的能量也相同。　　　　　　　　　　　　　　　　　　　　　　　　　　　　　　(　　)

8.两原子之间形成共价键时,首先形成的一定是 σ 型共价键。　　　　　　　(　　)

9.BCl_3 分子中 B 原子采取 sp^2 等性杂化,NCl_3 分子中 N 原子采取的是 sp^3 不等性杂化。　　　　　　　　　　　　　　　　　　　　　　　　　　　　　　　　(　　)

10.就轨道的形成和分布来说,杂化轨道的分布向一个方向集中,这样对形成共价键有利。　　　　　　　　　　　　　　　　　　　　　　　　　　　　　　　　　(　　)

11.晶格的基本单元称为晶胞,晶胞在空间堆积形成晶体,所以晶格就是晶体。　(　　)

12.所有的晶体,其单晶一定具有各向异性。　　　　　　　　　　　　　　　(　　)

13. NaCl、MgCl$_2$、AlCl$_3$ 3 种物质的熔点依次降低,表明键的共价程度依次增大。（　　）

二、选择题

1. 氮分子很稳定,因为氮分子（　　）。
   A. 不存在反键轨道　　　　B. 形成三重键　　　　C. 分子比较小　　　D. 满足八隅体结构

2. 下列 4 种酸分子中,哪一种分子是中心原子在锥顶的三角锥结构? （　　）。
   A. H$_2$SO$_3$　　　　　　B. H$_3$PO$_3$　　　　　　C. H$_2$CO$_3$　　　　　D. HNO$_3$

3. 多原子分子中非中心原子最外层未成键电子对(孤电子对)的存在对键角（　　）。
   A. 都有影响,使键角增大　　　　　　　　B. 都有影响,使键角减小
   C. 都有影响,有增大也有减小　　　　　　D. 大多数情况下影响很小

4. 下列哪类物质中不可能有金属键? （　　）。
   A. 化合物　　　　　　　B. 液体　　　　　　　C. 晶体　　　　　D. 气体

5. 分子中电子如果受到激发后（　　）。
   A. 电子将从高能态跃迁回来　　　　　　B. 化学键将受到破坏
   C. 两种情况都有可能　　　　　　　　　D. 两种情况都不符合实际

6. CO 和 N$_2$ 的键级都是 3,两者相比 CO 的（　　）。
   A. 键能较小,容易氧化　　　　　　　　B. 键能较小,较难氧化
   C. 键能较大,较难氧化　　　　　　　　D. 键能较大,较易氧化

7. 下列哪种化合物中实际上是没有氢键的? （　　）。
   A. H$_3$BO$_3$　　　　　　B. C$_2$H$_6$　　　　　　C. N$_2$H$_4$　　　　　　D. 都没有氢键

8. SiF$_4$ 的空间构型是（　　）。
   A. 平面正方形　　　　　B. 四面体形　　　　　C. 四方锥形　　　D. 直线形

9. 乙炔分子(C$_2$H$_2$)中,碳原子采取的是（　　）。
   A. sp^2 杂化　　　　　　B. 等性 sp^3 杂化　　　　C. sp 杂化　　　D. 不等性 sp^3 杂化

10. 熔化下列晶体,需要破坏共价键的是（　　）。
    A. KF　　　　　　　　　B. Ag　　　　　　　　C. SiF$_4$　　　　　D. SiC

11. 下列晶体中晶格结点间作用力以分子间作用力为主的是（　　）。
    A. SiC　　　　　　　　B. SO$_2$　　　　　　　C. KBr　　　　　D. CuCl$_2$

三、填空题

1. PCl$_3$ 分子,中心原子采取（　　）杂化,其几何构型为（　　）,偶极矩为（　　）。

2. 在 CO、HBr、H$_2$O 等物质的分子中,取向力最大的为（　　）,最小的为（　　）;诱导力最大的为（　　）, 最小的为（　　）;色散力最大的为（　　）,最小的为（　　）。

3. 离子键的强度一般用（　　）来描述,而共价键的强度一般用（　　）表示。

四、简答题

1. PF$_3$ 和 BF$_3$ 的分子组成相似,而它们的偶极矩却明显不同,PF$_3$（1.03D）而 BF$_3$（0.00D）,为什么?

2. 什么是杂化? 原子轨道为什么要杂化?

3. 根据晶体结构理论和化学键理论,试比较下列各组物质熔点的高低。
   ①ZnCl$_2$、CaCl$_2$、KCl 3 种晶体。
   ②NaBr、NaF、NaCl、NaI 4 种晶体。
   ③NaF、KF、MgO、SiCl$_4$、SiBr$_4$ 5 种晶体。

第 **4** 章

化学热力学初步

一、化学反应方向和化学平衡

(一)热力学及化学热力学

1. 热力学

热力学源于希腊语"热"和"力",其涉及由热所产生的力学作用的领域,是研究热、功及其相互转换关系的一门自然科学。任何形式能量的相互转换必然伴随着系统状态的改变,广义地说,热力学是研究体系宏观性质变化之间的关系,是研究在一定条件下变化的方向和限度。

热力学的根据是 3 件事实。

①不能制成永动机。

②不能使一个自然发生的过程完全复原。

③不能达到绝对零度。

这也是热力学的第一、第二和第三定律的内容,是无数实验结果的理性总结,更是热力学理论的主要基础。根据这 3 个定律可以导出许多结果以解决很多化学问题。热力学第一定律和第二定律,这两个定律都是 19 世纪建立起来的,是人类经验的总结,有着牢固的实验基础,20 世纪初又建立了热力学第三定律。

2. 化学热力学

用热力学原理来研究化学过程及与化学有关的物理过程就形成了化学热力学,化学热力学的主要内容如下所述。

①利用热力学第一定律解决化学变化的热效应问题。

②利用热力学第二定律解决指定的化学及物理变化实现的可能性、方向和限度问题,以及相平衡、化学平衡问题。

③利用热力学第三定律可以从热力学的数据解决有关化学平衡的计算问题。

(二)热力学的特点及局限性

热力学的优点和局限性都是显而易见的。热力学研究所得结论具有统计意义,对于物质的微观性质无从作出解答。热力学中没有时间概念,因而无法判断变化何时发生以及以何种速率进行。

1.特点

①适用于大量质点构成的宏观体系,不适用于分子的个别行为。

②不考虑物质的微观结构和反应机理,只知道始终态即可。

2.局限性

①它只考虑平衡问题,只计算变化前后总账,无须知道物质微观结构的知识,即只能对现象之间联系作宏观了解,不能作微观说明。结果导致知其然而不知其所以然。

②它只能告诉人们在某种条件下变化能否发生,进行的程度如何,而不能说明所需的时间、经过的历程、变化发生的根本原因。

二、热力学基本概念

(一)体系与环境

1.体系

用热力学方法研究问题时,首先要确定研究的对象,将所研究的一部分物质或空间,从其余的物质或空间中划分出来,这种划定的研究对象称为体系或系统(system)。

2.环境

与体系密切相关的其他部分称为环境(surrounding)。

根据体系与环境的关系,可将系统分为孤立体系、封闭体系和敞开体系(见表4.1)。

①孤立体系(隔离体系)(isolated system)。体系与环境之间既无能量交换,又无物质交换的体系。体系完全不受环境的影响,其中能量包括:热、功、其他能量。

②封闭体系(closed system)。与环境之间只有能量交换,没有物质交换。

③敞开体系(open system)。与环境之间既有能量交换,又有物质交换。

表4.1　热力学体系

体统＼交换	物质交换	能量交换
敞开体系	有	有
封闭体系	无	有
孤立体系(绝热)	无	无

通常的化学反应都是在封闭系统中发生的。若不声明,所研究的系统均指封闭系统。

（二）体系的性质

热力学系统有很多宏观性质,如温度、压力、体积、密度、组成、热容、质量、能量等,都称为系统的热力学性质,简称系统的性质。在热力学性质中,有些性质如温度、压力、体积、密度等可以通过实验直接测定,另一些性质不能由实验直接测定,如热力学能、焓、熵等。

系统的热力学性质按其与系统物质的量是否有关可分为两大类。

1.广度性质(容量、广延)

其数值的大小与体系中所含物质的数量成正比,具有加和性。广度性质在数学上是一次齐函数,如质量、体积、内能。

2.强度性质

其数值的大小与体系中所含物质的量无关,而取决于体系自身的特性,不具有加和性。强度性质在数学上是零次齐函数,如温度、压力、密度、黏度等。

两个广延性质之比称为强度性质,比如密度等于质量除以体积。二者之间的联系为:某种广度性质除以质量或物质的量就成为强度性质,如体积是广度性质,其除以物质的量得到摩尔体积 $V_m = V / n$,V_m 是强度性质,它不随体系中所含物质的量的改变而改变。

（三）物质的聚集状态和相

物质的聚集状态是一定条件下物质的存在形式,简称物态。常见的聚集状态的符号如下:

g——气体;l——代表液体;s——固体;sln——溶液;aq——水溶液(以水为溶剂)。

系统的物理性质及化学性质完全均匀一致的部分称为相。在多相系统中,相与相之间有着明显的界面,越过界面时,物理或化学性质发生突变。

根据系统中所含相的数目,可将系统分为两类:

①均相系统(或称单相系统):系统中只含有一个相。

②非均相系统(或称多相系统):系统中含有两个或两个以上相。

注意,不要将聚集状态与相的概念混淆。例如,碳酸钙分解达到平衡时:

$$CaCO_3(s) \rightleftharpoons CaO(s) + CO_2(g)$$

是一个包括固相 $CaCO_3$、固相 CaO 和气相 CO_2 平衡共存的三相系统,而非仅含固、气两相。

（四）热力学平衡态

经典热力学所研究的体系必须是热力学平衡态的体系,也就是其体系必须同时满足下面几个条件(几个平衡)。

（1）热平衡(thermal equilibrium)

系统中没有绝热壁存在的情况下,体系的各个部分温度相等。若系统不是绝热的,则系统与环境的温度也相同。

（2）力学平衡(机械平衡,mechanical equilibrium)

体系各部分之间及体系与环境之间没有不平衡的力存在。即在不考虑重力场的影响下,体系内部各处的压力相等,且也等于环境的压力。宏观地看,体系的界面不发生相对移动。如果两个均匀体系被一个固定的器壁隔开,即使双方压力不等,也能保持力学平衡。

（3）相平衡（phase equilibrium）

当体系不止一相时，各相组成不随时间而变化。相平衡是物质在各相之间分布的平衡。如：水—丁醇共轭溶液;研究一对平衡共存的饱和溶液。

（4）化学平衡（chemical equilibrium）

当各物质之间有化学反应时，达到平衡后,体系的组成不随时间而改变。

只有同时满足上述4个条件的体系才是热力学平衡体系,否则为非平衡态体系,热力学中所研究的是热力学平衡体系,简称热力学体系。

（五）状态和状态函数

1. 状态和状态函数的概念

热力学系统的状态是系统的物理性质和化学性质的综合表现。系统所有的性质确定之后,系统的状态就完全确定。反之,系统的状态确定之后,它的所有性质均有唯一确定的值。鉴于状态与性质之间的这种单值对应关系,故将系统的热力学性质即状态性质称为状态函数。用于描述和规定体系状态的宏观性质,称为状态函数或状态性质,也称为热力学函数或热力学性质。

2. 状态与状态函数关系

当体系的所有状态函数都不随时间发生变化而处于定值时,体系就处于一定的状态。其状态函数中只要有一个发生变化,则体系的状态也就改变了。

3. 状态函数的几点说明

①状态函数可分为两类,即广度性质和强度性质。

②同一热力学体系的许多状态函数（性质）之间,并不是相互独立无关的,而是有关联的。如果体系的某一性质发生了变化,至少会影响另外一个,甚至好几个性质变化。

4. 确定体系的状态所需状态函数的个数

①对一定量单相纯物质的封闭体系,只需两个强度性质就能确定体系状态,多采用 T、p 为独立变量,而把体系其他强度性质只表示为 T、P 的函数,即 $Z = f(T,P)$。

②对含有几种物质的均相多组分体系的性质,还与组成有关。即 $Z = f(T,P,x_1,x_2,\cdots,x_{n-1})$,式中 x_1 为各组分的摩尔分数。

说明:

a. 对不同的体系,上述表达式中函数的具体关系不同。

b. 独立参变量的选择,不一定选 (T,P),可视具体需要而定,也可选 (P,V_m),(T,V_m)。

5. 状态函数的两个特征

①体系的状态确定之后,每一状态函数都具有单一确定的值,而不会具有多个不等的值。例如体系状态确定后,温度只能具有单一确定的值。

②体系发生一个过程的前后,状态发生变化,状态函数的值也可能发生变化,其改变的数值只取决于体系的初、终状态,而与变化时体系所经历的具体途径无关。

凡是状态函数必然具备上述两个特征,反之,体系的某一个物理量如果具有上述两个特征,它一定是状态函数,也就是说状态函数具有全微分性质,即其微小改变量是全微分。

6. 状态方程

（1）对一定量单相纯物质的封闭体系

$T = f(P,V)$

（2）多组分体系

$T = f(p, V, x_1, x_2, \cdots, x_{n-1})$

（3）常用的状态方程

理想气体状态方程：$PV = nRT$　　或　　$PV_m = nRT$

实际气体的范德华方程：

$$\left(P + \frac{a}{V_m^2}\right)(V_m - b) = RT$$

（六）过程和途径

1. 过程

在一定环境条件下，系统状态所发生的任何变化称为过程。按照系统变化的性质，可将过程分为 3 类：单纯的 $P—V—T$ 变化过程、相变过程和化学反应过程。

（1）单纯 $P—V—T$ 变化过程

所谓单纯的 $P—V—T$ 变化过程是指过程中没有化学反应和相变化，只涉及系统的 P、V、T 的变化过程，又称简单变化过程。

根据过程本身的特点，过程的方式可以多种多样。热力学中常遇到下列几种典型的单纯 $P—V—T$ 过程：

①等温过程：过程的温度始终恒定不变，且等于环境的温度，即 $T = T_{环} = $ 常数。

②恒外压过程：环境的压力保持不变的过程，即 $P_{环} = $ 常数。

③等压过程：系统与环境的压力相等恒定不变的过程，即 $P = P_{环} = $ 常数。

④等容过程：系统的体积恒定不变的过程 $V = $ 常数。

⑤绝热过程：体系与环境之间没有热量交换的过程，但可以有功的传递。

⑥循环过程：当系统从某一状态出发，经过一系列的变化，又重新回到原来状态的过程。

在经历循环过程后，体系所有状态函数都应恢复到原来的数值，即各个状态函数的变化值都为零。从开始回到开始，起点回到起点，如 $\Delta T = 0$，$\Delta P = 0$，$\Delta V = 0$。

（2）相变化过程

系统中发生聚集状态的变化过程称为相变化过程，如液体的汽化，气体的液化，液体的凝固，固体的熔化，固体的升华，气体的凝华以及固体不同晶型间的转化等。通常，相变化是在等温、等压条件下进行的。

在一定温度下，当液（或固）体与其蒸气达成两相平衡时，此时气相的压力称为该液（或固）体在该温度下的饱和蒸气压。蒸气压等于外压时的温度称为液体的沸点；101. 325 kPa 下的沸点称为正常沸点，标准压力 100 kPa 下的沸点称为标准沸点。

（3）化学变化过程

系统中发生化学反应，致使组成发生变化的过程称为化学变化过程。化学反应通常是在等温等压或等温等容条件下进行的。

2. 途径

由一个或多个过程组成的系统由始态到终态的变化经历称为途径。系统由某一始态变化到某一终态往往可通过不同途径来实现，而在这一变化过程中系统的任何状态函数的变化值，仅与系统变化的始、终态有关，而与变化经历的不同途径无关。例如，下列理想气体的 $P—V—T$ 变化可通过两个不同的途径来实现。

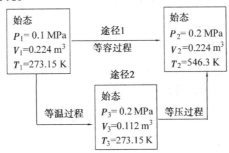

即途径1仅由等容过程组成;途径2则由等温及等压两个过程组合而成。在两种变化途径中,系统的状态函数变化值却是相同的,不因途径不同而改变。这套处理方法是热力学中的重要方法,通常称为状态函数法。方框内注明与反应有关的状态的各个性质,两个方框之间用箭头注明过程的性质。该方法不仅描述了状态的变化,而且表达了环境的主要特征。

三、热力学第一定律及应用

(一)热力学第一定律

1. 热和功

热和功是体系状态变化时,与环境交换能量的两种不同形式。

(1)热

当体系状态变化时,由于体系和环境温度不同而使体系与环境间传递的能量称为热。如相变热、溶解热、化学反应热等。

热是一过程量,传递中的能量不是体系的性质,即不是体系的状态函数,也就是说,体系处某一状态不能说热为多少。

热以符号 Q 表示,单位是 J 或 kJ。在热力学中,规定体系吸热 Q 为正,$Q>0$,反之 Q 为负,$Q<0$。

(2)功

当体系状态发生变化时,在体系与环境间除热外以其他各种形式传递的能量,通称为功,在物化中常见的有体积功、电功、表面功。功用 W 表示 单位是 J 或 kJ。

功也是一个过程量,它不是体系的状态函数(即体系并不包含功),即对始、终态相同的变化过程,途径不同,功值不同。因此,功不是体系能量的形式,而是能量传递或转化的一种宏观方式。

体系对环境做功(体系发生膨胀),$W<0$;环境对体系做功(体系发生压缩),$W>0$。

功可以分为两大类,即体积功和非体积功。

①体积功。系统在外压力作用下,体积发生改变时与环境传递的功。

体积功的计算公式为:

$$\delta W = -P_{环}\mathrm{d}V$$

$$W = -\int_{V_1}^{V_2} P_{环} dV$$

式中　　W—— 体积功,单位为 J 或 kJ;

　　　　$P_{环}$—— 环境的压力,单位为 Pa;

　　　　V_1、V_2—— 系统始终态的体积,单位为 m³。

(i)等容过程,特点是 $dV = 0$,所以

$$W = -\int_{V_1}^{V_2} P_{环} dV = 0$$

等容过程无体积功。

(ii)自由膨胀过程(系统向真空膨胀),特点是 $P_{环} = 0$,所以

$$W = -\int_{V_1}^{V_2} P_{环} dV = 0$$

(iii)恒外压过程,特点是 $P_{环} = $ 常数,为:

$$W = -\int_{V_1}^{V_2} P_{环} dV = -P_{环}(V_2 - V_1) = -P_{环}\Delta V$$

(iv)等压过程,特点是 $P = P_{环} = $ 常数,为:

$$W = -\int_{V_1}^{V_2} P_{环} dV = -\int_{V_1}^{V_2} P dV = -P(V_2 - V_1) = -P\Delta V$$

如是理想气体,则:

$$P = \frac{nRT}{V}$$

$$W = -\int_{V_1}^{V_2} P dV = -\int_{V_1}^{V_2} \frac{nRT}{V} dV = -nRT \ln\frac{V_2}{V_1} = -nRT \ln\frac{P_1}{P_2}$$

②非体积功。除体积功外,其他各种形式的功称为非体积功。用 W' 表示。

如果系统发生变化时,做体积功,又做非体积功,则系统所做的总功是这两部分功之和。在化学热力学中,系统发生变化时,通常不做非体积功。

例1:10 mol 理想气体反抗恒外压0.10 MPa,由25 ℃、1.0 MPa 膨胀到25 ℃、0.10 MPa,求此过程的功。

解:

$$W = -\int_{V_1}^{V_2} P_{环} dV = -P_{环}(V_2 - V_1) = -P_{环}\Delta V = -22\ 309(J)$$

例2:在100 kPa 下,5.0 mol 理想气体由300 K 升温到800 K,求此过程的功。

解:

$$V = \frac{nRT}{P}$$

等压过程 $W = -p(V_2 - V_1) = -p\Delta V = -20\ 785(J)$

例3:在100 ℃、100 kPa 下,5.0 mol 水变成水蒸气。求此过程的功,水蒸气可视为理想气体。水的体积与水蒸气的体积相比可忽略。

解:　$pV = nRT, V = \frac{nRT}{p}$

恒温恒压相变过程 $W = -\int_{V_1}^{V_2} P_{环} dV = -P_{环}(V_2 - V_1) = -P_{环}\Delta V = -15\ 512(J)$

2. 热力学能

热力学能过去也称为内能,以符号 U 表示,单位为 J 或 kJ。

热力学能是系统内部具有的能量,热力学能是系统广延性质的状态函数,系统的热力学能变化量仅仅取决于始终态,而与变化途径无关。

封闭系统理想气体:$U = f(T)$

因此,一定量的理想气体经历任何过程,只要初终态的温度相等,没有化学变化,则内能也不变,即 $\Delta T = 0$ 时,$\Delta U = 0$。

3. 热力学第一定律

(1)定律的几种表述形式

①热力学第一定律就是能量守恒与转化的定律。能量可以从一种转化为另一种形式,但它既不能凭空创造,也不会自行消失。

②第一类永动机不可能创造,这是热力学第一定律的另一种表述形式。所谓第一类永动机就是说不靠外界提供能量,也不消耗自身的能量却能不断地对外做功的机器。

(2)封闭系统定律的数学表达式

某一过程,体系从环境吸收热量 Q 和环境对体系做功 W,使体系的始态热力学能 U_1 变到终态热力学能 U_2。根据能量守恒定律:

$$\Delta U = U_2 - U_1 = Q + W$$

若体积发生极微小的变化,则热力学能的变化为 $\mathrm{d}U$:

$$\mathrm{d}U = \delta Q + \delta W$$

也就是说,过程中热力学能的增量等于系统所吸入的热和环境对系统所做功之和。

例4:某干电池做电功 100 J,同时放热 20 J,求其热力学能的变化。

解:根据题意,$W = -100$ J,$Q = -20$ J,所以:

$\Delta U = Q + W = (-20\ \mathrm{J}) + (-100\ \mathrm{J}) = -120\ \mathrm{J}$

即在该过程中,电池的热力学能减少了 120 J。

(二)恒容热和恒压热

1. 恒容热 Q_V

①定义:恒容过程中体系吸收或放出的热称为恒容热 Q_V。

②前提:只做体积功,不作非体积功。

③公式:恒容,体积不变 $\Delta V = 0$,则 $W = -\int_{V_1}^{V_2} P_外 \,\mathrm{d}V = 0$,故 $Q_V = \Delta U$。

若进行一个微小的恒容过程,上式可表示为

$$\delta Q_V = \mathrm{d}U$$

恒容过程,既不做体积功又不做非体积功,故体系所吸收或放出的热 Q_V 等于体系内能的变化量。

④特点:恒容热取决于系统的始终态,与变化途径无关。

2. 焓 H

热力学中为了更方便地解决恒压过程热的计算问题,引入了一个重要的状态函数焓,以符号 H 表示,单位是 J 或 kJ。

①定义式:$H = U + PV$。

②焓是广延性质的状态函数:

$$\Delta H = H_2 - H_1 = (U_2 + P_2V_2) - (U_1 + P_1V_1)$$
$$= (U_2 - U_1) + (P_2V_2 - P_1V_1)$$
$$= \Delta U + \Delta(PV)$$

对于恒压过程,$P_1 = P_2 = P$,$\Delta H = \Delta U + P\Delta V$。

③理想气体的 H 只是温度的函数。

$$\Delta H = \Delta U + \Delta(PV)$$

式中 U——温度的函数,$PV = nRT$,故 H 只是温度的函数。

3. 恒压热 Q_P

①定义:恒压过程中体系吸收或放出的热称为恒压热 Q_P。

②前提:只做体积功,不做非体积功。

③公式:$W = -P\Delta V$ $Q_P + W = \Delta U$,$Q_P = \Delta U - W = \Delta U + P\Delta V$;

$\Delta H = \Delta U + P\Delta V$;

$Q_P = \Delta H$。

若进行一个微小的恒压过程,上式可表示为:

$$\delta Q_P = dH$$

恒压过程,既不做体积功又不做非体积功,故体系所吸收或放出的热 Q_P 等于体系焓的变化量。

4. 特点

恒压热取决于系统的始终态,与变化途径无关。

(三)变温过程热的计算

在化工生产中,物料经常伴有升温或降温过程,这些变温过程可能在恒压条件下进行,也可能在恒容条件下进行。为了计算物料变温过程热,首先需要引入一个重要的基础热数据——摩尔热容。

1. 摩尔热容

(1)摩尔定容热容

①定义:1 mol 物质在 $dV = 0$ 并且 $W_{非} = 0$ 的条件下,温度升高 1 K 所需的热量,用"$C_{V,m}$"表示,单位是 $J/(mol \cdot K)$。

②定义式:

$$C_{V,m} = \frac{\delta Q_V}{ndT}$$

$$\delta Q_V = dU = nC_{V,m}dT$$

(2)摩尔定压热容

①定义:1 mol 物质在 $dP = 0$ 并且 $W_{非} = 0$ 的条件下,温度升高 1 K 所需的热量,用"$C_{P,m}$"表示,单位是 $J/(mol \cdot K)$。

②定义式:

$$C_{P,m} = \frac{\delta Q_P}{n\mathrm{d}T}$$

$$\delta Q_P = \mathrm{d}H = nC_{P,m}\mathrm{d}T$$

(3) $C_{P,m}$ 和 $C_{V,m}$ 的关系

①理想气体: $C_{P,m} = C_{V,m} + R$。

单原子理想气体: $C_{V,m} = 1.5R$, $C_{P,m} = 2.5R$。

双原子理想气体: $C_{V,m} = 2.5R$, $C_{P,m} = 3.5R$。

②纯的液体和固体:

$$C_{P,m} \approx C_{V,m}$$

2. 变温过程热的计算

(1) 恒容变温过程

$$Q_V = n\int_{T_1}^{T_2} C_{V,m}\mathrm{d}T$$

若 $C_{V,m}$ 为定值,则 $Q_V = nC_{V,m}(T_2 - T_1)$。

(2) 恒压变温过程

$$Q_P = n\int_{T_1}^{T_2} C_{P,m}\mathrm{d}T$$

若 $C_{P,m}$ 为定值,则 $Q_P = nC_{P,m}(T_2 - T_1)$。

例 5:5.00 mol 氧气从 300 K、150 kPa 的始态先恒容冷却,再恒压加热,终态为 225 K、75.0 kPa, $C_{P,m} = 29.1$ J/(mol·K),求整个过程的热 Q。

解:

$T_1 = 300$ K $P_1 = 150$ kPa V_1	恒容 $\xrightarrow{Q_V}$	T_2 $P_2 = P_3$ $V_2 = V_1$	恒压 $\xrightarrow{Q_P}$	$T_3 = 225$ K $P_3 = 75$ kPa V_3

$Q = Q_V + Q_P$;

$C_{P,m} = 29.1$ J/(mol·K);

$C_{V,m} = C_{P,m} - R = 29.1 - 8.214 = 20.8$ (J·mol^{-1}·K^{-1});

$Q_V = nC_{V,m}(T_2 - T_1)$;

$V_1 = V_2$;

$\dfrac{T_1}{P_1} = \dfrac{T_2}{P_2}$;

$T_2 = \dfrac{P_2 T_1}{P_1} = 150$ (K);

$Q_V = nC_{V,m}(T_2 - T_1) = 5 \times 20.8 \times (150 - 300) = -15.6$ (kJ);

$Q_P = nC_{P,m}(T_3 - T_2) = 5 \times 29.1 \times (225 - 150) = 10.9$ (kJ);

$Q = Q_V + Q_P = -15.6 + 10.9 = -4.7$ (kJ)。

（四）理想气体在单纯的 P—V—T 变化过程中 ΔU 和 ΔH 的计算

1. ΔU 的计算

计算公式：$\Delta U = Q_V = n\displaystyle\int_{T_1}^{T_2} C_{V,m}\mathrm{d}T$

若 $C_{V,m}$ 为定值，则 $\Delta U = nC_{V,m}(T_2 - T_1)$

说明：对一定量的理想气体，在单纯的 P—V—T 变化过程中，不管是否恒容，都可应用此公式。

2. ΔH 的计算

计算公式：$\Delta H = Q_P = nC_{P,m}(T_2 - T_1)$

若 $C_{P,m}$ 为定值，则 $\Delta H = nC_{P,m}(T_2 - T_1)$

说明：对一定量的理想气体，在单纯的 P—V—T 变化过程中，不管是否恒压，都可应用此公式。

例 6：5 mol 某气体由 $T = 298$ K、$P = 10.0$ MPa 经两次恒外压 $P_{环1} = 5.00$ MPa、$P_{环2} = 0.10$ MPa 恒温膨胀到最后压力为 0.1 MPa，求全过程的 ΔU、ΔH、Q、W。

解：

$$
\boxed{\begin{array}{l} T_1 = 298\ \text{K} \\ P_1 = 1\times10^7\ \text{Pa} \\ V_1 \end{array}} \xrightarrow[\Delta H = 0]{\text{恒外压}} \boxed{\begin{array}{l} T_2 = 298\ \text{K} \\ P_2 = 5\times10^6\ \text{Pa} \\ V_2 \end{array}} \xrightarrow{\text{恒外压}} \boxed{\begin{array}{l} T_3 = 298\ \text{K} \\ P_3 = 1\times10^5\ \text{Pa} \\ V_3 \end{array}}
$$

$Q = -W$；

$W = P_{环}(V_2 - V_1)$；

$V_1 = nRT_1/P_1 = 5\times8.314\times298 / 1\times10^7 = 1.24\times10^{-3}(\text{m}^3)$；

$V_2 = nRT_2/P_2 = 5\times8.314\times298 / 5\times10^6 = 2.48\times10^{-3}(\text{m}^3)$；

$V_3 = nRT_3/P_3 = 5\times8.314\times298 / 1\times10^5 = 124\times10^{-3}(\text{m}^3)$；

$W = W_1 + W_2$；

$\quad = -P_{环1}(V_2 - V_1) - P_{环2}(V_3 - V_2)$；

$\quad = -1.84\times10^4(\text{J}) = -18.4(\text{kJ})$；

$Q = -W = 18.4(\text{kJ})$。

例 7：4.0 mol 某气体从 300.15 K 恒压加热到 600.15 K，气体的 $C_{P,m} = 30$ J/(mol·K)，求此过程的 $Q, W, \Delta U, \Delta H$。

解：$\Delta H = Q_P = nC_{P,m}(T_2 - T_1) = 4\times30\times(600.15 - 300.15) = 36\,000(\text{J})$

$\quad W = -P(V_2 - V_1) = -(nRT_2 - nRT_1) = -nR(T_2 - T_1) = -4\times8.314\times(600.15 - 300.15)$

$\quad\quad = -9\,977(\text{J})$；

$\quad \Delta U = Q_P + W = 26\,023\ (\text{J})$

$\quad$ 或 $\Delta U = nC_{V,m}(T_2 - T_1) = n(C_{P,m} - R)(T_2 - T_1)$；

$\quad\quad\quad = 4\times(30 - 8.314)\times(600.15 - 300.15) = 26\,023\ (\text{J})$。

（五）可逆过程与可逆体积功的计算

1. 可逆过程

（1）定义

某一系统经过某一过程,由状态 1 变为状态 2 之后,如果能使系统和环境都完全复原,这样的过程称为可逆过程。

还有一种说法,就是可逆过程是在无摩擦损失的条件下,系统内部及环境之间在无限接近平衡态时进行的过程。系统从始态到终态,再从终态沿原途径回到始态,系统和环境都不留下任何痕迹。

（2）特征

①推动力无限小,速度无限缓慢。

②在可逆过程中,系统对环境做功的绝对值最大。

③可逆过程体积功的计算公式为:

$$\delta W_R = -PdV$$

$$W_R = -\int_{V_1}^{V_2} PdV$$

式中　P——系统的压力。

2. 理想气体的可逆绝热过程方程

如果系统与环境之间用热绝缘物隔开,使系统与环境之间不发生热量的交换,则构成绝热系统。在绝热系统中发生的过程称为绝热过程。过程方程式为:

$$\frac{T_2}{T_1} = \left(\frac{V_2}{V_1}\right)^{1-\gamma}, \quad \left(\frac{P_2}{P_1}\right)^{\frac{\gamma-1}{\gamma}} = \left(\frac{T_2}{T_1}\right), P_1 V_1^{\gamma} = P_2 V_2^{\gamma} = PV^{\gamma}$$

式中　γ——绝热指数或热容熵,$\gamma = \dfrac{C_{P,m}}{C_{V,m}}$。

使用条件为:理想气体封闭系统、$C_{V,m}$=定值、$\delta Q = 0$、可逆、$\delta_{W_{非}} = 0$。

3. 理想气体可逆体积功的计算

（1）通式

$$W_R = -\int_{V_1}^{V_2} PdV$$

式中　P——系统的压力。

（2）恒温可逆体积功

计算公式:$W_{T,R} = -\int_{V_1}^{V_2} PdV$

因为系统的压力可变,故

$$W_{T,R} = -\int_{V_1}^{V_2} \frac{nRT}{V}dV = -nRT\int_{V_1}^{V_2} \frac{1}{V}dV$$

$$W_{T,R} = -nRT\ln\left(\frac{V_2}{V_1}\right) = nRT\ln\left(\frac{V_1}{V_2}\right)$$

$$= nRT\ln\left(\frac{P_2}{P_1}\right)$$

例 8:2 mol 理想气体从始态 202.65 kPa、V_1 恒温可逆膨胀到 $V_2 = 10V_1$,对外做功 41.85 kJ,求系统的温度和始态体积。

解:

$$\boxed{\begin{array}{l} P_1 = 202.65 \text{ kPa} \\ V_1 \end{array}} \xrightarrow{\text{恒温可逆膨胀}} \boxed{\begin{array}{l} P_2 \\ V_2 = 10V_1 \end{array}}$$

$$W_{T,R} = nRT \ln\left(\frac{V_1}{V_2}\right) = 2 \times 8.314 \times T \times \ln\frac{1}{10} = 41\ 850$$

$$T = 1\ 093 \text{ K}$$

$$V_1 = \frac{nRT}{P_1} = 2 \times 8.314 \times \frac{1\ 093}{202\ 650} = 0.089\ 7(\text{m}^3)$$

例 9:1 mol N_2(理想气体)在 300 K 时自 100 kPa 恒温膨胀到 10 kPa,①计算下列过程的 ΔU、ΔH、Q、W 自由膨胀(即 $P_{环} = 0$ 的膨胀);②反抗恒定外压为 10 kPa 的膨胀;③可逆膨胀。

解:首先列出初终态

$$\boxed{\begin{array}{l} 1 \text{ mol } N_2 \\ 100 \text{ kPa},300 \text{ K} \end{array}} \begin{array}{c} \xrightarrow{①P_{环} = 0} \\ \xrightarrow{②P_{环} = 10 \text{ kPa}} \\ \xrightarrow{③可逆膨胀} \end{array} \boxed{\begin{array}{l} 1 \text{ mol } N_2 \\ 10 \text{ kPa},300 \text{ K} \end{array}}$$

U、H 均为温度的函数,$\Delta U = 0$,$\Delta H = 0$,$Q = -W$。

①$P_{环} = 0$ 时,$W_1 = -P_{环}\Delta V = 0$ $Q = -W = 0$

②$P_{环} = 10$ kPa 时,$W_2 = -P_{环} \cdot (V_2 - V_1) = -P_{外}\left(\frac{nRT}{P_2} - \frac{nRT}{P_1}\right) = nRTP_{外}\left(\frac{1}{P_1} - \frac{1}{P_2}\right)$

$$= 1 \times 8.314 \times 300 \times 10 \times 10^3 \times \left(\frac{1}{100 \times 10^3} - \frac{1}{10 \times 10^3}\right) = -2\ 245(\text{J})$$

$$Q_2 = -W_2 = 2\ 245(\text{J})$$

③可逆膨胀时:

$$W_3 = nRT \ln\frac{P_2}{P_1} = 1 \times 8.314 \times 300 \times \ln\frac{10}{100} = -5\ 742(\text{J})$$

$$Q_3 = -W_3 = 5\ 742(\text{J})$$

可以看出在 3 种过程中,可逆过程做的功的绝对值是最大的。

绝热可逆体积功:

计算公式为①$Q = 0$,$W = \Delta U$;

$$W = nC_{V,m}(T_2 - T_1)。$$

$$②W = \frac{P_1 V_1^{\gamma}}{\gamma - 1}\left(\frac{1}{V_2^{\gamma-1}} - \frac{1}{V_1^{\gamma-1}}\right)$$

例 10:1 mol 单原子理想气体在 298 K、1.00×10^3 kPa 下可逆绝热膨胀到终态压力为 100 kPa,求终态温度、终态体积及所做的功。

解:

$$
\boxed{
\begin{array}{l}
T_1 = 298\ \text{K} \\
P_1 = 1.00 \times 10^3\ \text{kPa} \\
V_1
\end{array}
}
\xrightarrow{\text{绝热可逆膨胀}}
\boxed{
\begin{array}{l}
T_2 \\
P_2 = 100\ \text{kPa} \\
V_2
\end{array}
}
$$

$$\left(\frac{P_2}{P_1}\right)^{\frac{\gamma-1}{\gamma}} = \left(\frac{T_2}{T_1}\right)$$

$$\gamma = \frac{C_{P,m}}{C_{V,m}} = \frac{2.5}{1.5} = 1.67$$

$$\left(\frac{100}{1\ 000}\right)^{\frac{1.67-1}{1.67}} = \left(\frac{T_2}{298}\right)$$

$$T_2 = 118\,(\text{K})\,;$$

$$V_2 = \frac{nRT_2}{P_2} = 9.81 \times 10^{-3}\,(\text{m}^3)\,;$$

$$W = nC_{V,m}(T_2 - T_1) = 1 \times 1.5 \times 8.314 \times (118 - 298) = -2.24\,(\text{kJ})$$

或　　$$W = \frac{P_1 V_1^{\gamma}}{\gamma - 1}\left(\frac{1}{V_2^{\gamma-1}} - \frac{1}{V_1^{\gamma-1}}\right)$$

$$W = \frac{10^6 \times \left(\dfrac{8.314 \times 298}{10^6}\right)^{1.67}}{1.67 - 1}\left(\frac{1}{0.009\ 81^{1.67-1}} - \frac{1}{\left(\dfrac{8.314 \times 298}{10^6}\right)^{1.67-1}}\right)$$

$$= -2.24\,(\text{kJ})$$

(六)相变热的计算

1. 相和相变

①相是系统中物理性质和化学性质完全相同的均匀部分,如固液、固固、气液。

②相变是物质从一个相变成另一个相的过程。

③纯物质的相变有以下4种类型:

$$\text{固相}\underset{\text{凝固}}{\overset{\text{熔化}}{\rightleftarrows}}\text{液相} \qquad \text{液相}\underset{\text{冷凝}}{\overset{\text{蒸发}}{\rightleftarrows}}\text{气相}$$

$$\text{固相}\underset{\text{凝华}}{\overset{\text{升华}}{\rightleftarrows}}\text{气相} \qquad \text{固相(1)}\underset{\text{晶型转变}}{\overset{\text{晶型转变}}{\rightleftarrows}}\text{固相(2)}$$

④可逆相变:在相平衡温度、相平衡压力下进行的相变。(例如100 ℃.1 atm,水和水蒸气之间的相变。0 ℃,1 atm,冰和水之间的相变为可逆相变,而100 ℃,水向真空中蒸发就是不可逆过程。)

2. 摩尔相变焓

(1)定义

1 mol 物质由 α 相变为 β 相时对应的焓变,用 $\Delta_{\alpha}^{\beta}H_m$ 表示,单位为 J/mol 或 kJ/mol。

α 表示相变的始态,β 表示相变的终态。

(2)表示方法

物质蒸发、熔化、升华等过程的摩尔相变焓分别用 $\Delta_l^g H_m$,$\Delta_s^l H_m$,$\Delta_s^g H_m$,也可以用 $\Delta H_{蒸发}$,

$\Delta H_{熔化}$,$\Delta H_{升华}$来表示。

因为焓是状态函数,所以在相同的温度和压力下,同一物质的焓变有如下关系:

$$\Delta_l^g H_m = -\Delta_g^l H_m,\quad \Delta_s^l H_m = -\Delta_l^s H_m,\quad \Delta_s^g H_m = -\Delta_g^s H_m$$

固体的升华过程可看作熔化和蒸发两过程的和:

$$\Delta_s^g H_m = \Delta_s^l H_m + \Delta_l^g H_m$$

(3)摩尔相变热

1 mol 物质由 α 相变为 β 相时吸收或放出的热。

(4)相变条件

相变通常在恒压且无非体积功的条件下进行,此时相变热等于相变过程的焓变即

$$Q_p = \Delta_\alpha^\beta H = n\Delta_\alpha^\beta H_m$$

3. 相变热的计算

(1)可逆相变热

可逆相变是恒温、恒压(指定温度下的平衡压力)且没有非体积功的可逆过程。若已知某物质可逆相变的 $\Delta_\alpha^\beta H_{m,R}$,而且所求相变过程的温度、压力与已知 $\Delta_\alpha^\beta H_{m,R}$ 的温度与压力对应相同,则此相变过程热的计算方法为:

$$Q_p,R = \Delta_\alpha^\beta H_R = n\Delta_\alpha^\beta H_{m,R};$$

Q_p,R:可逆相变热;$\Delta_\alpha^\beta H_{m,R}$:可逆摩尔相变焓。

由于焓是温度的函数,所以在这里相变热也是温度的函数,一个温度对应一个相变焓。温度升高时,分子间相互作用力减弱,蒸发热变小。

(2)不可逆相变

在实际工作或化工生产中,遇到的相变通常是物质在偏离平衡条件下发生的相变,即不可逆相变,多在恒温、恒压或不恒温、恒压下进行。不可逆相变过程热可以通过可逆相变过程焓、单纯 $P—V—T$ 变化过程焓和状态函数法结合起来求值,计算方法如下所述。

当 $C_{P,m}$ 为定值时:

$$Q_P = \Delta H = \Delta H_1 + \Delta H_2 + \Delta H_3$$
$$= n\Delta_\alpha^\beta H_{m,R} + nC_{P,m}(\alpha)(T_{平衡} - T_1) + nC_{P,m}(\beta)(T_2 - T_{平衡})。$$

例 11:某锅炉的压力为 5×10^5 Pa,现将水自 298 K 加热变为 423 K 的水蒸气,已知 $C_{P,m}$(水)= 75.4 J/(mol·K),$C_{P,m}$(水蒸气)=34.1 J/(mol·K),水在 373 K、101 325 Pa 条件下的摩尔蒸发热为 40.7 J/mol,若将 1 000 kg 水在此锅炉中变成水蒸气,至少需要多少热量?

解:$n = \dfrac{m}{M} = \dfrac{1\ 000}{0.018} = 5.56\times10^4$(mol)

$$Q_P = \Delta H_1 + \Delta H_2 + \Delta H_3$$

$$\begin{aligned}\Delta H_1 &= nC_{P,m}(\text{水})(T_{\text{平衡}} - T_1)\\ &= 5.56 \times 10^4 \times 75.4 \times (373 - 298)\\ &= 3.14 \times 10^8 \text{ J} = 3.14 \times 10^5 (\text{kJ})\end{aligned}$$

$$\Delta H_2 = n\Delta_l^g H_m = 5.56 \times 10^4 \times 40.7 = 2.26 \times 10^6 (\text{kJ})$$

$$\begin{aligned}\Delta H_3 &= n\, C_{P,m}(\text{水蒸气})(T_2 - T_{\text{平衡}})\\ &= 5.56 \times 10^4 \times 34.1 \times (423 - 373)\\ &= 9.48 \times 10^7 \text{ J} = 9.48 \times 10^4 (\text{kJ})\end{aligned}$$

$$Q_P = \Delta H = \Delta H_1 + \Delta H_2 + \Delta H_3 = 3.14 \times 10^5 + 2.26 \times 10^6 + 9.48 \times 10^4 = 2.67 \times 10^6 (\text{kJ})$$

例 12：已知水在 101.325 kPa、273 K 时的摩尔凝固热为 -6.004 kJ/mol，$C_{P,m}(\text{水}) = 75.3$ J/(mol·K)，$C_{P,m}(\text{冰}) = 36.8$ J/(mol·K)，求 1 kg 水在 101.325 kPa 下从 298 K 冷却到 263 K 凝固成冰放出的热量。

解：$n = \dfrac{m}{M} = \dfrac{1\,000}{18} = 55.6(\text{mol})$

$$Q_P = \Delta H = \Delta H_1 + \Delta H_2 + \Delta H_3$$

$$\Delta H_1 = nC_{P,m}(\text{水})(T_{\text{平衡}} - T_1) = 55.6 \times 75.3 \times (273 - 298) = -1.05 \times 10^5 \text{J} = -1.05 \times 10^2 (\text{kJ})$$

$$\Delta H_2 = n\Delta_l^s H_m = 55.6 \times (-6.004) = -3.34 \times 10^2 \text{ kJ}$$

$$\begin{aligned}\Delta H_3 &= n\, C_{P,m}(\text{冰})(T_2 - T_{\text{平衡}})\\ &= 5.56 \times 36.8 \times (263 - 273)\\ &= -2.05 \times 10^4 \text{ J} = -20.5(\text{kJ})\end{aligned}$$

$$Q_P = \Delta H = \Delta H_1 + \Delta H_2 + \Delta H_3 = -1.05 \times 10^2 + (-3.34 \times 10^2) + (-20.5) = -4.6 \times 10^2 (\text{kJ})$$

(七)化学反应热的计算(一)

1.基本概念

(1)摩尔反应

按化学反应计量式中各反应组分的计量系数表示的物质的量进行的反应，称为发生了摩尔反应。

(2)摩尔反应的一般式

$$a\text{A}(\alpha) + b\text{B}(\beta) \rightarrow m\text{M}(\gamma) + l\text{L}(\delta)$$

按照热力学表述状态函数变化量的习惯,用(终态—始态)的方式:

$$0 = mM(\gamma) + lL(\delta) - aA(\alpha) - bB(\beta)$$

$$0 = \sum_B v_B B(\beta)$$

式中　B——参加反应的任一物质;

α、β、γ、δ——反应组分 A、B、M、L 的相态;

v_B——B 的化学计量数,对反应物为负,对产物为正,即 $v_A = -a$,$v_B = -b$ 等。

(3)反应进度

为了从数量上统一表达化学反应进行的程度,需要引入一个重要的物理量——反应进度。反应进度就是反应进行的程度,用 ξ 表示:

$$\xi = \frac{\Delta n_B}{v_B} \qquad \Delta n_B = n_B - n_{B,0}$$

式中　Δn_B——反应组分 B 的变化量;

$n_{B,0}$——反应进度为 0 时反应组分 B 的物质的量;

n_B——反应进度为 ξ 时反应组分 B 的物质的量。

显而易见,反应开始前,$n_B = n_{B,0}$,$\Delta n_B = n_B - n_{B,0} = 0$,则 $\xi = 0$;Δn_B 的绝对值越大,ξ 就越大,所以 ξ 表示反应进度。

如果系统中发生无限小量的反应 $d\xi$,则 $d\xi = dn_B/v_B$,$dn_B = v_B d\xi$。

注意:由于化学计量数与反应计量方程式的写法有关,因此 ξ 的数值还与反应计量方程式的写法有关。

在同一化学反应中,任一反应组分 $\Delta n_B/v_B$ 的数值都相同,所以用反应系统中任意反应组分表示化学进度,其 ξ 数值都相同。

2. 摩尔反应焓

在一定温度、压力和组成的条件下,系统发生无限小量反应 $d\xi$,引起反应系统的焓变,折合成每摩尔反应的焓变,称为摩尔反应焓,用符号"$\Delta_r H_m$"表示,其中 r 为指定的化学反应,m 为摩尔反应。

因为摩尔反应焓是折合成每摩尔反应的焓变,所以单位为 J/mol。

注意:由于反应进度的定义与反应计量方程式的写法有关,因此 $\Delta_r H_m$ 与化学反应计量式的写法有关。

(1)物质的标准态和标准摩尔反应焓

①物质的标准态。热力学规定了物质的标准状态,简称标准态,标准态用上标 $\ominus$ 表示,例如,标准压力为 $P^\ominus$ 热力学对物质的标准态作如下的规定:

气体的标准态——温度 T、压力 $P = P^\ominus = 10^5$ Pa 条件下,表现出纯理想气体性质的状态,这是一种假象态。

液、固体的标准态——温度 T、压力 $P = P^\ominus = 10^5$ Pa 条件下的纯液、固体状态。

标准状态下物质 B 的摩尔焓表示为 $H_{m,B}^\ominus(T)$,其他广延性质的摩尔值表示方法与此类似。

②标准摩尔反应焓。化学反应中的各组分都处于温度 T 的标准状态下的摩尔反应焓称为标准摩尔反应焓,用符号"$\Delta_r H_m^\ominus(T)$"表示。

对于化学反应:$aA + bB \rightarrow mM + lL$

$$\Delta_r H_m^{\ominus}(T) = m H_{m,M}^{\ominus}(T) + l H_{m,L}^{\ominus}(T) - a H_{m,A}^{\ominus}(T) - b H_{m,B}^{\ominus}(T)$$

其中各化学反应计量数取决于指定的化学反应计量式,各物质的标准摩尔熵由温度 T 确定,所以任一计量式的标准摩尔熵只是温度的函数,即:

$$\Delta_r H_m^{\ominus}(T) = \sum_B v_B H_{m,B}^{\ominus}(T) = f(T)$$

A,B,M,L 均处于温度 T 的标准状态下,这与实际反应状态是有差别的。

(2)标准摩尔生成焓和标准摩尔燃烧焓

①标准摩尔生成焓。在温度 T 的标准状态下,由相对稳定的单质生成 1 mol 指定相态的某物质所对应的焓变,称为指定相态的该物质在温度 T 下的标准摩尔生成焓,用符号 $\Delta_f H_{m,B}^{\ominus}(\beta, T)$ 表示,单位为 kJ/mol,m 表示 1 mol 物质,B 表示指定的物质,f 表示 B 的生成反应,β 是物质的相态,T 是标准态的温度。

注意:

a. 生成反应:由稳定相态单质生成某物质的反应如 C(石墨) + O_2(g)——→CO_2(g)是 CO_2 的生成反应;而 C(金刚石) + O_2(g)——→CO_2(g)和 CO(g) + 1/2O_2(g)——→CO_2(g)都不是 CO_2 的生成反应。因为石墨是碳的稳定形态,而金刚石不是,由石墨转变成金刚石需要能量;CO 不是单质,所以 CO(g) +1/2 O_2(g)——→CO_2(g)不是 CO_2 的生成反应。

b. 稳定相态单质的生成焓为 0,非稳定相态单质如金刚石,其生成焓不为 0。

c. 同一物质的相态不同时,其标准摩尔生成焓也不同。各种物质在 298 K 下的标准摩尔生成焓在本书的附录中可以查到。

②标准摩尔燃烧焓。在温度 T 的标准状态下,1 mol 指定相态的物质与氧进行充分氧化反应所对应的焓变,称为指定相态的该物质在温度 T 时的标准摩尔燃烧焓,用符号 $\Delta_c H_{m,B}^{\ominus}(\beta, T)$ 表示,单位 kJ/mol。c 表示物质 B 的燃烧反应。

注意:

a. 标准摩尔燃烧焓中,指定相态的物质 B 与氧进行充分氧化反应,生成稳定态的燃烧产物。例如,C 与 O_2 发生化学反应,C 被氧化生成 CO 不是充分氧化反应,生成 CO_2 才是充分氧化反应。

b. 最高价态氧化物(如 CO_2,H_2O,SO_3 等)不能再继续氧化,所以 $\Delta_c H_{m,B}^{\ominus}(\beta, T) = 0$。

c. 各种物质在 298 K 下的标准摩尔生成焓为定值,在本书的附录中可以查到。

d. 由标准摩尔生成焓和标准摩尔燃烧焓的定义可知:

$$\Delta_f H_m^{\ominus}(CO_2, g, 298\ K) = \Delta_c H_m^{\ominus}(C, 石墨, 298\ K)$$
$$\Delta_f H_m^{\ominus}(H_2O, l, 298\ K) = \Delta_c H_m^{\ominus}(H_2, g, 298\ K)$$

(八)化学反应热的计算(二)

1. 化学反应热的计算

(1)$\Delta_r H_m^{\ominus}$(298 K)的计算

$\Delta_r H_m^{\ominus}$(298 K)为化学反应在 298 K 时的标准摩尔反应焓。

(2)由 $\Delta_f H_{m,B}^{\ominus}$(298 K) 求 $\Delta_r H_m^{\ominus}$(298 K)

计算公式:$\Delta_r H_m^{\ominus}(298\ K) = \sum_B v_B \Delta_f H_{m,B}^{\ominus}(298\ K)$

对化学反应:$a A + b B \longrightarrow m M + l L$

$$\Delta_r H_m^\ominus(298\ K) = m\Delta_f H_{m,M}^\ominus(298\ K) + l\Delta_f H_{m,L}^\ominus(298\ K) - a\Delta_f H_{m,A}^\ominus(298\ K) - b\Delta_f H_{m,B}^\ominus(298\ K)$$

例13:计算298 K时化学反应 $C_2H_5OH(l) + 3O_2(g) \longrightarrow 2CO_2(g) + 3H_2O(l)$ 的 $\Delta_r H_m^\ominus$ (298 K)。已知 $C_2H_5OH(l)$、$3O_2(g)$、$2CO_2(g)$、$3H_2O(l)$ 的 $\Delta_f H_{m,B}^\ominus(298\ K)$ 分别为 -277.634 kJ/mol、0、-393.514 kJ/mol、-285.848 kJ/mol。

解:$\Delta_r H_m^\ominus(298\ K) = \sum_B v_B \Delta_f H_{m,B}^\ominus(298K)$;

$\Delta_r H_m^\ominus(298\ K) = [2 \times (-393.514) + 3 \times (-285.848) - (-277.634) - 0] = -1\ 366.94$ (kJ/mol)

(3)由 $\Delta_c H_{m,B}^\ominus(298\ K)$ 求 $\Delta_r H_m^\ominus(298\ K)$

计算公式:$\Delta_r H_m^\ominus(298\ K) = -\sum_B v_B \Delta_c H_{m,B}^\ominus(298\ K)$;

对化学反应:$aA + bB \longrightarrow mM + lL$;

$\Delta_r H_m^\ominus(298\ K) = a\Delta_c H_{m,A}^\ominus(298K) + b\Delta_c H_{m,B}^\ominus(298\ K) - m\Delta_c H_{m,M}^\ominus(298\ K) - l\Delta_c H_{m,L}^\ominus(298\ K)$。

例14:计算 $(COOH)_2(s) + 2CH_3OH(l) \longrightarrow (COOCH_3)_2(l) + 2H_2O(l)$ 在 298 K 时的标准摩尔反应焓。

已知 $(COOH)_2(s)$、$CH_3OH(l)$、$(COOCH_3)_2(l)$ 的 $\Delta_c H_{m,B}^\ominus(298\ K)$ 分别为 -246.0 kJ/mol、-726.5 kJ/mol、$-1\ 678$ kJ/mol。

解:$\Delta_r H_m^\ominus(298\ K) = -\sum_B v_B \Delta_c H_{m,B}^\ominus(298\ K)$;

$\Delta_r H_m^\ominus(298\ K) = -246.0 + 2 \times (-726.5) - (-1\ 678) = -21.0 (kJ \cdot mol^{-1})$。

2. $\Delta_r H_m$ 的计算

(1)计算公式

实际的化学反应一般是在非 298 K、非标准状态下进行的,所以研究在非 298 K、非标准状态下化学反应的摩尔反应焓的计算方法十分必要。

下面的化学反应中,反应物的始态的温度为 T_1,在恒定压力 P 下进行反应,产物终态的温度为 T_2,求进行一摩尔反应的摩尔反应焓 $\Delta_r H_m$。

$\Delta_r H_m = \Delta H_1 + \Delta_r H_m^\ominus(298\ K) + \Delta H_2$

$= [aC_{P,m}(A,\alpha) + bC_{P,m}(B,\beta)](298 - T_1) + \Delta_r H_m^\ominus(298\ K) + [mC_{P,m}(M,\gamma) + lC_{P,m}(L,\delta)](T_2 - 298)$。

例15:常压下,某升温装置用甲烷在氧气中的燃烧气加热,燃烧反应为:

$$CH_4(g) + 2O_2(g) \longrightarrow CO_2(g) + 2H_2O(g)$$

假设原料气配比为 $n(CH_4):n(O_2) = 1:2$,此两种气体的始态温度为 288 K,燃烧气的出口温度为 398 K,$CH_4(g)$、$O_2(g)$、$CO_2(g)$、$H_2O(g)$ 的 $C_{P,m}$ 分别为 35.3、29.35、49.96、41.84 $J \cdot mol^{-1} \cdot K^{-1}$,求此化学反应的摩尔反应焓。

解:已知: $T_1 = 288$ K　　　　$T_2 = 398$ K

$\Delta_r H_m = \Delta H_1 + \Delta_r H_m^{\ominus}(298 \text{ K}) + \Delta H_2$

$= [1 \times C_{P,m}(CH_4, g) + 2 \times C_{P,m}(O_2, g)](298 - 288) + \Delta_r H_m^{\ominus}(298 \text{ K}) + [1 \times C_{P,m}(CO_2, g) + 2 \times C_{P,m}(H_2O, g)](398 - 298)$

$= [1 \times 35.3 + 2 \times 29.35) \times 10 + \Delta_r H_m^{\ominus}(298 \text{ K}) + (1 \times 49.96 + 2 \times 41.84) \times 100$

$= 940 + (-802\ 300) + 133\ 64 = -787\ 996(\text{J} \cdot \text{mol}^{-1})$

$\Delta_r H_m^{\ominus}(298 \text{ K}) = \sum_B v_B \Delta_f H_m^{\ominus}(B, \beta, 298 \text{ K}) = -802.3(\text{kJ} \cdot \text{mol}^{-1})$

(2)温度的影响

对于指定反应,如果知道 $\Delta_r H_m^{\ominus}(298 \text{ K})$ 和各反应组分的 $C_{P,m}$。就可以利用上式求出任意温度时的 $\Delta_r H_m^{\ominus}(T)$。

$$\Delta_r H_m^{\ominus}(T) = \Delta_r H_m^{\ominus}(298 \text{ K}) + \Delta_r C_{P,m}(T - 298)$$

式中　$\Delta_r C_{P,m}$——热容差。产物的摩尔定压热容之和减去反应物的摩尔定压热容之和。

若 $\Delta_r C_{P,m} = 0$,则 $\Delta_r H_m^{\ominus}(T)$ 不受温度影响;

$\Delta_r C_{P,m} > 0$,则 $\Delta_r H_m^{\ominus}(T)$ 随温度升高而增大;

$\Delta_r C_{P,m} < 0$,则 $\Delta_r H_m^{\ominus}(T)$ 随温度升高而减小。

3.化学反应热的计算

(1)恒压热

计算式为: $Q_P = \Delta H = \xi \Delta_r H_m$。

(2)恒容热

计算式为: $Q_V = \Delta U = \xi \Delta_r U_m$

式中　$\Delta_r U_m$——摩尔反应热力学能。

(3) $\Delta_r U_m$ 的计算式

$$\Delta_r U_m = \Delta_r H_m^{-} - \sum_B v_{B(g)} RT$$

式中　$v_{B(g)}$——化学反应中气体组分的化学计量数。

例 16:在 298 K 时的标准状态下,化学反应: $C_6H_6(l) + 7(1/2)O_2(g) = 6CO_2(g) + 3H_2O(l)$ 的 $\Delta_r H_m^{\ominus}(298 \text{ K}) = -3\ 272$ kJ/mol,求①此化学反应在 298 K 时的标准状态下的 $\Delta_r U_m^{\ominus}(298 \text{ K})$,②现有 1.00 kg 液体苯在 298 K 时的标准状态分别在恒压和恒容条件下发生上述反应,其恒压反应热和恒容反应热各是多少?

解:① $\Delta_r U_m = \Delta_r H_m - \sum_B v_{B(g)} RT$

$= -3\ 272 - (6 - 7.5)(8.314 \times 298 \times 10^{-3}) = -3.27 \times 10^3(\text{kJ} \cdot \text{mol}^{-1})$

② $Q_P = \Delta H = \xi \Delta_r H_m$　　　$Q_V = \Delta U = \xi \Delta_r U_m$

$\xi = \dfrac{\Delta n_B}{v_B} = \dfrac{-\dfrac{1\ 000}{78}}{-1} = 12.8(\text{mol})$

$Q_P = \xi \Delta_r H_m = 12.8 \times (-3\ 272) = -4.20 \times 10^4(\text{kJ})$

$Q_V = \xi \Delta_r U_m = 12.8 \times (-3.27 \times 10^3) = 4.19 \times 10^4(\text{kJ})$

四、热力学第二定律及熵判据

（一）自然界中几种过程的方向和限度

1. 水总是自动地从高位流向低位

水在从高位流向低位的过程中，因有水位差而产生推动力，所以有对外做功的能力；而当两水位相等时，没有水位差，系统达到平衡态，没有做功能力。水不会自动地从低位流向高位，除非有水泵。

2. 气体总是自动从高压流向低压

气体在从高压流向低压的过程中，因有压力差而产生推动力，故有对外做功的能力；当两处压力相等时，则达到平衡状态，没有推动力，没有做功能力。气体不会自动地从低压流向高压，除非借助于压缩机的外加功才行。

3. 热总是自动地从高温物体传向低温物体

热从高温物体传向低温物体，因有温差而产生推动力，具有对外界做功的能力；而当两个物体温度相等时，达到平衡状态，无推动力，没有做功能力，热决不会自动地从低温物体传向高温物体，除非借助冷冻机的外加功才行。

以上3个过程都是不需要外力就能自动进行的过程，这种过程称为自发过程。

（二）自发过程及特征

定义：不需要外力帮助就能自动进行的过程称为自发过程。在适当条件下，自发过程具有对外做功的能力。如果只有借助外力的帮助，才能发生的过程则称为非自发过程。

任何自发过程都有一定的方向和限度。因此，过程一旦进行，就表示系统状态发生变化，因而必有一个或多个状态函数随之而变。例如，高处的物体往地面下落，位能这一状态函数从 mgh 变化到零；高压气体向真空或低压扩散，压力从 P_1 变化到 $P_2(P_2 < P_1)$；高温物体向低温物体传热，温度从 T_1 变化到 $T_2(T_2 > T_1)$。这些自发过程的逆过程却不能自动地发生。

共同特征：不可逆性。

（三）热力学第二定律

1. 热不能自动地从低温物体传到高温物体

克劳修斯的说法："不可能把热从低温物体传到高温物体，而不引起其他变化。"这句话的意思是指热传导的逆过程是不能自动进行的。

2. 不可能从单一热源吸取热量使之完全变为功，而不引起其他变化

开尔文的说法："不可能从单一热源吸取出热使之完全变为功，而不发生其他变化。这句话的意思是指摩擦生热的逆过程（即功转化为热）是不能自发进行的。从单一热源吸取热量做功的循环仪器常称为第二类永动机，所以开尔文的说法又可表述为"第二类永动机是不可能造成的"。

无论是热传导还是摩擦生热，它们的逆过程都是不能自动发生的，所以上面的两种说法实

际上是等效的,它们都表明了自发过程的不可逆性。

实质:热力学自发过程的不可逆性。

(四)熵和熵判据

在指定条件下,为了能够判断复杂过程进行的方向和限度,必须有用数学表达式表示的判据。熵以及熵判据就是为了判断一个过程能否发生而提出的。

1.熵变的定义

①定义。体系在温度 T 时,进行一无限小的可逆过程,吸收(或放出)微热 δQ_R,并引起无限小的熵变 dS,则 δQ_R 除以吸热(或放热)时的温度 T 等于体系的熵变。即 $dS = \delta Q_R/T$,熵的定义式单位 $J \cdot K^{-1}$。

上式就是熵变的定义式。其中下标 R 表示可逆过程,$\delta Q_R/T$ 称为可逆过程的热温熵。因此,也可以说可逆过程的热温熵在数值上就等于体系的熵变。

②若系统由状态 A 经某一过程变化到状态 B,则按状态函数的特性,体系的熵变可以写成 $\Delta S = S_B - S_A$。

③无论过程是否可逆,系统的熵变都可用上式(封闭体系)。

④熵的物理意义。熵是系统内部分子热运动混乱的度量。熵是能量分散的度量,从分子运动角度来看,分子是能量的载体,能量越分散,分子运动越混乱。

2.熵判据

(1)克劳修斯不等式

假设某一过程要使系统由状态 A 变化到状态 B,则:

$$\Delta S \geqslant \int_A^B \frac{\delta Q}{T} \begin{cases} > & \text{系统发生不可逆过程。} \\ = & \text{系统发生可逆过程。} \\ < & \text{该过程不可能发生。} \end{cases}$$

若状态变化为无穷小量,则上式可写成:

$$dS \geqslant \frac{\delta Q}{T} \begin{cases} > & \text{不可逆过程。} \\ = & \text{可逆过程。} \\ < & \text{该过程不可能发生。} \end{cases}$$

克劳修斯不等式描述了封闭系统中任意过程的熵变与热温熵的关系。因此当系统发生状态变化,只要求出熵变和热温差,就可以知道过程是否可逆。

例 17:在 25 ℃,101.3 kPa 压力下,将 1 mol 的 Zn 投入 $CuSO_4$ 水溶液中,放热 216 815 J。问是否能析出 1 mol Cu?(已知体系的熵变 $\Delta S = -15.3 \ J \cdot K^{-1}$)

解:按初、终态的条件可列出

298 K		298 K
101.3 kPa	$\Delta S = -15.3 \ J \cdot K^{-1}$	101.3 kPa
	$\longrightarrow$	
1 mol Zn	$Q = -216\ 815 \ J$	1 mol Cu
Cu^{2+}		Zn^{2+}

按公式计算可得:

$$\int_A^B \frac{\delta Q}{T} = \frac{-216\ 815}{298} = -727.5\ \text{J} \cdot \text{K}^{-1} < \Delta S$$

（2）不可逆过程

熵判据

$$\Delta S\ \text{隔离} \begin{cases} >0 & \text{自发过程。} \\ =0 & \text{平衡。} \\ <0 & \text{逆过程自发。} \end{cases}$$

熵增原理：隔离系统中一个自发过程总是沿着熵增大的方向进行，直到系统的熵为最大值时达到平衡。

利用熵变判断过程的方向和限度仅适用于隔离系统。一般化学反应在隔离系统内进行，但由于系统总是与环境密切联系，因此可以将系统和环境包括在一起，看作一个大隔离系统，则总的熵变为：

$$\Delta S_{\text{总}} = \Delta S + \Delta S_{\text{环}}$$

式中　ΔS——系统的熵变；

　　　$\Delta S_{\text{环}}$——环境的熵变。

因为隔离系统是与环境之间既无物质交换又无能量交换的系统，隔离系统中的不可逆过程实际上是自动进行的过程，也就是自发过程，$\Delta S_{\text{隔离}} > 0$。隔离系统中的可逆过程，实际上就是平衡态，$\Delta S_{\text{隔离}} = 0$。

（五）物理过程熵变的计算

1. ΔS 环境的概念

$$\Delta S_{\text{环}} = -\frac{Q}{T_{\text{环}}}$$

为什么前面有负号？

2. ΔS 计算的基本思路

根据 $\Delta S = S_2 - S_1 = \int_1^2 \frac{\delta Q_R}{T}$，可以计算可逆过程的熵变；若过程不可逆，则需要设计可逆途径来求熵变。因为 S 是状态函数，熵变与途径无关，即只要系统中的始终态一定，不可逆过程和可逆过程的熵变应该是相等的，所以不可逆过程的 ΔS 的计算公式与可逆过程的相同。

（六）单纯 $P—V—T$ 变化过程 ΔS 的计算

1. 恒温过程

（1）理想气体的恒温过程

$$n(\text{理想气体}) \xrightarrow{\Delta S} n(\text{理想气体})$$
$$P_1, V_1, T \qquad\qquad\qquad P_2, V_2, T$$

$$\Delta S = nR \ln\left(\frac{V_2}{V_1}\right) = nR \ln\left(\frac{P_1}{P_2}\right)$$

例18：10 mol 理想气体在恒温下膨胀，终态体积是始态体积的 2 倍，计算系统在此过程的熵差。

解：$\Delta S = nR \ln\left(\dfrac{V_2}{V_1}\right) = 10 \times 8.314 \times \ln 2 = 57.6(\text{J} \cdot \text{K}^{-1})$。

例19：如下所示的系统，容器是绝热的，过程发生前，隔板两侧温度、体积相等，设两种气体为理想气体，试求抽去隔板后系统的 ΔS 和 ΔS 环境，证明过程是自发的。

| 1 mol O_2 | 1 mol N_2 | → | 1 mol O_2 1 mol N_2 |

解：对 O_2，$V_1 = V$，$V_2 = 2V$；

$$\Delta S(O_2) = nR \ln\left(\frac{V_2}{V_1}\right) = 1 \times 8.314 \times \ln 2 = 5.76(\text{J} \cdot \text{K}^{-1})$$

对 N_2，$V_1 = V$，$V_2 = 2V$；

$$\Delta S(N_2) = nR \ln\left(\frac{V_2}{V_1}\right) = 1 \times 8.314 \times \ln 2 = 5.76(\text{J} \cdot \text{K}^{-1})$$

$$\Delta S = \Delta S(O_2) + \Delta S(N_2) = 11.52(\text{J} \cdot \text{K}^{-1})$$

$Q = 0$，$\Delta S_环 = 0$，$\Delta S_总 = \Delta S + \Delta S_环 = 11.52 \text{ J} \cdot \text{K}^{-1} > 0$，所以此混合过程是自发的。

（2）液固体的恒温过程

$\Delta S \approx 0$，液固体的熵在恒温过程中近似不变。

2. 恒容变温及恒压变温过程

（1）恒容变温过程

$$\Delta S = n\int_{T_1}^{T_2}\left(\frac{C_{V,m}}{T}\right)dT$$

若 $C_{V,m}$ 为定值 $\Delta S = nC_{V,m}\ln\left(\dfrac{T_2}{T_1}\right)$

（2）恒压变温过程

$$\Delta S = n\int_{T_1}^{T_2}\left(\frac{C_{P,m}}{T}\right)dT$$

若 $C_{P,m}$ 为定值 $\Delta S = nC_{P,m}\ln\left(\dfrac{T_2}{T_1}\right)$

此公式适用于气、液、固体。

例20：10 mol 某理想气体从始态 $T_1 = 373$ K，P_1、V_1 分别经恒容冷却和恒压冷却到终态，终态的温度都是 273 K，已知此气体的摩尔定容热容 $C_{V,m} = 20.785$ J/(mol·K)，分别求两个过程的熵差 ΔS。

解：（恒容）$\Delta S = nC_{V,m}\ln\left(\dfrac{T_2}{T_1}\right) = 10 \times 20.785 \times \ln\left(\dfrac{273}{373}\right) = -64.8(\text{J} \cdot \text{K}^{-1})$

（恒压）$\Delta S = nC_{P,m}\ln\left(\dfrac{T_2}{T_1}\right) = 10 \times (20.785 + 8.314) \times \ln\left(\dfrac{273}{373}\right) = -90.8(\text{J} \cdot \text{K}^{-1})$

例21：在 101.325 kPa 下，将 1 mol 水从 298 K 加热到 323 K，水在此温度范围内的 $C_{P,m} = 75.4$ J/(mol·K)，求该过程的熵变和总熵变。

$$解：\Delta S = nC_{P,m}\ln\left(\frac{T_2}{T_1}\right) = 1 \times 75.4 \times \ln\left(\frac{323}{298}\right) = 6.07(J \cdot K^{-1})$$

按环境熵变的概念：

$$\Delta S_{环} = \int_A^B \frac{\delta Q}{T_{环}} = \frac{-nC_{V,m}(T_2 - T_1)}{T_{环}} = \frac{-75.3 \times (323.2 - 298.2)}{373.2} = -5.04(J \cdot K^{-1})$$

总熵变为 $\Delta S_总 = \Delta S + \Delta S_环$

$$= 6.06 - 5.04 = 1.02(J \cdot K^{-1})$$

从中可以看出，该加热过程没有外力作用，显然是自发过程。

例22：将311 K的水2.27 kg和278 K的水4.54 kg在绝热容器内混合，试求混合过程的熵变和总熵变。已知水的 $C_{P,m} = 75.3$ J·K^{-1}·mol^{-1}。

解：设最终温度为 T，$T_1 = 311$ K，$T_2 = 278$ K，$Q_吸 + Q_放 = 0$。

$$n_1 C_{P,m}(T_1 - T) = n_2 C_{P,m}(T - T_2)$$

$$T = \frac{n_1 T_1 + n_2 T_2}{n_1 + n_2} = \frac{\dfrac{2\ 270}{18} \times 311 + \dfrac{4\ 540}{18} \times 278}{\dfrac{2\ 270 + 4\ 540}{18}} = 289(K)$$

$$\Delta S = n_1 C_{P,m}\ln\frac{T}{T_1} + n_2 C_{P,m}\ln\frac{T}{T_2} = 40.31(J \cdot K^{-1})$$

绝热，$Q = 0$，$\Delta S_环 = 0$，$\Delta S_总 = \Delta S_环 + \Delta S = 40.31(J \cdot K^{-1})$

3. 理想气体 P—V—T 同时改变的过程

$$\Delta S = nC_{V,m}\ln\frac{T_2}{T_1} + nR\ln\frac{V_2}{V_1}$$

$$\Delta S = nC_{P,m}\ln\frac{T_2}{T_1} + nR\ln\frac{P_1}{P_2}$$

$$\Delta S = nC_{V,m}\ln\frac{P_2}{P_1} + nC_{P,m}\ln\frac{V_2}{V_1}$$

例23：10 mol H_2 由298 K、10^5 Pa 绝热压缩到598 K、10^6 Pa，H_2 的 $C_{P,m} = 29.1$ J/(mol·K)，求此过程的 ΔS。

$$解：\Delta S = nC_{P,m}\ln\frac{T_2}{T_1} + nR\ln\frac{P_1}{P_2}$$

$$= 10 \times 29.1 \times \ln\frac{598.15}{298.15} + 10 \times 8.314\ln\frac{10^5}{10^6} = 11.17(J \cdot K^{-1})$$

（七）相变过程 ΔS 的计算

1. 可逆相变过程

$$\Delta S = \frac{n\Delta_\alpha^\beta H_{m,R}}{T_{平}}$$

式中　$\Delta_\alpha^\beta H_{m,R}$——可逆摩尔相变焓，J/mol。

例 24：1 mol 0 ℃的水结冰，放热 6 020 J，求 ΔS 和 $\Delta S_总$。

解：0 ℃的水结冰是可逆相变过程，故：

$$\Delta S = \frac{Q_R}{T} = \frac{\Delta_\alpha^\beta H_{m,R}}{T} = -\frac{6\,020}{273} = -22(J \cdot K^{-1})$$

系统熵差 <0。说明系统的混乱度下降。

$$\Delta S_环 = -\int_初^终 \frac{\delta Q}{T_环} = \frac{6\,020}{273} = 22(J \cdot K^{-1})$$

$$\Delta S_总 = \Delta S + \Delta S_环 = -22 + 22 = 0$$

$\Delta S_总 = 0$ 说明该过程为可逆过程。

2. 不可逆相变

不是在相平衡的温度和压力下进行的相变过程就是不可逆过程。其熵变要通过设计可逆过程不进行计算。

例 25：1 mol -10 ℃的过冷水，在 -10 ℃、101.3 kPa 下结冰，求体系的熵变和总熵变。已知水在 0 ℃、101.3 kPa 下的摩尔凝固焓 $\Delta H_凝 = -6\,020$ J $\cdot$ mol^{-1}，冰的热容 $C_{P,m} = 37.6$ J $\cdot$ mol^{-1} $\cdot$ K^{-1}，水的热容 $C_{P,m} = 75.3$ J $\cdot$ mol^{-1} $\cdot$ K^{-1}。

解：设计成 3 步完成：

-10 ℃的过冷水先变为 0 ℃的水，再在 0 ℃ 变为 0 ℃的冰，最后再变为 -10 ℃的冰。完成整个过程。

其中 ΔS_1 和 ΔS_3 为恒压变温过程，ΔS_2 为可逆相变过程。最后：

$$\Delta S = \Delta S_1 + \Delta S_2 + \Delta S_3$$

$$
\begin{array}{ccc}
\boxed{\begin{array}{l} 1\ mol\ H_2O(l) \\ 101.3\ kPa, T_1\ 263\ K \end{array}} & \xrightarrow{\ \Delta S\ } & \boxed{\begin{array}{l} 1\ mol\ H_2O(s) \\ 101.3\ kPa, T_1\ 263\ K \end{array}} \\[1em]
恒压 \downarrow \Delta S_1 & & 恒压 \uparrow \Delta S_3 \\[1em]
\boxed{\begin{array}{l} 1\ mol\ H_2O(l) \\ 101.3\ kPa, T_2\ 273\ K \end{array}} & \xrightarrow{\ \Delta S_2\ } & \boxed{\begin{array}{l} 1\ mol\ H_2O(s) \\ 101.3\ kPa, T_2\ 273\ K \end{array}}
\end{array}
$$

$$\Delta S_1 = n \times C_{P,m}(水)\ln\frac{T_2}{T_1} = 1 \times 75.3 \times \ln\frac{273}{263} = 2.81(J \cdot K^{-1})$$

$$\Delta S_3 = n \times C_{P,m}(冰)\ln\frac{T_1}{T_2} = 1 \times 37.6 \times \ln\frac{263}{273} = -1.40(J \cdot K^{-1})$$

$$\Delta S = \frac{\Delta H_{相变}}{T} = -\frac{6\,020}{273} = -22(J \cdot K^{-1})$$

$$\Delta S = \Delta S_1 + \Delta S_2 + \Delta S_3 = 2.81 - 1.40 - 22 = -20.59 \ (\text{J} \cdot \text{K}^{-1})$$

$$\Delta S_{\text{环}} = \frac{-Q}{T_1} = -\frac{\Delta H_{\text{凝}}(263 \text{ K})}{263}(\text{J} \cdot \text{K}^{-1}), \text{又因为:}$$

$$\Delta H_{\text{凝}}(263 \text{ K}) = \Delta H_1 + \Delta H_{\text{凝}}(273 \text{ K}) + \Delta H_3$$
$$= nC_{\text{P,m}}(\text{水})(273 - 263) - 6\,020 + nC_{\text{P,m}}(\text{冰})(263 - 273) = -5\,643(\text{J})$$

$$\text{所以 } \Delta S_{\text{环}} = \frac{-Q}{T_1} = -\frac{\Delta H_{\text{凝}}(263 \text{ K})}{263} = -\frac{-5\,643}{263} = 21 \cdot 45(\text{J} \cdot \text{K}^{-1})$$

$$\Delta S_{\text{总}} = \Delta S + \Delta S_{\text{环}} = -20.59 + 21.45 = 0.86(\text{J} \cdot \text{K}^{-1})$$

$\Delta S_{\text{总}} > 0$,说明是自发过程。

(八)化学反应熵变的计算

讨论化学反应过程的熵变计算首先必须了解热力学第三定律。

1. 热力学第三定律

（1）表述

在热力学零度时,任何纯净的完美晶体物质的熵等于零。路易斯和吉布森修正为:纯物质完美晶体在 0 K 时的熵值为零。

（2）数学表达式

$$S^*(\text{完美晶体}, 0 \text{ K}) = 0(\text{J} \cdot \text{K}^{-1})$$

所谓完美晶体,即晶格中的质点(原子、离子或分子)均匀规则地排列在完全有规律的点阵结构中,形成完美无缺的晶体。

2. 标准摩尔熵

（1）规定摩尔熵

1 mol 纯物质在指定状态下的熵值,称为该物质在指定条件下的规定摩尔熵:$\Delta S_{\text{m,B}}^*(T)$。

（2）标准摩尔熵

物质 B 在温度 T 时标准状态下的规定摩尔熵,称为该物质在温度 T 时的标准摩尔熵:$\Delta S_{\text{m,B}}^{\ominus}(T)$。

3. 化学反应熵差的计算

（1）$\Delta_r S_{\text{m}}^{\ominus}(298 \text{ K})$ 的计算

计算公式 $\Delta_r S_{\text{m}}^{\ominus}(298 \text{ K}) = \sum\limits_{\text{B}} v_{\text{B}} S_{\text{m,B}}^{\ominus}(298 \text{ K})$

如对反应 $\qquad\qquad a\text{A} + b\text{B} \Longrightarrow m\text{M} + l\text{L}$

$\Delta_r S_{\text{m}}^{\ominus}(298.15 \text{ K}) = m S_{\text{m,M}}^{\ominus}(298 \text{ K}) + l S_{\text{m,L}}^{\ominus}(298 \text{ K}) - a S_{\text{m,A}}^{\ominus}(298 \text{K}) - b S_{\text{m,B}}^{\ominus}(298 \text{ K})$

例 26:利用附录中的数据,计算合成氨反应 $N_2(g) + 3H_2(g) \Longrightarrow 2NH_3(g)$ 在 298 K 时的标准摩尔反应熵。

解:$\Delta_r S_{\text{m}}^{\ominus}(298 \text{ K}) = \sum\limits_{\text{B}} v_{\text{B}} S_{\text{m,B}}^{\ominus}(298 \text{ K}) = 2 \times 192.45 - 191.61 - 3 \times 130.684 = -198.76$
$(\text{J} \cdot \text{mol}^{-1} \cdot \text{K}^{-1})$

（2）$\Delta_r S_{\text{m}}^{\ominus}(T)$ 的计算

$$\Delta_r S_{\text{m}}^{\ominus}(T) = \Delta_r S_{\text{m}}^{\ominus}(298.15 \text{ K}) + \int_{298.15 \text{ K}}^{T} \frac{\sum v_{\text{B}} C_{\text{P,m}}(\text{B}) \text{d}T}{T}$$

（九）吉布斯函数

热力学第二定律的核心是克劳修斯不等式。在取隔离体系的条件下，用熵变可以判断过程的方向和限度。但化工生产中经常遇到封闭体系的恒温恒压过程（如化学反应和相变化），在此条件下，克劳修斯不等式依然能够简化。正如热力学第一定律在特殊条件下可写成 $Q_V = \Delta U$，$Q_P = \Delta H$ 一样，克劳修斯不等式在恒温恒压、没有非体积功的条件下也可以对应状态函数的变化。这个新的状态函数就是现在要引出的吉布斯函数。

1.吉布斯函数

（1）定义式

$$G = U + PV - TS = H - TS$$

上式即为吉氏函数的定义式。

吉布斯函数具有能量单位，是体系的容量性质。将吉布斯函数代入前式即得：

$$dG \leqslant \delta W'$$

积分得到

$$\Delta G_{T \cdot P} \leqslant W' \begin{cases} \text{"} < \text{" 为不可逆过程；} \\ \text{" = " 为可逆过程。} \end{cases}$$

上式是克劳修斯不等式在恒温恒压下的特殊形式，现就该式进行下述讨论。

吉布斯函数的物理意义：在恒温恒压条件下，对于相同状态的变化，体系在可逆过程中的非体积功为最大，其数值等于体系吉布斯函数的减少。

（2）吉布斯函数的判据

$\Delta G_{T \cdot P} < 0$ 　　（自发过程）

$\Delta G_{T \cdot P} = 0$ 　　（平衡）

上式说明在恒温恒压、没有非体积功参与的条件下，自发过程总是向着吉氏函数减小的方向进行，直到最小值而达到平衡状态。

平衡的特征是 $\Delta G_{T \cdot P} = 0$。

换句话说，在恒温恒压、不做非体积功的条件下，判断过程的方向，只需看初终态的吉氏函数，$G_{终} < G_{初}$，则过程自发进行；$G_{终} = G_{初}$，体系处于平衡。

2.ΔG 的计算

对于任何过程 $\Delta G = \Delta(H - TS) = \Delta H - \Delta(TS)$；

对于恒温过程 $\Delta G = \Delta H - T\Delta S$。

例 27：1 mol 过冷水在 -10 ℃，101.3 kPa 下结冰，求 ΔG，并判断过程的自发方向。

解：此题与例 25 相同，只是所求结果不同，过冷水的凝结为不可逆相变，可以用 ΔG 的恒温通式计算，

$$\Delta G = \Delta H - T\Delta S$$

这里的 ΔH 和 ΔS 都要设计可逆过程来计算。

$\Delta S = \Delta S_1 + \Delta S_2 + \Delta S_3 = 2.81 - 1.40 - 22 = -20.59(\text{J} \cdot \text{K}^{-1})$

$\Delta H = \Delta H_1 + \Delta H_2 + \Delta H_3 = nC_{P,m}(水)(273 - 263) - 6\,020 + nC_{P,m}(冰)(263 - 273)$

　　　$= -5\,643(\text{J})$

故 $\Delta G = \Delta H - T\Delta S = -5\,643 + 263 \times 20.59 = -225(\text{J})$

因过程是恒温恒压的，$\Delta G_{T \cdot P} < 0$，所以 -10 ℃ 的水变成 -10 ℃ 的冰是自发过程。

习 题

一、判断题

1.内能 ΔU 的改变值,可通过测定 Q 和 W 算出。由于内能是状态函数,因此,热和功也是状态函数。 (   )

2.热力学第一定律的数学表示式为 $\Delta U = Q - W$ 适用于包括电功的一切宏观变化。

(   )

3.由于反应热的单位是 kJ/mol,所以反应式配平系数不同,该反应的反应热也不同。

(   )

4.反应的热效应就是反应的熵变。 (   )

5.凡是体系的温度升高,就一定吸热:而温度不变,体系既不吸热,也不放热。 (   )

6.如果某反应的 $\Delta_r G^{\ominus} > 0$,则该反应不一定不能自发进行。 (   )

7.任何一个反应不论在什么条件下进行,则该反应的 $\Delta_r G^{\ominus}$ 总是等于生成物的标准生成自由能之和减去反应物标准生成自由能之和。 (   )

8.设计出来的某反应,如果 $\Delta_r G > 0$,则表示该反应无论如何是无法进行的。 (   )

9.如果一反应 $\Delta_r H^{\ominus}$ 和 $\Delta_r S^{\ominus}$ 都是负值,则表示该反应无论如何是无法进行的。 (   )

10.化学反应的发生常伴有热效应,通常放热反应都是自发的。 (   )

二、选择题

1.如果某一体系从状态 A 变到状态 B 有两种途径:一种是经 C 到 B 状态;另一种是经 D 到 E,最后到 B 状态。体系内能的改变值为(   )。

A. $\Delta U > 0$ B. $\Delta U < 0$ C. $\Delta U = 0$ D. $\Delta U = U_B - U_A$

2.下列反应符合生成热的定义是(   )。

A. $S(g) + O_2(g) = SO_2(g)$ B. $S(s) + \frac{3}{2}O_2(g) = SO_3(g)$

C. $S(g) + \frac{3}{2}O_2(g) = SO_2(g)$ D. $S(s) + \frac{3}{2}O_2(g) = SO_2(s)$

3.下列有关热效应的正确说法是(   )。

A. 石墨始终在 298 K 温度下燃烧放出的热量

B. 石墨燃烧后,使 CO_2 的温度恢复到石墨燃烧时的起始温度,并只做体积功

C. 石墨与 CO_2 在燃烧温度时的热效应

D. 其熵变值是人为规定的

4.LiH(s)的溶解热为 -132.9 kJ/mol,Li 与过量水反应的熵变为 -222.17 kJ/mol,则 $\Delta_f H^{\ominus}$ (LiH)值为(   )。

A. 47.8 kJ/mol   B. -89.3 kJ/mol   C. 89.3 kJ/mol   D. -47.8 kJ/mol

5.反应 $CaO(s) + H_2O(l) = Ca(OH)_2(s)$ 在 298 K 是自发的,要使逆反应在高温变为非自发,则意味着(   )。

A. ΔH 为 $+$,ΔS 为 $+$ B. ΔH 为 $+$,ΔS 为 $-$

C. ΔH 为 $-$, ΔS 为 $-$ D. ΔH 为 $-$, ΔS 为 $+$

6. 如果体系经过一系列变化最后又回到初始状态,则体系的(　　)。

A. $Q=0,W=0,\Delta U=0,\Delta H=0$ B. $Q\neq 0,W\neq 0,\Delta U=0,\Delta H=Q$

C. $Q=-W,\Delta U=Q+W,\Delta H=0$ D. $Q\neq W,\Delta U=Q+W,\Delta H=0$

7. 如果 X 是原子,X_2 是实际存在的分子,反应 $X_2(g)\longrightarrow 2X(g)$ 的 $\Delta_r H$ 应该是(　　)。

A. 负值   B. 正值   C. 零   D. 不一定

8. 一化学反应恒温恒压变化时,$\Delta_r G$ 与反应温度 T 的关系用下列哪一种表达方法最好?(　　)。

A. $\Delta_r G$ 与 T 无关   B. $\Delta_r G$ 随 T 的变化而变化

C. $\Delta_r G$ 与 T 是线性函数关系   D. $\Delta_r G$ 随 T 的增加而减小

9. 下列哪一种物质的标准生成自由能为零?(　　)。

A. $Br_2(g)$ B. $Br^-(aq)$ C. $Br_2(l)$ D. $Br_2(aq)$

10. 室温下,下列哪一正向反应熵变数值最大?(不必查表)(　　)。

A. $CO_2(g)\longrightarrow C(s)+O_2(g)$

B. $2SO_3(g)\longrightarrow 2SO_2(g)+O_2(g)$

C. $CaSO_4\cdot 2H_2O(s)\longrightarrow CaSO_4(s)+2H_2O(l)$

D. $2NH_3(g)\longrightarrow 3H_2(g)+N_2(g)$

三、填空题

1. 一个正在进行的反应,随着反应的进行,反应物的自由能必然(　　),而生成物的自由能(　　),当达到(　　)时,宏观上反应就不再向一个方向进行了。

2. 熵是一个(　　)性质的状态函数,标准熵规定为(　　),其单位是(　　),稳定单质的标准熵(　　)。

3. 对于(　　)体系,自发过程熵一定是增加的。

4. 热力学体系的(　　)过程,状态函数的变化一定为零。

5. 对于放热,熵变(　　)的反应,一定是自发的。

四、简答题

1. 为什么摩尔反应热 $\Delta_r H$ 的单位与摩尔生成热 $\Delta_f H$ 的单位相同,皆为 kJ/mol?

2. 热量和功是否为体系的性质?是否为状态函数?

五、计算题

反应 $CaCO_3(s)\longrightarrow CaO(s)+CO_2(g)$

已知:

	$CaCO_3(s)$	$CaO(s)$	$CO_2(g)$
$\Delta_f G^\ominus$(kJ/mol)	$-1\ 128.0$	-604.2	-394.4
$\Delta_f H^\ominus$(kJ/mol)	$-1\ 206.9$	-635.1	-393.5
$S^\ominus$(J/mol/K)	92.9	39.7	213.6

求:①计算 298 K,1 atm 下的 $\Delta_r G^\ominus$,说明在此条件下该反应能否自发进行?

②上述条件下,逆反应的 $\Delta_r G^\ominus$ 为多少?

③上述反应发生的最低温度应为多少?

第 **5** 章
化学反应动力学——反应速率和反应机理

化学动力学研究的内容可概括为下述两个方面。

①研究各种因素,包括浓度、温度、催化剂、溶剂、光照等对化学反应速率影响的规律。

②研究一个化学反应工程经历哪些具体步骤,即所谓反应机理(或称为反应历程)。

化学热力学是研究物质变化过程的能量效应及过程的方向与限度,即有关平衡的规律,它不研究完成该过程所需要的时间以及实现这一过程的具体步骤,即不研究有关速率的规律,而解决这后一问题的科学则是化学动力学。所以,它们之间的关系可以概括为,化学热力学是解决物质变化过程的可能性,而化学动力学是解决如何将这种可能性变为现实性。

化学反应涉及两个重要问题,一是在一定条件下反应进行的快慢,即化学反应的速率问题;二是在一定条件下反应进行的程度,即反应物转化为生成物的最大转化率,也就是化学平衡问题。因此,对于化学反应不仅要研究其进行的方向和限度,还要研究反应的速率及其影响因素。

用热力学数据可以计算出,化学反应:

$$CO(g) + H_2O(g) \Longleftrightarrow CO_2(g) + H_2(g)$$

在 298 K 下进行时,$\Delta G = -28.6 \text{ kJ} \cdot \text{mol}^{-1}$,说明这个反应在常温下是可能实现的。还可以算出此时的平衡常数 $K = 1.029 \times 10^5$,可见正反应进行得比较完全。然而,冬季烧煤取暖则需要在火炉上放一壶水来防止煤气中毒,大概百分之百将因此而送命。这个事实说明热力学只能回答化学反应进行的可能性,并不能回答反应速率的大小。要真正弄清一个化学反应进行的程度,除了研究化学热力学之外,还需研究化学动力学方面的规律。

当人们想要以某些物质为原料合成新的化学制品时,首先要对该过程进行热力学分析,得到过程可能实现的肯定性结论后,再做动力学分析,得到各种因素对实现这一化学制品合成速率的影响因素。最后,从热力学和动力学两方面综合考虑,选择该反应的最佳工艺操作条件及进行反应器的选型与设计。

一、化学反应速率的表示

化学反应,有的进行得很快,例如爆炸反应、强酸和强碱的中和反应等,几乎在顷刻之间完成;有的则进行得很慢,例如岩石的风化、钟乳石的生长、镭的衰变、煤的生成、石油的生成等,历时千百万年才有显著的变化。同一反应,在不同条件下反应速率也不相同,例如钢铁在空气中、室温下氧化缓慢,而在高温下则迅速被氧化。因此,对化学反应速率的研究,无论对生产实践还是日常生活都是十分重要的。

(一)化学反应速率的定义

化学反应速率是衡量化学反应进行快慢的物理量。对于恒容条件下进行的均相反应,可采用在单位时间内,单位体积中反应物或生成物的量的变化来表示反应速率,亦即采用反应物浓度或生成物浓度的变化速率来表示反应速率。用符号"v"表示,单位是 $mol \cdot L^{-1} \cdot s^{-1}$、$mol \cdot L^{-1} \cdot min^{-1}$、$mol \cdot L^{-1} \cdot h^{-1}$ 等。

即

$$v = \frac{1}{V}\frac{d\xi}{dt}$$

由反应进度定义可知,$d\xi = \frac{dn_B}{v_B}$,所以反应速率 v 的定义式也写成:

$$v = \frac{1}{v_B}\frac{dc_B}{dt}$$

这就是恒容反应速率的定义式。对于上式表示的任意反应:

$$aA + bB \longrightarrow cC + dD$$

恒容反应速率可具体表示为:$v = -\frac{1}{a}\frac{dc_A}{dt} = -\frac{1}{b}\frac{dc_B}{dt} = \frac{1}{c}\frac{dc_C}{dt} = \frac{1}{d}\frac{dc_D}{dt}$。

显然,反应速率与物质 B 的选择无关,但与化学计量方程式的写法有关。

为了讨论问题的方便,常采用某物质的消耗速率或某指定产物的生成速率来表示反应进行的快慢。定义恒容反应物的消耗速率为:

$$v_B = -\frac{dc_B}{dt} = -\frac{d(c_{B_0} - b\xi)}{dt}$$

$\frac{v_B}{b} = \frac{v_A}{a} = \frac{v_E}{e} = \frac{v_F}{f}$ 对同一化学反应用不同组分来表示的速度其数值不相同,但彼此之间可换算。

(二)化学反应转化速率的定义

设有化学反应,其计量方程为:$0 = \sum_B v_B B$。

按 IUPAC 的建议,该化学反应的转化速率定义为:

$$\zeta = \frac{d\xi}{dt}$$

式中　ζ——化学反应转化速率;

　　　ξ——化学反应进度;

　　　t——反应时间。

设反应参与物的物质的量为 n_B 时,因有 $d\xi = \frac{dn_B}{v_B}$,所以上式可改写成:

$$\zeta = \frac{d\xi}{dt} = \frac{1}{v_B} \frac{dn_B}{dt}。$$

二、基元反应和复合反应

基元反应是指一步能够完成反应的一个化学反应,从反应物分子转变成产物分子所经历的那些基元反应,可代表该反应进行的途径,这些反应途径在化学动力学中称为反应机理(或反应历程)。基元反应中反应物的粒子(可以是原子、分子、离子、自由基等)数目称为反应分子数。只有一个粒子参与的反应称为单分子反应,由两个粒子参加的反应称为双分子反应。

由两种或两种以上基元反应所组成的总反应称为非基元反应,或称为复合反应。绝大部分宏观反应都是复合反应。复合反应由哪几个基元反应组成,即反应物分子变成产物分子所经历的途径,称为反应的机理。基元反应的总和就是复合反应。基元反应中,反应物微粒数目称为反应分子数。根据反应分子数可以将基元反应分为单分子反应、双分子反应、三分子反应,最常见的是双分子反应,单分子反应次之,三分子反应较罕见。

(一)基元反应的速率方程——质量作用定律

经验表明,基元反应速度与各反应物浓度的乘积成正比,而各反应物浓度的指数就是基元反应方程式中各相应物质的计量系数。这一规律称为质量作用定律。若有基元反应:

$$aA + Bb \longrightarrow 产物$$

则基元反应的速度方程式为:$v_B = -\dfrac{dc_B}{dt} = kc_B^b c_A^a$。

基元反应为数不多,大多数化学反应为非基元反应。非基元反应速度方程式不能直接应用质量作用定律,其正是需要研究的重点。

(二)反应级数

实验证明,许多化学反应的速率方程具有以下幂数形式 $v = kc_A^{\alpha} c_B^{\beta} c_D^{\gamma} \cdots$

α, β 分别称为对反应物 A 及 B 的反应级数,若令 $\alpha + \beta + \gamma + \cdots = n$ 称为反应的总级数,简称反应级数。反应级数一般是通过动力学实验确定的,而不是根据反应的计量方程写出来的,即一般 $\alpha \neq a, \beta \neq b$。

反应级数和反应分子数属于不同范畴的概念。

(三)反应速率常数

$$v = kc_A^{\alpha} c_B^{\beta} c_D^{\gamma} \cdots$$

式中 k——反应速率常数,反应速率常数 k 是以反应物浓度为单位浓度时的反应速率。

它在一定温度下,对某一特定反应为一不变的数值。它不随反应物浓度的变化而变化,但当温度发生改变时,其数值也将发生改变。k 的物理意义是当反应物 A、B 的物质的量浓度 c_A、c_B 均为单位物质的量浓度时的反应速率,故也称为比速率。

（四）具有简单级数的化学反应

1. 一级反应

若实验确定某反应物 A 的消耗速率与反应物 A 的物质的量浓度一次方成正比,则为一级反应,其微分速率方程为:

$$-\frac{\mathrm{d}c_{A}}{\mathrm{d}t} = k_{A}c_{A}$$

环丙烷生成丙烯的反应速率方程为:

$$v_{B} = kc_{环丙烷}$$

为"一级反应"。

一些物质的分解反应、异构化反应及放射性元素的蜕变反应常为一级反应。

（1）一级反应的积分速率方程

将式 $-\dfrac{\mathrm{d}c_{A}}{\mathrm{d}t} = k_{A}c_{A}$ 分离变量,得 $-\dfrac{\mathrm{d}c_{A}}{c_{A}} = k_{A}\mathrm{d}t$

若时间由 $t=0 \rightarrow t=t$,相应的组分 A 的浓度由 $c_{A,0} \rightarrow c_{A}$,积分上式则有:

$$\int_{c_{A,0}}^{c_{A}} -\frac{\mathrm{d}c_{A}}{c_{A}} = \int_{0}^{t} k_{A}\mathrm{d}t$$

因 k_A 为常量,积分后得:

$$t = \frac{1}{k_{A}}\ln\frac{c_{A,0}}{c_{A}}$$

或由式 $v_{A} = -\dfrac{\mathrm{d}c_{A}}{\mathrm{d}t} = c_{A,0}\dfrac{\mathrm{d}x_{A}}{\mathrm{d}t}$ 和式 $-\dfrac{\mathrm{d}c_{A}}{\mathrm{d}t} = k_{A}c_{A}$,有:

$$\frac{\mathrm{d}x_{A}}{\mathrm{d}t} = k_{A}(1 - x_{A})$$

分离变量,得:

$$\frac{\mathrm{d}x_{A}}{1 - x_{A}} = k_{A}\mathrm{d}t$$

若时间由 $t=0 \rightarrow t$ 的转化率由 $x_A = 0 \rightarrow x_A$,积分上式得:

$$\int_{x_{A,0}}^{x_A} \frac{\mathrm{d}x_{A}}{1 - x_{A}} = \int_{0}^{t} k_{A}\mathrm{d}t$$

因 k_A 为常量,积分后得:

$$t = \frac{1}{k_{A}}\ln\frac{1}{1 - x_{A}}$$

或将 $c_{A} = c_{A,0}(1 - x_{A})$ 代入上式 $t = \dfrac{1}{k_{A}}\ln\dfrac{c_{A,0}}{c_{A}}$ 可得:

$$t = \frac{1}{k_{A}}\ln\frac{1}{1 - x_{A}}$$

或将式 $t = \dfrac{1}{k_{A}}\ln\dfrac{c_{A,0}}{c_{A}}$ 及式 $t = \dfrac{1}{k_{A}}\ln\dfrac{1}{1 - x_{A}}$ 作为一级反应的积分速率方程的两种常用形式。

（2）一级反应的特征

由式 $t = \dfrac{1}{k_A} \ln \dfrac{c_{A,0}}{c_A}$ 可知：

①一级反应的 k_A 的单位为 t^{-1}，可以是 s^{-1}、min^{-1}，h^{-1} 等，这是一级反应的第一个特征。

②当反应物 A 的物质的量浓度由 $c_{A,0}$ 变为 $c_A = 1/2c_{A,0}$ 或 $x_A = 0.5$ 时所需时间用 $t_{\frac{1}{2}}$ 表示，称为反应物的半衰期。由式 $t = \dfrac{1}{k_A} \ln \dfrac{c_{A,0}}{c_A}$ 或式 $t = \dfrac{1}{k_A} \ln \dfrac{1}{x_A}$ 可知，一级反应的 $t_{\frac{1}{2}} = 0.693/k_A$，与反应物 A 的初始的物质的量浓度 $c_{A,0}$ 无关，这是一级反应的第二个特征。

③由式 $t = \dfrac{1}{k_A} \ln \dfrac{c_{A,0}}{c_A}$，移项可得 $\ln\{c_A\} = -k_A t + \ln\{c_{A,0}\}$

上式为一直线方程，即 $\ln\{c_A\}$-t 图为一直线，由直线的斜率可求 k_A，这是一级反应的第三个特征。

2. 二级反应

（1）二级反应的积分速率方程

①反应物只有一种的情况。若实验确定某反应物 A 的反应速率与 A 的物质的量浓度的二次方成正比，即为二级反应，其微分速率方程可表述为：

$$v_A = -\frac{dc_A}{dt} = k_A c_A^2$$

分离变量，得：

$$-\frac{dc_A}{c_A^2} = k_A dt$$

若时间由 $t = 0 \rightarrow t = t$，相应的组分 A 的物质的量浓度由 $c_A = c_{A,0} \rightarrow c_A = c_A$，积分：

$$\int_{c_{A,0}}^{c_A} -\frac{dc_A}{c_A^2} = \int_0^t k_A dt$$

积分后，得：

$$\frac{1}{c_A} - \frac{1}{c_{A,0}} = k_A t$$

$$t = \frac{1}{k_A}\left(\frac{1}{c_A} - \frac{1}{c_{A,0}}\right)$$

或由式 $v_A = -\dfrac{dc_A}{dt} = c_{A,0}\dfrac{dx_A}{dt}$ 和式 $v_A = -\dfrac{dc_A}{dt} = k_A c_A^2$ 得：

$$c_{A,0}\frac{dx_A}{dt} = k_A[c_{A,0}(1-x_A)]^2$$

分离变量，有：

$$\frac{dx_A}{c_{A,0}(1-x_A)^2} = k_A dt$$

若时间由 $t = 0 \rightarrow t = t$ 的反应物 A 的转化率由 $x_A = x_{A,0} \rightarrow x_A = x_A$ 积分：

$$\int_0^{x_A} \frac{dx_A}{c_{A,0}(1-x_A)^2} = \int_0^t k_A dt$$

积分后，得：

$$t = \frac{x_A}{k_A c_{A,0}(1 - x_A)}$$

或将 $c_A = c_{A,0}(1 - x_A)$ 代入上式 $t = \frac{1}{k_A}\left(\frac{1}{c_A} - \frac{1}{c_{A,0}}\right)$ 可得：

$$t = \frac{x_A}{k_A c_{A,0}(1 - x_A)}$$

式 $t = \frac{1}{k_A}\left(\frac{1}{c_A} - \frac{1}{c_{A,0}}\right)$ 及式 $t = \frac{x_A}{k_A c_{A,0}(1 - x_A)}$ 为只有一种反应物时的二级反应的积分速率方程的两种常用形式。

②反应物有两种的情况。

如反应　　$aA + bB \longrightarrow yY + zZ$

若实验确定,反应物 A 的消耗速率与反应物 A 及 B 各自物质的量浓度的一次方成正比,则总反应级数为二级,其微分速率方程可表述为：

$$v_A = -\frac{dc_A}{dt} = k_A c_A c_B$$

为积分上式,需找出 c_A 与 c_B 的关系,即可通过反应的计量方程,由反应过程的物料衡算关系得到：$Aa + bB \longrightarrow yY + zZ$

$t = 0 : c_A = c_{A,0}, c_B = c_{B,0}$

$t = t : c_A = c_{A,0} - c_{A,t}, c_B = c_{B,0} - \frac{b}{a}c_{A,t}$

或 $t = t : c_A = c_{A,0}(1 - x_A), c_B = c_{B,0} - \frac{b}{a}c_{A,0}x_A$

式中　c_A——时间 t 时,反应物 A 反应完的物质的量浓度。

将以上关系分别代入式 $v_A = -\frac{dc_A}{dt} = k_A c_A c_B$,得：

$$-\frac{dc_A}{dt} = k_A c_A c_B = k_A\left(c_{A,0} - c_{A,t}\right)\left(c_{B,0} - \frac{b}{a}c_{A,t}\right)$$

或

$$\frac{dx_A}{dt} = k_A(1 - x_A)\left(c_{B,0} - \frac{b}{a}c_{A,0}x_A\right)$$

将以上两式分离变量,上式时间由 $t = 0 \rightarrow t = t$,相应的物质的量浓度由 $c_A = c_{A,0} \rightarrow c_A = c_{A,0} - c_{A,t}$

由 $t = 0 \rightarrow t = t$ 时,相应的 A 的转化率由 $x_A = 0 \rightarrow x_A = x_A$,分别对以上两式积分,利用分部积分法,可得：

$$t = \frac{1}{k_A\left(\frac{b}{a}c_{A,0} - c_{B,0}\right)}\ln\frac{\left(c_{A,0} - c_{A,t}\right)c_{B,0}}{\left(c_{B,0} - \frac{b}{a}c_{A,t}\right)c_{A,0}}$$

或

$$t = \frac{1}{k_A\left(\frac{b}{a}c_{A,0} - c_{B,0}\right)}\ln\frac{c_{B,0}(1 - x_A)}{c_{B,0} - \frac{b}{a}c_{A,0}x_A}$$

当 $a=1$，$b=1$，即反应的计量方程为：$A + B \longrightarrow Y + Z$ 时，式 $t = \dfrac{1}{k_A\left(\dfrac{b}{a}c_{A,0} - c_{B,0}\right)}$

$\ln \dfrac{(c_{A,0} - c_{A,t})c_{B,0}}{\left(c_{B,0} - \dfrac{b}{a}c_{A,t}\right)c_{A,0}}$ 及式 $t = \dfrac{1}{k_A\left(\dfrac{b}{a}c_{A,0} - c_{B,0}\right)} \ln \dfrac{c_{B,0}(1 - x_A)}{c_{B,0} - \dfrac{b}{a}c_{A,0}x_A}$

分别变为：

$$t = \dfrac{1}{k_A(c_{A,0} - c_{B,0})} \ln \dfrac{(c_{A,0} - c_{A,t})c_{B,0}}{(c_{B,0} - c_{A,t})c_{A,0}}, (c_{A,0} \neq c_{B,0})$$

或

$$t = \dfrac{1}{k_A(c_A - c_{B,0})} \ln \dfrac{(1 - x_A)c_{B,0}}{(c_{B,0} - x_A c_{A,0})}, (c_{A,0} \neq c_{B,0})$$

而当 $c_{A,0} = c_{B,0}$ 时，式 $t = \dfrac{1}{k_A(c_{A,0} - c_{B,0})} \ln \dfrac{(c_{A,0} - c_{A,t})c_{B,0}}{(c_{B,0} - c_{A,t})c_{A,0}}$

及式 $t = \dfrac{1}{k_A(c_{A,0} - c_{B,0})} \ln \dfrac{(1 - x_A)c_{B,0}}{(c_{B,0} - x_A c_{A,0})}$ 不适用，此时反应过程中必存在 $c_A = c_B$ 的关系，于是式

$v_A = -\dfrac{dc_A}{dt} k_A c_A c_B$ 变为 $v_A = -\dfrac{dc_A}{dt} = k_A c_A c_B = k c_A^2$。

其积分速率方程即为式 $t = \dfrac{1}{k_A}\left(\dfrac{1}{c_A} - \dfrac{1}{c_{A,0}}\right)$ 和 $t = \dfrac{x_A}{k_A c_{A,0}(1 - x_A)}$

（2）只有一种反应物的二级反应的特征

①由式 $t = \dfrac{1}{k_A}\left(\dfrac{1}{c_A} - \dfrac{1}{c_{A,0}}\right)$ 可知，二级反应的速率系数 k_A 的单位为 $t^{-1}c^{-1}$，这是二级反应的第一个特征。

②由式 $t = \dfrac{1}{k_A}\left(\dfrac{1}{c_A} - \dfrac{1}{c_{A,0}}\right)$ 或式 $t = \dfrac{x_A}{k_A c_{A,0}(1 - x_A)}$，当 $c_A = \dfrac{1}{2}c_{A,0}$ 或 $x_A = 0.5$ 时，则 $t_{\frac{1}{2}} = \dfrac{1}{c_{A,0}k_A}$，即二级反应的半衰期与反应物 A 的初始物质的量浓度 $c_{A,0}$ 成反比，这是二级反应的第二个特征。

③由式 $t = \dfrac{1}{k_A}\left(\dfrac{1}{c_A} - \dfrac{1}{c_{A,0}}\right)$ 移项可得：

$$\frac{1}{c_A} = k_A t + \frac{1}{c_{A,0}}$$

上式为一直线方程，即 $\dfrac{1}{c_A}$-t 图为一直线，由直线的斜率可求得 k_A，这是二级反应的第 3 个特征。

3. n 级反应

（1）n 级反应的积分速率方程

若由实验确定，某反应物 A（只有一种反应物）的消耗速率与 A 的物质的量浓度的 n 次方成正比，则该反应为 n 级反应，其微分速率方程可表述为：

$$v_A = -\frac{dc_A}{dt} = k_A c_A^n$$

将式 $v_A = -\dfrac{dc_A}{dt} = k_A c_A^n$ 分离变量积分,可得:

$$\int_{c_{A,0}}^{c_A} -\frac{dc_A}{c_A^n} = k_A \int_0^t dt$$

积分结果为 $t = \dfrac{1}{k_A(n-1)}\left(\dfrac{1}{c_A^{n-1}} - \dfrac{1}{c_{A,0}^{n-1}}\right)$ $(n \neq 1)$。

或将 $c_A = c_{A,0}(1-x_A)$ 代入式 $v_A = -\dfrac{dc_A}{dt} = k_A c_A^n$,分离变量积分,得:

$$t = \frac{1}{k_A(n-1)}\left[\frac{1-(1-x_A)^{n-1}}{c_{A,0}^{n-1}(1-x_A)^{n-1}}\right]   (n \neq 1)$$

式 $t = \dfrac{1}{k_A(n-1)}\left(\dfrac{1}{c_A^{n-1}} - \dfrac{1}{c_{A,0}^{n-1}}\right)$ 及式 $t = \dfrac{1}{k_A(n-1)}\left[\dfrac{1-(1-x_A)^{n-1}}{c_{A,0}^{n-1}(1-x_A)^{n-1}}\right]$

为 n 级反应 $(n \neq 1)$ 的积分速率方程的两种常用形式。如 $n = 2$ 时,式 $t = \dfrac{1}{k_A(n-1)}$

$\left(\dfrac{1}{c_A^{n-1}} - \dfrac{1}{c_{A,0}^{n-1}}\right)$,以及 $t = \dfrac{1}{k_A(n-1)}\left[\dfrac{1-(1-x_A)^{n-1}}{c_{A,0}^{n-1}(1-x_A)^{n-1}}\right]$

即成为 $t = \dfrac{1}{k_A}\left(\dfrac{1}{c_A} - \dfrac{1}{c_{A,0}}\right)$ 或式 $t = \dfrac{x_A}{k_A c_{A,0}(1-x_A)}$,若 $n = 0$,即为零级反应,则 $t = \dfrac{1}{k_A(n-1)}$

$\left(\dfrac{1}{c_A^{n-1}} - \dfrac{1}{c_{A,0}^{n-1}}\right)$ 以及 $t = \dfrac{1}{k_A(n-1)}\left[\dfrac{1-(1-x_A)^{n-1}}{c_{A,0}^{n-1}(1-x_A)^{n-1}}\right]$ 变为:

$$t = \frac{1}{k_A}(c_{A,0} - c_A)$$

$$t = \frac{1}{k_A}c_{A,0}x_A$$

式 $t = \dfrac{1}{k_A}(c_{A,0} - c_A)$ 和 $t = \dfrac{1}{k_A}c_{A,0}x_A$ 为零级反应的积分速率方程。

(2)有一种反应物的 n 级反应的半衰期

将 $c_A = \dfrac{1}{2}c_{A,0}$ 或 $x_A = 0.5$ 代入式 $t = \dfrac{1}{k_A(n-1)}\left(\dfrac{1}{c_A^{n-1}} - \dfrac{1}{c_{A,0}^{n-1}}\right)$ 或 $t = \dfrac{1}{k_A(n-1)}$

$\left[\dfrac{1-(1-x_A)^{n-1}}{c_{A,0}^{n-1}(1-x_A)^{n-1}}\right]$,可得 n 级$(n \neq 1)$反应的半衰期为:

$$t_{\frac{1}{2}} = \frac{2^{n-1}-1}{(n-1)k_A c_{A,0}^{n-1}}   (n \neq 1)$$

例1:用钍的同位素进行放射时,经 14 d 后,此同位素的放射性降低6.85% 。求:①此同位素的蜕变速率系数;②100 d 后,放射性降低了多少? ③钍的放射性蜕变掉90%需要多少时间?

解:放射性同位素的蜕变反应,均属一级反应。

①将已知数据代入式 $t = \dfrac{1}{k_A}\ln\dfrac{1}{1-x_A}$,得:

$$k_A = \frac{1}{t}\ln\frac{1}{1-x_A} = \frac{1}{14d}\ln\frac{1}{1-0.0685} = 5.07 \times 10^{-3}d^{-1}$$

$$\ln \frac{1}{1-x_A} = k_A t$$

②将由①求得的 $k_A = 5.07 \times 10^{-3} d^{-1}$ 及 $t = 100$ d 代入,得:

$$\ln \frac{1}{1-x_A} = k_A t = 5.07 \times 10^{-3} d^{-1} \times 100 \ d$$

解得:

$$x_A = 39.8\%$$

③钋的放射性蜕变掉90%,所需时间为:

$$t = \frac{1}{k_A} \ln \frac{1}{1-x_A} = \frac{1}{5.07 \times 10^{-3} d^{-1}} \ln \frac{1}{1-0.90} = 454 (d)$$

例2:某反应 $A \longrightarrow Y + z$ 在一定温度下进行,当 $t = 0, c_{A,0} = 1 mol \cdot dm^{-3}$ 时,测定反应的初始速率 $v_{A,0} = 0.01 \ mol \cdot dm^{-3} \cdot s^{-1}$。试计算反应物A的物质的量浓度 $c_A = 0.50 \ mol \cdot dm^{-3}$ 及 $x_A = 0.75$ 时所需时间,若对反应物A分别为①0级;②1级;③2级;④2.5级;⑤讨论以上结果。

解:①0级。

$$v_A = k_A c_A^0 = k_A = 0.01 \ mol \cdot dm^{-3} \cdot s^{-1}$$

$x_A = 0.50$ 时,由式 $t = \frac{1}{k_A} c_{A,0} x_A, t_{\frac{1}{2}} = \frac{1 \times 0.50}{0.01} = 50 (s)$

$x_A = 0.75$ 时,由式 $t = \frac{1}{k_A} c_{A,0} x_A,$

$$t = \frac{1 \times 0.75}{0.01} = 75 (s)$$

②1级。

由式 $v_A = k_A c_A, v_{A,0} = k_A c_{A,0},$ 则 $k_A = \frac{v_{A,0}}{c_{A,0}} = \frac{0.01}{1} = 0.01 (s^{-1})$

式 $t = \frac{1}{k_A} \ln \frac{1}{1-x_A},$ 当 $x_A = 0.5$ 时, $t_{\frac{1}{2}} = \frac{0.0693}{0.01} = 6.93 (s)$

当 $x_A = 0.75$ 时, $t = \frac{1}{k_A} \ln \frac{1}{1-x_A} = \frac{1}{0.01} \ln \frac{1}{1-0.75} = 138.6 \ s$

③2级。

由式 $v_A = k_A c_A^2, v_{A,0} = k_A c_{A,0}^2$

$$k_A = \frac{v_{A,0}}{c_{A,0}^2} = \frac{0.01}{1^2} = 0.01 (mol^{-1} \cdot dm^3 \cdot s^{-1})$$

由式 $t = \frac{x_A}{k_A c_{A,0}(1-x_A)},$ 当 $x_A = 0.5$ 时,

$$t_{\frac{1}{2}} = \frac{1}{k_A c_{A,0}} = \frac{1}{0.01 \times 1} = 100 (s)$$

当 $x_A = 0.75$ 时, $t = \frac{x_A}{k_A c_{A,0}(1-x_A)} = \frac{0.75}{0.01 \times 1 \times (1-0.75)} = 300 (s)$

④2.5级。

由式 $v_A = k_A c_A^{2.5}, v_{A,0} = k_A c_{A,0}^{2.5}$

$$k_A = \frac{v_{A,0}}{c_{A,0}^{2.5}} = \frac{0.01}{1^{2.5}} = 0.01 \ \text{mol}^{-1.5} \cdot \text{dm}^{4.5} \cdot \text{s}^{-1}$$

当 $x_A = 0.5$ 时,

由式 $t_{\frac{1}{2}} = \frac{2^{n-1} - 1}{(n-1)k_A c_{A,0}^{n-1}}, (n \neq 1)$,得:

$$t_{\frac{1}{2}} = \frac{2^{n-1} - 1}{(n-1)k_A c_{A,0}^{n-1}} = \frac{2^{2.5-1} - 1}{(2.5-1) \times 0.01 \times 1^{2.5-1}} = 121.8(\text{s})$$

当 $x_A = 0.75$ 时,

$$t = \frac{1}{k_A(n-1)} \times \frac{1 - (1-x_A)^{n-1}}{c_{A,0}^{n-1}(1-x_A)^{n-1}} = \frac{1}{0.01 \times (2.5-1)} \times \frac{1 - (1-0.75)^{2.5-1}}{1^{2.5-1} \times (1-0.75)^{2.5-1}} = 466.7(\text{s})$$

⑤讨论。

由以上计算结果知:

a. k_A 与反应物 A 的浓度无关,其单位与级数有关。

b. 反应级数的大小表明反应物浓度对反应速率影响的程度。反应级数越大,反应速率随反应物的物质的量浓度下降而下降的趋势(或程度)越大,因而由同一初始的物质的量浓度达到同一转化率所需时间就越长。

例如,反应级数分别为 0,1,2,2.5 时,当 $c_{A,0} = 1 \text{mol} \cdot \text{dm}^{-3}$,达到 $x_A = 0.75$ 时相应的时间 t 分别为 75,138.6,300 和 466.7 s。

c. 对一级反应,$t_{\frac{1}{2}}$ 与 $c_{A,0}$ 无关,由计算结果可知,$c_{A,0} = 1 \text{ mol} \cdot \text{dm}^{-3}$ 变到 $c_A = 0.5 \text{ mol} \cdot \text{dm}^{-3}$ 及由 $c_A = 0.5 \text{mol} \cdot \text{dm}^{-3}$ 变到 $c_A = 0.25 \text{ mol} \cdot \text{dm}^{-3}$ 所需时间是相同的,即 $(t_{\frac{1}{2}})_2 = (t_{\frac{1}{2}})_1$,或 $t_{\frac{3}{4}} = 2t_{\frac{1}{2}}$。而除一级反应外的其他级数反应的半衰期不存在上述关系。

例 3:在恒温 300 K 的密闭容器中,发生如下气相反应:$A(g) + B(g) \longrightarrow Y(g)$,测知其速率方程为 $-\frac{dp_A}{dt} = kp_A p_B$,假定反应开始只有 $A(g)$ 和 $B(g)$(初始体积比为 1:1),初始总压力为 200 kPa,设反应进行到 10 min 时,测得总压力为 150 kPa,则该反应在 300 K 时的速率系数为多少? 再过 10 min 时容器内总压力为多少?

解:$A(g) + B(g) \longrightarrow Y(g)$

$t = 0$: $p_{A,0}$ 　 $p_{B,0}$ 　 　 0

$t = t$: p_A 　 p_B 　 $p_{A,0} - p_A$

则时间 t 时的总压力为:

$$p_t = p_A + p_B + p_{A,0} - p_A = p_{A,0} + p_B$$

因为 $p_{A,0} = p_{B,0}$,符合计量系数比,所以:

$$p_A = p_B$$

则 $p_t = p_{A,0} + p_A$ 　 $p_A = p_B$

故 $p_A = p_B = p_t - p_{A,0}$

代入微分速率方程,得:

$$-\frac{dp_A}{dt} = kp_A p_B = k(p_t - p_{A,0})^2$$

积分上式,得:

$$\frac{1}{p_t - p_{A,0}} - \frac{1}{p_{t,0} - p_{A,0}} = kt$$

已知 $p_{t,0} = 200 \text{ kPa}, p_{A,0} = 100 \text{ kPa}, p_t = 150 \text{ kPa}, t = 10 \text{ min}$

得 $k = 0.001 \text{ Pa}^{-1} \cdot \text{min}^{-1}$

同样可求得,当 $t = 20 \text{ min}, p_t = 133 \text{ kPa}$。

(五)反应速率方程的建立方法

1.物质的量浓度—时间曲线(动力学实验数据)的实验测定

(1)c_A-t 曲线或 x_A-t 曲线与反应速率

在一定温度下,随着化学反应的进行,反应物的物质的量浓度不断减少,生成物的物质的量浓度不断增加(达平衡时为止),或反应物的转化率不断增加。通过实验可测得 c_A-t 数据或 x_A-t 数据,作图可得如图 5.1(a)、(b)所示的 c_A-t 曲线及 x_A-t 曲线,由曲线在某时刻 t 切线的斜率可确定 r 时刻反应的瞬时速率 $v_A = -\dfrac{dc_A}{dt}$ 或 $v_A = c_{A,0}\dfrac{dx_A}{dt}$。

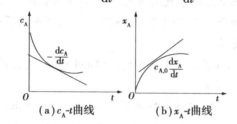

(a)c_A-t曲线　　(b)x_A-t曲线

图 5.1　c_A-t 曲线及 x_A-t 曲线

(2)测定反应速率的静态法和流动态法

实验室里测定反应速率,视化学反应的具体情况,可采用静态法,亦可采用流动态法。对同一反应不论采用何法,所得动力学结果是一致的(如反应级数及活化能等)。所谓静态法是指反应器装置采用间歇式反应器(如用实验室中的反应烧瓶或小型高压反应釜),反应物一次加入,生成物也一次取出。而流动态法是指反应器装置采用连续式反应器,反应物连续地由反应器入口引入,而生成物从出口不断流出。这种反应器又分为连续管式反应器和连续槽式反应器。在多相催化反应的动力学研究中,连续管式反应器的应用最为普遍,当控制反应物的转化率较小,一般在5%以下时称为微分反应器;而控制反应物的转化率较大,一般超过5%时称为积分反应器。

(3)温度的控制

反应速率与温度的关系将在后面讨论。温度对反应速率的影响是强烈的,一般情况下温度每升高10 ℃,反应速率会增加到原来的2~4倍。据统计,温度带来 ±1% 的误差,可给反应速率带来 ±10% 的误差。所以,在研究反应速率与浓度的关系时,必须将温度固定,并要求较高的温控精确度。例如,间歇式反应器需放置在高精度恒温槽内,对连续式反应器要采取有效的保温及定温措施等。

(4)反应物(或生成物)浓度的监测

反应过程中对反应物(或生成物)浓度的监测,通常有化学方法和物理方法。化学方法通常是传统的定量分析法或采用较先进的仪器分析法,取样分析时要终止样品中的反应。终止反应的方法有：降温冻结法、酸碱中和法、试剂稀释法、加入阻化剂法等，采用何种方法视反应系统的性质而定。物理方法通常是选定反应物（或生成物）的某种物理性质对其进行监测，所选定的物理性质一般与反应物（或生成物）浓度呈线性关系，如体积质量、气体的体积（或总压力）、折射率、电导率、旋光度、吸光度等。物理方法的优点是可在反应进行过程中连续监测，不必取样终止反应（应用流动态法的连续管式反应器做动力学实验时，可用气相色谱对反应转化率做连续的分析监测）。

2. 反应级数的确定

实验测得了 c_A-t 及 x_A-t 动力学数据，则可按以下数据处理法确定所测定的反应的级数。

（1）尝试法（积分法或作图法）

将所测得的 c_A-t 及 x_A-t 数据代入式 $t = \dfrac{1}{k_A} \ln \dfrac{c_{A,0}}{c_A}$、式 $t = \dfrac{1}{k_A} \ln \dfrac{1}{1-x_A}$、式 $t = \dfrac{1}{k_A}\left(\dfrac{1}{c_A} - \dfrac{1}{c_{A,0}} \right)$ 或式

$t = \dfrac{x_A}{k_A c_{A,0}(1-x_A)}$ 等积分速率方程，计算反应速率系数 k_A。若算得的 k_A 为常数，所代入方程的级数即为反应级数；或将 c_A-t 数据按式 $\ln\{c_A\} = -k_A t + \ln\{c_{A,0}\}$ 或式 $\dfrac{1}{c_A} = k_A t + \dfrac{1}{c_{A,0}}$ 作图，若为直线，所代入方程的级数即为反应级数。

（2）微分法

将 c_A-t 数据作图，如图 5.2 所示，分别求得 t_1、t_2 时刻的瞬时速率 $-\dfrac{dc_{A,1}}{dt}$，$-\dfrac{dc_{A,2}}{dt}$，设反应为 n 级，则：

$$-\frac{dc_{A,1}}{dt} = k_A c_{A,1}^n$$

$$-\frac{dc_{A,2}}{dt} = k_A c_{A,2}^n$$

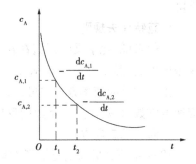

图 5.2　t_1、t_2 时刻的瞬时速率

以上两式分别取对数，得

$$\ln\left\{ -\frac{dc_{A,2}}{dt} \right\} = \ln\{k_A\} + n \ln\{c_A,2\}$$

$$\ln\left\{ -\frac{dc_{A,1}}{dt} \right\} = \ln\{k_A\} + n \ln\{c_A,1\}$$

以上两式相减，整理得：

$$n = \frac{\ln\left\{ -\dfrac{dc_{A,1}}{dt} \right\} - \ln\left\{ -\dfrac{dc_{A,2}}{dt} \right\}}{\ln\{c_{A,1}\} - \ln\{c_{A,2}\}}$$

（3）半衰期法

除一级反应外，若以两个不同的起始浓度 $(c_{A,0})_1$，$(c_{A,0})_2$ 对某反应进行实验，分别测得半衰期为 $\left(t_{\frac{1}{2}} \right)_1$ 及 $\left(t_{\frac{1}{2}} \right)_2$，则由式 $t_{\frac{1}{2}} = \dfrac{2^{n-1}-1}{(n-1)k_A c_{A,0}^{n-1}}$，$(n \neq 1)$，有：

$$\frac{\left(t_{\frac{1}{2}} \right)_2}{\left(t_{\frac{1}{2}} \right)_1} = \left\{ \frac{(c_{A,0})_1}{(c_{A,0})_2} \right\}^{n-1}$$

等式两边取对数,整理后可确定反应的级数为:

$$n = \frac{\ln(t_{\frac{1}{2}})_1 - \ln(t_{\frac{1}{2}})_2}{\ln(c_{A,0})_2 - \ln(c_{A,0})_1} + 1$$

(六)温度对反应速率的影响

由经验可知,温度升高,化学反应速率增大,不论是放热反应还是吸热反应都一样。面团在室温下比在冰箱里更容易发酵。在讨论反应速率与浓度的关系时将温度恒定。现在讨论反应速率与温度的关系亦应将反应物浓度恒定,可令 $c_A = c_B$ 并取其为单位物质的量浓度,此时反应速率与温度的关系,其实质是反应速率系数 k 与温度的关系。k 与温度的关系,其实验结果有如图5.3所示的5种情况。

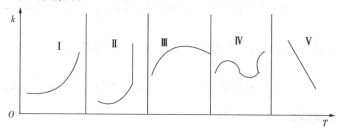

图5.3 k-T 关系的5种情况

图5.3中第 I 种情况是大多数常见反应;第 II 种情况为爆炸反应;第 III 种情况为酶催化;第 IV 种情况为碳的氧化反应;第 V 种情况为 $2NO + O_2 \rightleftharpoons 2NO_2$ 反应,k 随反应温度的升高而下降。

1. 范特荷夫规则

一般来说,化学反应都随着温度的升高而反应速率增大。总结许多实验结果,发现如反应物浓度恒定,温度每升高 10 K,反应速率扩大 2～4 倍。

由化学反应速率方程式可知,反应速度取决于速度常数和反应物浓度。温度主要影响反应速度常数值,那么速率常数同反应温度存在何种关系呢?

2. 阿仑尼乌斯方程

1889 年阿仑尼乌斯总结了大量实验事实,指出反应速率常数和温度间的定量关系为:

$$k = Ae^{-\frac{E_a}{RT}}$$

式中　k——速率常数;

　　　T——温度,K;

　　　R——气体常数;

　　　A、E_a——两个参数,分别被阿仑尼乌斯称为指前因子和活化能(为区别由动力学理论推导出来的活化能,后人称阿仑尼乌斯公式中活化能为阿仑尼乌斯活化能或经验活化能)。显然,A 具有速率常数的量纲,E_a 具有能量的量纲。

对上式两边取自然对数得:

$$\lg k = \lg A - \frac{E_a}{RT}$$

取常用对数,得:

$$\lg k = \lg A - \frac{E_a}{2.303RT}$$

上面 3 个式子均称为阿仑尼乌斯公式。阿仑尼乌斯公式给出另外速率常数与反应温度的定量关系。A、E_a 是表征化学反应特征的常数,与温度无关。实验证明,第一式对几乎所有均相反应和大多数复杂反应在一定温度范围内都是相当符合的,k 与 T 呈指数关系。因而温度的变化对速率常数的影响是非常大的。

在相同温度下,活化能越小的反应,其速度越大,即反应速度快。对同一反应,速度常数随温度的变化率在低温下较大,在高温下较小。对不同的反应(在相同温度下比较时),活化能越大,其速度常数随温度变化率越大。也就是说,同时进行几个反应,高温对活化能较大的反应有利,低温对活化能较小的反应有利。

习　题

一、判断题

1. 非基元反应中,反应速度由最慢的反应步骤决定。　　　　　　　　　　　(　　)

2. 反应的活化能越大,在一定的温度下,反应速度也越快。　　　　　　　　(　　)

3. 凡是活化能大的反应,只能在高温下进行。　　　　　　　　　　　　　　(　　)

4. 测定反应速率的主要问题是确定一定数量反应物消耗或产物生成所需时间。　(　　)

5. 一般情况下,不管是放热反应还是吸热反应,温度升高,反应速率总是相应增加。

(　　)

6. 温度升高,分子间的碰撞频率也增加,这是温度对反应速率影响的主要原因。　(　　)

7. 当某反应体系的温度一定时,当反应物的一部分活化分子全部反应后,反应就停止。

(　　)

8. 有极少数反应,如碳在某一温度范围内的氧化,当温度升高,反应速率降低,表示在这样条件下反应的活化能需要零。　　　　　　　　　　　　　　　　　　(　　)

二、选择题

1. H_2O_2 的分解反应为:$H_2O_2(aq) \Longrightarrow H_2O(l) + \frac{1}{2}O_2(g)$,下列表示的瞬时速度中,正确的是(　　)。

A. $\frac{dc(H_2O_2)}{dt}$　　　　　　B. $\frac{-dc(H_2O)}{dt}$　　　　　　C. $\frac{-dc(O_2)}{2\,dt}$　　　　　　D. $\frac{dc(O_2)}{2\,dt}$

2. 反应 $X + Y \longrightarrow Z$,其速度方程式为:$v = k[X]^2[Y]^{\frac{1}{2}}$,若 X 与 Y 的浓度都增加 4 倍,则反应速度将增加(　　)倍。

A. 4　　　　　　　　　B. 8　　　　　　　　　C. 16　　　　　　　　　D. 32

3. 某化学反应速度常数的单位是 $mol \cdot L^{-1} \cdot s^{-1}$,则该反应的级数为(　　)。

A. 3　　　　　　　　　B. 1　　　　　　　　　C. 2　　　　　　　　　D. $\frac{1}{2}$

4. 已知某一反应 $A + B \longrightarrow C$ 的 $E_正 = 50$ kJ/mol,则该反应的 $E_逆$ 为(　　)。

A. − 50 kJ/mol   B. < 50 kJ/mol   C. > 50 kJ/mol   D. 无法确定

5. 提高温度可增加反应速度的原因是(   )。

A. 增加了活化分子的百分数

B. 降低了反应的活化能

C. 增加了反应物分子间的碰撞频率

D. 使活化配合物的分解速度增加

6. 催化剂加快反应速度的原因是(   )。

A. 催化剂参与化学反应

B. 改变了化学反应的历程

C. 降低了活化能

D. 提高了活化分子百分数

7. 速率常数 k 是一个(   )。

A. 无量纲的参数

B. 量纲为 $mol \cdot L^{-1} \cdot s^{-1}$

C. 量纲为 $mol^2 \cdot L^{-1} \cdot s^{-1}$ 的参数

D. 量纲不定的参数

8. A ——→ B + C 是吸热的可逆基元反应,正反应的活化能为 $E_{正}$,逆反应的活化能为 $E_{逆}$,则(   )。

A. $E_{正} < E_{逆}$ B. $E_{正} > E_{逆}$ C. $E_{正} = E_{逆}$ D. 3 种都可能

三、简答题

催化剂能改变反应速度,但不能影响化学平衡,为什么?

第6章
相律与相图

在化学、化工的科研和生产中,经常会遇到类似蒸发、冷凝、升华、溶解、结晶等一系列相变过程,化学工作者必须掌握这些过程所遵循的规律。另外,怎样对有机混合物进行分离、提纯?怎样从盐湖及海水中提取各种有用的无机盐? 在钢铁和各种合金的冶炼中,应怎样控制生产条件及产品成分? 这类实际问题的解决,都需要用到相平衡的知识。

同化学研究相关的除化学反应外,还有相平衡问题,因为仅靠化学反应是不能得到最终产品的,反应混合物还要进行分离,必然涉及分离条件问题,如蒸馏为气-液平衡,结晶为固-液平衡,萃取为液-液平衡,均涉及相平衡问题,研究相平衡的工具主要是相图和相律。

相平衡是热力学在化学领域中的重要应用,也是化学热力学的主要内容之一。研究多相系统的相平衡状态随组成、温度、压力等变量的改变而发生变化,并用图形来表示系统相平衡状态的变化,这种图称为相图,相图形象而直观地表达出相平衡时系统的状态与温度、压力、组成的关系。

一、相 律

1. 相数

系统内部物理性质和化学性质完全均匀的部分称为相。相与相之间在指定的条件下有明显的界面,在界面上,从宏观的角度来看,性质的改变是突跃式的。系统内相的数目称为相数,相数用符号 Φ 表示。通常任何气体均能无限混合,所以系统内不论有多少种气体都只有一个气相。液体则按其互溶程度通常可以是一相、两相或三相共存。例如水和甲醇互溶为一相,而水与苯不互溶称为两相。对于固体,一般是有一种固体便有一个相。不论它们的质量和大小,一整块 $CaCO_3$ 的结晶是一个相,如果将它们粉碎成小颗粒,依然是一个相。因为它们的物理和化学性质是一样的。又如面粉和白糖,尽管表面上看来色泽和细度都很均匀,用肉眼无法细分,但用 X 射线分析可得出两个不同的衍射图样,故是两个相。但固态溶液是一个相,金属合金系统。没有气相的系统或不予考虑气相的系统称为"凝聚系统"。

注意:①同一相不一定连在一块,连在一起的并不一定是一相。

②相与相之间有明显的界面。

③气体只有一相,液体最多有三相,固体可有无数相。

④没有气相的体系称为凝聚体系。

2. 组分数

系统中存在的化学物质数目称为物种数,物种数用符号 S 表示。例如,水和水蒸气的两相平衡系统中只含有一种纯物质,即 H_2O,故物种数 $S=1$。在食盐晶体与其饱和溶液的平衡系统中只含有两种化学纯物质,即 H_2O 和 $NaCl$,物种数 $S=2$。系统中有几种物质,则物种数就有几种。系统中如有化学平衡存在,则设该系统独立的化学反应计量式数目为 R。例如由 PCl_5、PCl_3 及 Cl_2 3 种物质组成的系统,由于有下列化学平衡:

$$PCl_5(g) \Longrightarrow PCl_3(g) + Cl_2(g)$$

该系统的 $R=1$。必须注意"独立"二字,例如系统中含有 $C(s)$、$CO(g)$、$H_2O(g)$、$CO_2(g)$ 和 $H_2(g)$ 5 种物质,在它们之间有 3 个化学反应计量式:

$$C(s) + H_2O(g) \Longrightarrow CO(g) + H_2(g)$$

$$C(s) + CO_2(g) \Longrightarrow 2CO(g)$$

$$CO(g) + H_2O(g) \Longrightarrow CO_2(g) + H_2(g)$$

但是,这 3 个反应并不是独立的,只要有任意两个化学平衡存在,则第三个化学平衡必然成立,因此该系统的 $R=2$,而不是 3。

除此之外,还有一些特殊情况,例如,在上述 PCl_5 的分解反应中,一开始只存在 PCl_5,则平衡时 PCl_3 和 Cl_2 的比例必定是 1:1。这些特殊的情况称为不同物种组成间的独立关系数目,用符号 R' 表示,此例中 $R'=1$。应当注意,这种关系只有物质在同一相中才存在,而不同相之间不存在。例如,$CaCO_3(s)$ 的分解反应:

$CaCO_3(s) \Longrightarrow CaO(s) + CO_2(g)$,虽然分解产物 $CaO(s)$ 和 $CO_2(g)$ 的物质的量相同,但是由于它们不在同一相中,所以 $R'=0$。

系统的(独立)组分数用符号 C 来表示,其定义为:

$$C = S - R - R'$$

例如,在 $CO(g)$、$H_2(g)$ 和 $CH_3OH(g)$ 所构成的系统中,如果各物质之间没有化学变化,此时组分数 $C=S=3$。如果在一定温度和压力下发生了化学变化,建立了如下的化学平衡:

$$CO(g) + H_2(g) \Longrightarrow CH_3OH(g)$$

则 $S=3,R=1,C=2$。如果在指定温度和压力下,使 $CH_3OH(g)$ 分解而建立了上述化学平衡,这时系统中 $CO(g)$ 和 $H_2(g)$ 的物质的量之比是 1:2,那么系统的 $S=3,R=1,R'=1,C=1$。

还应指出,一个系统的物种数 S 可因考虑问题的角度不同而不同,但平衡系统中的组分数 C 却是固定不变的。如 $NaCl$ 水溶液,若不考虑 $NaCl$ 的解离,其 $C=S=2$;若考虑到 $NaCl$ 的解离,则 $S=4$,由于存在一个化学反应计量式($NaCl = Na^+ + Cl^-$)$R=1$,而且 Na^+ 和 Cl^- 物质的量一定相等,所以 $R'=1$,因此 $C=S-R-R'=2$。

3. 自由度数

在不改变系统中原有平衡相数的条件下,确定系统的平衡状态所需的独立强度变量(温度、压力、组成等)称为系统的自由度,这种变量的数目称为自由度数,用符号 f 表示。例如对于单相的液态水来说,人们可以在一定的范围内任意改变液态水的温度,同时任意地改变其压力而仍能保持水为单相(液相)。因此说该系统有两个独立可变的因素,即它的自由度数 $f=2$。当水和水汽两相平衡时,则在温度和压力两个变量之中只有一个是可以独立变动的,指定了温度就不能再指定压力(即平衡蒸气压),压力由温度决定而不能任意变动。反之,指定了压力就不能指定温度,此时 $f=1$。

4. 吉布斯相律

相律为多相平衡系统的研究建立了热力学基础,是具有普遍性的规律之一,其讨论平衡系统中相数、独立组分数与描述该平衡系统的变数之间的关系,并揭示了多相平衡系统中外界条件(温度、压力、组成等)对相变的影响。虽然相律不能直接给出相平衡的具体数据,但其能帮助人们通过实验数据正确地画出相图,也可以帮助人们正确地阅读和应用相图。

1876 年,吉布斯首先导出自由度数、相数和独立组分数之间的关系:

$$f = C - \Phi + 2$$

这就是著名的吉布斯相律。

关于相律有几点需要注意:

①相律只适用于相平衡系统。对于单组分两相平衡,按相律自由度数 $f=1$。而由碳的两种不同晶体石墨和金刚石形成的单组分系统,在常温常压范围内,温度、压力均可独立变化而仍是两相,这种与相律不一致的原因是石墨和金刚石并未达到相平衡。

②式中数字"2"是由于假定外界条件只有温度和压力可以影响系统的平衡状态而来的。对于凝聚系统,外压力对相平衡系统的影响不大,此时可以看作只有温度是影响平衡的外界条件。因此,相律可以写作 $f' = C - \Phi + 1$。可以将 f' 称为"条件自由度数"。

③在某些系统中,除 T、p 外,考虑到其他因素(如磁场、电场、重力场等)的影响,因此可以用"b"代替"2",b 是能够影响系统平衡状态的外界因素的个数,则相律可写作最一般的形式,即:

$$f = C - \Phi + b$$

二、单组分系统相图

单组分系统就是由纯物质所组成的系统。如果系统中没有化学反应发生,则对于这种单组分体系 $C=1$, $f = C - \Phi + 2 = 3 - \Phi$。

可能有下述 3 种情况。

当 $\Phi_{min} = 1$, $f_{max} = 3$,即在单相时有两个自由度(又称双变量体系,图中为一个区)。

$\Phi_{max} = 3$, $f_{min} = 0$,即最多有三相共存,无自由度(无变量体系,图中为一个点)。

$\Phi = 2$, $f = 1$,即两相平衡时,有一个自由度(单变量体系图中为一条线)。

注意: f 不可能大于 3,Φ 不可能有 4 相平衡共存。

下面以中常压力下水的相图为例。

1. 水的相平衡实验数据

水在中常压力下,可以气(水蒸气)、液(水)、固(冰)3 种不同相态存在。通过实验测出这 3 种两相平衡的温度和压力的数据,见表 6.1。若将其画在 $p\text{-}T$ 图上,则可得到 3 条曲线。

表6.1 水的相平衡实验数据

温度 $t/℃$	系统的饱和蒸气压 p/kPa		平衡压力 p/kPa
	水 $\rightleftharpoons$ 水蒸气	冰 $\rightleftharpoons$ 水蒸气	冰 $\rightleftharpoons$ 水
−20	0.126	0.103	193.5×10^3
−10	0.287	0.260	110.4×10^3
0.01	0.610 62	0.610 62	0.610 62
20	2.338		
60	19.916		
99.65	100.000		
200	1 554.4		
300	8 590.3		
374.2	22 119.247		

2. 水的相图

图6.1是根据表6.1实验结果所绘制的相图。

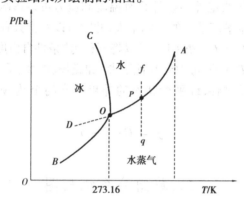

图6.1 水的相图

①在水、冰、水蒸气3个区域内(其相态分别用符号 l、s、g 表示),系统都是单相,$\Phi=1$,所以 $f=2$。在该区域内可以有限度地独立改变温度和压力,而不会引起相的改变。人们必须同时指定温度和压力这两个变量,然后系统的状态才能完全确定。

②图6.1中所示3条实线是两个区域的交界线。在线上的任意点 $\Phi=2$,是两相平衡,$f=1$,指定了温度就不能再任意指定压力,压力应由系统自定,反之亦然。OA 是水蒸气和水的平衡曲线,即水在不同温度下的蒸气压曲线。OB 是冰和水蒸气两相的平衡线(即冰的升华曲线),OB 线在理论上可延长到绝对零度附近。OC 为冰和水的平衡线,OC 线不能无限向上延长,大约从 2.03×10^8 Pa 开始,相图变得比较复杂,有不同结构的冰生成。OA 线也不能任意延长,它终止于临界点 $A(647.4$ K,2.21×10^7 Pa)。在临界点液体的密度与蒸汽的密度相等,液态和气态之间的界面消失。如从 A 点对 T 轴作垂线,则垂线以左与 AO,以及从 B 点对 T 轴所作的垂线包围的区域称为气液相区(意味着气体可以加压或降温液化为水),而在垂线以右的区域则称为气相区,因为其高于临界温度,不可能用加压的办法使气体液化。OA、OB、OC 3条曲线的斜率均可由克劳修斯-克拉伯龙方程式或克拉伯龙方程式求得。

③OD 是 OA 的延长线,是水和水蒸气的介稳平衡线,代表过冷水的饱和蒸气压与温度的

关系曲线。*OD* 线在 *OB* 线之上,其的蒸气压比同温度下处于稳定状态的冰的蒸气压大,因此过冷的水处于不稳定状态。

④对于任一分界线上的点,例如 *P* 点,可能有 3 种情况:a. 从点 *f* 起,在恒温下使压力降低,在无限接近于 *P* 点之前,气相尚未生成,系统仍是一个液相,系统有两个自由度数,即 $f = 1 + 2 - 1 = 2$。由于 *P* 点是液相区的一个边界点,若要维持液相,则只允许升高压力和降低温度。b. 当有气相出现,系统是气、液两相平衡,即 $f = 1 + 2 - 2 = 1$,即当两相共存时,温度一定相应地就有一定的饱和蒸气压。c. 当液体全部变为蒸汽时,*P* 点成为气相区的边界点。若要维持气相则只允许降低压力或升高温度($f = 2$)。在 *P* 点虽有上述 3 种情况,但由于通常人们只注意相的转变过程,所以常以第二种情况来代表界线上的相变过程。

⑤*O* 点是 3 条线的交点,称为三相点,在该点三相共存,$\Phi = 3$,$f = 0$。三相点的温度和压力皆由系统自定,而不能任意改变。三相点的温度为 273.16 K,压力为 610.62 Pa。必须指出,不要将水的三相点(指气、液、固三相平衡共存的系统点,见图中的 *O* 点)与冰点混淆。水的冰点是指在 101.325 kPa 下空气所饱和了的水(已不再是单组分系统)与冰呈平衡的温度,即 0 ℃;而三相点是纯水、冰及水气三相平衡的温度,即 0.01 ℃。在冰点,系统所受的压力为 101.325 kPa,它是空气和水蒸气的总压力;而在三相点时,系统的压力是 610.62 Pa,它是与冰、水平衡的水蒸气的压力,水的冰点比三相点低 0.01 K。

3. 物系点

在相图中表示体系总组成的点。

4. 相点

在相图中表示某一个相组成的点。

注意:同一物系点可对应多个相点:

一相:物系点同相点;

二相:一个物系点,对应两个相点;

三相:一个物系点对应三个相点;

……

5. 硫的相图

硫可有 4 种不同的物态:单斜硫(M)、正交硫(R)、液态硫(液)、气态硫(气)。但是对单组分体系而言,同时至多只能有 3 个相共存。硫有 4 个三相点,图 6.2 所示为硫的相图。

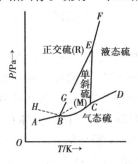

图 6.2 硫的相图

B 点:S(R) $\Longrightarrow$ S(M) $\Longrightarrow$ S(气);

C 点:S(M)$\Longleftrightarrow$S(气)$\Longleftrightarrow$S(液);

E 点:S(R)$\Longleftrightarrow$S(M)$\Longleftrightarrow$S(液);

AB 线:S(R)$\Longleftrightarrow$S(气);

BC 线:S(M)$\Longleftrightarrow$S(气);

CD 线:S(液)$\Longleftrightarrow$S(气);

CE 线:S(M)$\Longleftrightarrow$S(液);

BE 线:S(R)$\Longleftrightarrow$S(M);

虚线 BG:是 AB 的延长线,S(R)$\Longleftrightarrow$S(气),介稳平衡,即过热正交硫的蒸气压曲线;

虚线 CG:是 DC 的延长线,S(液)$\Longleftrightarrow$S(气),介稳平衡,即过冷液态硫的蒸气压曲线;

虚线 BH:S(M)$\Longleftrightarrow$S(气),介稳平衡,即过冷单斜硫的蒸气压曲线;

G 点:是 BG 线与 CG 线的交点,S(R)$\Longleftrightarrow$S(气)$\Longleftrightarrow$S(液)三相的介稳平衡。

D 点为临界点,温度在 D 点以上,只有气相存在。

EF 线止于何处尚不太清楚,在实验所及的范围内,EF 线总是连续的,还没有发现有固-液的临界点或新的固相出现。

三、二组分系统气液平衡相图

对于二组分系统,$C=2$,$f=4-\Phi$。可得:

$\Phi=1$,$f=3$,即"三变量体系";

$\Phi=2$,$f=2$,即"二变量体系";

$\Phi=3$,$f=1$,即"单变量体系";

$\Phi=4$,$f=0$,即"无变量体系";

最大的相数 Φ 为 4,最多可以四相共存。

体系最少相数 $\Phi=1$ 时 $f=3$,有 3 个自由度,即需用 3 个独立变量才足以完整地描述体系的状态,通常情况下,描述体系状态时以温度(T)、压力(P)和组成(浓度 x_1 或 x_2)3 个变量为坐标构成的立体模型图。为便于在平面上将平衡关系表示出来,常固定某一个变量,从而得到立体图形在特定条件下的截面图。比如,固定 T 就得 P-x 图,固定 P 就得 T-x 图,固定 x(组成)就得 t-P 图。前两种平面图对工业上的提纯、分离、精馏、分馏分面很有实用价值,是讨论的重点。

二组分体系相图的类型甚多,根据两相平衡时各相的聚集状态常分为:气-液体系,固-液体系,以及固-气体系。本节就是指液体仅由两种物质组成而研究范围内仅出现气-液两相平衡的体系,或称为双液体系。在双液体系中,常根据两种液态物质互溶程度不同又分为:完全互溶体系、部分互溶体系和完全不互溶体系。两种液体在全浓度范围内都能互相混溶的体系称为"完全互溶双液体系"。体系中两个组分的分子结构相似程度往往有所差别,所构成溶液的性质也各异,即服从拉乌尔定律的程度就有所不同。为此,完全互溶双液体系又分为"理想的"和"非理想的"两种情形。

（一）二组分液态完全互溶系统的气液平衡相图

若两个纯液体组分可以按任意比例互相混溶,这种体系就称为完全互溶的双液系。根据"相似相溶"的原则,一般来说,两种结构很相似的化合物,例如,苯和甲苯、正己烷和正庚烷、邻二氯苯和对二氯苯或同位素的混合物等,都能以任意比例混合,并形成理想溶液。

1. 二组分液态完全互溶系统的蒸气压-组成图

图 6.3 所示为恒温下 A、B 两组分组成的理想溶液 $P\text{-}x$ 图,各组分在全浓度范围内其蒸气压与组成的关系均遵守拉乌尔定律,即:

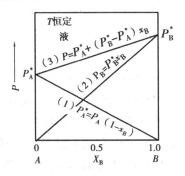

图 6.3　理想溶液蒸气压-组成图

$$P_B = P_B^* x_B$$
$$P_A = P_A^* x_A = P_A^* (1 - x_B)$$

式中　P_A^*、P_B^*——在该温度时纯 A、纯 B 的蒸气压,可分别用直线(1)、(2)表示;

　　x_A、x_B——溶液中组分 A 和 B 的摩尔分数。溶液的总蒸气压为 P,则有:

$$P = P_A + P_B = P_A^* (1 - x_B) + P_B^* x_B = P_A^* + (P_B^* - P_A^*) x_B$$

由于 $x_B = 0$ 时,$P = P_A^*$;$x_B = 1$ 时,$P = P_B^*$,所以二组分理想溶液总蒸气压必然落在两个纯组分蒸气压 P_A^*、P_B^* 之间,也就是说,它与组成 x_B 的关系如图中 P_A^*、P_B^* 两点连线(3)。表示溶液蒸气总压随液相组成变化关系的直线或曲线称为"液相线"。从液相线可找到总蒸气压下溶液的组成,或指定溶液组成时的蒸气总压,很明显,此时体系的自由度应为 1。

由于 A、B 两组分蒸气压不同,气-液平衡时气相的组成与液相的组成必然也不同,可自以下分析看出:

由分压力定义,组分在气相中浓度以摩尔分数 y_B(相当于 $x_B^{(g)}$)表示,则:

$$y_B = \frac{P_B}{P} = \frac{P_B^* x_B}{P_A^* + (P_B^* - P_A^*) x_B}$$

由式可知,只要知道一定温度下纯组分蒸气压 P_A^*、P_B^*,就能从溶液的组成 x_B 计算与其平衡的气相组成 y_B,而

$$y_A = 1 - y_B$$

由式 $y_B = \dfrac{P_B}{P} = \dfrac{P_B^* x_B}{P_A^* + (P_B^* - P_A^*) x_B}$ 可得:

$$x_B = \frac{P_A^* y_B}{P_B^* + (P_A^* - P_B^*) y_B}$$

将其代入式 $P = P_A + P_B = P_A^* + (P_B^* - P_A^*)x_B$，整理可得：

$$P = \frac{P_A^* P_B^*}{P_B^* + (P_A^* - P_B^*)y_B}$$

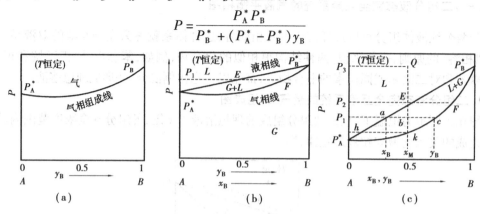

图 6.4 P-y_B 曲线

上式表明了溶液蒸气总压 P 与气相组成 y_B 的关系，所作 P-y_B 曲线（图 6.4）称为"气相线"，同图 6.3 进行比较可以看出，气相线与液相线形状不一。当将两线合并于同一图上［图 6.4(a)］气相线势必落于液相线下。若图中自同一总压 P_1 处作一水平线分别与液相线和气相线交于 E、F 点，显然，F 处的 y_B 大于 E 处的 x_B 即 $y_B > x_B$，这就是说在气-液平衡体系中，纯态时具有较大蒸气压的组分于气相中的成分比它在液相中的成分来得大。或者说理想溶液中较易发挥组分在气相中的成分大于它在液相中的成分，这就是柯诺华诺夫（Konovalov）第一规则。它可以推证如下：

设蒸气为理想气体混合物，由分压力定义：

$$P_A = Py_A \qquad P_B = Py_B$$

再以拉乌尔定律 $P_B = P_B^* x_B$ 分别代入等式左边，便有：

$$P_A = Py_A = P_A^* x_A, P_B = Py_B = P_B^* x_B$$

因此可得：

$$y_A = \frac{P_A^* x_A}{P}, y_B = \frac{P_B^* x_B}{P}$$

左右两等式相除：

$$\frac{y_B}{y_A} = \frac{P_B^* x_B}{P_A^* x_A}$$

设 B 为较易挥发组分，则 $P_B^* > P_A^*$，$\dfrac{P_B^*}{P_A^*} > 1$，故从上式得到：

$$\frac{y_B}{y_A} > \frac{x_B}{x_A}$$

因为 $y_A = 1 - y_B$，$x_A = 1 - x_B$ 代入上式可得：

$$\frac{y_B}{1 - y_B} > \frac{x_B}{1 - x_A}$$

两边各取倒数并整理，即：

$$\frac{1}{y_B} < \frac{1}{x_B} 即 \ y_B > x_B$$

可见平衡时,较易挥发的组分在气相中成分大于在液相中的成分。柯诺华诺夫第一规则也适用于非理想溶液。

如图 6.4(b)所示,可以看出恒温下的 P-x 图的含义与应用。液相线以上(高压区)为液相区(L 区),气相线以下(低压区)为气相区(G 区),介于液相区和气相区之间为两线所包围的区域为气-液两相平衡共存区(L + G 区)。据相律 $f = C - \Phi + 1 = 2 - \Phi + 1 = 3 - \Phi$。可知单相区内 $f = 2$;而在双相区 $f = 1$。这意味着描述体系的状态,前者需两个变量,后者仅需一个变量,即体系的压力或组成。假如液相区有一物系点 Q,压力为 P,组成为 x_M,由图可以看出当组成不变时降压过程中相变化情况;当降至 P_2 时,状态点(物系点)即为液相线上的 E,开始形成蒸气,与之平衡的蒸气组成可用 F 点表示。若继续降压到 b 点,此时气-液两相平衡共存。作一水平线 abc,a、c 两点分别表示压力为 P_1 时相平衡的液和气两相状态(组成分别是 x_B 和 y_B),称为"相点",ac 连线(联系二相点的直线)又称为"结线"。由图可见,在由 E 至 b 的降压过程中与物系点共轭的两相点都在变;液相点沿液相线降至 a,气相点沿气相线降至 c,这充分说明只要物系点落进两相区内总是两相共存,体系的总组成虽然不变,但两相的组成及其相对数量都随压力而改变。当继续降压至 k 点时,溶液几乎全部汽化,最后一滴溶液的状态为 h 点,此后再降压则进入气相区。

以甲苯 $C_6H_5CH_3$(A)-苯 C_6H_6(B)系统为例。取 A 和 B 以各种比例配成混合物,将盛有混合物的容器浸在恒温浴中,在恒定温度下达到相平衡后,测出混合物的蒸气总压力 P、液相组成 x_B 及气相组成 y_B。表 6.2 是在 79.70 ℃下,由实验测得的不同组成的混合物的蒸气压数据(包括纯 A 及 B 的蒸气压)。

表 6.2 $C_6H_5CH_3$(A)-苯 C_6H_6(B)系统的蒸气压与液相组成及气相组成的部分数据(79.70 ℃)

液相组成	气相组成	蒸气总压力 P/kPa
0.000 0	0.000 0	38.46
0.116 1	0.253 0	45.53
0.338 3	0.566 7	59.07
0.545 1	0.757 4	71.66
0.732 7	0.878 2	83.31
0.918 9	0.967 2	94.85
1.000 0	1.000 0	99.82

用表 6.2 中的实验数据,以混合物的蒸气总压力 P 为纵坐标,以平衡组成(液相组成 x_B 和气相组成 y_B)为横坐标,绘制成蒸气压-组成图,即 P-x_B(y_B)图,如图 6.5 所示。图中的 P_A^*,P_B^* 分别为 79.70 ℃时纯甲苯及纯苯的饱和蒸气压。上面的连线 $P_A^*LP_B^*$ 是混合物的蒸气总压力 P 随液相组成 x_B 变化的曲线,称为做液相线。下面的连线 $P_A^*GP_B^*$ 是混合物的蒸气总压力 P 随气相组成 y_B 变化的曲线,称为气相线。这两条线将图分成 3 块区域。在液相线以上,系统的压力高于相应组成的混合物饱和蒸气压,为液相区,用符号 $l(A + B)$ 来表示。在气相线以下,系统的压力低于相应组成混合物的饱和蒸气压,为气相区,用符号 $g(A + B)$ 来表示。液相线和气相线之间则为气、液平衡共存区,用符号 $l(A + B) \rightleftharpoons g(A + B)$ 来表示。

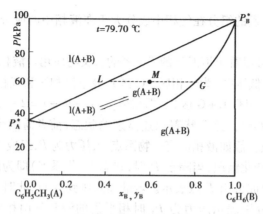

图 6.5 蒸气压-组成图

在蒸气压-组成图中,每一个点有两个坐标,用来表示系统的压力和组成(温度一定)的点称为系统点;用来表示一个相的压力和组成(x_B 或 y_B,T 一定)的点称为相点。在气相区或是液相区中的系统点即为相点。对这两个相区应用相律,$f = 2 - 1 + 1 = 2$(温度恒定),为了确定一个二组分系统在定温下液相或气相的状态,还需要确定两个变量,即压力和组成;或者说,系统的压力及组成可在一定范围内变化,不致引起旧相消失或新相生成。

在液、气两相平衡区,表示系统的平衡态同时需要两个相点和一个系统点。平衡时,系统的压力及两相的组成是一定的,所以两个相点和系统点的连线必是与横坐标平行的线。因此,通过系统点作平行于横坐标水平线与液相线及气相线的交点即是两个相点。例如,由系统的压力和组成可在图 6.5 中标出系统点 M,其气、液两相的组成分别为 L 和 G 两点,L、G 两系统点分别称为液相点和气相点,LG 线称为定压连接线。所以在两相平衡区要区分系统点和相点的不同含义。

2. 杠杆规则

现在考虑计算两相区内共轭两相的相对数量的方法。仍以图 6.4(c)为例;当物系点为 b,总组成为 x_M(含 B 组分的摩尔分数)时,与之共轭的液相点 a 的组成(含 B 组分的摩尔分数)为 x_B,而气相点 c 的组成(含 B 组分的摩尔分数)为 y_B。以 n_1、n_g 分别表示液、气二相的物质的量,而以 n 表示体系总的物质的量,则 $n = n_1 + n_g$。根据质量守恒原理,整个体系含 B 组分的质量等于各相中所含 B 组分的质量和,即 B 组分的含量必须满足下列衡算式:

$$x_M(n_1 + n_g) = x_B n_1 + y_B n_g$$

移项整理上式可得:

$$\frac{n_1}{n_g} = \frac{y_B - x_M}{x_M - x_B} = \frac{\overline{cb}}{\overline{ba}}$$

由此可知,液相和气相的物质的量之比等于 $\overline{cb}$ 和 $\overline{ba}$ 两线段之比,或者说将 $\overline{ab}$ 和 $\overline{cb}$ 分别比拟为一个以 b 为支点的一臂的力矩,则液相量 n_1 乘以 $\overline{ba}$ 线段,等于气相量 n_g 乘以 $\overline{cb}$ 线段即 $n_1 \times \overline{ba} = n_g \times \overline{cb}$,与力学中的"杠杆规则"类似,因此这一规律也称为"杠杆规则"。

因为杠杆规则的导出仅仅基于质量平衡,所以它不仅适用于二组分气-液体系的任何两相区,也适用于气-固,液-固,液-液,固-固等体系的两相区。至于组成的表示,可用摩尔分数 x,也可用质量分数 ω。当 ω 代替 x 作图时,式 $\frac{n_1}{n_g} = \frac{y_B - x_M}{x_M - x_B} = \frac{\overline{cb}}{\overline{ba}}$ 仍可应用,只要将物质的量 n 改

为质量 w 就行了。

3. 理想溶液的温度-组成图(T-xy 图)

在恒定压力下表示二组分系统气液平衡时的温度与组成关系的相图,称为沸点-组成图,即 t-$x_B(y_B)$ 图。通常,精馏是在定压下进行的,因此从实用观点出发,沸点-组成图更为人们所常用。沸点-组成图是恒压下以溶液的温度(T)为纵坐标,组成(或浓度 xy)为横坐标制成的相图,一般从实验数据直接绘制,对于理想溶液也可以从 P-x 图数据间接求得。表6.3 是甲苯(A)苯(B)二组分体系在 $P^\ominus$ 下的实验结果,其中 x_B、y_B 分别为温度 t ℃时 B 组分在液相、气相中的摩尔分数,P_B^* 为该平衡温度下纯 B 的饱和蒸气压,y_B(计算值)由公式 $y_B = P_B/P = P_B^* x_B/P_A^* + (P_B^* - P_A^*) x_B$ 计算得出。由于苯比甲苯容易挥发,由表6.3 可知,y_B 恒大于 x_B,可以沸点 t 与气、液相组成 y_B、x_B 关系数据构成图6.6。

表6.3 甲苯(A)-苯(B)二组分体系在 $P^\ominus$ 下的气-液平衡数据

x_B	0	0.100	0.200	0.400	0.600	0.800	0.900	1.000
y_B	0	0.206	0.372	0.621	0.792	0.912	0.960	1.000
t/℃	110.6(t_A^*)	109.2	102.2	95.3	89.4	84.4	82.2	80.1(t_B^*)
P_B^*/kPa	237.4	212.6	191.2	158.4	134.2	115.4	108.2	101.3
y_B(计算值)	0	0.210	0.377	0.626	0.795	0.921	0.962	1.000

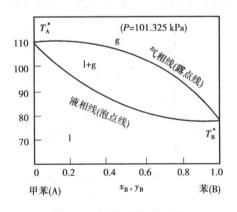

图6.6 甲苯-苯的 T-xy 图

图6.6 中,上方的 t-y_B 线为气相线,表示饱和蒸气组成随温度的变化,称为"露点线"(一定组成的气体冷却至线上温度时开始,如露水凝结),此线上方(高温区)为气相区。下方的 t-x_B 线为液相线,代表沸点与液相组成的关系,称为"泡点线"(一定组成的溶液加热至线上温度时可沸腾起泡),此线以下(低温区)为液相区。t_A^*、t_B^* 分别代表纯甲苯和纯苯的沸点。气-液两线包围的区域为两相区,此区内物系点分成共轭的气液二相,且各相组成只决定于平衡温度,而与总组成无关。两相的数量比则由杠杆规则确定。

与 P-xy 图相比,T-xy 图中不存在直线,这说明 T-$f(xy)$ 关系不如 P-$f(xy)$ 关系那样简单。显而易见,溶液中蒸气压越高的组分其沸点越低,而沸点低的组分在气相中的成分总比在液相的大。所以 T-xy 图的气相线总是在液相线上方,这恰与 P-xy 图相反。这一规律在非理想溶液中依然存在。

以甲苯 $C_6H_5CH_3$(A)-苯 C_6H_6(B)系统为例,在 $P=101.325\ kPa$ 下,测得混合物沸点 t 与液相组成 x_B 及气相组成 y_B 的数据(包括纯 A 及纯 B 的沸点),见表6.4。

表6.4　混合物沸点 t 与液相组成 x_B 及气相组成 y_B 的数据

液相组成	气相组成	沸点 t/℃
0.000	0.000	110.62
0.219	0.395	101.52
0.467	0.619	95.01
0.551	0.742	90.76
0.810	0.911	84.10
1.000	1.000	80.10

用表6.4中的实验数据,以混合物的沸点 t 为纵坐标,以平衡组成(液相组成 x_B 及气相组成 y_B)为横坐标,绘制 t-x_B(y_B)如图6.7所示。图中上边的曲线是根据 t-y_B 数据绘制的,表示混合物的沸点与气相组成的关系,称为气相线。图中所示曲线是根据 t-x_B 数据绘制的,表示混合物的沸点与液相组成的关系,称为液相线。气相线以上为气相区,液相线以下为液相区。两线中间为气液两相平衡区,该区内任何系统点的平衡态为气液两相平衡共存,其相组成分别由液相线及气相线上的两个相应的液相点即气相点所指示的组成读出。

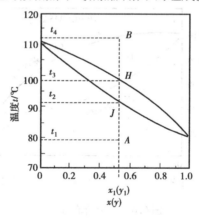

图6.7　t-x_B(y_B)

4. 精馏原理

工业上或实验上的精馏原理很容易由温度-组成图加以阐释。"精馏"过程是多次简单蒸馏的组合,也就是通过反复汽化、冷凝的手续以达到较完全地分离液体混合物中不同组分的过程。

基本原理:由于两组分蒸气压不同,故一定温度下达平衡时两相的组成也不同,在气相中易挥发成分比液相中的多。若将蒸气冷凝,所得冷凝物(或称馏分)就富集了低沸点组分,而残留物(母液)却富集了高沸点的组分,具体操作过程大致如下:假设图6.8所示中待分离的 A、B 混合液总组成是 x_M,先将其加热汽化至温度 T_3(物系点为 s_3),使之部分汽化,达到平衡时一分为二;液相组成为 x_3,其中所含高沸点或难挥发成分(A)比 x_M 的来得多,气相组成为

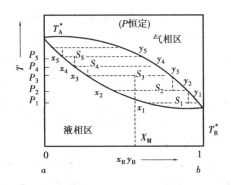

图 6.8　说明精馏原理的二组分物系沸点-组成图

y_3,其中含低沸点或易挥发成分(B)则比 x_M 的多。如果取出 x_3 的液相加热至 T_4(物系点为 s_4),因液相部分汽化,结果剩余液相含 A 的组成为 $x_4(x_4 > x_3)$。同理再取 x_4 液相加热至 T_5(物系点为 s_5),所得液相含 A 组成是 $x_5(x_5 > x_4)$……如此进行多次升温汽化,残留液相组成逐渐向左上端移动以至得到纯 A。如果将 y_3 的气相取出降温至温度 T_2(状态为 s_2),让其部分冷凝,剩余气相组成变成 y_2,显然,其含 B 组分比 y_3 多。同理,再取 y_2 的气相降温至 T_1(状态为 s_1),剩余气相组成变为 y_1,肯定它含 B 组分又比 y_2 多,……原则上经多次反复降温、冷凝,气相组成将逐渐往右下端移动以至最后得到纯 B。

上述反复部分汽化、部分冷凝的过程在工业生产上和实验中是通过分馏塔或分馏柱来实现的,图 6.9 所示为一种泡罩式分馏塔的示意图,其主要由 3 部分组成。

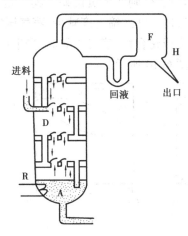

图 6.9　分馏塔装置示意图

①塔底是装有加热器 B 的蒸馏釜 A(或称再沸器)。加热时,釜内液体沸腾致使蒸气上升。

②塔身 D(实验室常以蒸馏柱代替)是隔热的,其内部是由一系列隔板(称为"塔板")组成。每层塔板上有两种不同功用的孔:顶端有泡罩的孔是供下层蒸气进入上层之用;另一个是液体回流孔,即本层液体积累到一定高度后由此孔自动溢下。待分离的物料通常从塔中部加入,因为塔板上泡罩边沿浸在液面之下,蒸气在液层内须经泡罩孔鼓泡而出。于是,上升的蒸气有充分的机会与向下溢流的液体接触,蒸气部分被冷凝而冷凝过程所释放的热又将使液体汽化,显然残留于液相中高沸点(难挥发)的组分所占成分较多,而汽化部分低沸点(易挥发)

的组分所占成分较多。这样到达上一层蒸气中就含较多低沸点组分(如图6.8中的物系点s_3降至s_2,则汽相点组成$y_2 > y_3$),到达下一层塔板上液体就含较多的高沸点组分(如图6.8中物系点s_3升至s_4,则液相点组成$x_4 > x_3$)。每一层塔板上都同时发生着下一层塔板上来的蒸气的部分冷凝和由上一层塔板下来的液体的部分汽化过程,每一层塔板上汽-液平衡大致相当于温度-组成图中同一温度下平衡存在的两相(如图6.8中x_3与y_3)。随着塔板数的增多,上升的蒸气中低沸物得到进一步富集。所以,上升到塔顶的蒸气几乎全是低沸物,下降在塔底的液体几乎全是高沸物,从而达到分离的目的。

③塔顶装有冷凝器 F,其将上升的纯的低沸点组分的蒸气冷凝成液体,一部分作为产品经出口 H 放出,另一部分作为"回流液"返回塔内,此目的在于补充各塔板上低沸点组成,以维持各塔板上液体组成和温度的恒定,保证连续生产并获得稳定质量的产品。显然,精馏的难易与二组分的沸点差别有关,沸点相差越大者越易用精馏的手续加以分离。如沸点相差较少,一次精馏难以达到分离的目的,则可将馏出物加入蒸馏釜中重新精馏。

5. 非理想溶液的 P-x 图及 P-xy 图和 T-xy 图

①实际溶液蒸气压对理想溶液的偏差及产生的原因,由于实际溶液中分子间相互作用,随着溶液浓度的增大,其蒸气压-组成关系不服从拉乌尔定律。当体系的总蒸气压和蒸气分压的实验值均大于拉乌尔定律的计算值时,称为发生了"正偏差",若小于拉乌尔定律的计算值,称为发生了"负偏差"。产生偏差的原因大致有如下 3 方面,其一是分子环境发生变化,分子间作用力改变而引起挥发性的改变。当同类分子间引力大于异类分子间引力时,混合后作用力降低,挥发性增强,产生正偏差。反之,则产生负偏差。其二是由于混合后分子发生缔合或解离现象引起挥发性改变。若离解度增加或缔合度减少,蒸气压增大,产生正偏差,反之,出现负偏差。其三由于二组分混合后生成化合物,蒸气压降低,产生负偏差。

一般蒸气压正偏差体系如图6.10所示。

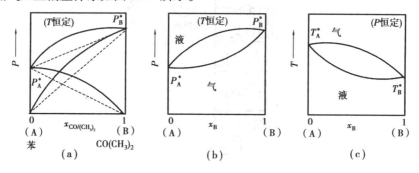

图6.10 一般的蒸气压正偏差体系

②由气-液平衡实验数据表明,实际溶液的 P-x 图及 T-x 图按正负偏差大小,大致可分为3种类型。

第一类,体系的总蒸气压总是介于两纯组分蒸气压之间,但正(或负)偏差都不是很大的体系。如四氯化碳-苯,甲醇-水,苯-丙酮等体系产生正偏差,图6.11(a)所示为苯与丙酮二组分溶液的实验数据与拉乌尔定律比较的蒸气压-组成图(P-x 图),图中虚线表示服从拉乌尔定律情况,实线表示实测的总蒸气压、蒸气分压随组成变化。图(b)所示为相应的 P-xy 图,图(c)所示为相应的 T-xy 图。

产生负偏差的实际溶液不多,图6.12(a)所示为氯仿-乙醚二组分体系的 P-x 图,其蒸气压产生负偏差。图(b)所示为相应的 $P\text{-}xy$ 图,而图(c)所示为相应的 $T\text{-}xy$。

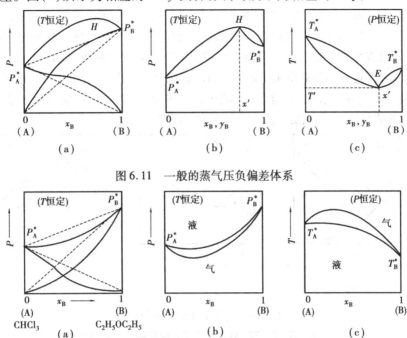

图 6.11　一般的蒸气压负偏差体系

图 6.12　蒸气压很大正偏差体系

第二类:正偏差很大,以至在 $P\text{-}xy$ 图上出现最高点(即极大点),而 $T\text{-}xy$ 图上出现最低点(即极小点)的体系。从图 6.11(a)所示的蒸气压-组成图上可以看出体系发生正偏差并在总蒸气压曲线上出现一个最高点[(a),(b)图中 H 点]。蒸气压高的溶液在同一压力下其沸点低,相应地在 $T\text{-}xy$ 图中会出现一个最低点(c 图中 E 点),称为"最低恒沸点"(温度 T'),在这点上液相和气相有同样的组成(x'),这一混合物称为"最低恒沸物"(表 6.5)。属于这类体系的有:水-乙醇、甲醛-苯、乙醇-苯、二硫化碳-丙酮等。

表 6.5　在 101.325 kPa 下二组分的最低恒沸点混合物

组分 A ,沸点/K	组分 B,沸点/K	恒沸点,恒沸点组成/K
H_2O　373.16	$CHCl_3$　334.2	329.12　0.972
H_2O　373.16		
$CHCl_3$　334.2		

值得注意的是,图 6.11(b)可认为是由两个简单的图 6.10(b)组合起来,而图 6.11(c)可由两个简单的图 6.10(c)组合起来。其次,因气相与液相组成相同,恒沸物溶液不能用简单的蒸馏方法将它们分离成纯组分。例如,具有最低恒沸点的水-乙醇混合液,在 101.325 kPa 下其恒沸点为 78.13 ℃,恒沸点组成质量分数为含 C_2H_5OH 0.956,若所取的混合液含 C_2H_5OH 小于此质量分数即介于图 6.11(c)中 Ox' 之间,则分馏结果只能得到纯水和恒沸物,而得不到纯乙醇。原则上只有当组成为 x'-1,才能用分馏方法分离出乙醇和恒沸物,但实际上有困难。

第三类,负偏差很大,使得 $P\text{-}x$ 图与 $P\text{-}xy$ 图上出现最低点,而 $T\text{-}xy$ 图上出现最高点的体系。由图 6.13(a)可知,组成在某一浓度范围内,溶液的总蒸气压发生负偏差且在总蒸气压曲线上出现最低点[(a)、(b)图中的 F 点]。而蒸气压低时的沸点就高些,故在 T-xy 图上将出现最高点[图(c)中的 H 点],称为"最高恒沸点"(温度 T'),在此点上,气、液两相组成相同[见图(c)中 x'],这一混合物称为"最高恒沸物"(数据见表6.6)。毫无疑问,此类体系也不能用分馏方法分离成为两个纯组分。只能是从馏出物中得到一个纯组分和从残留物中达到最高恒沸混合物。属于这一类体系的有:氯化氢-水,硝酸-水,氯仿-乙酸甲酯、氯仿-丙酮等。应该指出,恒沸混合物的组成随外压而改变,故恒沸物并非化合物而是混合物。表6.6列出了水-氯化氢体系的恒沸点混合物组成随压力变化的情况。

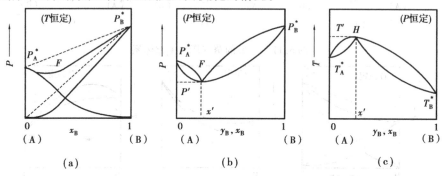

图6.13　蒸气压很大负偏差体系

表6.6　在 101.325 kPa 下二组分的最高恒沸点混合物

组分A　沸点/K	组分B　沸点/K	恒沸点/K	恒沸点组成($\omega_B \times 100$)
H_2O　373.16	HCl　253.16	481.58	20.24
CH_3COCH_3 329.5	$CHCl_3$　334.2	337.7	80
$CH_3CO_2CH_3$　330	$CHCl_3$　334.2	337.7	77

表6.7　H_2O-HCl 体系恒沸点组成随压力变化关系

外压/kPa	102.7	101.3	99.99	98.66	97.32
恒沸点组成($\omega_{HCl} \times 100$)	20.218	20.242	20.266	20.290	20.314

最后举例说明如何利用恒沸物这一特征进行混合物体系的分离和提纯。为在 H_2O-HCl 体系中提纯盐酸,由表6.6可知,只要设法使溶液 HCl 浓度超过 20.24% 即可,因为只有组分处于图6.13(c)中的右半部,通过精馏才可得到纯氯化氢,然后将所得氯化氢气体通入纯水以获得一定浓度的纯 HCl 溶液。又例如,原则上当乙醇-水体系中含乙醇超过 95.6% 时,可用分馏方法自残留物中获得纯乙醇,实际上因乙醇的沸点与恒沸点温度只有 0.17 K 间隔,难以实现。故目前常采用在 95.6% 酒精中加入适量的苯以得到无水乙醇。因为致使形成了乙醇-水-苯三元体系,它具有一个三元恒沸点(温度 337.6 K,组成为乙醇 18.5%,水 7.4%,苯 74.1%)。显然它低于乙醇-水的恒沸点(351.2 K),故先行馏出所有的水,剩下残留液是乙醇-苯的二元体系,具有一最低恒沸点(340.8 K,苯 67.6%)。进一步分馏,则按恒沸混合物组成馏出,剩下残留物就是纯乙醇。

（二）部分互溶与完全不互溶的双液系统

1.部分互溶双液系统的液液平衡

部分互溶双液体系的特点是在一定的温度和浓度范围内由于两种液体的相互溶解度有限而形成两个饱和的液层,即在相图中有双液相区的存在。

从实验上看,当某一组分的量很少时,可溶于另一大量的组分而形成一个不饱和的均相溶液。然而当溶解量达到饱和并超过极限时,就会产生两个饱和溶液层,通常称为"共轭溶液"。根据溶解度随温度变化规律,部分互溶双液体系的温度-组成图($T\text{-}\omega_B$)可分为 4 种类型,下面分别进行讨论。

（1）具有最高临界溶解温度体系

具有最高临界溶解温度体系的特点是相互溶解度随温度的升高而增加,以致达到某一温度时,两饱和液层组成相同,形成了单一的液层。再升温时,无论组成如何,仅有单相区的存在。以图 6.14(a)所示的"水-酚"为例。当体系处于 t_1($℃$)时,向水中加酚,物系点将沿着 t_1 水平线右移(即 $a \rightarrow b \rightarrow c$ 点)。最初少量酚可全部溶于水,成为均匀的酚在水中的不饱和溶液,继续加入酚,当达饱和后(如图 6.14 中的 l_1 点),则加入的酚不再溶解,在体系中将形成另一新相 l_2-水在酚中的饱和溶液——其组成即为该温度下水在酚中的溶解度。此时,随着酚的加入,物系点由 l_1 向 l_2 移动,但两饱和液层浓度保持不变,只是富水层(l_1)量逐渐减少,富酚层(l_2)量逐渐增加。当物系点达 l_2 时,富水层消失,此后随着酚的增加而物系点右移(即 $l_2 \rightarrow h \rightarrow e \rightarrow d$），$l_2$ 右侧的物系点又是单一液相,即水在酚中的不饱和溶液相。

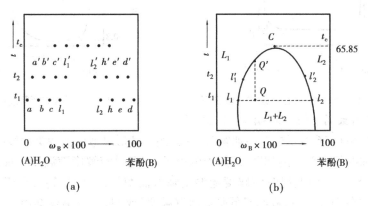

图 6.14　水-苯酚的溶解度图

由此可知,相点 l_1 和 l_2 是一对共轭溶液,它们所对应的浓度分别代表 t_1 温度下酚在水中的溶解度和水在酚中的溶解度。若升温至 t_2,同理,必出现 $a'b'c'l_1'$ 相点代表酚在水中的不饱和溶液相,以及 $l_2'h'e'd'$ 相点代表水在酚中的不饱和溶液相。其中 l_1' 和 l_2' 又是另一对共轭溶液,其对于的浓度分别代表 t_2 温度下酚在水中溶解度以及水在酚中的溶解度。显然 l_1' 的含量大于 l_1',而 l_2' 的含水量大于 l_2,意味着温度升高,溶解度增加。若将表征不同温度下的酚在水中溶解度的相点 l_1、l_1'、l_1''…以及相对应的表征水在酚中溶解度的相点 l_2、l_2'、l_2''、…连接起来可构成如图 6.13(b)所示溶解度曲线。左边为酚在水中的溶解度曲线而右边为水在酚中的溶解度曲线。不言而喻,线以外是单一液相区,以内是两相区(记为 $L_1 + L_2$),两相区内共轭相点连线如 l_1l_2,称为"结线"。尽管物系点可以在结线上移动,但两层的组成不变,只是富水层与富酚层这两层质量分数比($\omega_1:\omega_2$)在满足杠杆规则的条件下变化,如图中两相区内的 Q 点应服从如下等式:

$$\frac{\omega_1}{\omega_2} = \frac{\overline{Ql_2}}{\overline{Ql_1}}$$

从图中还可看出,温度越高,两共轭层组成越靠近。当温度升至 t_c 时,共轭层组成相同会聚于曲线上的最高点 c,t_c(65.85 ℃)称为水-酚液对的最高临界溶解温度或称"上临界点""最高会溶点"。在临界温度以上不存在分层现象,全浓度范围内都能互溶形成一液相。临界溶解温度越低,两液体间互溶性越好,故可应用临界溶解温度来量度液对间的互溶性。属于具有最高溶解温度类型的体系,还有异丁醇-水,苯胺-水,正己烷-硝基苯等。

(2)具有最低临界溶解温度体系

以水-三乙基胺为例,其溶解度曲线如图 6.15 所示,其恰似图 6.14(b)的倒映象。容易看出,此两组分液体间的溶解度是随温度的降低而增加,且两共轭层组成越靠近,最终会聚于曲线最低点 c' 对应的温度 t'_c(18.5 ℃)称为"最低临界溶解温度"或"下临界点""最低会溶点",在此温度以下就不存在分层现象而是互溶成均匀液相。其中 $c'l_1$ 为三乙基胺在水中的溶解度曲线。$c'l_2$ 为水在三乙基胺的溶解度曲线,$l_1c'l_2$ 线以外只存在单一液相,线内则是由两共轭层组成的两相区,而两层的相对量同样可用杠杆规则规定。

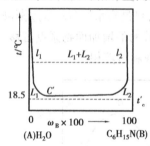 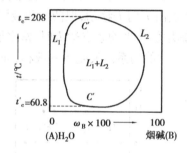

图 6.15　水-三乙基胺的溶解度图　　图 6.16　水-烟碱的溶解度图

(3)同时具有最高、最低临界溶解温度体系

此类体系以图 6.16 所示的"水-烟碱"体系为例。其形酷似由前两类曲线组合而成的环形线。在溶解度曲线的内部是两相区,外部为单相区,高温时溶解度随温度增加,曲线最终会聚于 c 点($t_c = 208$ ℃),而低温时溶解度随温度降低而增加,曲线最终会聚于另一点 c'($t'_c = 60.8$ ℃),t_c 和 t'_c 分别称为"最高与最低临界溶解温度"或"最高与最低会溶点"(或"上与下临界点")。在此两温度之外,两组分液体均能混溶成均匀单相。

(4)不具有临界溶解温度体系

不具有临界溶解温度体系是指一对液体在它们成为溶液存在的温度范围内一直是彼此部分混溶的,例如乙醚和水就不具有会溶点。

2. 部分互溶双液体系的气液平衡

如图 6.17 所示,为一恒压下的温度-组成图,上半部高温为最低恒沸点的气-液平衡曲线,下半部(低温)为部分互溶的液-液平衡曲线。然而,当压力改变(降低)时,对液-液平衡影响甚微,即液-液平衡曲线的位置变动不大,但对气-液平衡线的位置不仅明显下降(泡点随压力的减少而降低),而且其形状亦发生变化。以至于当压力降至一定程度时,气-液平衡线可能和液-液平衡线相交而成为特殊的气液液平衡相图。

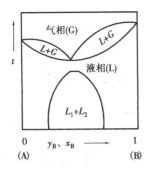
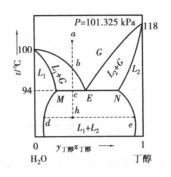

图 6.17 恒压下的温度-组成图　　图 6.18 水-丁醇的 T-x 图

（1）气相组成介于两液相组成之间的系统

水-丁醇的温度-组成图，如图 6.18 所示，其上半部如同最低恒沸点气液平衡体系，但在此温度（94 ℃）处，溶液中两组分已经不能完全互溶，而分成两个共轭液相层 M 和 N。M 代表丁醇在水中的饱和溶液（简称水相），N 代表水在丁醇中的饱和溶液（简称醇相），E 点代表气相组成，处于液相组成 M 和 N 之间，故水平线 MEN 即为三相平衡线，即在此线上的各物系点均保持着三相共存。依相律可知：

$$f^* = C - \Phi + 2 - n' = 2 - 3 + 2 - 1 = 0$$

说明：三相线上的物系点的温度（或称共沸温度）和各相的组成不能变化（压力固定为 101.352 kPa，温度 $t' = 94$ ℃），直到降低温度，气相（E）消失，进入 $L_1 + L_2$ 的两相液区，此即下半部的部分互溶双液体系。总之，此类犹如羊角的沸点-组成图，可视为两种体系的 T-x 图的特殊组合。各区域相态业已注明，故降温过程物系点（a、b、c、h）的自由度、相数变化情况就无需赘述了。

（2）气相组成位于两液相组成的同一侧的系统

水和液态 SO_2 的温度-组成（T-ω）图，如图 6.19 所示，它可视为部分互溶双液体系与一般正偏差气液图像叠加的结果。当三相平衡时，气相点 E 位于三相平衡线的一端。

3. 完全不互溶双液体系与水蒸气蒸馏

部分互溶的极限情况就是完全不互溶。例如，H_2O（A）和氯苯（B），其相图如图 6.20 所示，图中分别代表纯 A、纯 B 液体，a、b 是它们的沸点。此图可认为图 6.18 左右端的两相线分别向外扩张至与左右纵坐标重合的结果。当系统中 A、B 液体共存时，因互不相溶，其总蒸气压比等于两个纯液体蒸气压之和，$P = P_A^* + P_B^*$，其沸点比纯 A、纯 B 的沸点都低。

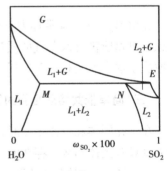

图 6.19 水和液态 SO_2 的温度-组成（T-ω）图

实验室或工厂常利用上述特性来提纯一些由于沸点较高而不易（或不能）直接进行蒸馏的有机化合物，也可用于提纯因未达纯组分沸点就已分解而不能用常压蒸馏提纯的有机化合物。由图 6.21 可知，若将不溶于水的高沸点有机物氯苯和水一起蒸馏，使之在较沸点低的温度（91 ℃）下沸腾。馏出物中水和氯苯互不相溶，容易分层从而获得纯氯苯，这种加水气以馏出有机物质的方法称为"水蒸气蒸馏"。

以下计算水蒸气蒸馏的馏出物中两种组分的质量比，若在混合液沸腾温度下，两组分蒸气

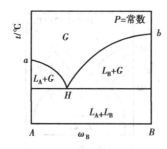
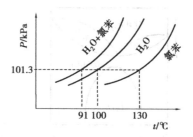

6.20　不互溶二元气液液温度组成图　　　　　图 6.21　不互溶二元体系 $P\text{-}T$ 图

压分别是 P_A^* 和 P_B^*。据分压力定义,气相两种物质的分压之比等于其物质的量之比,即:

$$\frac{P_A^*}{P_B^*} = \frac{n_A}{n_B} = \frac{\dfrac{m_A}{M_A}}{\dfrac{m_B}{M_B}} = \frac{m_A \times M_B}{m_B \times M_A}$$

式中　n——物质的量;

m——某一组分(某一液层)的质量;

M——摩尔质量。

若组分 A 代表水,组分 B 代表有机物,则式 $\dfrac{P_A^*}{P_B^*} = \dfrac{n_A}{n_B} = \dfrac{\dfrac{m_A}{M_A}}{\dfrac{m_B}{M_B}} = \dfrac{m_A \times M_B}{m_B \times M_A}$ 可改写成:

$$\frac{m_{H_2O}}{m_{有机物}} = \frac{P_{H_2O} M_{H_2O}}{P_{有机物} M_{有机物}}$$

比值 $m_{H_2O}/m_{有机物}$ 常称为有机物在水蒸气蒸馏中的"蒸汽消耗系数",其表示蒸馏出单位质量该有机物所消耗水蒸气的质量。显然,此系数越小,则水蒸气蒸馏的效率越高。而且,此效率取决于水和有机相的蒸气压比以及摩尔质量比。

(三)简单低共熔混合物的固-液系统

在研究固体和液体平衡时,如果外压大于平衡蒸气压,实际上系统的蒸气相是不存在的,所以将只有固体和液体存在的系统称为"凝聚系统"。做实验时,通常将系统放置在大气中即可。应当知道,这时系统的压力并不是平衡压力,但是由于压力对凝聚系统的影响很小,在大气压下所得的结果与平衡压力下所得结果没有什么差别。因此,在研究凝聚系统的平衡时,通常都是在恒定标准压力下讨论平衡温度和组成的关系,这时相律表现为:

$$f = K - \Phi + 1$$

二组分固液系统的相图类型很多,但不论相图如何复杂,都是由若干基本类型的相图构成,只要掌握基本类型相图的知识,就能看懂复杂相图的含义。这里首先介绍一种具有简单低共熔混合物的固-液系统相图。

1. 水-盐系统相图(溶解度法)

由前可知,将某一种盐溶于水中时,会使水的冰点降低,究竟冰点降低多少,与盐在溶液中的浓度有关,如果将此溶液降温,则在零度以下某个温度,将析出纯冰。但当盐在水中的浓度比较大时,在将溶液冷却的过程中析出的固体不是冰而是盐,这时该溶液称为盐的饱和溶液,盐在水中的浓度称为"溶解度",溶解度的大小与温度有关。图6.22所示为水-硫酸铵构成的二组分系统的相图。

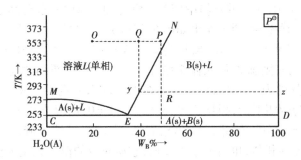

图6.22　$H_2O(A)$-$(NH_4)_2SO_4(B)$体系的固液相图

由图6.22可知,图中的 EM 曲线是冰和溶液成平衡的曲线,一般称为水的冰点线;EN 曲线是固体硫酸铵与溶液成平衡的曲线,一般称为 $(NH_4)_2SO_4$ 在水中的溶解度曲线。组成在 E 点以左的溶液冷却时,首先析出的固体是冰,EM 线是水的冰点线;组成在 E 点之右的溶液冷却时,首先析出的固体是 $(NH_4)_2SO_4$,这时的溶液就是盐的饱和溶液。从这两条曲线的斜率可以看出,水的冰点随 $(NH_4)_2SO_4$ 浓度的增加而下降,$(NH_4)_2SO_4$ 的溶解度则随温度的升高而增大。一般来说,由于盐的熔点很高,超过了饱和溶液的沸点,所以 EN 曲线不能延长到 $(NH_4)_2SO_4$ 的熔点。在 EM 和 EN 曲线以上的区域为单相溶液区,在此区域中,根据相律 $f = 2 - 1 + 1 = 2$,体系有两个自由度。

CME 区是冰和溶液共存的两相平衡区,溶液的组成一定在 EM 曲线上;NED 区是溶液和固体 $(NH_4)_2SO_4$ 共存的两相平衡区,溶液的组成一定在 EN 曲线上。在这两个区域中,$f = 2 - 2 + 1 = 1$,体系只有一个自由度,也就是说,当温度指定后,体系各相的组成就一定了。

正点是 EM 线和 EN 线的交点,在该点,冰、$(NH_4)_2SO_4(s)$ 和溶液达成三相平衡,根据相律 $f = 2 - 3 + 1 = 0$,自由度为零,也就是说,两种固体同时与溶液成平衡的温度只能是一个温度即254.9 K,同时溶液和两种固体的组成也是一定的,溶液的组成用 E 点 $(NH_4)_2SO_4$ 的质量分数为39.8%表示,固体是纯冰和纯的固体 $(NH_4)_2SO_4$。溶液所能存在的最低温度,也是冰和 $(NH_4)_2SO_4(s)$ 能够共同熔化的温度,所以正点称为"最低共熔点"。在正点所析出的固体称为"最低共熔混合物"。在254.9 K以下为固相区,它是 $H_2O(s)$ 和 $(NH_4)_2SO_4(s)$ 的两相平衡区,根据相律,在此区域体系只有一个自由度。应指出,组成为正的溶液所析出的最低共熔混合物是由微小的两种固体的晶体所构成的机械混合物,它不是固溶体,所以不是单相,而是两相。

应用:①在化工生产中,经常用盐水溶液作为冷冻的循环液。

②在用结晶法提纯盐类时,相图对生产有指导意义。

2. 热分析法绘制相图

热分析法是绘制相图的常用的基本方法之一。其基本原理是,当体系缓慢而均匀地冷却(或加热)时,如果体系中不发生相变化,则体系温度随时间的变化是均匀的。当体系内有相变化发生时,由于在相变化的同时总伴随有相变潜热的出现,体系温度随时间变化的速率也将发生变化,出现转折点或水平线段。这种温度-时间曲线称为"步冷曲线",用此曲线研究固-液相平衡的方法称为热分析法。

现以 $CH_2Cl-CH_2Cl(A)$-DMA(N,N-二甲基乙酰胺)(B)体系的相图为例,说明如何用步冷曲线绘制相图。配制含 DMA(N,N-二甲基乙酰胺)的物质的量分数分别为 0、0.2、0.418、0.7、1.0 的 5 个样品,放在定压(P_0)的环境中使其缓慢冷却。每隔一段时间记录一次温度,然后以温度为纵坐标,时间为横坐标,便可作出如图 6.23(a)所示的步冷曲线。图中的 a 线是相应于 $x_B=0$,即为纯 A 样品的步冷曲线,aF 段相当于纯 A 液体的冷却过程(单相冷却),到 F 点(温度为 237.58 K)时开始有固态 A 从液体中结晶出来。由于在析出固态 A 的过程中有热量放出,可以抵消体系散热的损失,因而在步冷曲线上出现水平线段。液体从开始凝固到全部固化,在此过程中体系为两相平衡,根据相律 $f=1-2+1=0$,所以当压力给定时,液体 A 有一定的凝固点。液体 A 全部凝固,体系成为单相后,温度才能继续下降。e 线是纯液体 B($x_B=1.0$)的步冷曲线,与 a 线相似,也有一水平线段,它所对应的温度就是纯液体 B 的凝固点。

图 6.23(a)中,b 线是液体混合物($x_B=0.2$)的步冷曲线,在液相区进行冷却时,温度沿着平滑的 bI 线下降,当冷却到 I 点的温度时,溶液对组分 A 已经达到饱和,所以从溶液中开始析出纯 A 的晶体,同时放出凝固热,使体系的冷却速度变慢,因而步冷曲线的斜率改变,出现转折点 I。此时体系的自由度 $f=2-2+1=1$,温度仍可继续下降,直至冷却到正点,此时 A 和 B 同时析出,体系达到三相平衡(即固体 A、固体 B 和溶液三相),$f=2-3+1=0$,温度和组成都保持不变。于是,在步冷曲线上出现水平线段,它所对应的温度就是体系的最低共熔点。当液相完全凝固之后,体系只有纯固体 A 及纯固体 B 两相平衡,自由度是 1,体系温度才可继续均匀下降。应当指出,体系在正点虽是三相共存,但此时体系的自由度 $f=2-3+2=1$,因此,正点实际上是三相平衡体系的低共熔线在某一压力下的一个截点,也就是说低共熔点会随压力的变化而改变。所以正点与前述单组分体系的三相点不同。

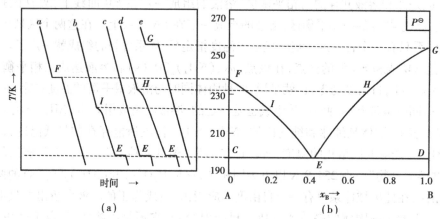

图 6.23 $CH_2Cl-CH_2Cl(A)$-DMA(B)二组分体系的步冷曲线和固液相图

图中的 d 线和 b 线相似,在转折点 H 开始析出纯固体 B,到 E 点时 A 和 B 同时析出。

c 线样品的总组成恰好是最低共熔混合物的组成,所以在冷却过程中,并没有一种化合物比另一种化合物早析出,而是到达低共熔点 E 时,两种化合物同时结晶析出,形成最低共熔混合物。因此,c 线上没有斜率不同线段的转折点,而只有在低共熔点温度时的水平线段。

图 6.23(b)中 FEG 线以上是单一的液相区,FE 线代表纯固态 A 与溶液呈平衡时液相的组成与温度的关系曲线,称为液相线。EG 线是纯固态 B 与溶液呈平衡时的液相线。正点是三相共存点(温度为 197.38 K),因其温度比纯 A、纯 B 的熔点都低,所以又称为低共熔点,在

该点析出的混合物称低共熔混合物。F 点是纯 A(s) 的熔点,其温度为 237.58K,G 点是纯 B(s) 的熔点,其温度为 254.44 K。在 CED 线以下是 A 和 B 两种固体同时共存的两相平衡区。CEF 区是固态 A 与溶液的两相平衡区,DEG 区是固态 B 与溶液呈平衡的两相区。如果物系点处在两相平衡区,则两相的相对数量可以由杠杆规则求得。CED 线是三相线落在这条线上的体系,3 个相的状态分别由 C、E、D 3 点来描述,杠杆规则在这里不适用。

（四）有化合物生成的二组分固-液系统

1. 生成稳定化合物的系统

如果系统中两个纯组分之间可以形成一稳定化合物,若 A 和 B 形成的化合物在升温过程中能够稳定存在,直到其熔点都不分解,这种化合物称为稳定化合物。显然,稳定化合物熔化后所形成的液相与固体化合物有相同的组成。例如 $CHCl_3$(A) + C_5H_5N(B)能形成等分子的化合物 C($CHCl_3 \cdot C_5H_5N$),该体系的相图如图 6.24 所示。

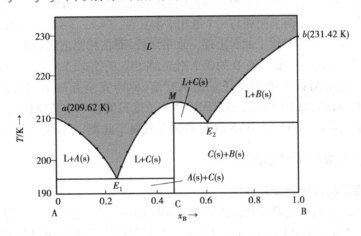

图 6.24　$CHCl_3$(A)-C_5H_5N(B)二组分体系的固-液相图

$CHCl_3$(A) + C_5H_5N(B)能形成等分子的化合物 C($CHCl_3 \cdot C_5H_5N$),这是固相完全不互溶且生成稳定化合物的二组分体系的固-液平衡相图。该图可看作是两个简单低共熔点的相图拼合而成。图中 M 点为化合物 C 的熔点(206.85 K)。当向此化合物中加入组分 A 或 B 时,都会使熔点降低。各区域的相态已填于图上。这张相图可以看成是由两张具有简单低共熔混合物的相图组合而成的,其中 E_1 是 $CHCl_3$ 与 $CHCl_3 \cdot C_5H_5N$ 的低共熔点(191.61 K),相应的组成为 $x_B = 0.260$;E_2 是 $CHCl_3 \cdot C_5H_5N$ 与 C_5H_5N 的低共熔点(201.56 K),相应的组成为 $x_B = 0.659$。a 点、b 点分别是纯 A 和纯 B 的熔点。在 M 点,体系的 $F^* = 1 - 2 + 1 = 0$(此处可看作是单组分体系),因此温度和组成都不变。用相律对其他各相区的分析与前述简单低共熔点体系的相同。

2. 生成不稳定化合物的系统

如果两个组分之间形成的化合物在升温过程中表现出不稳定性,在到达其熔点之前便发生分解,称其为不稳定化合物。如在 $CHCl_3$(A)-C_4H_8O(B)体系中可生成不稳定化合物 C,即 $CHCl_3 : C_4H_8O$,该体系的相图如图 6.25 所示。此体系有一低共熔点 E(温度为 158.21 K),其组成为 $x_B = 0.610$。将不稳定化合物 C 加热到 F 点的温度(166.60 K)时,它便分解为固体 $CHCl_3$ 和一个组成为 D 的溶液($x_B = 0.366$)。由于所形成的溶液的组成与化合物的组成不同,故又称化合物 C 为具有"不相合熔点"的化合物,166.60 K 即是化合物 C 的转熔温度,D 点称为转熔点,DFG 线称为转熔线。这种分解反应称为转熔反应,它可表示为:

$$n(CHCl_3)_2 \cdot C_4H_8O(s) \Longrightarrow mCHCl_3(s) + 熔液 D(x_B = 0.366)$$

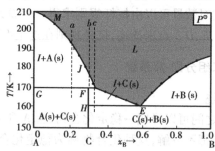

图 6.25 $CHCl_3(A)$-$C_4H_8O(B)$ 二组分体系的固液相图

这种转熔反应是可逆反应,加热时反应自左向右移动,化合物 C 分解,冷却时反应向左移,生成化合物 C。在转熔过程中,两个固相与一个液相平衡共存,$f = 2 - 3 + 1 = 0$,所以体系的温度和液相组成都不能变动,在步冷曲线上此时出现一水平线段,而在相图上则是水平的三相线 GFD,G,F,D 分别是 $CHCl_3(s)$、$C(s)$ 和熔液 D 的 3 个相点,各相区的相态已在相图中标出。

如果两种组分在固溶体中能够以任意比例互溶,称为完全互溶的固溶体,这类体系有 Au-Ag,Cu-Au,AgCl-NaCl,KCl-KBr 等;如果固溶体的浓度只能在一定范围内变动,则称为部分互溶的固溶体,如 Ag-Cu,Pb-Sb,KNO_3-$NaNO_3$ 等体系就属于此类,下面将分别予以讨论。

(五)有固溶体生成的固-液系统

1. 固态完全互溶的二组分凝聚系统

固态完全互溶的二组分凝聚体系在液相和固相中均能完全互溶,不论两组分的相对含量如何,固相都是均匀的。其相图与前面讲过的完全互溶双液体系的气-液平衡相图十分相似。

如图 6.26 所示是 Au-Ag 体系的相图。1 336 K 和 1 233.6 K 分别是 Au 和 Ag 的熔点,曲线 A 以上的区域是熔液 l 的单相区,而 B 线下的区域是固溶体 s 的单相区,两条曲线中间是熔液与固溶体的两相共存区。A 线表示熔液冷却时开始析出固相的凝固点与组成的关系曲线,称为液相线或凝固点曲线;B 线表示固相加热时开始熔化的熔点与固溶体组成的关系曲线,称为固相线或熔点曲线。当组成为 a 点的熔液冷却到 A 点时,将析出组成为 B 的固溶体。如果在降温过程中,固-液两相能始终保持平衡,则随着固相的析出,液相的组成沿 AA_1A_2 线变化,

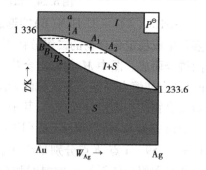

图 6.26 Au-Ag 的相图

固相组成则沿 BB_1B_2 线变化。当冷却到 B_2 点所对应的温度时,最后极少量的熔液的组成为 A_2。接着继续降温,液相消失,是在 B_2 点所对应的温度以下进入固相区。

事实上,由于固相中粒子的扩散进行得很慢,所以固液体系冷凝时只有降温速度极端缓慢,才能保证体系始终处于平衡状态,才能保证体系状态与按相图分析的情况一致。如果冷却速度不是很慢,则固体呈枝状析出:先析出的晶体形成"枝状",其中高熔点组分的含量较高;

接着析出的晶体长在枝间,难熔组分的含量较先析出者有所降低;最后析出的晶体填充空隙,难熔组分的含量较前更低。这种现象称为"枝晶偏析"。由于这种枝状结构固相组织的不均匀性,通常会影响材料的弹性、韧性、强度等机械性能。在制造合金材料时,为了克服枝晶偏析造成的性能方面的缺陷,使固相的组成能较均匀,通常将已凝固的合金重新加热到接近熔化而尚未熔化的高温,并在此温度保持一段时间,使固相内部各组分进行扩散,趋于平衡。这种热处理工艺称为"退火",它是金属工件制造工艺过程中的一个重要工序。

2. 形成部分互溶固溶体的系统

两个组分在液态完全互溶,而固态则在一定浓度范围内形成互不相溶的两相。固相部分互溶与液相部分互溶的现象很相似,这类相图可分为下述两种。

(1)体系有一低共熔点

如图6.27所示,体系的 T-x 图上有一低共熔点。这种相图的特点是,在两侧是两个固溶体的单相区,α 是 B 溶于 A 形成的固溶体,β 是 A 溶于 B 形成的固溶体。低共熔点温度所对应的水平线 CDE 为三相线,此时体系的自由度 $f = 2 - 3 + 1 = 0$,所以 3 个相的组成和温度均不能变动。D 点是 α 固溶体和 β 固溶体的最低共熔点,不是两个纯物质的最低共熔点。图中已标出各区所代表的相态。若有一体系从 a 点冷却,当到达 b 点时,开始析出组成为 d 的固溶体,体系出现两相平衡。在继续冷却的过程中,不断地有固溶体 α 析出,而溶液的量逐渐减少,此间固溶体与熔液的组成分别沿 dc 线及 be 线变化,至 c 点熔液全部凝固。然后固溶体 α 降温至 g 点时,开始生成组成为 h 的一个新固溶体 β,此后,体系为 α 和 β 一对共轭固溶体共存。随温度继续下降,α 和 β 的组成分别沿 gH 线及 hI 线变化。由图可知,固体 A 和 B 的相互溶解度均随温度降低而减小。

属于图6.27类型的相图有 KNO_3-$NaNO_3$,AgCl-CuCl,Ag-Cu,Pb-Sb 等。

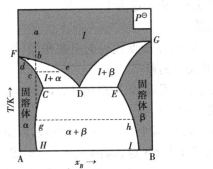 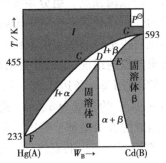

图 6.27　形成部分互溶固溶体的固液相图　图 6.28　Hg(A)-Cd(B)的固液相图

(2)体系有一转熔温度

有一些形成部分互溶固溶体的体系,如Hg-Cd,其相图中没有低共熔点,其形状如图6.28所示。图中 F 和 G 分别为 Hg(s) 及 Cd(s) 的熔点,FCG 是熔液的凝固点曲线。在 455 K 时有一条三相线 CDE,它代表组成为 C 的熔液、组成为 D 的固溶体。和组成为 E 的固溶体 β 三相平衡共存,这个温度称为转熔温度,在此温度有下列平衡存在:

固溶体 α ＝ 固溶体 β ＋ 熔液

(组成为 D)（组成为 E）（组成为 C）

在没有固溶体生成的体系中,当向一个纯组分中加入第二个组分时,总是引起凝固点降低。但在形成固溶体的体系中却可以有相反的情况,由图 6.28 可知,Hg 在 Cd 中的熔液(即组成在 C 点之右的溶液)具有凝固点降低的性质,而 Cd 在 Hg 中的熔液却凝固点升高,这是此类相图与图 6.26 的主要区别。

四、三组分体系的相图

三组分系统 $C=3$,因此相律变为下列形式:
$$f=C-\Phi+2=5-\Phi$$

由上式可以看出,当 $f_{min}=0$ 时,$\Phi_{max}=5$,即在三组分系统中最多可以有五相平衡。当 $\Phi_{min}=1$ 时 $f_{max}=4$,在三组分系统中最多可以有 4 个独立变量。因此,要完整地表示三组分系统的相图,需用四维坐标,这是不可能做到的。对于凝聚系统来说,压力对平衡影响不大,故通常在恒定压力下,$f=3$,就可用立体图表示不同温度下平衡系统的状态。为了讨论方便,往往也将温度加以恒定。于是在定稳定压下,$f=2$,只要用平面图就可以表示系统的状态。将各部分不同温度下的平面图叠起来就是系统在不同温度下的立体图。下面讨论在一定压力下某温度时的平面状态图。

(一)三角形坐标图组成表示法

1.等边三角形坐标表示法

通常用等边三角形的方法来表示三组分系统的组成。

①以 3 个顶点代表 3 个纯组分。

②每条边代表该两顶点二组分系统的组成(边长定为 1)。

③三角形内任一点代表一个三组分系统。

④与某顶点对边平行的线上所有组成点中,该顶点代表的组成相同(则可通过作某顶点对边的平行线求该点的组成,组成即为两腰交点的量)。

⑤为了方便,可用每一条边代表一个组分的组成,如按逆时针方向定 cw,Aw,Bw,则 M 点三组分分别为 A、B、C 的含量为 a、b、c,则 $a+b+c=1$。

确定系统组成的方法是基于等边三角形的几何性质,如图 6.29 所示。经过等边三角形中任何一点 p,作平行于 3 条边的直线交 3 边于 a、b、c 3 点,则 $pa+pb+pc=AB=AC=BC$。如果将每条边分为 10 等份,则 $pa=w_A$,$pb=w_B$,$pc=w_C$。此法可简化为:通过 p 点作平行于 AB 和 AC 的两条直线,交 BC 于 a 和 a' 点,于是 $Ba=w_C$,$aa'=w_A$,$a'c=w_B$。

2.特点

①在与等边三角形某一顶点的任意一条直线上各点所代表的三组分系统中,与此线相对顶点的组分的含量一定相同。例如图 6.30 中所示的 ee' 线上各点所含 A 的质量分数一定相同。

②在通过三角形某一顶点的任意直线上各点所代表的三组分系统中,另外两个顶点组分的含量之比一定相同。例如图 6.29 中 Ad 线上各点所含 B 和 C 的含量之比一定相同。

③如果两个三组分系统 M 和 N 并成一新的三组分体系,则新系统的组成一定在 M、N 两点的联线上,如图 6.31 所示。新系统在线上的位置与 M 和 N 两个系统的互比量有关,在这里

可应用杠杆规则,例如锌组成为 O 点,则 M 和 N 的比例一定是 $\overline{ON}$ ： $\overline{MO}$。

 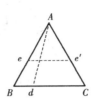 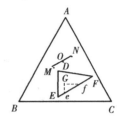

图6.29　三组分系统的组成表示法　　图6.30　三组分系统的组成表示法　　图6.31　三组分系统的组成表示法

④如果由 D、E、F 3 个三组分系统合并成一新的三组分体系,则系统的组成一定在三角形 DEF 的中间,如图 6.31 所示。新系统在 DEF 中的位置与 D、E、F 3 个系统的互比量有关。例如新系统为 G 点,则 D、E、F 的互比量可以这样表示:通过 G 点画平行于 DE 和 DF 的两条平行线,交 EF 于 e 和 f 两点,则 ef 线段表示 D 的量,Ee 线段表示 F 的量,fE 线段表示 E 的量,这一规则称为"重心规则"。

以上这些规则都是可以用几何原理证明的。

(二)部分互溶三液系统

对于部分互溶液体的三组分系统,只举例介绍其相图的形状及相图得来的一般方法。

A、B、C 3 种液体,可以两两地组成 3 个液对:A-B,B-C,C-A。现在以两种液体完全互溶,一个液对部分互溶的系统为例,作简单介绍。

甲苯、水和醋酸这 3 种液体中,甲苯和水部分互溶,而水和醋酸以及甲苯与醋酸是完全互溶的。图 6.31 中三角形的底边 AB 代表由甲苯及水构成的二组分系统。当甲苯中含水很少或水中含甲苯很少时,系统溶成一相。但当甲苯中的水饱和之后若再增加水,或水中的甲苯饱和之后若再增加甲苯,系统就会分成 a、b 两个液面平衡共存:a 代表水在甲苯中的饱和溶液的组成;b 代表甲苯在水中的饱和溶液的组成。只要甲苯-水二组分系统的物系点处在 a、b 两点之间,系统就会分成相点为 a 和 b 的两个液层平衡共存。平衡共存的两个液层称为"共轭溶液"。

现在假定配制了一个物系点为 d 的甲苯-水二组分系统,必定分成 a、b 两个液层平衡共存。若逐渐向该系统中加入醋酸,则物系点将从 d 点出发沿着 dC 直线向 C 趋近。实验结果表明,随着醋酸的加入,甲苯在水中的溶解度以及水在甲苯中溶解度都逐渐有所增加。换言之,平衡共存的两个共轭溶液的相点 a'、b';a''、b'';…在逐渐靠近。又由于平衡共存的两层溶液中醋酸的浓度并不一样,所以连接各对共轭溶液相点的结线 $a'b'$;$a''b''$;…并不与底边平行。每向系统中加一次醋酸,就测定一次两液层的组成,将所得数据标在图上,可得一条如图 6.32 所示的帽形平滑曲线。其左半部分是水在甲苯中的溶解度曲线;右半部分是甲苯在水中的溶解度曲线。帽形线以内区域是两液相共存区;帽形线以外是单一液相区。

假定所研究的三组分系统中有两对液对部分互溶,或 3 对液对都是部分互溶的,系统的相图将分别是图 6.33(a)或(b)所示的形状。曲线以内是两液相共存区;曲线以外是单一液相区。

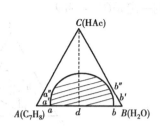

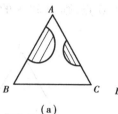

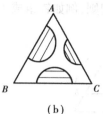

图 6.32　帽形平滑曲线　　　图 6.33　两对及 3 对液对部分互溶的系统

部分互溶液体三组分系统的相图对于萃取过程有重要用途。

习　题

1. 有下列化学反应存在：

$$N_2(g) + 3H_2(g) \longrightarrow 2NH_3(g)$$
$$NH_4HS(s) \longrightarrow NH_3(g) + H_2S(g)$$
$$NH_4Cl(s) \longrightarrow NH_3(g) + HCl(g)$$

在一定温度下,一开始向反应器中放入 NH_4HS、NH_4Cl 两种固体以及物质的量之比为 $3:1$ 的氢气及氮气。问达到平衡时,组分数为多少? 自由度数为多少?

2. Ag_2O 分解的计量方程为 $Ag_2O(s) \Longrightarrow 2Ag(s) + \dfrac{1}{2}O_2(g)$,当用 $Ag_2O(s)$ 进行分解时, 体系的组分数、自由度和可能平衡共存的最大相数各为多少?

3. 指出下列各体系的独立组分数、相数和自由度数各为多少?

①$NH_4Cl(s)$ 部分分解为 $NH_3(g)$ 和 $HCl(g)$。

②若在上述体系中额外再加入少量 $NH_3(g)$。

③$NH_4HS(s)$ 和任意量的 $NH_3(g)$ 和 $H_2S(g)$ 混合达到平衡。

④$C(s)$ 与 $CO(g)$,$CO_2(g)$,$O_2(g)$ 在 973 K 时达到平衡。

4. 在制水煤气的过程中,5 种物质:$H_2O(g)$、$C(s)$、$CO(g)$、$H_2(g)$ 和 $CO_2(g)$ 相互建立下述 3 个平衡。

$$H_2O(g) + C(s) \Longrightarrow CO(g) + H_2(g)$$
$$CO_2(g) + H_2(g) \Longrightarrow H_2O(g) + CO(g)$$
$$CO_2(g) + C(s) \Longrightarrow 2CO(g)$$

该体系的独立组分数为多少?

5. 已知 $Na_2CO_3(s)$ 和 $H_2O(l)$ 可以组成的水合物 $Na_2CO_3 \cdot H_2O(s)$、$Na_2CO_3 \cdot 7H_2O(s)$ 和 $Na_2CO_3 \cdot 10H_2O(s)$。

①在 101.325 kPa 与 Na_2CO_3 水溶液及冰平衡共存的含水盐最多可有几种?

②在 293.15 K 时与水蒸气平衡共存的含水盐最多可有几种?

6. 氧化银 Ag_2O 分解时,在不同温度的氧气压力见表 6.8。

表 6.8

T/K	401	417	443	463	486
P_{O_2}/kPa	10.1	20.3	50.7	101.3	202.6

①在空气中加热银粉,试问在 413 K 和 423 K 时,是否会有 Ag_2O 生成?

②如何才能使氧化银加热到 443 K 时而不分解?

7. 在三元系统的相图分析中,切线规则与连线规则分别是如何在相图中应用的? 分析两个规则的应用原理与范围。

8. 从 SiO_2 的多晶转变现象说明硅酸盐制品中为什么经常出现介稳态晶相。

9. SiO_2 具有很高的熔点,硅酸盐玻璃的熔制温度也很高。现要选择一种氧化物与 SiO_2 在 800 ℃的低温下形成均匀的二元氧化物玻璃。请问,选何种氧化物? 加入量是多少?

10. 在耐火材料硅砖的生产中,为什么鳞石英含量越多越好,而方石英越少越好?

11. 已知 A、B 两组分构成具有低共熔点的有限固溶体二元相图。试根据下列实验数据绘制相图的大致形状:A 的熔点为 1 000 ℃,B 的熔点为 700 ℃。含 B 为 0.25 mol 的试样在 500 ℃完全凝固,其中含 0.733 mol 初相 α 和 0.267 mol(α + β)共生体。含 B 为 0.5 mol 的试样在同一温度下完全凝固,其中含 0.4 mol 初相 α 和 0.6 mol(α + β)共生体,而 α 相总量占晶相总量的 50% 。实验数据均在达到平衡状态时测定。

12. 相律应用必须注意哪几点?

13. 热分析法的原理是什么? 具体的做法包括哪几点?

14. 稳定相与介稳相的区别是什么?

15. 某高原地区大气压力只有 61.33 kPa,如将下列 4 种物质在该地区加热,(表 6.9)问哪种物质将直接升华。

表 6.9

物　质	汞	苯	氯苯	氩
三相点的温度 T/K	234.28	278.62	550.2	93.0
压力 P/kPa	1.69×10^{-4}	4 813	5.73×10^4	6.87×10^4

第7章
电解质溶液

许多化学反应是在水溶液中进行的,参与反应的无机物质主要是酸、碱和盐类。它们在溶液中都能发生不同程度的电离,其反应实际上是离子反应。离子反应可分为酸碱反应、沉淀反应、配合反应和氧化还原反应四大类。本章主要应用化学平衡和平衡移动原理,讨论水溶液中弱电解质的电离平衡。

一、电解质的分类

电解质是在水溶液中或熔融状态能够导电的一类物质。不同的电解质导电能力是不同的。在中学化学里已经学过,强酸、强碱和所有的盐类在经典电离理论中称为强电解质,当它们进入水中,将完全电离,生成离子,如:

$$HCl \Longrightarrow H^+ + Cl^-$$
$$HNO_3 \Longrightarrow H^+ + NO_3^-$$
$$NaOH \Longrightarrow Na^+ + OH^-$$
$$NaCl \Longrightarrow Na^+ + Cl^-$$

人们将水溶液中能完全电离,导电能力强的物质称为强电解质。在水溶液中仅能部分电离,导电能力弱的物质称为弱电解质。它们是一些弱极性键的化合物,如醋酸(HAc)、氢氰酸(HCN)、氨水($NH_3 \cdot H_2O$)等。

$$HAc \Longrightarrow H^+ + Ac^-$$
$$NH_3 \cdot H_2O \Longrightarrow NH_4^+ + OH^-$$

有的盐类如 $BaSO_4$ 在水溶液中难溶解,但溶于水的那部分能完全电离,也是强电解质,有时称为难溶电解质。

为了描述弱电解质,经典电离理论提出了电离度和电离平衡常数两个概念。

电离度是指已经电离分子数与总分子数之比,即:

$$电离度 \ \alpha = \frac{已电离分子数}{总分子数} \times 100\%$$

电离度是弱电解质电离程度的标志。电离度越大,电解质电离的程度越高。电离度与电解质的浓度有关,见表7.1。

表 7.1　不同浓度的醋酸溶液的电离度

醋酸浓度/$(mol \cdot L^{-1})$	0.2	0.1	0.02	0.001
电离度/%	0.934	1.33	2.96	12.4

由表可知,0.1 mol/L 的醋酸的电离度为 1.33%,表明该溶液中约 75 个醋酸分子有一个已经电离成氢离子和醋酸根离子了。

另一个概念是电离常数,分为酸常数和碱常数两种,它们分别用符号 K_a 和 K_b 表示。在一定温度下酸常数和碱常数是一个常数,无论溶液中的 H^+ 浓度、OH^- 浓度、酸浓度和碱浓度单独地如何发生改变,酸常数和碱常数几乎保持不变。

二、酸碱理论

(一)酸碱电离理论

1884 年,瑞典科学家阿仑尼乌斯提出了酸碱的电离理论。酸碱电离理论认为:电解质在水溶液中电离时所生成的正离子全部都是 H^+ 的化合物称为酸;电离时所生成的负离子全部是 OH^- 的化合物,称为碱。

酸碱电离理论从物质的化学组成上揭示了酸碱的本质,明确指出 H^+ 是酸的特征,OH^- 是碱的特征。它很好地解释了酸碱反应的中和热都相同等实验事实,从而揭示了中和反应的实质是 H^+ 与 OH^- 反应而生成水。电离理论还应用化学平衡原理找到酸碱的定量浓度。因此,它是人们对酸碱认识由现象到本质的一次飞跃,对化学科学发展起到了积极的推动作用,直到现在仍然适用。

电离理论也有其局限性。科学实验中在许多情况下使用非水溶剂,按照电离理论,离开水溶液就没有酸、碱及酸碱反应,也不能用 H^+ 浓度和 OH^- 浓度的相对大小来衡量物质在非水溶剂中的酸碱性强弱。即电离理论无法说明在非水溶液中的酸碱问题。此外,错误地认为氨溶于水生成 NH_4OH,氢氧化氨能电离出 OH^-,因而显碱性。但是 NH_4^+ 的离子半径(143 pm)与 K^+ 半径(133 pm)很接近,这样 NH_4OH 应该和 KOH 一样是强电解质,完全电离而表现出强碱性,而实际上氨水呈弱碱性。经过长期的实验测定,也从未分离出 NH_4OH 这个物质。这说明酸碱电离理论尚不完善,需要进一步补充和发展。

(二)酸碱质子理论

酸碱质子理论是丹麦布朗斯特德和英国劳瑞于 1923 年提出的。

酸碱质子理论又称为质子传递理论认为:凡能给出质子的物质(分子或离子)都是酸;凡能与质子结合的物质都是碱。简单来说,酸是质子的给体,而碱是质子的受体。酸碱质子理论对酸碱的区分只以 H^+ 为判据,认为 NH_3 和 Na_2CO_3 中的 CO_3^{2-} 都是碱,对于两者水溶液 pH 值的计算均使用同一简单公式;而且还有其他不少优点。

在水溶液中:

$$HCl(aq) \Longrightarrow Cl^-(aq) + H^+(aq)$$

$$HAc(aq) \Longrightarrow Ac^-(aq) + H^+(aq)$$

$$NH^{4+}(aq) \Longrightarrow NH_3(aq) + H^+(aq)$$

$$H_2PO_4^-(aq) \Longrightarrow HPO_4^{2-}(aq) + H^+(aq)$$

$$HCO_3^-(aq) \Longrightarrow CO_3^{2-}(aq) + H^+(aq)$$

HCl、HAc、NH_4^+、$H_2PO_4^-$、HCO_3^- 都能给出质子,所以它们都是酸。由此可见,酸可以是分子、正离子或负离子。

酸给出质子的过程是可逆的,因此酸给出质子后余下的部分 Ac^-、NH_3、HPO_4^{2-}、CO_3^{2-} 接受质子,它们都是碱。所以碱也可以是分子或离子。酸与对应的碱存在如下的相互依赖关系:

$$酸 \Longrightarrow 质子 + 碱$$

这种相互依存、相互转化的关系被称为酸碱的共轭关系。酸失去质子后形成的碱称为该酸的共轭碱,例如 NH_3 是 NH_4^+ 的共轭碱。碱结合质子后形成的酸称为该碱的共轭酸,例如 NH_4^+ 是 NH_3 的共轭酸等。酸与它的共轭碱(或碱与它的共轭酸)一起称为共轭酸碱对。

根据酸碱质子理论,酸碱反应的实质是两个共轭酸碱对之间质子传递的反应,即质子从一种物质传递到另一种物质的反应。因为质子的半径很小,正电荷密度很高,很不稳定,不能以游离态的形式存在,因此,它一旦出现,会立即被水(或另一碱性分子或离子)接受。例如,HAc 在水溶液中的离解反应:

$$HAc + H_2O \Longrightarrow Ac^- + H_3O^+$$
$$\quad 酸_1 \quad 碱_2 \qquad 碱_1 \quad 酸_2$$

式中　酸$_1$、碱$_1$———一对共轭酸碱;

　　　酸$_2$、碱$_2$———另一对共轭酸碱。

该反应中,若没有水(或另一碱性分子或离子)接受质子,HAc 就不能转变为它的共轭碱 Ac^-。可见,单独的一个共轭酸碱对是不能进行反应的。

质子的传递过程,可以在水溶液、非水溶剂或无溶剂条件下进行,例如 HCl 和 NH_3 的反应,无论是在水溶液中,还是在苯溶液中或气相条件下进行,其实质都是一样的:$HCl + NH_3 \Longrightarrow Cl^- + NH_4^+$。

由此可见,酸碱质子理论不仅扩大了酸碱的范围,也扩大了酸碱反应的范围。从质子传递的观点来看,电离理论中的电离作用、中和反应、盐类水解等都属于酸碱反应。质子酸碱反应与经典酸碱反应的比较见表7.2。

表7.2　质子酸碱反应与经典酸碱反应的比较

质子酸碱反应	经典酸碱反应
$HCl + H_2O \Longrightarrow Cl^- + H_3O^+$	强酸在水中电离
$HAc + H_2O \Longrightarrow Ac^- + H_3O^+$	弱酸在水中电离
$NH_3 + H_2O \Longrightarrow OH^- + NH_4^+$	弱碱在水中电离
$HCO_3^- + H_2O \Longrightarrow CO_3^{2-} + H_3O^+$	酸式盐的水解
$NH_4^+ + H_2O \Longrightarrow NH_3 + H_3O^+$	阳离子水解
$CO_3^{2-} + H_2O \Longrightarrow HCO_3^- + OH^-$	阴离子水解
$H_3O^+ + OH^- \Longrightarrow H_2O + H_2O$	中和反应

三、弱电解质的解离平衡

(一)一元弱酸弱碱的解离平衡

对于一元弱酸(HA)、弱碱(BOH),其在水溶液中的解离如下:

$$HA \Longrightarrow H^+ + A^- \qquad BOH \Longrightarrow B^+ + OH^-$$

当体系中未解离的分子浓度和解离出的离子浓度都维持一定的数值时,这时体系所处的状态称为解离平衡。解离平衡是一种动态平衡。解离常数表达式如下:

$$K_a^\ominus = \frac{[H^+][A^-]}{[HA]} \qquad K_b^\ominus = \frac{[B^+][OH^-]}{[BOH]}$$

解离平衡常数也和其他平衡常数一样,可以用来衡量弱电解质解离趋势的大小。$K_a^\ominus$ 和 $K_b^\ominus$ 的值越大,表示弱酸或弱碱的解离程度越大。反之,$K_a^\ominus$ 和 $K_b^\ominus$ 的值越小,表示弱酸或弱碱的解离程度越小。因此,可以由平衡常数大小判断同类型的弱酸或弱碱的相对强弱程度,例如:

$$K_{HAc}^\ominus = 1.76 \times 10^{-5} \qquad K_{HClO}^\ominus = 3.17 \times 10^{-8}$$

虽然 HAc 和 HClO 都是弱酸,但后者的解离常数小于前者,故醋酸是比次氯酸更强的酸。一些常见的弱电解质的解离常数见表7.3。

表7.3　常见弱电解质的电离常数

酸	K_a	pK_a	碱	K_b	pK_b
HIO_3	1.69×10^{-1}	0.77	IO_3^-	5.89×10^{-14}	13.23
$H_2C_2O_4$	5.90×10^{-2}	1.23	$HC_2O_4^-$	1.69×10^{-13}	12.77
H_2SO_3	1.54×10^{-2}	1.81	HSO_3^-	6.46×10^{-13}	12.19
HSO_4^-	1.20×10^{-2}	1.92	SO_4^{2-}	8.32×10^{-13}	12.08
H_3PO_4	7.52×10^{-3}	2.12	$H_2PO_4^-$	1.33×10^{-12}	11.88
HNO_2	4.6×10^{-4}	3.34	NO_2^-	2.17×10^{-11}	10.66
HF	3.53×10^{-4}	3.45	F^-	2.83×10^{-11}	10.55
$HC_2O_4^-$	6.40×10^{-5}	4.19	$C_2O_4^{2-}$	1.56×10^{-10}	9.81
HAc	1.76×10^{-5}	4.75	Ac^-	5.62×10^{-10}	9.25
H_2CO_3	4.30×10^{-7}	6.37	HCO_3^-	2.32×10^{-8}	7.63
HSO_3^-	1.02×10^{-7}	6.91	SO_3^{2-}	9.8×10^{-8}	7.01
$H_2PO_4^-$	6.23×10^{-8}	7.21	HPO_4^{2-}	1.6×10^{-7}	6.8
H_2S	9.1×10^{-8}	7.04	HS^-	1.10×10^{-7}	6.96
$HClO$	2.95×10^{-8}	7.53	ClO^-	3.39×10^{-7}	6.47
HCN	4.93×10^{-10}	9.31	CN^-	2.04×10^{-5}	4.69
HCO_3^-	5.61×10^{-11}	10.25	CO_3^{2-}	1.78×10^{-4}	3.75
NH_4^+	2.82×10^{-10}	9.25	$NH_3 \cdot H_2O$	1.77×10^{-5}	4.75

和所有平衡常数一样,解离平衡常数与温度有关,不同温度下的平衡常数不同。温度对平衡常数虽有影响,但由于弱电解质解离时的热效应不大,故温度变化对解离平衡常数的影响也不是很大,一般不影响其数量级。在室温范围内,一般不考虑温度对 $K^\ominus$ 值的影响。

在同一温度下,不论弱电解质的浓度如何变化,解离常数是不会改变的,$K^\ominus$ 值与浓度无关。

$$HB \rightleftharpoons H^+ + B^-$$

$$K_a^\ominus = \frac{[H^+][B^-]}{[HB]}$$

其共轭碱 B^- 的解离平衡如下:

$$B^- + H_2O \rightleftharpoons HB + OH^-$$

$$K_b^\ominus = \frac{[HB][OH^-]}{[B^-]}$$

$$K_a^\ominus \times K_b^\ominus = [H^+][OH^-] = K_w^\ominus = 1.0 \times 10^{-14}$$

可见,弱酸和其共轭碱解离平衡常数的乘积等于水的离子积;同理,弱碱及其共轭酸的解离平衡常数的乘积也是等于水的离子积。

对于二元弱酸,其两种酸及其共轭碱之间的关系可推导如下:

$$H_2A \rightleftharpoons H^+ + HA^- \qquad K_{a_1}^\ominus \qquad\qquad HA^- \rightleftharpoons H^+ + A^{2-} \qquad K_{a_2}^\ominus$$

$$HA^- + H_2O \rightleftharpoons H_2A + OH^- \quad K_{b_2}^\ominus \qquad\qquad A^{2-} + H_2O \rightleftharpoons HA^- + OH^- \qquad K_{b_1}^\ominus$$

因此,可得出结果如下:

$$K_{a_1}^\ominus \times K_{b_2}^\ominus = K_w^\ominus \qquad K_{a_2}^\ominus \times K_{b_1}^\ominus = K_w^\ominus$$

同理,可得出三元弱酸和其共轭碱之间的关系:

$$K_{a_1}^\ominus \times K_{b_3}^\ominus = K_w^\ominus$$

$$K_{a_2}^\ominus \times K_{b_2}^\ominus = K_w^\ominus$$

$$K_{a3}^\ominus \times K_{b_1}^\ominus = K_w^\ominus$$

(二)一元弱酸、弱碱的解离平衡

由 K_a 与 K_b 数值可以计算出弱酸、弱碱溶液中的 $[H^+]$ 和 $[OH^-]$。进行电离平衡的计算,关键在于熟悉平衡原理和了解溶液中有关离子的浓度,并采取合理的近似处理。

例如求某弱酸 HA 溶液的 $[H^+]$。

设 HA 的初始浓度为 $c\,mol/L$,电离平衡时已电离酸的浓度为 $x\,mol/L$,电离度为 α,则:

$$[H^+] = [A^-] = x \qquad x = c\alpha$$

HA 的平衡浓度为 $[HA] = c - x$:

$$HA \rightleftharpoons H^+ + A^-$$

初始浓度 $\qquad c \qquad\quad 0 \qquad\quad 0$

平衡浓度 $\qquad c-x \qquad x \qquad\quad x$

$$K_a = \frac{[H^+][A^-]}{[HA]} = \frac{x^2}{c-x}$$

当 $\alpha < 5\%$,或 $c_{酸}/K_a > 500$ 时,可以作近似处理 $c - x \approx c$。

上式可改写为:

$$K_a = \frac{x^2}{c}, x = (K_a \cdot c)^{\frac{1}{2}}$$

即 $[H^+] = (K_a \cdot c)^{\frac{1}{2}}$ 　　$[H^+] = c\alpha$ 　　$\alpha = \left(\frac{K_a}{c}\right)^{\frac{1}{2}}$

若不能满足近似解条件时,必须解一元二次方程,可得下式:

$$[H^+] = \frac{-K_a}{2} + \left(\frac{K_a^2}{4} + K_a \cdot c\right)^{\frac{1}{2}}$$

若酸的浓度非常小且酸性极弱,即 $K_a^\ominus$ 值很小时,虽然 $c/K_a^\ominus > 500$,也不能用近似式计算。因为这时水的解离不能忽略,应按下式进行计算(推导省略):

$$[H^+] = (K_w^\ominus + K_a^\ominus \cdot c)^{\frac{1}{2}}$$

若以 B 代表弱碱可写成如下通式:

$$B(aq) + H_2O(l) = BH^+(aq) + OH^-(aq)$$

$$K_b = \frac{[BH^-][OH^-]}{[B]}$$

一般化学手册中不常列出离子酸离子碱的解离常数,但根据已知分子酸的 K_a(或分子碱的 K_b)可以方便地算得其共轭离子碱的 K_b(或共轭离子酸的 K_a),以 Ac^- 为例:

$$K_b = \frac{[HAc][OH^-]}{[AC^-]}$$

Ac^- 的共轭酸是 HAc

$$HAc(aq) \Longrightarrow H^+(aq) + Ac^-(aq)$$

$$K_a \cdot K_b = K_w$$

$$K_b = \frac{K_w}{K_a}$$

已知 HAc 的 $K_a^\ominus = 1.76 \times 10^{-5}$,则 Ac^- 的 $K_b = \frac{K_w}{K_a} = 1.0 \times 10^{-14}/1.76 \times 10^{-5} = 5.68 \times 10^{-10}$。

与一元酸相仿,一元碱的解离平衡中:

以此类推,对于一元弱碱,有类似的计算公式:

$$[OH^-] = (K_b^\ominus \cdot c)^{\frac{1}{2}}$$

$$[OH^-] = \frac{-K_b^\ominus}{2} + \{(K_b^\ominus)^{\frac{2}{4}} + K_b^\ominus \cdot c\}^{\frac{1}{2}}$$

$$[OH^-] = (K_w^\ominus + K_b^\ominus \cdot c)^{\frac{1}{2}}$$

$$\alpha \approx \left(\frac{K_b}{c}\right)^{\frac{1}{2}} \qquad c(OH^-) = c\alpha \approx (K_b \cdot c)^{\frac{1}{2}}$$

从而可得,$c(H^+) = K_w/c(OH^-)$。

例 1:计算 $0.100\ mol \cdot dm^{-3}$ HAc 溶液中的 $H^+(aq)$ 浓度及其 pH 值。

解:查得 HAc 的 $K_a = 1.76 \times 10^{-5}$,

方法① 　设 $0.100\ mol \cdot dm^{-3}$ HAc 溶液中 $H^+(aq)$ 的平衡浓度为 $x\ mol \cdot dm^{-3}$,则:

$$HAc(aq) \Longrightarrow H^+(aq) + Ac^-(aq)$$

平衡时浓度/$(mol \cdot dm^{-3})$ 0.100 − x x x

$$K_a = \frac{[H^+][Ac^-]}{[HAc]} = \frac{x^2}{0.100 - x} = 1.76 \times 10^{-5}$$

由于 K_a 很小，所以 $0.100 - x \approx 0.100$

$$\frac{x^2}{0.100} = 1.76 \times 10^{-5}, x \approx 1.33 \times 10^{-3}$$

即 $c_{eq}(H^+) \approx 1.33 \times 10^{-3} mol \cdot dm^{-3}$。

方法② 直接代入式 $[H^+] = c\alpha$，

$$x = (K_a \cdot c)^{\frac{1}{2}} = (1.76 \times 10^{-5} \times 0.100)^{\frac{1}{2}} = 1.33 \times 10^{-3}(mol \cdot dm^{-3})$$

从而可得 $pH \approx -\lg(1.33 \times 10^{-3}) = 2.88$。

可以用类似方法计算 $0.100\ mol \cdot dm^{-3} NH_4Cl$ 溶液中的 $H^+(aq)$ 浓度及 pH 值。NH_4Cl 溶液中 $NH_4^+(aq)$ 和 $Cl^-(aq)$ 存在，$Cl^-(aq)$ 在溶液中可视为中性因而只考虑 $NH_4^+(aq)$ 这一弱酸的解离平衡即可：

$$NH_4^+(aq) + H_2O(l) \Longrightarrow NH_3(aq) + H_3O^+(aq)$$

简写为 $NH_4^+(aq) \Longrightarrow NH_3(aq) + H^+(aq)$，

查表得 $NH_4^+(aq)$ 的 $K_a = 5.65 \times 10^{-10}$，所以：

$$c(H^+) = (K_a \cdot c)^{\frac{1}{2}} = (5.65 \times 10^{-10} \times 0.100)^{\frac{1}{2}} = 7.5 \times 10^{-6}(mol \cdot dm^{-3})$$

$$pH \approx -\lg(7.5 \times 10^{-6}) = 5.12$$

例2：计算 $0.10\ mol \cdot dm^{-3} NaAc$ 溶液的 H^+ 浓度及其 pH 值。（已知 $K_b(Ac^-) = 5.68 \times 10^{-10}$）

解：$c(OH^-) = c\alpha \approx (K_b \cdot c)^{\frac{1}{2}} = (5.68 \times 10^{-10} \times 0.10)^{\frac{1}{2}} = 7.5 \times 10^{-6}$

$c(H^+) = K_w/(7.5 \times 10^{-6})\ mol \cdot dm^{-3} = 1.3 \times 10^{-9}\ mol \cdot dm^{-3}$

$pH \approx -\lg(1.3 \times 10^{-9}) = 8.9$

（三）多元弱酸弱碱的解离平衡

多元酸的解离是分级进行的，每一级都有一个解离常数，以在水溶液中的硫化氢 H_2S 为例，其解离过程按以下两步进行，一级解离为：

$$H_2S(aq) \Longrightarrow H^+(aq) + HS^-(aq)$$

$$K_{a_1} = \frac{[H^+][HS^-]}{[H_2S]} = 9.1 \times 10^{-8}$$

二级解离为：

$$HS^-(aq) \Longrightarrow H^+(aq) + S^{2-}(aq)$$

$$K_{a_2} = \frac{[H^+][S^{2-}]}{[HS^-]} = 1.1 \times 10^{-12}$$

式中 K_{a_1} 和 K_{a_2} ——表示 H_2S 的一级解离常数和二级解离常数。

在一般情况下，二元酸的 $K_{a_1} \gg K_{a_2}$。H_2S 的二级解离使 HS^- 进一步给出 H^+，这比一级解离要困难得多，因为带有两个负电荷的 S^{2-} 对 H^+ 的吸引比带一个负电荷的 HS^- 对 H^+ 的吸引要强得多,又由于一级解离所生成的 H^+ 能促使二级解离的平衡强烈地偏向左方,所以二级解离的解离度比一级解离的要小得多。计算多元酸的 H^+ 浓度时,若 $K_{a_1} \gg K_{a_2}$,则可忽略二级解离平衡,与计算一元酸 H^+ 浓度的方法相同,可作近似计算,不过式中的 K_{a_1} 应改为 K_{a_2}。

例 3:已知 H_2S 的 $K_{a_1} = 9.1 \times 10^{-8}$,$K_{a_2} = 1.1 \times 10^{-12}$。计算在 $0.10\ mol \cdot dm^{-3} H_2S$ 溶液中 H^+ 的浓度和 pH 值。

解:根据式 $[H^+] = (K_a \cdot c)^{\frac{1}{2}}$,

$c(H^+) = (K_a \cdot c)^{\frac{1}{2}} = (9.1 \times 10^{-8} \times 0.10)^{\frac{1}{2}} = 9.5 \times 10^{-5} mol \cdot dm^{-3}$,

$pH \approx -\lg(9.5 \times 10^{-5}) = 4.0$。

对于 H_2CO_3 和 H_3PO_4 等多元酸,可用类似的方法计算其 H^+ 的浓度和溶液的 pH 值。H_2CO_3 是中强酸 K_{a_1} 较大($K_{a_1} = 7.52 \times 10^{-3}$)。在按一级解离平衡计算 H^+ 浓度时不能应用近似式进行计算(即不能认为 $c - x \approx c$)。需解一元二次方程得到 $c(H^+)$。

对于 CO_3^{2-},则可近似地以一级解离常数 K_b 计算。

顺便指出,pH 值还可以用实验方法进行测定,如用 pH 试纸或用 pH 计等。测定得知一些常见的液体都具有一定范围的 pH 值,见表 7.4。

表 7.4　一些常见液体的 pH 值

液 体	pH	液 体	pH
柠檬汁	2.2 ~ 2.4	牛奶	6.3 ~ 6.6
酒	2.8 ~ 3.8	人的唾液	6.6 ~ 7.5
醋	约 3.0	饮用水	6.5 ~ 8.0
番茄汁	约 3.5	人的血液	7.3 ~ 7.5
人尿	4.8 ~ 8.4	海水	约 8.3

四、两性物质的溶液

两性物质在溶液中,既能给出质子,又能接受质子。酸式盐、弱酸弱碱盐和氨基酸等都是两性物质。前两类中较重要的两性物质有多元酸的酸式盐,如 $NaHCO_3$、NaH_2PO_4、Na_2HPO_4;弱酸弱碱盐有 NH_4Ac、NH_4CN 等。

下面以 $NaHCO_3$ 为例,讨论酸式盐溶液 pH 值的计算。在 $NaHCO_3$ 溶液中,能够给出质子的组分有 HCO_3^- 和 H_2O,HCO_3^- 给出质子的能力比 H_2O 强得多;溶液中能够接受质子的组分有 HCO_3^- 和 OH^-,HCO_3^- 接受质子的能力比 OH^- 强得多。因此,溶液中最主要的酸碱平衡为 HCO_3^- 和 HCO_3^- 之间的质子传递。

$$HCO_3^- + HCO_3^- \rightleftharpoons H_2CO_3 + CO_3^{2-}$$

当达到平衡时:

$$[H_2CO_3] = [CO_3^{2-}]$$

HCO$_3^-$ 具有两性,既能给出质子,又能接受质子。NaHCO$_3$ 在水溶液中存在如下平衡:

$$HCO_3^- + H_2O \rightleftharpoons H_2CO_3 + OH^-, K_{b_2} = \frac{[H_2CO_3][OH^-]}{[HCO_3^-]}$$

$$H_2CO_3 \rightleftharpoons HCO_3^- + H^+, K_{a_1} = \frac{[HCO_3^-][H^+]}{[H_2CO_3]}$$

$$HCO_3^- \rightleftharpoons H^+ + CO_3^{2-}, K_{a_2} = \frac{[CO_3^{2-}][H^+]}{[HCO_3^-]}$$

由此可得:

$$[H_2CO_3] = \frac{[HCO_3^-][H^+]}{K_{a_1}}$$

$$[CO_3^{2-}] = \frac{K_{a_2}[HCO_3^-]}{[H^+]}$$

$$[H_2CO_3] = [CO_3^{2-}]$$

$$[H^+] = (K_{a_1}K_{a_2})^{\frac{1}{2}} \qquad pH = \frac{1}{2}(pK_{a_1} + pK_{a_2})$$

此为两性物质溶液 pH 的简化式。当 $c/K_a > 20$ 时,可用简式计算。

例 4:计算 0.10 mol/L NaHCO$_3$ 溶液的 pH 值。

解:查表得 $K_{a_1} = 4.3 \times 10^{-7}$,$K_{a_2} = 5.61 \times 10^{-11}$,故可用最简式计算:

$$[H^+] = (K_{a_1}K_{a_2})^{\frac{1}{2}} = 4.9 \times 10^{-9} \text{ mol/L}$$

$$pH = 8.31$$

例 5:计算 0.10 mol/L NH$_4$Ac 溶液的 pH 值。

解:Ac$^-$ 的共轭酸 HAc 的 $K_{a_1} = 1.76 \times 10^{-5}$,NH$_4^+$ 的共轭碱 NH$_3 \cdot$H$_2$O 的 $K_{b_2} = 1.76 \times 10^{-5}$,NH$_4^+$ 的 $K_{a_2} = 1.0 \times 10^{-14}/1.76 \times 10^{-5} = 5.6 \times 10^{-10}$,则:

$$[H^+] = (K_{a_1}K_{a_2})^{\frac{1}{2}} = 0.99 \times 10^{-7}$$

$$pH = 7.00$$

五、同离子效应和盐效应

(一)同离子效应

一定温度下弱酸如 HAc 在溶液中存在以下解离平衡:

$$HAc \rightleftharpoons H^+ + Ac^-$$

若在平衡系统中加入 NaAc,由于它是强电解质,在溶液中全部解离,因此,溶液中的 Ac$^-$ 浓度增大,使 HAc 的解离平衡向左移动。结果使 H$^+$ 浓度减小,HAc 的解离度降低。如果在 HAc 溶液中加入强酸 HCl,则 H$^+$ 浓度增加,平衡向右移动。此时,Ac$^-$ 浓度减小,HAc 的解离度也降低。又如,往 HF 溶液中加入 NaF(F$^-$ 浓度增大),会降低 HF 在水中的解离度。

同样在弱碱溶液中加入含有相同离子的强电解质(盐类或强碱)时,也会使弱碱的解离平衡移动,降低弱碱的解离度。往 NH$_3 \cdot$H$_2$O 溶液中加入 NH$_4$Cl(NH$_4^+$ 浓度增大),也会降低

$NH_3 \cdot H_2O$ 在水中的解离度。这种在弱电解质的溶液中,加入含有相同离子的强电解质,使弱电解质的解离度降低的现象称为同离子效应。

(二)盐效应

在 HAc 溶液中加入不含相同离子的强电解质(如 NaCl),由于离子间相互牵制作用增强,Ac^- 和 H^+ 结合的机会减小,从而使 HAc 的解离度略有升高,这种现象称为盐效应。例如在 1.0 L 0.10 mol/L HAc 溶液中加入 0.10 mol/L NaCl 时,HAc 的解离度从原来的 1.3% 增加到 1.7%,$[H^+]$ 从 1.3×10^{-3} 增加到 1.7×10^{-3} mol/L。

和同离子效应相比,盐效应的影响很小。在同离子效应的同时,伴有盐效应发生。但在一般情况下,通常只考虑同离子效应,而不考虑盐效应。

六、缓冲溶液

许多化学反应,尤其是生化反应,需要在一定的 pH 值范围内进行。然而某些反应有 H^+ 或 OH^- 生成,溶液的 pH 值会随反应的进行而发生变化,从而影响反应的正常进行。在这种情况下,就要借助于缓冲溶液来稳定溶液的 pH 值。

缓冲溶液是一种能够抵抗外加少量强酸、强碱或稀释而仍能保持溶液 pH 值基本不变的溶液。

1.缓冲溶液的组成和作用原理

缓冲溶液通常是由弱酸及其盐(HAc-$NaAc$,H_2CO_3-$NaHCO_3$),多元酸的酸式盐及次级盐(NaH_2PO_4-Na_2HPO_4,Na_2CO_3-$NaHCO_3$)以及弱碱及其盐(如 $NH_3 \cdot H_2O$-NH_4Cl)组成。

现以 HAc-NaAc 混合溶液为例说明缓冲作用的原理:

$$HAc \rightleftharpoons H^+ + Ac^-$$
$$NaAc \rightleftharpoons Na^+ + Ac^-$$

由于 NaAc 完全解离,所以溶液中存在大量的 Ac^-,由于同离子效应,降低了 HAc 的解离度 α,同时溶液中还存在大量的 HAc 分子。在溶液中存在大量弱酸分子及其共轭碱,这就是缓冲溶液组成上的特点。

当往该溶液中加入少量强酸(如 HCl)时,H^+ 离子与溶液中大量 Ac^- 结合形成 HAc 分子,则平衡向左移动,使溶液中 Ac^- 浓度略有减少,HAc 浓度略有增加,但溶液中 H^+ 浓度不会有显著变化。如果加入少量强碱(如 NaOH),溶液中 H^+ 与加入的 OH^- 结合成 H_2O,则平衡向右移动,使 HAc 浓度略有减少,Ac^- 浓度略有增加,H^+ 浓度仍不会有显著变化。

可用通式来表示这种共轭酸碱之间存在的平衡:

$$共轭酸 \rightleftharpoons H^+ + 共轭碱$$

外加少量酸,平衡向左移动,共轭碱与 H^+ 结合生成共轭酸;外加少量碱,平衡向右移动,共轭酸转变成共轭碱和 H^+。其中的共轭酸如 HAc、HF、NH_4^+、HCO_3^-、H_2CO_3、$H_2PO_4^-$ 等起抵抗碱的作用。共轭碱如 Ac^-、F^-、NH_3、CO_3^{2-}、HCO_3^-、HPO_4^{2-} 等起抵抗酸的作用。组成缓冲溶液的一对共轭酸碱,如 HAc-Ac^-、$H_2PO_4^-$-HPO_4^{2-} 等也称为缓冲对。

2.缓冲溶液 pH 值的计算

对于弱酸及其盐类型的缓冲溶液为:$[H^+] = K_a \dfrac{c_{酸}}{c_{盐}}$

对于弱碱及其盐类型的缓冲溶液为：$[OH^-] = K_b \dfrac{c_{碱}}{c_{盐}}$ $pOH = pK_b - \lg \dfrac{c_{碱}}{c_{盐}}$

例6：①计算含有 $0.100\ mol \cdot dm^{-3}$ HAc 与 $0.100\ mol \cdot dm^{-3}$ NaAc 的缓冲溶液的水合 H^+ 浓度、pH 值和 HAc 的解离度。

②若往 $100\ cm^3$ 上述缓冲溶液中加入 $1.00\ cm^3$ $1.00\ mol \cdot cm^3$ HCl 溶液后，则溶液的 pH 值变为多少？

解：①根据式：

$$[H^+] = K_a \frac{c_{酸}}{c_{盐}}$$

由于 $K_a = 1.76 \times 10^{-5}$，

$c(HAc) = c(HAc) - x \approx c(HAc) = 0.100\ (mol \cdot dm^{-3})$，

$c(Ac^-) = c(Ac^-) + x \approx c(Ac^-) = 0.100\ (mol \cdot dm^{-3})$，

所以 $c_{eq}(H^+) = (1.76 \times 10^{-5} \times 0.100/0.100)\ mol \cdot dm^{-3} = 1.76 \times 10^{-5}\ (mol \cdot dm^{-3})$

根据式：

$$pH = pK_a - \lg \frac{c_{酸}}{c_{盐}} = 4.75 - \lg \frac{0.100}{0.100} = 4.75，$$

由于 $c = c(HAc) \approx 0.100\ mol \cdot dm^{-3}$，所以 HAc 的解离度：

$$\alpha \approx \frac{1.76 \times 10^{-5}}{0.1000} \times 100\% = 0.0176\%$$

②加入的 $1.00\ mol \cdot dm^{-3}$ HCl 由于稀释，浓度变为：

$$\frac{1.00}{100 + 1.00} \times 1.00 \approx 0.0100\ (mol/dm^3)$$

因 HCl 在溶液中完全解离，加入的 $c(H^+) = 0.0100\ mol \cdot dm^{-3}$ 相对于加入 Ac^- 的量来说是较小的，可以认为这些加入的 H^+ 可与 Ac^- 完全结合成 HAc 分子，从而使溶液中 Ac^- 浓度减小，HAc 浓度增大。若忽略体积改变的微小影响，则：

$c(HAc) \approx (0.100 + 0.0100 - x)\ mol \cdot dm^{-3} = (0.110 - x)\ (mol \cdot dm^{-3})$

$c(Ac^-) \approx (0.100 - 0.0100 + x)\ mol \cdot dm^{-3} = (0.090 + x)\ (mol \cdot dm^{-3})$

$$pH = pK_a - \lg \frac{c_{酸}}{c_{盐}} = 4.75 - \lg \frac{0.110}{0.090} = 4.66$$

上述缓冲溶液不加盐酸时，pH 值为 4.75；加入 $1.00\ cm^3$ $1.00\ mol \cdot dm^{-3}$ HCl 后，pH 值为 4.66。两者相差 0.09，说明 pH 值基本不变。若加入 $1.00\ cm^3$ $1.00\ mol \cdot dm^{-3}$ NaOH 溶液后，则 pH 值为 4.84，仍基本不变。

显然，当加入大量的强酸或强碱，溶液中的弱酸及其共轭碱或弱碱及其共轭酸中的一种消耗将尽时，就失去缓冲能力了。所以，缓冲溶液的缓冲能力是有一定限度的。

3. 缓冲溶液的应用与选择

缓冲溶液的应用和选择缓冲溶液在工业、农业、生物学等方面应用很广。例如，在硅半导体器件的生产过程中，需要用氢氟酸腐蚀以除去硅片表面没有用胶膜保护的那部分氧化膜 SiO_2，反应为：

$$SiO_2 + 6HF \Longrightarrow H_2[SiF_6] + 2H_2O$$

如果单独用 HF 溶液作腐蚀液,水合 H^+ 浓度太大,而且随着反应的进行,水合 H^+ 浓度会发生变化,即 pH 值不稳定,造成腐蚀的不均匀。因此需应用 HF 和 NH_4F 的混合溶液进行腐蚀,才能达到工艺的要求。又如,在金属器件进行电镀时的电镀液中,常用缓冲溶液来控制一定的 pH 值。在制革、染料等工业以及化学分析中也需应用缓冲溶液,在土壤中,由于含有 H_2CO_3、$NaHCO_3$ 和 NaH_2PO_4、Na_2HPO_4 以及其他有机弱酸及其共轭碱所组成的复杂的缓冲系统,能使土壤维持一定的 pH 值,从而保证了植物的正常生长。人体的血液也依赖 H_2CO_3-$NaHCO_3$ 等所形成的缓冲系统以维持 pH 值在 7.4 附近,如果酸碱度突然发生改变,就会引起"酸中毒"或"碱中毒",当 pH 值的改变超过 0.5 时,就可能会导致生命危险。

在实际工作中常会遇到缓冲溶液的选择的问题。从计算公式可以看出:缓冲溶液的 pH 值取决于缓冲对或共轭酸碱对中的 K_a 值以及缓冲对的两种物质浓度之比值。缓冲对中任一种物质的浓度过小都会使溶液丧失缓冲能力。因此两者浓度之比值最好趋近于 1。如果此比值为 1,则:

$$c(H^+) = K_a$$
$$pH = pK_a$$

所以,在选用具有一定 pH 值的缓冲溶液时,应当选用 pK_a 接近或等于该 pH 值的弱酸与其共轭碱的混合溶液。例如,如果需要 pH = 5 左右的缓冲溶液,选用 HAc-Ac^-(HAc-NaAc)的混合溶液比较适宜,因为 HAc 的 pK_a 等于 4.75 与所需的 pH 值接近。同样,如果需要 pH = 9、pH = 7 左右的缓冲溶液,则可以分别选用 NH_3-NH_4^+(NH_3-NH_4Cl)、$H_2PO_4^-$-HPO_4^{2-}(KH_2PO_4-Na_2HPO_4)的混合溶液。几种常见的缓冲溶液见表 7.5。

表 7.5　几种常见的缓冲溶液

配制缓冲溶液的试剂	缓冲组分	pK_a	缓冲范围
HCOOH-NaOH	HCOOH-$HCOO^-$	3.75	2.75 ~ 4.75
HAc-NaAc	HAc-Ac^-	4.75	3.75 ~ 5.75
NaH_2PO_4-Na_2HPO_4	$H_2PO_4^-$-HPO_4^{2-}	7.21	6.21 ~ 8.21
$Na_2B_4O_7$-HCl	H_3BO_3-$B(OH)_4^-$	9.14	8.14 ~ 10.14
$NH_3 \cdot H_2O$-NH_4Cl	NH_4^+-NH_3	9.25	8.25 ~ 10.25
Na_2CO_3-$NaHCO_3$	HCO_3^--CO_3^{2-}	10.25	9.25 ~ 11.25
Na_2HPO_4-NaOH	HPO_4^{2-}-PO_4^{3-}	12.66	11.66 ~ 13.66

有关配制缓冲溶液的计算举例如下:

例 7:欲配制 pH = 5.00 的缓冲溶液,需在 50 mL 0.10 mol/L 的 HAc 溶液中加入 0.10 mol/L 的 NaOH 多少毫升?

解:已知 pH = 5.00,设加入 0.10 mol/L 的 NaOH x mL:

$$pH = pK_a - \lg \frac{c_{酸}}{c_{盐}} = 4.75 - \lg \frac{50 \times 0.10 - 0.10x}{0.10x} = 5.00$$

$$x = 32 \ (mL)$$

例 8:欲配制 pH = 9.20 的缓冲溶液 500 mL,并要求溶液中 $NH_3 \cdot H_2O$ 的浓度为 1.0 mol/L,

需浓度为 15 mol/L 的浓氨水和固体 NH_4Cl 各多少？如何配制？

解：$pH = 9.20$，$pOH = 14.00 - 9.20 = 4.80$，即 $[OH^-] = 1.6 \times 10^{-5}$。

$c(NH_3 \cdot H_2O) = 1.0$（mol/L）

代入公式：$K_b = \dfrac{[NH_4^+][OH^-]}{[NH_3]}$，$[OH^-] = \dfrac{K_b[NH_3]}{[NH_4^+]} = 1.6 \times 10^{-5}$

$c(NH_4^+) = 1.1$（mol/L）

$m(NH_4Cl) = 53.5 \times 1.1 \times 0.5 = 29$（g）

$v(NH_3 \cdot H_2O) = 1.0 \times 500/15 = 33$（mL）

七、盐类水解

中学化学中曾讨论过盐的水解，像 $NaAc$、Na_2CO_3、NH_4Cl、NH_4Ac 等盐，从组成上看，它们并不含有可电离的 H^+ 或 OH^-，但它们的水溶液往往呈现出不同程度的酸性或碱性。这是因为这些盐溶于水时电离出的离子与水电离出的 H^+ 或 OH^- 结合，生成弱酸或弱碱，使水的电离平衡发生移动，从而造成盐溶液中的 $[H^+] \neq [OH^-]$，而使盐溶液呈一定的酸碱性。

盐溶于水后，盐的离子与溶液中水电离出的 H^+ 或 OH^- 结合生成弱电解质的反应，称为盐的水解。盐的水解反应实际上是中和反应的逆反应。

（一）各类盐的水解

由强酸和强碱生成的盐，不发生水解，因为它们的离子与 H^+ 或 OH^- 不结合成弱电解质，故不影响水的电离平衡，它们的水溶液呈中性。强酸和弱碱形成的盐，水溶液显酸性；弱酸和强碱形成的盐，水溶液显碱性；而由弱酸和弱碱形成的盐，水解程度大，其水溶液呈何性，视弱酸和弱碱的相对强弱而定。以下重点讨论后 3 种类型盐的水解。

1. 弱酸和强碱形成盐的水解

（1）一元弱酸强碱盐的水解

以 $NaAc$ 为例，水解反应为：

$$Ac^- + H_2O \Longrightarrow HAc + OH^-$$

平衡时，水解常数为：$K_h = [HAc][OH^-]/[Ac^-]$

水溶液中，同时存在水、弱酸的电离平衡，水解平衡实际上是这两个平衡的组合：

① $\quad H_2O \Longrightarrow H^+ + OH^- \qquad K_w$

② $\quad H^+ + Ac^- \Longrightarrow HAc \qquad 1/K_a$

由①+②式得出水解反应式：

$$Ac^- + H_2O \Longrightarrow HAc + OH^- \qquad K_h$$

根据多重平衡规则，水解反应的平衡常数为：

$$K_h = \frac{K_w}{K_a} = \frac{1.00 \times 10^{-14}}{1.76 \times 10^{-5}} = 5.68 \times 10^{-10}$$

水解常数是平衡常数的一种形式，可由它判断水解反应进行程度的大小。在一定温度下，

水解常数与酸常数 K_a 成反比,所以生成盐的酸越弱,水解程度越大。大多数弱酸的 $K_a >$ 10^{-10},所以它们的 $K_h < 10^{-4}$,这就是说弱酸强碱盐水解反应的平衡常数 K_h 值较小,表明水解反应虽然能进行,但不完全,水解程度一般都不大。

例9:计算 0.100 mol/L NaAc 水溶液的 pH 值。

解:由于此盐是弱酸与强碱形成的盐,仅阴离子发生水解,反应式为:

$$Ac^- + H_2O \Longrightarrow HAc + OH^-$$

可写出水解常数计算式:

$$K_h = [HAc][OH^-]/[Ac^-] = K_w/K_a = 1.00 \times 10^{-14}/1.76 \times 10^{-5} = 5.68 \times 10^{-10}$$

$$Ac^- + H_2O \Longrightarrow HAc + OH^-$$

初始浓度　　　　　　　　0.100　　0　　　　　0

平衡浓度　　　　　　　　$0.100 - x$　x　　　　　x

由于水解程度甚微,可近似认为 $0.100 - x \approx 0.100$,则:

$$K_h = x^2/0.100 = 5.68 \times 10^{-10}$$

$$x = 7.54 \times 10^{-6} \text{ mol/L}$$

$$pOH = 5.12$$

$$pH = 8.88$$

也可将上列计算式表示为:

$$[OH^-] = \left(\frac{K_w \cdot c_{盐}}{K_a}\right)^{\frac{1}{2}} = (K_h c_{盐})^{\frac{1}{2}}$$

(2)多元弱酸强碱盐的水解

这一类型盐如 Na_2S,它是由弱酸 H_2S 与强碱 NaOH 形成,所以只有阴离子发生水解。

$$S^{2-} + H_2O \Longrightarrow HS^- + OH^-$$

水解生成的阴离子 HS^- 还可以进一步发生二级水解。

$$HS^- + H_2O \Longrightarrow H_2S + OH^-$$

第一步水解的水解常数 K_{h1} 为:

$$K_{h_1} = K_w/K_{a_2} = [HS^-][OH^-]/[S^{2-}]$$

此处 K_{a_2} 为弱酸 HS^- 的电离常数。第二步水解的平衡常数为:

$$K_{h_2} = K_w/K_{a_1} = [H_2S][OH^-]/[HS^-]$$

此处 K_{a_1} 为弱酸 H_2S 的电离常数。将有关酸常数值代入可得:

$$K_{h_1} = K_w/K_{a_2} = 1.0 \times 10^{-14}/1.2 \times 10^{-14} = 0.833$$

$$K_{h_2} = K_w/K_{a_1} = 1.0 \times 10^{-14}/9.1 \times 10^{-8} = 1.1 \times 10^{-7}$$

通过比较计算结果,说明一级水解的程度远远大于二级水解。因为第二级水解受到一级水解生成的 OH^- 的抑制,所以溶液 pH 值实际上由一级水解来决定。

例10:已知硫化钠的浓度为 0.20 mol/L,计算溶液的 pH 值是多少?

解:由前述讨论可知,实际上只考虑一级水解

$$S^{2-} + H_2O \Longrightarrow HS^- + OH^-$$

初始浓度　　　　　　　　0.20　　　　0　　　0

平衡浓度　　　　　　　　$0.20 - x$　　　x　　　x

将数值代入 K_{h_1} 计算式,可得:

$$K_{h_1} = K_w/K_{a_2} = [HS^-][OH^-]/[S^{2-}] = x^2/(0.20-x)$$

$$K_{h_1} = K_w/K_{a_2} = 1.0 \times 10^{-14}/1.2 \times 10^{-14} = 0.833$$

$$x^2/(0.20-x) = 0.833$$

整理得:$x^2 + 0.66x - 0.166 = 0$

解方程可得:$x_1 = 0.17 \text{ mol/L}, x_2 = -1.0 \text{ mol/L}$(舍去)

$$[OH^-] = 0.17 \text{ mol/L}$$

$$pH = 13.23$$

从上述讨论可以看出,对于 NaHS 这样的酸式盐,有水解和电离两种倾向同时存在。

$$HS^- + H_2O \Longrightarrow H_2S + OH^- \qquad K_{h_2} = K_w/K_{a_1} = 1.1 \times 10^{-7}$$

$$HS^- \Longrightarrow H^+ + S^{2-} \qquad K_a = 1.2 \times 10^{-14}$$

则溶液的 pH 值将由这两种倾向何者为主来决定。对于 NaHS, $K_h > K_a$, 故溶液呈弱碱性。而对于 $NaHSO_4$、NaH_2PO_4 等,则以电离为主,故溶液呈弱酸性。

$$K_{h_2} = K_w/K_{a_1} = 1.0 \times 10^{-14}/9.1 \times 10^{-8} = 1.1 \times 10^{-7}$$

2. 强酸弱碱盐的水解

对于这种类型的盐实际上只有阳离子发生水解。例如 NH_4Cl 水溶液中的水解可表示为:

$$NH_4^+ + H_2O \Longrightarrow NH_3 + H_3O^+$$

水解的结果 H_2O 分子形成了 H_3O^+ 使溶液呈酸性,水解常数计算式为:

$$K_h = K_w/K_b = [H_3O^+][NH_3]/[NH_4^+]$$

同样可以得出:

$$[H^+] = (K_w \cdot c_{盐}/K_b)^{\frac{1}{2}} = (K_h c_{盐})^{\frac{1}{2}}$$

例11:计算 0.10 mol/L NH_4Cl 溶液的 pH 值。

解:这是一种强酸弱碱盐,只有阳离子水解,可表示为:

$$NH_4^+ + H_2O \Longrightarrow NH_3 + H_3O^+$$

初始浓度 $\qquad\qquad\qquad$ 0.10 $\qquad\qquad$ 0 $\qquad$ 0

平衡浓度 $\qquad\qquad\qquad$ 0.10 $-x$ $\qquad\quad$ x $\qquad$ x

$$K_h = K_w/K_b = [H_3O^+][NH_3]/[NH_4^+] = x^2/(0.10-x) = 1.00 \times 10^{-14}/1.76 \times 10^{-5} = 5.68 \times 10^{-10}$$

$$0.10 - x \approx 0.10$$

$$x = 7.54 \times 10^{-6} \text{ mol/L}$$

$$pH = 5.12$$

3. 弱酸弱碱盐的水解

弱酸弱碱盐水解可能呈酸性也可能呈碱性或中性,因为电离生成的正、负离子均能发生水解。溶液的 pH 值取决于形成此盐的酸、碱相对强弱。如果弱酸的 K_a 与弱碱的 K_b 相等,此时阴离子的 K_h 也将与阳离子的 K_h 相等,溶液将呈中性。例如 NH_4Ac 就是一个例子,此盐溶液的 pH 值不论在何浓度下均为中性。而 NH_4CN 溶液呈碱性,原因在于两种离子的 K_h 不等,对于 NH_4^+, $K_h = 5.65 \times 10^{-10}$,对于 CN^-, $K_h = 2.0 \times 10^{-5}$。

可见,CN^- 离子的水解

$$CN^- + H_2O \Longrightarrow HCN + OH^-$$

程度要比 NH_4^+ 离子的水解程度要大得多。溶液中$[OH^-]>[H^+]$而呈碱性。

$$NH_4^+ + H_2O \rightleftharpoons NH_3 + H_3O^+$$

弱酸弱碱盐总水解常数计算式为：

$$K_h = \frac{K_w}{K_b \cdot K_a}$$

显然,它的水解常数要比前几种类型大得多,水解趋势也强得多。$Al_2(CO_3)_3$,Al_2S_3 等因强烈水解而实际不能存在溶液中。

(二)影响水解平衡的因素

由于盐类水解现象广泛存在,故不论化工生产及实验室工作中都会遇到,但不管是利用还是防止盐类水解的发生,都是根据平衡移动的原理进行的,下面结合实例来讨论。

1.加入酸或碱

由于水解的结果将生成 H^+ 或 OH^- 离子,所以加入酸、碱可以抑制或促进水解。

实验室在配制 $SnCl_2$ 及 $FeCl_3$ 溶液,由于强酸弱碱盐水解而得到浑浊溶液：

$$Sn^{2+} + 2H_2O \rightleftharpoons Sn(OH)_2 \downarrow + 2H^+$$

$$Fe^{3+} + 3H_2O \rightleftharpoons Fe(OH)_3 \downarrow + 3H^+$$

实际上不是用水而是用盐酸溶液配制的,以防止水解产生沉淀。

在配制 $Na_2S_2O_3$ 溶液时,为了防止水解生成 $H_2S_2O_3$ 而分解生成 S 沉淀,往往要加入少量碱。

2.改变溶液浓度

稀释溶液时相当于加入了水解反应物 H_2O,将使平衡向水解的方向进行。例如在制备 $Fe(OH)_3$ 溶胶时,将 20% 的 $FeCl_3$ 溶液逐滴加入沸腾的蒸馏水中,以使溶液足够稀保证能充分水解。

3.温度

水解是中和反应的逆反应,中和是一个放热反应,故加热有利于水解的进行。上例制备 $Fe(OH)_3$ 溶胶中之所以要将蒸馏水加热至沸,也就是为了创造充分水解的条件。

八、沉淀溶解平衡与溶度积规则

在科学研究和工业生产中,经常要利用沉淀反应来制备、材料分离杂质、处理污水以及鉴定离子等。怎样判断沉淀能否生成? 如何使沉淀析出更趋完全? 又如何使沉淀溶解? 为了解决这些问题,就需要研究在含有难溶电解质和水的系统中所存在的固体和液体中离子之间的平衡,也就是多相系统的离子平衡及其移动。

1.沉淀溶解平衡

沉淀溶解平衡是指在一定温度下难溶强电解质饱和溶液中离子与难溶物固体之间的多相动态平衡。通过离子反应产生沉淀的反应统称为沉淀反应,如在 NaCl 溶液中滴加 $AgNO_3$ 产生 AgCl 沉淀。通过离子反应使沉淀溶解的反应统称为溶解反应,如 $CaCO_3$ 溶解于 HCl 中。

各种不同物质在水中的溶解度不同,严格来讲,绝对不溶解的物质是不存在的,只是溶解的程度不同而已。所谓"难溶"的电解质在水中不是绝对不能溶解的。例如，AgCl 在水中的溶解度虽然很小，但还会有一定数量的 Ag^+ 和 Cl^- 离子离开晶体表面而溶入水中。同时，已溶解的 Ag^+ 和 Cl^- 又会不断地从溶液中回到晶体的表面而析出。在一定条件下，当溶解与结晶的速率相等时，便建立了固体和溶液中离子之间的动态平衡，这称为多相离子平衡，又称为溶解平衡。

$$AgCl(s) \underset{沉淀}{\overset{溶解}{\rightleftharpoons}} Ag^+(aq) + Cl^-(aq)$$

其平衡常数表达式为：

$$K^\ominus = K_{sp}^\ominus(AgCl) = \left\{\frac{c^{eq}(Ag^+, aq)}{c^\ominus}\right\}\{c^{eq}(Cl^-, aq)/c^\ominus\}$$

在不考虑 K 的单位时可将上式简化为：

$$K = K_{sp}(AgCl) = c^{eq}(Ag^+)c^{eq}(Cl^-)$$

为了表明这种平衡常数的特殊性，通常用 K_{sp} 代替 K 以示区别，并可将难溶电解质的化学式注在后面。

此式表明：难溶电解质的饱和溶液中，当温度一定时，其离子浓度的乘积为一常数，这个平衡常数 K_{sp} 称为溶度积常数，简称溶度积。

若用 A_mB_n 表示任一种能电离出两个或多个相同离子的难溶电解质，则其沉淀溶解平衡和溶度积为：

$$A_mB_n(s) \rightleftharpoons mA^{n+}(aq) + nB^{m-}(aq)$$

溶度积的表达式为：

$$K_{sp}(A_mB_n) = [A^{n+}]^m[B^{m-}]^n$$

例如：

$$Mg(OH)_2(s) \rightleftharpoons Mg^{2+}(aq) + 2OH^-(aq)$$
$$K_{sp}(Mg(OH)_2) = [Mg^{2+}][OH^-]^2$$
$$Ca_3(PO_4)_2(s) \rightleftharpoons 3Ca^{2+}(aq) + 2PO_4^{3-}(aq)$$
$$K_{sp} = [Ca^{2+}]^3[PO_4^{3-}]^2$$

溶度积常数 K_{sp} 的意义是：在一定温度下，难溶电解质饱和溶液中离子浓度的系数方次之积为一常数。K_{sp} 既表示难溶电解质在溶液中溶解趋势的大小，也表示其离子生成沉淀的难易程度。K_{sp} 越小，难溶电解质就越难溶于水。

K_{sp} 只与温度有关，而与电解质离子的浓度无关。

一些难溶电解质的 K_{sp} 值列于表 7.6。

表 7.6　一些难溶电解质的 K_{sp} 值

化学式	K_{sp}	化学式	K_{sp}
$Al(OH)_3$（无定形）	1.3×10^{-33}	PbS	8.0×10^{-28}
$BaCO_3$	2.58×10^{-9}	$Mg(OH)_2$	5.61×10^{-12}
$BaCrO_4$	1.2×10^{-10}	MgC_2O_4	8.57×10^{-5}
BaF_2	1.84×10^{-7}	$Mg_3(PO_4)_2$	9.86×10^{-25}

化学式	K_{sp}	化学式	K_{sp}
$BaSO_4$	1.08×10^{-10}	$Mn(OH)_2$	1.9×10^{-13}
CdS	8.0×10^{-27}	$MnS(晶形)$	2.5×10^{-13}
$CaCO_3$	3.36×10^{-9}	Hg_2Cl_2	1.3×10^{-18}
CaF_2	3.95×10^{-11}	$HgS(黑)$	6.44×10^{-53}
$CaSO_4$	4.93×10^{-5}	NiS	1.07×10^{-21}
$CoS(\alpha\text{-型})$	4.0×10^{-21}	$AgBrO_3$	5.3×10^{-5}
CuS	6.3×10^{-36}	Ag_2CO_3	8.45×10^{-12}
Cu_2S	2.5×10^{-48}	$AgCl$	1.8×10^{-10}
$Fe(OH)_2$	8.0×10^{-16}	$AgBr$	5.0×10^{-13}
$Fe(OH)_3$	2.79×10^{-39}	AgI	8.52×10^{-17}
FeC_2O_4	2.1×10^{-7}	Ag_2CrO_4	1.12×10^{-12}
FeS	6.3×10^{-18}	Ag_2S	6.3×10^{-50}
PbI_2	1.39×10^{-3}	$SrSO_4$	3.2×10^{-7}
$PbCrO_4$	2.8×10^{-13}	SrF_2	2.8×10^{-9}
PbC_2O_4	2.74×10^{-11}	$Zn(OH)_2$	1.2×10^{-17}
$PbSO_4$	1.6×10^{-8}	ZnS	2.93×10^{-25}

　　溶度积与溶解度都可以表示难溶电解质溶解能力的大小,但溶度积大的物质,溶解度是不是也大呢? 查表 7.6 可知,$CaSO_4$ 的溶度积(4.93×10^{-5})比 $BaSO_4$ 的溶度积(1.08×10^{-10})大,溶解度也大,两者关系是一致的。而 $BaSO_4$ 的溶度积比 $Mg(OH)_2$ 的溶度积大,但溶解度却比 $Mg(OH)_2$ 溶解度小,出现了两者关系不一致。这是因为它们的溶度积关系式中的离子浓度方次之和不同引起的。

$$K_{sp}(BaSO_4) = [Ba^{2+}][SO_4^{2-}]$$
$$K_{sp}[Mg(OH)_2] = [Mg^{2+}][OH^-]^2$$

　　故在一般情况下可得出这样的结论:同类型的难溶电解质溶度积大的,其溶解度也大。但不同类型的难溶电解质,不能直接用溶度积来比较其溶解度。这里说的类型是指 AB 型、AB_2 型或 A_2B 型、AB_3 型或 A_3B 型等。

　　通过对溶解度(s)和溶度积(K_{sp})的相互换算,可以得出下述通式。

AB 型难溶电解质: $\qquad K_{sp} = s^2$

A_2B/AB_2 型难溶电解质: $\qquad K_{sp} = 4s^3$

A_3B/AB_3 型难溶电解质: $\qquad K_{sp} = 27s^4$

A_mB_n 型难溶电解质: $\qquad K_{sp} = m^m n^n s^{m+n}$

　　需要指出的是,以上公式适用于难溶电解质,不适用于易水解的难溶电解质和难溶弱电解质。另外,有些难溶电解质的溶解度太小了,故很难直接测出。因此溶度积的计算还须用一些其他的物理化学方法。上述溶度积与溶解度的换算是一种近似的计算,忽略了难溶电解质的离子与水的作用等情况。

例12：在298 K时，$Mg(OH)_2$在水中达到沉淀溶解平衡，溶液中Mg^{2+}和OH^-的浓度分别为1.1×10^{-4} mol/L和2.2×10^{-4} mol/L，计算该温度下$Mg(OH)_2$的溶度积常数。

解：$Mg(OH)_2$的溶度积常数为：

$$K_{sp}[Mg(OH)_2] = [Mg^{2+}][OH^-]^2 = 1.1 \times 10^{-4} \times (2.2 \times 10^{-4})^2 = 5.3 \times 10^{-12}$$

例13：在25 ℃时，氯化银的溶度积为1.77×10^{-10}，铬酸银的溶度积为1.12×10^{-12}，试求氯化银和铬酸银的溶解度（以$mol \cdot dm^{-3}$表示）。

解：①设AgCl的溶解度为s_1（以$mol \cdot dm^{-3}$为单位），则根据：

$$AgCl(s) \Longrightarrow Ag^+(aq) + Cl^-(aq)$$

可得

$$c(Ag^+) = c(Cl^-) = s_1$$
$$K_{sp} = c(Ag^+) \cdot c(Cl^-) = s_1 \cdot s_1 = s_1^2$$
$$S_1 = 1.33 \times 10^{-5} \text{ mol/L}$$

②设Ag_2CrO_4的溶解度为s_2（以$mol \cdot dm^{-3}$为单位），则根据：

$$Ag_2CrO_4(s) \Longrightarrow 2Ag^+(aq) + CrO_4^{2-}(aq)$$

平衡时　　　　　　　　　　　$2s_2$　　　　　s_2

可得：

$$c(CrO_4^{2-}) = s_2, c(Ag^+) = 2s_2$$
$$K_{sp} = [Ag^+]^2[CrO_4^{2-}] = s_2 \cdot (2s_2)^2 = 4s_2^3$$
$$s_2 = (K_{sp}/4)^{\frac{1}{3}} = 6.54 \times 10^{-5} \text{ mol/L}$$

上述计算结果表明，AgCl的溶度积K_{sp}虽比Ag_2CrO_4的K_{sp}要大，但AgCl的溶解度（1.33×10^{-5} $mol \cdot dm^{-3}$）反而比Ag_2CrO_4的溶解度（6.5×10^{-5} $mol \cdot dm^{-3}$）要小，这是因为AgCl是AB型难溶电解质，Ag_2CrO_4是A_2B型难溶电解质，两者的类型不同且两者的溶度积数值相差不大。对于同一类型的难溶电解质，可以通过溶度积的大小来比较它们的溶解度大小。例如，均属AB型的难溶电解质AgCl、$BaSO_4$和$CaCO_3$等，在相同温度下，溶度积越大，溶解度也越大；反之亦然。但对于不同类型的难溶电解质，则不能认为溶度积小的，溶解度也一定小。

2.溶度积规则

某难溶电解质溶液（不一定是饱和溶液），其离子浓度方次之积称为离子积，用Q_i表示。如$Mg(OH)_2$的离子积，$Q_i[Mg(OH)_2] = [Mg^{2+}][OH^-]^2$，离子积不是一个常数。

对于某一给定溶液，离子积Q_i和溶度积K_{sp}之间的关系可能有3种情况：

$$Q_i = \begin{cases} > K_{sp}, \text{溶液过饱和，会生成沉淀；} \\ = K_{sp}, \text{溶液饱和，达到平衡状态；} \\ < K_{sp}, \text{溶液未饱和，若溶液中有沉淀存在，沉淀会继续溶解。} \end{cases}$$

以上规则称为溶度积规则。溶度积规则可用来判断溶液中沉淀的生成和溶解与否，或溶液是否达到饱和。可以看出，沉淀的生成和溶解这两个相反过程的相互转化条件是离子浓度。控制离子浓度，可以使反应向生成沉淀或沉淀溶解的方向进行。

现以碳酸钙为例说明之，往盛有1.00 dm^3纯水的烧杯中加入0.10 cm^3（约2滴）0.010 $mol \cdot dm^{-3} CaCl_2$溶液和0.10 $cm^3 0.010$ $mol \cdot dm^{-3} Na_2CO_3$溶液。此时，混合液中$Ca^{2+}$和$CO_3^{2-}$的浓度均约为$1.0 \times 10^{-6}$ $mol \cdot dm^{-3}$。

$Q_i = c(Ca^{2+}) \cdot c(CO_3^{2-}) = (1.0 \times 10^{-6}) \times (1.0 \times 10^{-6}) = 1.0 \times 10^{-12} < K_{sp}(CaCO_3) = 3.36 \times 10^{-9}$。

因而不能生成 $CaCO_3$ 沉淀。如果 $CaCl_2$ 溶液的浓度为 0.10 $mol \cdot dm^{-3}$，与等体积等浓度 Na_2CO_3 溶液混合，则：

$$Q_i = c(Ca^{2+}) \cdot c(CO_3^{2-}) = 0.050 \times 0.050$$
$$= 2.5 \times 10^{-3} > K_{sp}(CaCO_3)$$

因而有白色 $CaCO_3$ 沉淀产生。离子方程式如下：

$$Ca^{2+}(aq) + CO_3^{2-}(aq) =\!=\!= CaCO_3(s)$$

当 $CaCO_3$ 固体与溶液中的 Ca^{2+} 和 CO_3^{2-} 之间建立了平衡时，该溶液为 $CaCO_3$ 的饱和溶液。此时，

$$c(Ca^{2+}) \cdot c(CO_3^{2-}) = K_{sp}(CaCO_3)$$

在给定条件下溶溶中的 Ca^{2+} 和 CO_3^{2-} 的浓度不再改变。

与其他任何平衡一样，难溶电解质在水溶液中的多相离子平衡也是相对的、有条件的。例如，在上述 $CaCO_3(s)$ 溶解平衡的系统中加入 Na_2CO_3 溶液，由于 CO_3^{2-} 的浓度增大，使 $c(Ca^{2+}) \cdot c(CO_3^{2-}) > K_{sp}(CaCO_3)$，平衡向生成 $CaCO_3$ 沉淀的方向移动，直到溶液中离子浓度乘积等于溶度积为止。当达到新平衡时，溶液中的 Ca^{2+} 浓度减小了，也就是降低了 $CaCO_3$ 的溶解度。这种因加入含有共同离子的强电解质，而使难溶电解质溶解度降低的现象也称为同离子效应。

例14：求 25 ℃时，$AgCl$ 在 0.0100 $mol \cdot dm^{-3}NaCl$ 溶液中的溶解度。

解：设 $AgCl$ 在 0.0100 $mol \cdot dm^{-3}NaCl$ 溶液中的溶解度为 x $mol \cdot dm^{-3}$。则在 1.00 dm^{-3} 溶液中所溶解的 $AgCl$ 的物质的量等于 Ag^+ 在溶液中的物质的量，即 $c(Ag^+) = x$ $mol \cdot dm^{-3}$。

而 Cl^- 的浓度则与 $NaCl$ 的浓度及 $AgCl$ 的溶解度有关，$c(Cl^-) = (0.0100x)$ $mol \cdot dm^{-3}$。

$$AgCl(s) =\!=\!= Ag^+(aq) + Cl^-(aq)$$

平衡时浓度/$(mol \cdot dm^{-3})$ x $0.0100 + x$

将上述浓度代入溶度积常数表达式中，得：

$$c_{eq}(Ag^+) \cdot c_{eq}(Cl^-) = K_{eq}$$
$$x(0.0100 + x) = 1.77 \times 10^{-10}$$

由于 $AgCl$ 溶解度很小，$0.0100 + x \approx 0.0100$，所以，$x \times 0.0100 = 1.77 \times 10^{-10}$，$x = 1.77 \times 10^{-8}$，即 $AgCl$ 的溶解度为 1.77×10^{-8} $mol \cdot dm^{-3}$。

本例中所得 $AgCl$ 的溶解度与 $AgCl$ 在纯水中的溶解度（1.33×10^{-5} $mol \cdot dm^{-3}$）相比要小得多。这说明由于同离子效应，难溶电解质的溶解度降低了。

3. 沉淀的转化

在实践中，有时需要将一种沉淀转化为另一种沉淀，例如，锅炉中的由于锅垢的导热能力很小（导热系数只有钢铁的 $1/50 \sim 1/30$），阻碍传热，浪费燃料，还可能引起锅炉或蒸汽管的爆裂，造成事故，但 $CaSO_4$ 不溶于酸，难以除去。若用 Na_2CO_3 溶液处理，则可使 $CaSO_4$ 转化为疏松而可溶于酸的 $CaCO_3$ 沉淀，便于锅垢的清除。

$$CaSO_4(s) =\!=\!= Ca^{2+}(aq) + SO_4^{2-}(aq)$$

由于 $CaSO_4$ 的溶度积（$K_{sp} = 7.10 \times 10^{-5}$）大于 $CaCO_3$ 的溶度积（$K_{sp} = 4.96 \times 10^{-9}$），在溶液中与 $CaSO_4$ 平衡的 Ca^{2+} 与加入的 CO_3^{2-} 结合生成溶度积更小的 $CaCO_3$ 沉淀，从而降低了溶

液中 Ca^{2+} 浓度,破坏了 $CaSO_4$ 的溶解平衡,使 $CaSO_4$ 不断溶解或转化。沉淀转化的程度可以用反应的平衡常数值来表达。

$$CaSO_4(s) + CO_3^{2-}(aq) \rightleftharpoons CaCO_3(s) + SO_4^{2-}(aq)$$

$$K = \frac{[SO_4^{2-}]}{[CO_3^{2-}]} = \frac{[SO_4^{2-}][Ca^{2+}]}{[CO_3^{2-}][Ca^{2+}]} = \frac{K_{sp}(CaSO_4)}{K_{sp}(CaCO_3)}$$

$$= 1.43 \times 10^4$$

上述平衡常数较大,表明沉淀转化的程度较大。

对于某些锅炉用水来说,虽经 Na_2CO_3 处理,已使 $CaSO_4$ 转化为易除去的 $CaCO_3$,但 $CaCO_3$ 在水中仍有一定的溶解度,当锅炉中水不断蒸发时,溶解的少量 $CaCO_3$ 又会不断地沉淀析出。如果要进一步降低已经 Na_2CO_3 处理的锅炉水中的 Ca^{2+} 浓度,还可以再用磷酸三钠 Na_3PO_4 补充处理,使生成磷酸钙 $Ca_3(PO_4)_2$ 沉淀而除去。

$$3CaCO_3(s) + 2PO_4^{3-}(aq) = Ca_3(PO_4)_2(s) + 3CO_3^{2-}(aq)$$

$Ca_3(PO_4)_2$ 的溶解度为 1.14×10^{-7} mol·dm^{-3} 比 $CaCO_3$ 的溶解度 7.04×10^{-5} mol·dm^{-3} 更小,反应向着生成更难溶解或更难解离的物质的方向进行。

锅炉用水可以在进入锅炉前预先处理,有时也可以在炉内进一步处理,若为后者对于高压锅炉不宜加入 Na_2CO_3,因为 CO_3^{2-} 在高温时能与 H_2O 发生下列反应:

$$CO_3^{2-}(aq) + H_2O(l) \rightleftharpoons OH^-(aq) + HCO_3^-(aq)$$

$$HCO_3^-(sq) + H_2O(l) \rightleftharpoons OH^-(aq) + H_2CO_3(aq)$$

OH^- 的局部高浓度能导致锅炉碱蚀致脆,这对高压锅炉是危险的。若加入磷酸盐,则不会发生以上情况,PO_4^{3-} 可与水中存在的 Ca^{2+} 形成疏松而易于除去的磷酸钙沉淀且随着溶液中 pH 值不同可能形成一系列的磷酸盐。

$$\underrightarrow{H_2PO_4^-(aq) \rightleftharpoons HPO_4^{2-}(aq) \rightleftharpoons PO_4^{3-}(aq)}_{\text{pH 值增加}}$$

这些磷酸盐的混合物实际上起着缓冲溶液的作用有助于使锅炉水保持在一定的 pH 值范围内。

一般来说,由一种难溶的电解质转化为更难溶的电解质的过程是很易实现的,而反过来,由一种很难溶的电解质转化为不太难溶的电解质就比较困难,但应指出,沉淀的生成或转化除与溶解度或溶度积有关外,还与离子浓度有关,当涉及两种溶解度或溶度积相差不大的难溶物质的转化,尤其有关离子的浓度有较大差别时,必须进行具体分析或计算,才能明确反应进行的方向。

4. 沉淀的溶解

在实际工作中,经常会遇到要使难溶电解质溶解的问题,根据溶度积规则,只要设法降低难溶电解质饱和溶液中有关离子的浓度,使离子浓度乘积小于它的溶度积,就有可能使难溶电解质溶解。常用的方法有下列几种。

(1)利用酸碱反应使沉淀溶解

众所周知,如果往含有 $CaCO_3$ 的饱和溶液中加入稀盐酸(HCl),能使 $CaCO_3$ 溶解,甚至生成 CO_2 气体,这一反应的实质是利用酸碱反应使 CO_3^{2-}(碱)的浓度不断降低,难溶电解质 $CaCO_3$ 的多相离子平衡发生移动,因而使沉淀溶解,这包括下列平衡和反应:

$$①CaCO_3(s) \Longrightarrow Ca^{2+}(aq) + CO_3^{2-}(aq)$$

$$②CO_3^{2-}(aq) + H^+(aq) \Longrightarrow HCO_3^-(aq)$$

$$③HCO_3^-(aq) + H^+(aq) \Longrightarrow H_2CO_3(aq)$$

$$④H_2CO_3(aq) \Longrightarrow CO_2(g) + H_2O(l)$$

总的离子方程式为：

$$CaCO_3(s) + 2H^+(aq) \Longrightarrow Ca^{2+}(aq) + CO_2(g) + H_2O(l)$$

或简写为：

$$CaCO_3 + 2H^+ \Longrightarrow Ca^{2+} + CO_2 \uparrow + H_2O$$

难溶金属氢氧化物加入强酸后，由于生成极弱的电解质 H_2O，使 OH^- 浓度大为降低，从而使金属氢氧化物溶解，例如用盐酸溶解 $Fe(OH)_3$：

$$Fe(OH)_3(s) + 3H^+(aq) \Longrightarrow Fe^{3+}(aq) + 3H_2O(l)$$

部分金属硫化物，如 FeS，ZnS 等也能溶于稀酸，例如：

$$FeS(s) + 2H^+(aq) \Longrightarrow Fe^{2+}(aq) + H_2S(g)$$

(2)利用配合反应使沉淀溶解

当难溶电解质中的金属离子与某些试剂(配合剂)形成配离子时，会使沉淀或多或少地溶解，例如，照相底片上未曝光的 $AgBr$，可用 $Na_2S_2O_3$ 溶液($Na_2S_3O_3 \cdot 5H_2O$，俗称海波)溶解，反应式为：

$$AgBr(s) + 2S_2O_3^{2-} \Longrightarrow [Ag(S_2O_3)_2]^{3-} + Br^-$$

但 $AgBr$ 难溶于氨水溶液中，这是因为 $[Ag(S_2O_3)_2]^{3-}$ 的 $K_i(3.46 \times 10^{-14})$ 比 $[Ag(NH_3)_2]^+$ 的 $K_i(8.93 \times 10^{-8})$ 要小得多，即 $[Ag(S_2O_3)_2]^{3-}$ 是更难解离的物质。

制造氧化铝的工艺通常是由 Al^{3+} 与 OH^- 反应生成 $Al(OH)_3$，再由 $Al(OH)_3$ 焙烧而得 Al_2O_3，在制取 $Al(OH)_3$ 的过程中，根据同离子效应加入适当过量的沉淀剂 $Ca(OH)_2$。可使溶液中 Al^{3+} 更加完全地沉淀为 $Al(OH)_3$，但应注意不能加入过量强碱，如 $NaOH$，否则 $Al(OH)_3$ 将溶解，通常认为 $Al(OH)_3$ 是两性氢氧化物。加入过量强碱实际上形成了诸如 $[Al(OH)_4]^-$ 的配离子。

$$Al(OH)_3 + OH^-(过量) \Longrightarrow [Al(OH)_4]^-$$

或
$$Al^{3+} + 4OH^- \Longrightarrow [Al(OH)_4]^-$$

(3)利用氧化还原反应使沉淀溶解

有一些难溶于酸的硫化物如 Ag_2S，CuS，PbS 等，它们的溶度积太小，不能像 FeS 那样溶解于非氧化性酸，但可以加入氧化性酸使之溶解，例如，加入 HNO_3 作氧化剂，使发生下列反应：

$$3CuS(s) + 8HNO_3(稀) \Longrightarrow 3Cu(NO_3)_2 + 3S(s) + 2NO(g) + 4H_2O(l)$$

由于 HNO_3 能将 S^{2-} 氧化为 S，从而大大降低了 S^{2-} 的浓度，当 $c(Cu^{2+}) \cdot c(S^{2-}) < K_{sp}(CuS)$ 时，CuS 即可溶解。

习 题

一、判断题

1. 稀释可以使醋酸的电离度增大,因而可使其酸度增强。 （ ）

2. 缓冲溶液是能消除外来酸碱影响的一种溶液。 （ ）

3. 某些盐类的水溶液常呈现酸碱性,可以用它来代替酸碱使用。 （ ）

4. 质子论将碱看成是质子的受体,电子论却将酸看成电子对受体。因此质子的受体就是电子对的给体,电子对受体就是质子的给体。 （ ）

5. 水解过程就是水的自偶电离过程。 （ ）

6. 强酸弱碱盐的水溶液,实际上是一种弱酸的水溶液;强碱弱酸盐的水溶液实际上是一种弱碱的水溶液。 （ ）

7. 在混合离子溶液中,加入一种沉淀剂时,常常是溶度积小的盐首先沉淀出来。 （ ）

8. 在难溶电解质中,溶度积小的一定比溶度积大的溶解度要小。 （ ）

9. 沉淀是否完全的标志是被沉淀离子是否符合规定的某种限度,不一定被沉淀离子在溶液就不存在。 （ ）

二、选择题

1. H_2O,H_2Ac^+,NH_4^+ 等的共轭碱的碱性强弱顺序是（ ）。

A. $OH^- > NH_2^- > Ac^-$　　　　　　　　　　B. $NH_2^- > OH^- > Ac^-$

C. $OH^- > NH_3 > Ac^-$　　　　　　　　　　D. $OH^- > NH_3 > HAc$

2. 若酸碱反应 $HA + B^- \rightleftharpoons HB + A^-$ 的 $K = 10^{-4}$,下列说法正确的是（ ）。

A. HB 是比 HA 强的酸　　　　　　　　B. HA 是比 HB 强的酸

C. HA 和 HB 酸性相同　　　　　　　　D. 酸的强度无法比较

3. 10^{-8} mol/L 盐酸溶液的 pH 值是（ ）。

A. 8　　　　　B. 7　　　　　C. 略小于7　　　　　D. 约为3

4. 在 298 K,100 mL 0.10 mol/LHAc 溶液中,加入 1 g NaAc 后,溶液的 pH 值（ ）。

A. 升高　　　B. 降低　　　C. 不变　　　D. 不能判断

5. 在人的血液中,$[H_2CO_3] = 1.25 \times 10^{-3}$ mol/L(含 CO_2),$[HCO_3^-] = 2.5 \times 10^{-2}$ mol/L,假设平衡条件在体温(37 ℃)与25 ℃相同,则血液的 pH 值是（ ）。

A. 7.5　　　　B. 7.67　　　　C. 7.0　　　　D. 7.2

6. H_2SO_4 在水溶液中（ ）。

A. 电离度很大,酸度也很大　　　　　　B. 氢全部电离出,酸度也很大

C. 电离度很大,酸性也很强　　　　　　D. 氢全部电离出,酸性也很强

7. 在 $[Pb^{2+}]$ 为 0.200 mol/L 的溶液中,若每升加入 0.201 mol 的 Na_2SO_4(设条件不变),留在溶液中的 Pb^{2+} 的百分率是（ ）。(已知:K_{sp},$BaSO_4 = 1.8 \times 10^{-8}$)

A. 1×10^{-3}%　　B. 2×10^{-4}%　　C. 9×10^{-3}%　　　　D. 2.5×10^{-20}%

三、填空题

1. 根据酸碱质子理论, PO_4^{3-}, NH_4^+, HCO_3^-, S^{2-}, Ac^- 离子中, 是酸(不是碱)的是( ), 其共轭碱分别是( ), 是碱(不是酸)的是( ), 其共轭酸分别是( ), 既是酸又是碱的是( )。

2. 水能微弱电离, 它既是质子酸, 又是( ), H_3O^+ 的共轭碱是( ), OH^- 的共轭酸也是( )。

3. 在 0.10 M H_2S 溶液中, $[H^+]$ 为 9.4×10^{-5} M, 则 $[HS^-]$ 为( )M, $[S^{2-}]$ 为( )M。

4. 在弱酸 HA 溶液中, 加入( )能使其电离度增大, 引起平衡向( )方向移动, 称为( )效应; 加入( )能使其电离度降低, 引起平衡向( )移动, 称为( )效应。

四、简答题

在 $ZnSO_4$ 溶液中通入 H_2S 气体只出现少量的白色沉淀, 但若在通入 H_2S 之前, 加入适量固体 NaAc 则可形成大量的沉淀, 为什么?

五、计算题

1. 有一混合酸溶液, 其中 HF 的浓度为 1.0 mol/L, HAc 的浓度为 0.10 mol/L, 求溶液中 H^+、F^-、Ac^-、HF 和 HAc 的浓度[已知: $K_a(HF) = 3.53 \times 10^{-4}$, $K_a(HAc) = 1.76 \times 10^{-5}$]。

2. 0.10 mol/L 氨水 500 mL。①该溶液含有哪些微粒? ②加入等体积的 0.50 mol/L $MgCl_2$ 溶液是否有沉淀产生? ③该溶液的 pH 值在加入 $MgCl_2$ 后有何变化? 为什么?

3. H_2SO_4 水溶液中全部电离为 H^+ 和 HSO_4^-, 但 HSO_4^- 的 $K_{a_2} = 1.0 \times 10^{-2}$, 计算:

①0.050 mol/L H_2SO_4 溶液的 $[H_3O^+]$、$[HSO_4^-]$、$[SO_4^{2-}]$;

②在此溶液中 $PbSO_4$ 的溶解度, 已知 $K_{sp}(PbSO_4) = 1.8 \times 10^{-8}$。

第**8**章

氧化还原反应

通过中学化学的学习我们知道，化学反应从本质上可以分为两类：一类是酸碱中和反应、沉淀反应以及配位反应等，均不涉及元素化合价的改变，属于非氧化还原反应；另一类如置换反应等，在化学变化过程中都伴随有元素化合价的改变，属于氧化还原反应。中学化学提到的"金属活动顺序"实际上是对氧化还原反应规律的一种粗浅的定性说明，本章在"电极电势"以及影响电极电势的因素和能斯特方程中，将进行更深入且定量的讨论。

最初人们根据化学反应中物质是否得到氧或失去氧，将化学反应分为氧化反应和还原反应。例如碳的氧化反应为 $C + O_2 =\!=\!= CO_2$。

氧化铜、氧化铁的还原反应为：

$$CuO + H_2 =\!=\!= Cu + H_2O$$
$$Fe_2O_3 + 3CO =\!=\!= 2Fe + 3CO_2\uparrow$$

但在这两个反应中，H_2 和 CO 却又得到氧，发生了氧化反应。因此，从物质在反应中是否得氧或失氧的角度将化学反应分为氧化反应和还原反应，也是不够全面的。这是将在一个反应中同时发生的两个过程人为地分隔开，因而，不能反映该类反应的本质。

还有一类虽无氧参加，但反应前后元素的氧化值发生了升降，也是氧化还原反应，例如：

$$Zn + CuSO_4 =\!=\!= ZnSO_4 + Cu$$
$$Cu + F_2 =\!=\!= CuF_2$$

上述反应中，Zn、Cu 失去电子，F_2、Cu^{2+} 得到电子。

在反应 $H_2 + Cl_2 =\!=\!= HCl$ 中，由于氯的电负性大于氢，所以在 HCl 分子中共用的电子对偏向氯的一方，尽管其中的氯和氢都没有获得或失去电子，却也有一定程度的电子对的转移（或偏移），这种反应同样属于氧化还原反应。

人们将物质失去电子的过程称为氧化；物质得到电子的过程称为还原。氧化还原反应是一类参加反应的物质之间有电子转移（或偏移）的反应。一种物质被氧化，同时另一种物质被还原的反应，称为氧化还原反应。

氧化还原反应的本质是：反应前后发生了电子的转移（得失或电子对偏移）使化合价改变。

一、氧化还原反应的基本概念

(一)氧化值

为了方便判断氧化还原反应、进行氧化还原反应式的配平,引入了氧化值(又称氧化数)的概念。

1. 氧化值

1970 年,国际纯粹化学和应用化学联合会(IUPAC)给氧化值的定义是:氧化值是指某元素的一个原子的荷电数,该荷电数是假定将每个化学键中的电子指定给电负性大(即吸电子能力强)的原子而求得的。根据这一定义,可以得出确定"氧化值"的规则如下所述。

①在单质分子中,元素的氧化值为零。在单质分子中,同类原子的电负性相同,原子间成键电子对无偏离。如 O_2、Cl_2、Fe、P_4 等。

②在离子型化合物中,阴阳离子的电荷数就是它们的氧化值。元素的氧化值 = 离子的电荷数,如 NaCl 中钠是 +1 价离子,其氧化值为 +1;氯是 -1 价离子,其氧化值为 -1,整个化合物氧化值的代数和等于零。

③通常在含氢化合物中,氢的氧化值一般为 +1,但在 NaH,KH 中氢的氧化值为 -1。

④一般情况下,在含氧化合物中氧的氧化值为 -2,但在过氧化物(H_2O_2,Na_2O_2)中为 -1,超氧化物(KO_2)中氧的氧化值为 -2,在氧的氟化物(OF_2)中氧的氧化值为 +2。

⑤中性分子的所有原子的氧化值代数和等于零。

⑥对于单原子离子来说,元素的氧化值等于所带的电荷数,如 Ca^{2+} 离子的氧化值为 +2。在复杂离子中各元素氧化值代数和等于离子所带的电荷数,如 SO_4^{2-} 离子团 S 的氧化值为 +6,O 的氧化值为 -2。

例 1:计算 $Na_2S_2O_3$、Fe_3O_4 中硫和铁的氧化值。

解:在 $Na_2S_2O_3$ 中,$2 \times 1 + 2 \times x + 3 \times (-2) = 0, x = +2$;

在 Fe_3O_4 中,$3 \times x + 4 \times (-2) = 0, x = +\dfrac{8}{3}$。

例 2:计算 CH_4、C_2H_2、C_2H_4 中碳原子的氧化值。

解:在这些化合物中氢原子的氧化数为 +1,故:

CH_4 中 C 原子的氧化值 = -4;

C_2H_2 中 C 原子的氧化值 = -2/2 = -1;

C_2H_4 中 C 原子的氧化值 = -4/2 = -2。

并不考虑实际成键情况。

IUPAC 对氧化值做了这样的规定,对于氧化还原反应研究具有重要的意义。

2. 氧化剂和还原剂

$$Zn + Cu^{2+} \longrightarrow Zn^{2+} + Cu$$

$$Zn - 2e \longrightarrow Zn^{2+} \text{氧化反应}$$

$$Cu^{2+} + 2e \longrightarrow Cu \text{还原反应}$$

在氧化还原反应中,失电子或氧化值升高的过程称氧化,被氧化的物质是还原剂。得电子或氧化值降低的过程称为还原,被还原的物质是氧化剂。在氧化还原反应中得电子的分子、离子是氧化剂;失去电子的分子、离子是还原剂。

失电子,氧化值升高,被氧化,为还原剂;

得电子,氧化值降低,被还原,为氧化剂。

(二)氧化还原反应方程式的配平

氧化还原反应方程式是化学方程式中较难配平的一类。氧化还原反应往往比较复杂,参加反应的物质也比较多,因此难以用一般的观察法配平反应方程式。

常用的氧化还原方程式的配平方法有氧化值法和离子-电子法。

1. 氧化值法

氧化值法是根据氧化还原反应中元素氧化值的改变情况,按照氧化值增加数与氧化值降低数必须相等的原则来确定氧化剂和还原剂分子式前面的系数,然后再根据质量守恒定律配平非氧化还原部分的原子数目。

例3:现以高锰酸钾和草酸在稀硫酸溶液中反应为例,说明此法配平的步骤。

①写出反应物和生成物的分子式。

②找出氧化值有变化的元素,计算出反应前后氧化值变化的数值。

$$KMnO_4 + H_2C_2O_4 + H_2SO_4 \longrightarrow MnSO_4 + K_2SO_4 + CO_2\uparrow + H_2O$$

氧化剂为 $KMnO_4$,还原剂为 $H_2C_2O_4$,氧化剂氧化值降低总数 = 还原剂氧化值升高总数。

$$Mn \quad +7 \longrightarrow +2 \quad 氧化值降低5$$
$$C \quad +3 \longrightarrow +4 \quad 氧化值升高1$$

③根据整个反应氧化值变化的代数和等于零的原则,配平氧化剂和还原剂化学式前面的系数。反应前后的变化情况可用箭头标注。

$$2KMnO_4 + 5H_2C_2O_4 + H_2SO_4 \longrightarrow 2MnSO_4 + K_2SO_4 + 10CO_2\uparrow + H_2O$$

还有 H_2SO_4 和 H_2O 的系数没有配平。

④根据反应前后原子个数不变的原则配平其余参加反应物质的系数。

$$2KMnO_4 + 5H_2C_2O_4 + 3H_2SO_4 \Longrightarrow 2MnSO_4 + K_2SO_4 + 10CO_2\uparrow + 8H_2O$$

原子总数不变(质量守恒定律),配平反应前后氧化态未发生变化的原子数。

例4:以氯酸与磷反应为例,说明用氧化值法配平氧化还原反应式的步骤。

①写出基本反应式:

$$HClO_3 + P_4 \longrightarrow HCl + H_3PO_4$$

②找出氧化剂中原子氧化数降低的数值和还原剂中原子氧化数升高的数值。

$$Cl \quad +5 \longrightarrow -1$$
$$P \quad 0 \longrightarrow +5$$

③调整系数,使氧化数升高的总数等于氧化数降低的总数。

$$10HClO_3 + 3P_4 \longrightarrow 10HCl + 12H_3PO_4$$

④在氧化剂和还原剂的化学式前,各乘以相应的系数。并使方程式两边相应的原子数相等。

$$10HClO_3 + 3P_4 \longrightarrow 10HCl + 12H_3PO_4$$

⑤配平反应前后氧化数未发生变化的原子数。首先检查反应方程式两边的氢原子数目，找出参加反应的水分子数。最后核对氧原子数。由于右边多36个氢原子和18个氧原子，左边应加18个水分子，得到配平了的氧化还原方程式：

$$10HClO_3 + 3P_4 + 18H_2O \Longrightarrow 10HCl + 12H_3PO_4$$

练1：$SO_2 + KMnO_4 + H_2O \longrightarrow K_2SO_4 + MnSO_4 + H_2SO_4$

练2：$K_2SO_3 + K_2Cr_2O_7 + H_2SO_4(稀) \longrightarrow K_2SO_4 + Cr_2(SO_4)_3 + H_2O$

练3：$Cu + HNO_3(浓) \longrightarrow Cu(NO_3)_2 + NO_2 + H_2O$

练4：$Cl_2 + KOH \longrightarrow KClO + KCl + H_2O$

可见较简单的反应用氧化值法就能很快配平；但对于较复杂的反应，在不熟练的情况下就很难用此法顺利配平了，此时可以采用离子-电子法来配平。

2. 离子-电子法（适用于溶液中的反应）

离子-电子法又称"半电池法"。就是首先将一个完整的氧化还原反应拆成两个"半反应"（实为两个半电池反应），一个是氧化反应，另一个是还原反应，这两个半反应得失电子数目应相等。然后将两个配平了的半反应方程式相加得出一个完整的方程式。为了简化起见，有些反应可用离子方程式形式表示。

配平的原则是：离子方程式的得、失电子数相等；原子数及离子电荷数要相平。根据溶液的酸碱性，增补 H_2O，H^+ 或 OH^-。

例5：$Cr_2O_7^{2-} + SO_3^{2-} + H^+ \longrightarrow Cr^{3+} + SO_4^{2-}$

①写出离子方程式：$Cr_2O_7^{2-} + SO_3^{2-} + H^+ \longrightarrow Cr^{3+} + SO_4^{2-} + H_2O$。

②写出两个半反应。

还原反应：$Cr_2O_7^{2-} + H^+ + 6e \longrightarrow Cr^{3+} + H_2O$；

氧化反应：$SO_3^{2-} + H_2O - 2e \longrightarrow SO_4^{2-} + H^+$。

③氧化反应与还原反应得失电子数应相等。

$14H^+ + Cr_2O_7^{2-} + 6e \longrightarrow 2Cr^{3+} + 7H_2O$；

$3H_2O + 3SO_3^{2-} - 6e \longrightarrow 3SO_4^{2-} + 6H^+$ 或减少时。

④得失电子数相等，乘以系数后相加。

$Cr_2O_7^{2-} + 3SO_3^{2-} + 8H^+ \Longrightarrow 2Cr^{3+} + 3SO_4^{2-} + 4H_2O$。

例6：$KMnO_4 + FeSO_4 + H_2SO_4(稀) \longrightarrow MnSO_4 + Fe_2(SO_4)_3 + K_2SO_4 + H_2O$。

离子式：$MnO_4^- + Fe^{2+} + H^+ \longrightarrow Mn^{2+} + Fe^{3+} + H_2O$。

半反应：还原反应　$MnO_4^- + 8H^+ + 5e \longrightarrow Mn^{2+} + 4H_2O$；

　　　　　氧化反应　$Fe^{2+} - e \longrightarrow Fe^{3+}$；

$MnO_4^- + 5Fe^{2+} + 8H^+ \Longrightarrow Mn^{2+} + 5Fe^{3+} + 4H_2O$。

反应式：$2KMnO_4 + 10FeSO_4 + 8H_2SO_4 \Longrightarrow 2MnSO_4 + 5Fe_2(SO_4)_3 + K_2SO_4 + 8H_2O$。

例7：$2Cl_2 + 2Ca(OH)_2 \longrightarrow Ca(ClO)_2 + CaCl_2 + 2H_2O$。

半反应：氧化反应　$Cl_2 + 4OH^- - 2e \longrightarrow 2ClO^- + 2H_2O$；

　　　　　还原反应　$Cl_2 + 2e \longrightarrow 2Cl^-$；

$Cl_2 + 2OH^- \Longrightarrow ClO^- + Cl^- + H_2O$。

以上两种方法，不论哪一种，都有两条应该遵守的共同原则，一是氧化剂与还原剂得失电子数应相等;二是反应前后各种元素原子个数应相等。离子方程式中两边电荷数也应相等,它们都体现了质量守恒定律。

二、原电池

为了能定量地度量在水溶液中各种氧化剂和还原剂的相对强弱、判断在实验条件下氧化还原反应自发进行的可能性以及进行的程度,必须要熟悉电极电势的基本概念。

(一)原电池

众所周知,如果将一块锌放入 $CuSO_4$ 溶液中,则锌开始溶解,而铜从溶液中析出。反应的离子方程式为:

$$Zn + Cu^{2+} \longrightarrow Zn^{2+} + Cu$$

这是可以自发进行的氧化还原反应。

在两个烧杯中分别放入 $ZnSO_4$ 和 $CuSO_4$ 溶液,在盛有 $ZnSO_4$ 溶液的烧杯中放入 Zn 片,在盛有 $CuSO_4$ 溶液的烧杯中放入 Cu 片,将两个烧杯的溶液用一个充满电解质溶液(一般用饱和 KCl 溶液,为使溶液不致流出,常用琼脂与 KCl 饱和溶液制成胶冻。胶冻的组成大部分是水,离子可在其中自由移动)的倒置 U 形管作桥梁(称为盐桥),以联通两杯溶液,如图 8.1 所示。这时如果用一个灵敏电流计(A)将两金属片连接起来,可以观察到:

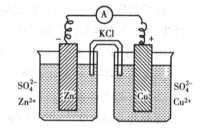

图 8.1 原电池

①电流表指针发生偏移,说明有电流产生。

②在铜片上有金属铜沉积上去,而锌片被溶解。

③取出盐桥,电流表指针回至零点;放入盐桥时,电流表指针又发生偏移,说明盐桥起了使整个装置构成通路的作用。

用上述装置所以产生电流,是由于 Zn 易放出电子成为 Zn^{2+} 进入溶液中:

$$Zn(s) - 2e \longrightarrow Zn^{2+}(aq) \text{氧化反应}$$

电子沿导线移向 Cu,溶液中的 Cu^{2+} 离子在 Cu 片上接受电子而变成金属铜:

$$Cu^{2+}(aq) + 2e \longrightarrow Cu(s) \text{还原反应}$$

电子定向地由 Zn 流向 Cu,形成电子流(电子流方向和电流方向正好相反)。

这种能使氧化还原反应中化学能(电子的转移)直接转变为电能的装置,称为原电池。

锌电极和铜电极分别发生了氧化和还原反应,称为半电池反应或电极反应。两个半电池反应组成电池反应。因此 Zn-Cu 原电池的电池反应为:

$$Zn + Cu^{2+} =\!=\!= Zn^{2+} + Cu$$

在原电池中发生氧化反应的电极称为负极;而发生还原反应的电极称为正极。在原电池的外电路上电子总是从负极流向正极,而电流则总是从正极流向负极。

原电池用统一规定的"电池表示式"来表达,上述铜锌电池可表示如下:

$$(-)Zn|Zn^{2+}(c_1) \parallel Cu^{2+}(c_2)|Cu(+)$$

表示式中将负极写在最左边,而将正极写在最右边,其余物质按它们相互接触的顺序依次

书写。在有界面处以单竖道"|"表示,盐桥用双竖道"∥"表示。式中 c_1,c_2 分别表示 $ZnSO_4$ 和 $CuSO_4$ 溶液的浓度。

正负极也可以是惰性电极,如 Pt、石墨等,只起导电作用。

若有气体参加应注明其分压及惰性电极:

$$(-)Pt \mid H_2(p) \mid H^+(c_1) \parallel Fe^{3+}(c_2),Fe(c_3) \mid Pt(+)$$

负极反应:$H_2 = 2H^+ + 2e^-$

正极反应:$Fe^{3+} + e^- = Fe^{2+}$

原电池反应:$H_2 + 2Fe^{3+} = 2H^+ + 2Fe^{2+}$

氧化还原反应在电极表面进行,电极反应为:

$$氧化型 + ne \longrightarrow 还原型$$

例8:将氧化还原反应 $2MnO_4^- + 10Cl^- + 16H^+ = 2Mn^{2+} + 5Cl_2\uparrow + 8H_2O$ 设计成原电池,并写出该原电池的符号。

解:先将氧化还原反应分解成两个半反应。

氧化反应:$2Cl^- \longrightarrow Cl_2\uparrow + 2e$,Cl 元素氧化值从 -1 升至 0;

还原反应:$MnO_4^- + 8H^+ + 5e \longrightarrow Mn^{2+} + 4H_2O$,Mn 元素氧化值从 $+7$ 降至 $+2$。

在原电池中正极发生还原反应,负极发生氧化反应,因此组成原电池时,MnO_4^-/Mn^{2+} 电对为正极,Cl_2/Cl^- 电对为负极。故原电池的符号为:

$$(-)Pt \mid Cl_2(p) \mid Cl^-(c_1) \parallel H^+(c_2),Mn^{2+}(c_3),MnO_4^-(c_4) \mid Pt(+)$$

(二)常见电极的种类

(1)金属-金属离子电极

金属-金属离子电极是金属棒插入此金属的盐溶液中构成的,它只有一个界面。如金属锌与锌离子组成的电极,简称锌电极。

电极组成:$Zn\mid Zn^{2+}(c)$　　电极反应:$Zn^{2+} + 2e \longrightarrow Zn$

如金属铜与铜离子组成的电极:

电极组成 $Cu\mid Cu^{2+}(c)$　　电极反应:$Cu^{2+} + 2e \longrightarrow Cu$。

(2)气体-离子电极

将气体物质通入其相应离子的溶液中,气体与其溶液中的阴离子成平衡体系,如 Cl_2/Cl^-,H^+/H_2 等。由于气体不导电,需借助不参与电极反应的惰性电极(如铂、石墨)起导电作用,这种电极称为气体电极。

氢电极与氯电极的电极组成、电极反应分别为:

$$Pt\mid H_2(p)\mid H^+(c)　　2H^+ + 2e \longrightarrow H_2$$
$$Pt\mid Cl_2(p)\mid Cl^-(c)　　Cl_2 + 2e \longrightarrow 2Cl^-$$

(3)金属-金属难溶盐-阴离子电极

金属-金属难溶盐-阴离子电极在金属表面上覆盖一层该金属难溶盐(或氧化物),然后将其浸入含有该盐阴离子的溶液中构成,有两个界面,最常见的有银-氯化银电极。它是将表面涂有 AgCl 薄层的银丝插入 1 mol/L KCl(或 HCl)溶液中制得的。其电极组成为 $Ag(s)\mid AgCl(s)\mid Cl^-(c)$。

电极反应为:$AgCl + e \longrightarrow Ag + Cl^-$。

167

此外,实验室常用的甘汞电极也属此类电极,它是由汞、汞和甘汞混合研磨成的糊状物(甘汞糊)以及 KCl 溶液组成。甘汞电极可表示为:

$$(Pt)Hg(l)\,|\,Hg_2Cl_2(s)\,|\,Cl^-(c)$$

(4)氧化还原电极

从广义上讲,任何电极包含有氧化及还原作用,故都是氧化还原电极。但习惯上将其还原态不是金属态的电极称为氧化还原电极。它是将惰性电极(如铂或石墨)浸入含有同一元素的两种不同氧化态的离子的溶液中构成的,如 Pt 插入含有 Sn 元素不同氧化数的两种离子 Sn^{4+} 及 Sn^{2+} 的溶液中,即构成 Sn^{4+}/Sn^{2+} 电极。其电极反应为:

$$Sn^{4+}+2e\longrightarrow Sn^{2+}$$

电极符号为:$C(石墨)\,|\,Sn^{4+}(c_1),Sn^{2+}(c_2)$。

三、电极电势

(一)标准电极电势及其测定

各种不同物质组成电池后,有的成为正极,有的成为负极,根本原因在于它们得失电子的能力不同,这种得失电子能力的差别,可以用与导线连接的电势测量装置测得的电势差,亦即电池电动势来衡量。影响两电极电势差的因素有:电极物质的本性,溶液的浓度、温度,介质的酸碱性等。其中电极物质的本性和溶液中对应离子的浓度是主要的。原电池的电动势用 E 表示,若为标准态下则用 $E^{\ominus}$ 表示。

1. 电极电势的产生

将原电池两极用导线连接起来可以产生电流,说明两个电极之间存在电势差。电势差产生的原因是参与氧化还原反应的物质得失电子的能力不同。是什么原因使原电池的两个电极的电势不同呢? 下面以金属电极为例讨论电极电势产生的原因,原电池电动势产生如图 8.2 所示。

当人们将金属插入含有该金属盐的溶液时(如将锌片插入硫酸锌溶液中),初看起来似乎不起什么变化。实际上溶液中同时发生两种相反过程:一方面,受到极性水分子的作用以及本身的热运动,金属晶格中的金属离子 M^{n+} 脱离金属表面进入溶液中,成为水合离子而将电子留在金属表面的倾向;金属越活泼,金属离子浓度越小,这种倾向越大;另一方面,溶液中金属离子 M^{n+} 也有从金属表面获得电子而沉积在金属表面上的倾向,金属越不活泼,溶液中金属离子浓度越大,这种沉积倾向越大的倾向。在一定条件下,当金属溶解的速率与金属离子沉积的速率相等时,就建立了如下的动态平衡:

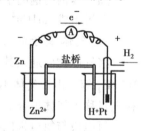

图8.2　原电池电动势

$$M^{n+}(aq)+ne\longrightarrow M$$

当金属溶解速率大于金属离子沉积速率直至建立平衡,金属表面因积累了过剩的电子而带负电荷,则该电极电势较低。当金属溶解速率小于金属离子沉积速率直至建立平衡,金属表面因积累了过剩的正离子而带正电荷,则该电极电势较高。电极电势以符号 $\varphi^{\ominus}(M^{n+}/M)$ 表示,单位为 V(伏)。如锌的电极电势用 $\varphi^{\ominus}_{Zn^{2+}/Zn}$ 表示,铜的电极电势用 $\varphi_{Cu^{2+}/Cu}$ 表示。电极电势的大小主要取决于电极的本性,并受温度、介质和离子浓度因素影响。

单个电极的电势无法测定,而电动势可用电位计测定。选定某种标准电极,人为规定它的电势值为0,那么,它和另一电极所构成的原电池的电动势就是另一电极的电势(E)。

2. 标准氢电极

到目前为止,金属平衡电势的绝对值还无法测定,只能选定某一电对的平衡电势作为参比标准,将其他电对的平衡电势与它比较而求出各电对平衡电势的相对值,犹如海拔高度是将海平面的高度作为比较标准一样。1953 年瑞典会议选定标准的是标准氢电极:

$$Pt \mid H_2(p100 \text{ kPa}) \mid H^+(1 \text{ mol/L})$$

标准氢电极是将铂片镀上一层蓬松的铂(称铂黑),并将它浸入 H^+ 离子浓度为1 mol/L 的稀硫酸溶液中,在 298.15 K 时不断通入压力为 100 kPa 的纯氢气流,这时氢被铂黑所吸收,此时被氢饱和了的铂片就像氢气构成的电极一样。铂片在标准电极中只是作为电子的导体和 H_2 气的载体,并未参加反应。H_2 电极与溶液中的 H^+ 离子建立了如下平衡:

$$2H^+(1 \text{ mol/L}) + 2e \Longrightarrow H_2(100 \text{ kPa})$$

规定任意温度下的标准氢电极的电极电势为零,即,$\varphi^{\ominus}\left(H^+/\dfrac{1}{2}H_2\right) = 0.000\ 0$ V。

3. 甘汞电极

虽然标准氢电极(图 8.3)用作其他电极的电极电势的相对比较标准,但是标准氢电极要求氢气纯度很高,压力要稳定,并且铂在溶液中易吸附其他组分而中毒,失去活性。因此,实际上常用易于制备,使用方便而且电极电势稳定的甘汞电极等作为电极电势的对比参考,称为参比电极。

甘汞电极是金属汞和 Hg_2Cl_2 及 KCl 溶液组成的电极,其构造如图 8.4 所示。内玻璃管中封接一根铂丝,铂丝插入纯汞中(厚度为 0.5 ~ 1 cm),下置一层甘汞(Hg_2Cl_2)和汞的糊状物,外玻璃管中装入 KCl 溶液,即构成甘汞电极。电极下端与待测溶液接触部分是熔结陶磁芯或玻璃砂芯等多孔物质或是一毛细管通道。

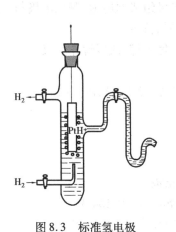

图 8.3　标准氢电极

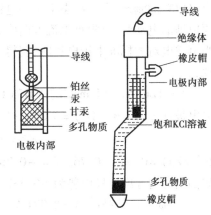

图 8.4　甘汞电极

甘汞电极可以写成:

$$Hg, Hg_2Cl_2(s) \mid KCl$$

电极反应为:

$$Hg_2Cl_2(s) + 2e^- \Longrightarrow 2Hg(l) + 2Cl^-(aq)$$

当温度一定时,不同浓度的 KCl 溶液使甘汞电极的电势具有不同的恒定值,见表8.1。

表8.1 不同浓度的 KCl 溶液使甘汞电极的电势

KCl 浓度	饱 和	1 mol/L	0.1 mol/L
电极电势 φ/V	+0.244 5	+0.283 0	+0.335 6

4. Ag-AgCl 电极

银丝镀上一层 AgCl,浸在一定浓度的 KCl 溶液中,即构成 Ag-AgCl 电极,可以写成:

$$Ag, AgCl(s) \mid KCl$$

电极反应为:

$$AgCl(s) + e^- \Longrightarrow 2Ag(s) + Cl^-(aq)$$

与甘汞电极相似,它的电极电势取决于内参比溶液 KCl 的浓度,25 ℃时,Ag-AgCl 电极的电极电势见表8.2。

表8.2 25 ℃时 Ag-AgCl 电极的电极电势

KCl 浓度	饱 和	1 mol/L	0.1 mol/L
电极电势 φ/V	+0.200 0	+0.222 3	+0.288 0

5. 标准电极电势

人们可以将任何两个半电池组成的原电池,测定电池的电动势,即测得该电池正、负极的电极电势的差值为:

$$E^{\ominus} = \varphi_+^{\ominus} - \varphi_-^{\ominus}$$

如果知道其中一个电极的电势,就可以求得另一个电极的电势。为此,规定标准氢电极的电极电势为零,各种电极的电极电势是相对于标准氢电极而得到的数值。

标准电极电势的测定:在标准态下某一电极和标准氢电极组成原电池,测该电极与标准氢电极组成原电池的电动势,再根据电流方向确定该标准电势的符号。

例如当测锌电对的标准电极电势时,测得电流方向是从氢到锌,故以锌作负极。

原电池:

$$(-)Zn \mid Zn^{2+}(1 \text{ mol/L}) \parallel H^+(1 \text{ mol/L}) \mid H_2(101.3 \text{ kPa}), Pt(+)$$

标准氢电极:$E_{298.15K}^{\ominus}(H^+/H_2) = 0.000\ 0$ V

$$E^{\ominus} = \varphi_+^{\ominus} - \varphi_-^{\ominus}$$

$$E^{\ominus}(Zn^{2+}/Zn) = 0.00 - 0.763 \text{ V} = -0.763 \text{ V}$$

再比如铜电对的标准电极电势为 +0.337 V,铜电极为正极。

$$\varphi^{\ominus}(Fe^{3+}/Fe^{2+}) = 0.771 \text{ V} \qquad \varphi^{\ominus}(Sn^{4+}/Sn^{2+}) = 0.154 \text{ V}$$

$$\varphi^{\ominus}(Cr_2O_7^{2-}/Cr^{3+}) = 1.33 \text{ V} \qquad \varphi^{\ominus}(MnO_4^-/Mn^{2+}) = 1.51 \text{ V}$$

注意:

①本书采用的是 1953 年 IUPAC 所规定的还原电势,即认为 Zn 比 H_2 更容易失去电子,$\varphi^{\ominus}(Zn^{2+}/Zn)$ 为负值。与氧化电势数值相同,符号相反。

②$\varphi^{\ominus}$ 都是在指定电极物质活度为 1 mol/L,气体为 100 kPa 压力下所测得值。如果不是这

些条件测得的数值就会有变动。$\varphi^{\ominus}$ 与电子得失多少无关，即与计量数无关。

③$\varphi^{\ominus}$ 是不能加合的。即无论半电池反应式的系数乘或除以任何实数，$\varphi^{\ominus}$ 值仍然不改变。

④标准电极电势为强度性质。

⑤$\varphi^{\ominus}$ 是水溶液体系的标准电极电势，对于非标准态、非水溶液体系，不能用 $\varphi^{\ominus}$ 比较物质还原能力。$\varphi^{\ominus}$ 仅适用水溶液。

⑥$\varphi^{\ominus}$：a. $\varphi^{\ominus}$ 指给定电极与 $\varphi^{\ominus}(H^+/H_2)$ 组成原电池的 $E^{\ominus}$。

　　b. $\varphi^{\ominus}$ 正值越大，表示在电极反应中吸收电子能力越强，氧化性强。

反之，$E^{\ominus}$ 负值越大，表示在电极反应中失电子能力越强，还原性强。

（二）影响电极电势的因素

标准电极电势是在标准状态下测定的，但是绝大多数的氧化还原反应都是在非标准状态下进行。此时，由于溶液的浓度偏离了标准状态，从而使电对的电极电势也随之发生改变，其定量关系可由能斯特方程计算。影响电对的电极电势的主要因素是浓度和温度，而温度的影响通常较小。浓度对电极电势的影响可由能斯特方程式表示：浓度对电极电势的影响可由能斯特方程式表示：

对于电极反应： a 氧化态 $+ ne \rightleftharpoons b$ 还原态

$$\varphi \approx \varphi^{\ominus} + \frac{RT}{nF}\ln\frac{[c(氧化态)]^a}{[c(还原态)]^b}$$

式中　φ——电对在某一浓度时的电极电势；

R——气体常数，为 8.314 $J \cdot K^{-1} \cdot mol^{-1}$；

F——法拉第常数，为 96 500 $C \cdot mol^{-1}$；

T——热力学温度，一般取 298.15 K；

n——电极反应式中转移的电子数。

代入法拉第常数（96 500 $C \cdot mol^{-1}$），$T = 298.15$ K

$$\varphi \approx \varphi^{\ominus} + \frac{0.059\ 2}{n}\lg\frac{[c(氧化态)]^a}{[c(还原态)]^b}$$

例如：Fe^{3+}/Fe^{2+} 电对的能斯特方程式为：$\varphi \approx \varphi^{\ominus}(Fe^{3+}/Fe^{2+}) + 0.059\ 2\ \lg c(Fe^{3+})/c(Fe^{2+})$。再如，对于电对 $Cr_2O_7^{2-}/Cr^{3+}$，　$Cr_2O_7^{2-} + 14H^+ + 6e \rightleftharpoons 2Cr^{3+} + 7H_2O$。

$$\varphi \approx \varphi^{\ominus}(Cr_2O_7^{2-}/Cr^{3+}) + \frac{0.059\ 2}{6}\lg\frac{c(Cr_2O_7^{2-}) \cdot c(H^+)^{14}}{c(Cr^{3+})^2}$$

例9：计算 $c(Cu^{2+}) \approx 0.001\ 00$ mol/L 时的 $\varphi(Cu^{2+}/Cu)$。

解：　$$Cu^{2+} + 2e^- \rightleftharpoons Cu$$

$$\varphi = \varphi^{\ominus}(Cu^{2+}/Cu) + \frac{0.059\ 2}{2}\lg\frac{c(Cu^{2+})}{1}$$

$$= 0.337 + 0.029\ 6\ \lg 0.001\ 00 = 0.337 - 0.088\ 8 \approx 0.248(V)$$

例10：计算在 $c(H^+) = 1.00$ mol/L 和 $c(H^+) = 1.00 \times 10^{-3}$ mol/L 时的 $\varphi(MnO_4^-/Mn^{2+})$，设 $c(MnO_4^-) = 1.00$，$c(Mn^{2+}) = 1.00$。

解：查表得　$\varphi^{\ominus}(MnO_4^-/Mn^{2+}) = 1.51$ V。

$$MnO_4^- + 8H^+ + 5e^- \rightleftharpoons Mn^{2+} + 4H_2O$$

$$①\varphi = \varphi^{\ominus}(MnO_4^-/Mn^{2+}) + \frac{0.059\ 2}{5}\lg\frac{c(MnO_4^-)\cdot c(H^+)^8}{c(Mn^{2+})}$$

$$= 1.51 + 0.011\ 8\lg 1.00^8 = 1.51 + 0.01 = 1.52(V)$$

$$②\varphi = \varphi^{\ominus}(MnO_4^-/Mn^{2+}) + \frac{0.059\ 2}{5}\lg\frac{c(MnO_4^-)\cdot c(H^+)^8}{c(Mn^{2+})}$$

$$= 1.51 + 0.011\ 8\lg(1.00\times10^{-3})^8 = 1.51 - 0.0118\times24$$

$$= 1.51 - 0.28 = 1.23(V)$$

可见溶液的酸度对电极反应中含有氢离子或氢氧根离子的电对的电势都具有较明显的影响。

例11:根据$\varphi^{\ominus}(Ag^+/Ag) = 0.799\ V$,求$\varphi^{\ominus}(AgCl/Ag)$。

解:比较这两个电对的电极反应:

$$Ag^+ + e^- \rightleftharpoons Ag \qquad AgCl + e^- \rightleftharpoons Cl^- + Ag$$

$$c(Ag^+) = 1\ mol/L \qquad c(Cl^{-1}) = 1\ mol/L$$

$$\varphi^{\ominus}(AgCl/Ag) = \varphi(AgCl/Ag) = \varphi^{\ominus}(Ag^+/Ag) + 0.059\ 2\lg c(Ag^+)$$

$$= \varphi^{\ominus}(Ag^+/Ag) + 0.059\ 2\lg[K_{sp}(AgCl)/c(Cl^-)]$$

$$= 0.799 + 0.059\ 2\lg[(1.8\times10^{-10})/1.00]$$

$$= 0.799 - 0.58 = 0.22(V)$$

四、电极电势的应用

标准电极电势是化学中重要的数据之一,它可以将物质在水溶液中进行的氧化还原反应系统化。本节将从下述几个方面说明电极电势的应用。

(一)判断氧化剂和还原剂的相对强弱

根据电极电势表中$\varphi^{\ominus}$值的大小,可以判断氧化剂和还原剂的相对强弱。$\varphi^{\ominus}$正值越大,氧化性越强;$\varphi^{\ominus}$负值越大,还原性越强。

例12:根据标准电极电势,在下列电对中找出最强的氧化剂和最强的还原剂,并列出各氧化型物质的氧化能力和各还原型物质还原能力强弱的次序:MnO_4^-/Mn^{2+}、Fe^{3+}/Fe^{2+}、I_2/I^-、Cl_2/Cl^-。

解: $MnO_4^- + 8H^+ + 5e^- \rightleftharpoons Mn^{2+} + 4H_2O$; $\qquad \varphi^{\ominus} = 1.51\ V$

$\qquad Fe^{3+} + e^- \rightleftharpoons Fe^{2+}$ $\qquad\qquad\qquad\qquad \varphi^{\ominus} = 0.771\ V$

$\qquad I_2 + 2e^- \rightleftharpoons 2I^-$ $\qquad\qquad\qquad\qquad\quad \varphi^{\ominus} = 0.535\ V$

$\qquad Cl_2 + 2e^- \rightleftharpoons 2Cl^-$ $\qquad\qquad\qquad\quad\ \varphi^{\ominus} = 1.36\ V$

电对MnO_4^-/Mn^{2+}的$\varphi^{\ominus}$值最大,说明其氧化型MnO_4^-是最强的氧化剂。电对I_2/I^-的$\varphi^{\ominus}$最小,说明其还原型是最强的还原剂。

各氧化型物质氧化能力的顺利为:$MnO_4^- > Cl_2 > Fe^{3+} > I_2$;

各还原型物质还原能力的顺利为:$I^- > Fe^{2+} > Cl^- > Mn^{2+}$。

通常实验室用的强氧化剂其电对的 $\varphi^{\ominus}$ 值往往大于 1 V,如 $KMnO_4$,$K_2Cr_2O_7$,$(NH_4)_2S_2O_8$,H_2O_2,O_2,MnO_2 等;常用的还原剂的 $\varphi^{\ominus}$ 值往往小于零或稍大于零,如 Mg,Zn,Sn^{2+},SO_3^{2-},$S_2O_3^{2-}$,H_2 等。当然氧化剂和还原剂的强弱是相对的,并没有严格的界限。应当注意的是,用 $\varphi^{\ominus}$ 判断氧化还原能力的强弱是在标准状态下的结果。如果在非标准状态下比较氧化剂和还原剂的相对强弱时,必须利用能斯特方程式进行计算,求出在某条件下的 φ 值,然后再进行比较。

(二)氧化还原反应进行的方向

利用原电池的电动势可以判断氧化还原反应进行的方向。在标准状态下,如果电池的标准电动势 $E^{\ominus} > 0$,则电池反应能自发进行;如果电池的标准电动势 $E^{\ominus} < 0$,则电池反应不能自发进行。在非标准状态下,则要用该电池的电动势 E 来判断。

如果电池的电动势 $E > 0$,则有 $\varphi^+ > \varphi^-$ 时,氧化还原反应才能自发地向正反应方向进行。也就是说,氧化剂所在电对的电极电势必须大于还原剂所在电对的电极电势,才能满足 $E > 0$ 的条件。

例 13:试判断反应 $2Fe^{3+} + Cu \rightleftharpoons 2Fe^{2+} + Cu^{2+}$ 在标准状态下进行的方向。

解:查表知 $\quad Cu^{2+} + 2e =\!=\!= Cu \quad\quad\quad\quad \varphi^{\ominus} = 0.337$ V

$\quad\quad\quad\quad\quad Fe^{3+} + e =\!=\!= Fe^{2+} \quad\quad\quad \varphi^{\ominus} = 0.771$ V

由反应式可知:Fe^{3+} 是氧化剂,Cu 是还原剂。

故上述电池反应的 $E^{\ominus} = \varphi^+^{\ominus} - \varphi^-^{\ominus} = 0.771 - 0.337 > 0$。

标准状态下,反应正向进行 $2Fe^{3+} + Cu \longrightarrow 2Fe^{2+} + Cu^{2+}$。

例 14:判断 Fe^{3+},I^- 能否共存。

$$\varphi^{\ominus}(Fe^{3+}/Fe^{2+}) = 0.771 \text{ V} \quad\quad \varphi^{\ominus}(I_2/I^-) = 0.534\,5 \text{ V}$$

Fe^{3+} 和 I^- 能起反应,不能共存。

例 15:根据 $\varphi^{\ominus}$ 比较下列各电对中物质的氧化性、还原性相对强弱,找出最强的氧化剂、还原剂,并写出它们之间的反应式。

$$\begin{array}{cccc} & HClO/Cl_2 & Cl_2/Cl^- & MnO_4^-/Mn^{2+} \\ \varphi^{\ominus}(V) & 1.63 \text{ V} & 1.36 \text{ V} & 1.51 \text{ V} \end{array}$$

$\varphi^{\ominus}$ 值越大,其氧化型的氧化能力越强,$\varphi^{\ominus}$ 值越小,其还原型的还原能力越强。

HClO 的氧化能力最强,Cl^- 的还原能力最强。

$$Cl_2 + 2e =\!=\!= 2Cl^- \quad\quad\quad\quad\quad\quad 1.36 \text{ V}$$

$$2HClO + 2H^+ + 2e =\!=\!= Cl_2 + 2H_2O \quad 1.63 \text{ V}$$

$$2HClO + 2Cl^- + 2H^+ =\!=\!= 2Cl_2 + 2H_2O$$

即: $\quad\quad\quad\quad\quad HClO + Cl^- + H^+ =\!=\!= Cl_2 + H_2O$

例 16:在一含有 I^-、Br^- 的混合液中,逐步通入 Cl_2,哪一种先游离出来?要使 I_2 游离,而 Br_2 不游离,应选择 $Fe_2(SO_4)_3$ 还是 $KMnO_4$ 的酸性溶液?

解:查表知,① $\quad I_2(S) + 2e =\!=\!= 2I^- \quad\quad\quad 0.534\,5$ V

$\quad\quad\quad\quad Br_2(l) + 2e =\!=\!= 2Br^- \quad\quad\quad 1.065$ V

$\quad\quad\quad\quad Cl_2(g) + 2e =\!=\!= 2Cl^- \quad\quad\quad 1.36$ V

I^- 比 Br^- 的还原性强，I_2 先游离出来。

②
$$I_2(s) + 2e = 2I^- \qquad\qquad 0.534\ 5\ V$$
$$Fe^{3+} + 2e = Fe^{2+} \qquad\qquad 0.771\ V$$
$$Br_2(l) + 2e = 2Br^- \qquad\qquad 1.065\ V$$
$$MnO_4^- + 8H^+ + 5e = Mn^{2+} + 4H_2O \qquad\qquad 1.51\ V$$

选择 $\varphi^\ominus$ 在 I_2/I^- 和 Br_2/Br^- 之间，应选择 $Fe_2(SO_4)_3$。

(三)氧化还原反应进行的程度

在由两个金属电极组成的电池中，随着氧化还原反应的进行，氧化剂浓度不断减少，电极电势逐步降低；而还原剂被氧化，产物浓度不断增加，则电极电势升高；直到两者电极电势相等，即电池电动势为零时，达到动态平衡，此即反应的极限。对于一个氧化还原反应，可根据标准电极电势求一个氧化还原反应的平衡常数。

例 17：计算铜-锌原电池反应的平衡常数。

解：铜-锌原电池的反应式为 $Cu^{2+} + Zn \Longrightarrow Zn^{2+} + Cu$

$$K^\ominus = \frac{c(Zn^{2+})}{c(Cu^{2+})}$$

正极：$\varphi_{Cu^{2+}/Cu} = \varphi^\ominus_{Cu_2+/Cu} + (0.059\ 2/2)\lg c_{Cu^{2+}}$

负极：$\varphi_{Zn^{2+}/Zn} = \varphi^\ominus_{Zn^{2+}/Zn} + (0.059\ 2/2)\lg c_{Zn^{2+}}$

平衡时：$\varphi_\text{正} = \varphi_\text{负}$，所以

$$\varphi^\ominus_{Cu^{2+}/Cu} + (0.059\ 2/2)\lg c_{Cu^{2+}} = \varphi^\ominus_{Zn^{2+}}/Zn + (0.059\ 2/2)\lg c_{Zn^{2+}}$$
$$(0.059\ 2/2)\lg(c_{Zn^{2+}}/c_{Cu^{2+}}) = \varphi^\ominus_{Cu/Cu^{2+}} - \varphi^\ominus_{Zn^{2+}/Zn}$$
$$\lg K^\ominus_{Zn^{2+}/Zn} = (2/0.059\ 2)(\varphi^\ominus_{Cu^{2+}/Cu} - \varphi^\ominus_{Zn^{2+}/Zn})$$
$$= (2/0.059\ 2)[0.337 - (-0.763)] = 37.2$$
$$K^\ominus = 1.6 \times 10^{37}$$

可见 $K^\ominus$ 值越大，反应进行得越完全。

推广到一般情况，298.15 K 时，任一氧化还原反应的平衡常数和对应电对的 $\varphi^\ominus$ 值的关系可写成如下通式：

$$\lg K^\ominus = \frac{n(\varphi^\ominus_\text{正} - \varphi^\ominus_\text{负})}{0.059\ 2}$$

$$\lg K^\ominus = \frac{nE^\ominus}{0.059\ 2}$$

注意：

①K 与浓度无关，只决定于标准电极电势的大小，两值相差越大，反应进行得越完全。

②标准电极电势从热力学观点来衡量氧化还原反应进行的可能性和进行程度，但不能预测反应速度；而在实际反应中必须同时考虑。

(四)元素电势图应用

有的元素可以存在多种氧化态，例如：O 元素有 -2, 0, -1, Mn 元素有 0, $+2$, $+3$, $+4$, $+6$, $+7$ 等。各种氧化态之间都有相应的标准电极电势值。若将同种元素的不同氧化态按氧

化值由高到低的顺序自左向右排列成行,在相邻的两物种间连一直线表示电对,并在此直线上方标明该电对的标准电极电势值,由此则构成元素电势图。

如氧的常见氧化态为 0、-1 和 -2 的 O_2、H_2O_2、和 H_2O。

$$\varphi^{\ominus}A \quad O_2 \underline{\quad 0.682 \quad} H_2O_2 \underline{\quad 1.77 \quad} H_2O$$
$$\underline{\quad\quad 1.229 \quad\quad}$$

$$\varphi^{\ominus}B \quad O_2 \underline{\quad 0.076 \quad} HO_2^- \underline{\quad 0.87 \quad} OH^-$$
$$\underline{\quad\quad 0.401 \quad\quad}$$

1. 判断是否发生歧化反应

歧化反应是一种自身氧化还原反应,如

$$2Cu^+(aq) \Longrightarrow Cu^{2+}(aq) + Cu(s)$$

在反应中一部分 Cu^+ 离子作氧化剂,把另一部分 Cu^+ 离子氧化成 Cu^{2+},而本身被还原成金属铜。由此可见,发生歧化反应的,往往是一些处于中间氧化态的物质,当它的一部分向高氧化态变化的同时,另一部分则变成了低氧化态。某一中间氧化态物质能否实现歧化反应的条件是自身在元素标准电势图中的 $\varphi^{\ominus}_{左} < \varphi^{\ominus}_{右}$。例如上述 Cu^+ 离子:

$$\varphi^{\ominus}A \quad Cu^{2+} \underline{\quad 0.159 \quad} Cu^+ \underline{\quad 0.520 \quad} Cu$$
$$\underline{\quad\quad 0.337 \quad\quad}$$

$\varphi^{\ominus}_{左} - \varphi^{\ominus}_{右} = 0.520\ V - 0.159\ V = 0.368\ V > 0$。

试想如果在同一溶液中若两种价态的铜离子和铜原子共存时,由于它们的电极电势大小不等,故一定不会长期稳定共存。必然是电极电势最大的发生还原反应,电极电势最小的发生氧化反应。

又如:

$$2Fe^{3+} + Fe \Longrightarrow 3Fe^{2+}$$

$$\varphi^{\ominus}A$$

$$Fe^{3+} \underline{\quad 0.771 \quad} Fe^{2+} \underline{\quad -0.44 \quad} Fe$$
$$\underline{\quad\quad 0.165 \quad\quad}$$

由电势图可知,Fe^{2+} 溶液易被空气中的 O_2 氧化成 Fe^{3+},由于 $\varphi^{\ominus}_{左} > \varphi^{\ominus}_{右}$,所以能发生逆歧化反应。因此在酸性条件下要使 Fe^{2+} 离子稳定存在,不致被空气中的 O_2 氧化成 Fe^{3+} 时,可在溶液中放一根铁丝就是这个道理。

这是两个人们所熟悉的反应,前者是歧化反应,后者是倒歧化反应,或称逆歧化反应。歧化反应能进行的条件是 $\varphi^{\ominus}_{右} > \varphi^{\ominus}_{左}$。反之,如果 $\varphi^{\ominus}_{右} < \varphi^{\ominus}_{左}$ 时,将发生歧化反应的逆反应。

例 18:根据标准电势图 $\varphi^{\ominus}_B \quad ClO^- \underline{\quad 0.42 \quad} Cl_2 \underline{\quad 1.36 \quad} Cl^-$ 判断能否发生歧化反应。

解:$\varphi^{\ominus}_B \quad ClO^- \underline{\quad 0.42 \quad} Cl_2 \underline{\quad 1.36 \quad} Cl^- \quad\quad \varphi^{\ominus}_{右} > \varphi^{\ominus}_{左}$

$$2ClO^- + 2H_2O + 2e \Longrightarrow Cl_2 + 4OH^- \quad\quad 0.42$$

$$Cl_2 + 2e \Longrightarrow 2Cl^- \quad\quad\quad 1.36$$

故歧化反应能够进行。

2. 判断氧化剂的强弱

元素电势图将分散在标准电极电势表中同种元素不同价态的电极电势表示在同一图中,使用起来更加方便。以氯元素在酸性条件介质和碱性介质中的元素电势图为例:

$$\varphi^{\ominus}A \qquad ClO_4^- \xrightarrow{1.19} ClO_3^- \xrightarrow{1.21} HClO_2 \xrightarrow{1.64} HClO \xrightarrow{1.63} Cl_2 \xrightarrow{1.36} Cl^-$$
$$\underset{1.47}{\underline{\hspace{6cm}}}$$

$$\varphi^{\ominus}B \qquad ClO_4^- \xrightarrow{0.36} ClO_3^- \xrightarrow{0.33} ClO_2^- \xrightarrow{0.66} ClO^- \xrightarrow{0.42} Cl_2 \xrightarrow{1.36} Cl^-$$
$$\underset{0.48}{\underline{\hspace{6cm}}}$$

可见,酸性介质中氯元素的电极电势均为较大的正值,说明氯的氧化值 +7、+5、+3、+1、0 时的各氧化态物质具有较强的氧化能力,都是较强的氧化剂。而在碱性介质中,氧化值为 +7、+5、+3、+1 时各氧化值物质的氧化能力都很小,只有电对 Cl_2/Cl^- 的电极电势不受溶液酸碱性的影响,即氯气仍为较强的氧化剂。因此,在选用氯的含氧酸盐作为氧化剂时,反应最好是在酸性介质中进行。但欲使低氧化值氯氧化,反应则应在碱性介质中进行。

3. 判断氧化还原反应进行的可能和应选择的酸碱性条件

例如制备 $FeCl_3$,由于 $\varphi^{\ominus}_{Fe^{3+}/Fe^{2+}}$ 为负值,用 HCl 溶解金属铁只能得到 $FeCl_2$ 而得不到 $FeCl_3$。要想将 Fe^{2+} 离子氧化成 Fe^{3+} 离子,用 Cl_2 作氧化剂是可行的。因为 $\varphi^{\ominus}Cl_2/Cl^-$ 不论在酸性或碱性条件下均大于 $\varphi^{\ominus}_{Fe^{3+}/Fe^{2+}}$ 或 $\varphi^{\ominus}_{Fe(OH)_3/Fe(OH)_2}$ 很多。

五、化学电源

从理论上讲只要有两种不同金属就可以制成一个可以提供电能的电池,人类早期制造的伏打电池就是将铜片和锌片浸泡在盐水里制得的。为了使这种电池达到实用程度,需要将很多这样的电池组合起来,制成所谓的"伏打电堆"。早期的化学家们,如戴维就是用这样的化学电源电解苛性钠、钾等发现了金属元素钠与钾等。他的学生法拉第又用这种电源发现了电解定律。现在看来这种电源实在是太原始了,它们的弱点是不能在大电流放电的条件下长时间保持电压、电流的恒定,但这却是人们对实用化学电源的起码要求。除此之外,低成本也是必需的,并且要求安全可靠。现代实用的主要电池如下所述。

(一)锌锰电池

锌锰电池结构如图 8.5 所示。负极为一锌筒,正极为一石墨棒,在棒外裹以 MnO_2 和炭黑混合物制成的电池芯,炭黑有导电作用。将电池芯放入锌筒中央,灌以 NH_4Cl、$ZnCl_2$ 和淀粉,并有极少量 $HgCl_2$ 的电解液。电池表示式为:

$$(-)Zn|Zn^{2+},NH_4Cl|MnO_2|C(+)$$

电池反应如下所述。

负极：$Zn + 2NH_4^+ - 2e \Longrightarrow Zn(NH_3)_2^{2+} + 2H^+$

正极：$MnO_2 + 2H^+ + 2e \Longrightarrow 2MnO(OH)$

总反应：$Zn + 2NH_4Cl + 2MnO_2 \Longrightarrow Zn(NH_3)_2Cl + 2MnO(OH)$

这种电池是不能充电反复使用的，属于一次电池。

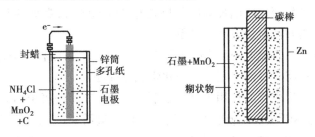

图 8.5　锌锰电池

(二)铅蓄电池

铅蓄电池组成如图 8.6 所示。由两组铅板浸泡在密度为 1.28 g/mL H_2SO_4 溶液中构成。电池表示式为：

$$(-)Pb - PbSO_4 | H_2SO_4 | PbSO_4 - PbO_2 - Pb(+)$$

负极：$Pb - 2e + SO_4^{2-} \Longrightarrow PbSO_4$

正极：$PbO_2 + 2e + 2H^+ + H_2SO_4 \Longrightarrow PbSO_4 + 2H_2O$

总反应：$PbO_2 + Pb + 4H_2SO_4 \Longrightarrow 2PbSO_4 + 2H_2SO_4$

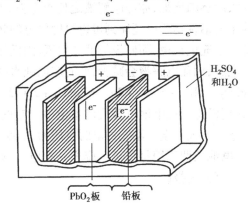

图 8.6　铅蓄电池

在充电时电池反应倒转过来。铅酸蓄电池放电时，在蓄电池的电位差作用下，负极板上的电子经负载进入正极板形成电流 I，同时在电池内部进行化学反应。

负极板上每个铅原子放出两个电子后，生成的铅离子(Pb^{2+})与电解液中的硫酸根离子(SO_4^{2-})反应，在极板上生成难溶的硫酸铅($PbSO_4$)。

正极板的铅离子(Pb^{4+})得到来自负极的两个电子($2e$)后，变成二价铅离子(Pb^{2+})，与电解液中的硫酸根离子(SO_4^{2-})反应，在极板上生成难溶的硫酸铅($PbSO_4$)。正极板水解出的氧离子(O^{2-})与电解液中的氢离子(H^+)反应，生成稳定物质水。

电解液中存在的硫酸根离子和氢离子在电力场的作用下分别移向电池的正负极，在电池内部形成电流,整个回路形成,蓄电池向外持续放电。

放电时 H_2SO_4 浓度不断下降,正负极上的硫酸铅($PbSO_4$)增加,电池内阻增大(硫酸铅不导电),电解液浓度下降,电池电动势降低。蓄电池连接外部电路放电时,稀硫酸即会与阴、阳极板上的活性物质产生反应,生成新化合物(硫酸铅)。经由放电硫酸成分从电解液中释出,放电越久,硫酸浓度越稀薄。所消耗的成分与放电量成比例,只要测得电解液中的硫酸浓度,亦即测其比重,即可得知放电量或残余电量。

充电时,应在外接一直流电源(充电极或整流器),使正、负极板在放电后生成的物质恢复成原来的活性物质,并将外界的电能转变为化学能储存起来。

在正极板上,在外界电流的作用下,硫酸铅被离解为二价铅离子(Pb^{2+})和硫酸根负离子(SO_4^{2-}),由于外电源不断从正极吸取电子,则正极板附近游离的二价铅离子(Pb^{2+})不断放出两个电子来补充,变成四价铅离子(Pb^{4+}),并与水继续反应,最终在正极极板上生成二氧化铅(PbO_2)。

在负极板上,在外界电流的作用下,硫酸铅被离解为二价铅离子(Pb^{2+})和硫酸根负离子(SO_4^{2-}),由于负极不断从外电源获得电子,则负极板附近游离的二价铅离子(Pb^{2+})被中和为铅(Pb),并以绒状铅附着在负极板上。

电解液中,正极不断产生游离的氢离子(H)和硫酸根离子(SO_4^{2-}),负极不断产生硫酸根离子(SO_4^{2-}),在电场的作用下,氢离子向负极移动,硫酸根离子向正极移动,形成电流。

充电后期,在外电流的作用下,溶液中还会发生水的电解反应。

由于放电时在阳极板,阴极板上所产生的硫酸铅会在充电时被分解还原成硫酸,铅及过氧化铅,因此电池内电解液的浓度逐渐增加,亦即电解液之比重上升,并逐渐回复到放电前的浓度,这种变化显示出蓄电池中的活性物质已还原到可以再度供电的状态,当两极的硫酸铅被还原成原来的活性物质时,即等于充电结束,而阴极板就产生氢,阳极板则产生氧,充电到最后阶段时,电流几乎都用在水的电解,因而电解液会减少,此时应以纯水补充之。

放电时,电极反应为:$PbO_2 + 4H^+ + SO_4^{2-} + 2e^- = PbSO_4 + 2H_2O$

这是一种古老的但现在还没有其他电池可替代的蓄电池。它的优点是可以反复充电、放电,结实耐用。缺点是太笨重又不大安全。刚充过电时电压为 2.05 V。当使用一段时间电压降到 1.9 V 就应及时充电。电池长期不用每月至少应充一次电,否则就会因过放电极板脱落而使蓄电池实际容量减少,甚至完全报废。

(三)银锌电池

银锌电池是一种 20 世纪 50 年代出现的高能电池,单位质量电池可得电能为锌锰电池的 5~6 倍。电池表示式为:

$$(-)Zn|KOH(40\%)|AgO - Ag(+)$$

电池反应如下所述。

负极:$Zn + 2OH^- - 2e \rightleftharpoons Zn(OH)_2$

正极:$AgO + H_2O + 2e \rightleftharpoons Ag + 2OH^-$

总反应:$Zn + AgO + H_2O \rightleftharpoons Ag + Zn(OH)_2$

充电时反应倒转过来,用于电子手表、计算器、宇航器等。

（四）锂电池

锂是地球上最轻的金属,制成电池应有较大容量。且电位极负,制成电池应有较高电压。现已制成商品化的锂电池有两种。一种是锂-二氧化锰电池,电池反应为:

$$Li + MnO_2 \Longrightarrow Mn^{III}O_2(Li^+)\ (Li^+ 进入 MnO_2 晶格)$$

开路电压为 3 V,外形有扣式、薄币式。

另一种是锂-氧化铜电池,电压为 1.5 V,制成筒形,可直接代替现有电池。

所有锂电池均以高氯酸锂为电解质,且只能使用非水溶剂。由于它容量大,自放电弱,目前正逐步取代银锌电池。

（五）燃料电池

利用燃料(如煤、石油、甲烷、氢等)不是通过燃烧而是直接从化学能转变为电能。以氢氧燃料电池为例,电池表示式为:

$$(\ -\ )(Ni)H_2(g)|KOH|O_2(g)(Ni)(\ +\ )$$

电池反应如下所述。

负极:$H_2 + 2OH^- - 2e \Longrightarrow 2H_2O$

正极:$\dfrac{1}{2}O_2 + H_2O + 2e \Longrightarrow 2OH^-$

总反应:$H_2 + 1/2O_2 \Longrightarrow H_2O$

现代利用燃料转变成电能的方式是:

$$燃料 \xrightarrow{\text{燃烧}} 化学能 \xrightarrow{\text{锅炉}} 热能 \xrightarrow{\text{汽轮机}} 机械能 \xrightarrow{\text{发电机}} 电能$$

能量多次转换其转换效率要受到很大限制,例如热能转换为机械能就要受到热力学第二定律的限制,以致现在最先进的发电设备其热效率也达不到 50%。而且矿物质燃料燃烧时大量排出 CO_2 和 SO_2 所形成的"温室效应"和"酸雨"对人类的生活环境确有极大的污染。所以燃料的化学能直接转变成电能是一个引人入胜的课题。到目前为止,能供实用的燃料电池只有"氨-空气"与"肼-空气"类型的,且发电成本仍为火力发电的 10 倍以上,但已用于阿波罗登月舱和邮电部门。

习　题

一、判断题

1. 元素在化合物中的氧化态代表了它在氧化还原反应中所处的状态,氧化态越高,氧化能力越强。　　　　　　　　　　　　　　　　　　　　　　　　　　　（　　）

2. 原电池的工作电量可用法拉第常数 F 表示,F 越大,电池的工作电量越多。　（　　）

3. 一个歧化反应,如 $3Fe^{2+} \Longrightarrow 2Fe^{3+} + Fe$,如果根据所指的浓度和温度条件排成电池,它的电动势可以不止一种数值,电动势的大小还要看电极反应是什么。　　　　（　　）

4. 原电池和电解池的电极反应都是氧化反应或还原反应,原电池的负极起氧化反应而电解池的正极起氧化反应。　　　　　　　　　　　　　　　　　　　　　　　（　　）

5. 含氧酸根的氧化能力随 [H⁺] 增加而增强,所以强氧化剂的含氧酸根通常是在碱性条件下制备,酸性条件下使用。   (   )

6. 不论是原电池还是电解池发生氧化反应的极为阳极,发生还原反应的极为阴极。   (   )

7. 锰在 $K_4Mn(CN)_6$、$Mn_2(CO)_{10}$、$Mn(CO)_5I$ 分子中的氧化数分别为 +2、0、+1。 (   )

8. 电解池和原电池的正负极和阴阳极是相对应的。电极间电子流动方向也是相同的。   (   )

9. 标准电极电势的值与反应的平衡常数的值一样与反应式的写法不同而不同。 (   )

10. 标准电极电势的数值越小,其氧化型的氧化性越弱,其还原型的还原性越强。 (   )

二、选择题

1. 乙酰氯(CH_3COCl)中碳的氧化态是(   )。

A. +4   B. +2   C. 0   D. -4

2. 下列化学反应式中,哪一个不是氧化还原反应?(   )。

A. $Na_2S_2O_8 + 2HCl == 2NaCl + S\downarrow + 2O_2\uparrow + H_2SO_4$

B. $3CCl_4 + K_2Cr_2O_7 == 2CrO_2Cl_2 + 3COCl_2 + 2KCl$

C. $ClO^- + NO_2^- == NO_3^- + Cl^-$

D. $(NH_4)_2S_2O_8 + 3KI == (NH_4)_2SO_4 + KI_3 + K_2SO_4$

3. 已知:$\varphi^\ominus(O_2/H_2O) == 1.23$ V,$\varphi^\ominus(H_2O_2/H_2O) = 1.78$ V,$\varphi^\ominus(MnO_2/Mn^{2+}) = 1.23$ V,在常量的溶液中,下列哪一种说法是对的?(   )。

A. H_2O_2 可以歧化反应   B. H_2O_2 可以使 H_2O 氧化

C. H_2O_2 可以使 Mn^{2+} 氧化   D. 3 种说法都是对的

4. 下列哪一反应设计的电池不需要用盐桥或隔膜?(   )。

A. $H^+ + OH^- \longrightarrow H_2O$

B. $PbO_2 + Pb + 2H_2SO_4 \longrightarrow 2PbSO_4 + 2H_2O$

C. $2MnO_4^- + 5H_2O_2 + 6H^+ \longrightarrow 2Mn^{2+} + 5O_2 + 8H_2O$

D. $Zn + Cu^{2+} \longrightarrow Cu + Zn^{2+}$

5. 下列哪一反应设计出来的电池不需要用到惰性电极?(   )。

A. $H_2 + Cl_2 \longrightarrow 2HCl(aq)$ B. $Ce^{4+} + Fe^{2+} \longrightarrow Ce^{3+} + Fe^{3+}$

C. $Ag^+ + Cl^- \longrightarrow AgCl(s)$ D. $2Hg^{2+} + Sn^{2+} + 2Cl^- \longrightarrow Hg_2Cl_2(s) + Sn^{4+}$

6. 有如下反应:$K_2Cr_2O_7 + 14HCl \longrightarrow 2CrCl_3 + 3Cl_2 + 2KCl + 7H_2O$,如果体系中各物质均在标态下,则该反应应该是(   )。

A. 从左到右自发进行   B. 从右到左自发进行

C. 动态平衡   D. 与反应式的方向不同

7. 在 0.10 mol/L NaCl 溶液中,$\varphi^\ominus(H^+/H_2)$ 的值为(   )。

A. 0.000 V   B. -0.828 V   C. -0.414 V   D. -0.059 V

三、填空题

1. 标态下有如下反应:$Zn + Cu^{2+} == Zn^{2+} + Cu$,用原电池符号表示为(   )。

2. K、Na、Li 根据电离能确定的活泼顺序为(   );根据标准电极电势确定的顺序为( )。

3. 习惯上将原电池的电极常称( ),电解池的电极常称( )。

4. 原电池的负极是( )移向的极,称为( );而电解池的负极是( )移向的极,称为( )。

5. ( ) As_2S_3 + ( ) HNO_3(浓) + ( ) === ( ) H_3AsO_4 + ( ) NO + ( ) H_2SO_4。

6. ( ) H_2O_2 + ( ) $KMnO_4$ + ( ) H_2SO_4 === ( ) $MnSO_4$ + ( ) O_2 + ( ) K_2SO_4 + ( ) H_2O。

四、简答题

1. 锂的标准电极电势虽比钠低,但为什么锂同水的作用不如钠剧烈?

2. 重铬酸钾能氧化浓盐酸中的氯离子,而不能氧化浓氯化钠溶液中的氯离子?

五、计算题

1. 将铜片插入盛有 0.5 mol/L 的 $CuSO_4$ 溶液的烧杯中,银片插入盛有 0.5 mol/L 的 $AgNO_3$ 溶液的烧杯中,已知:$\varphi^\ominus(Ag^+/Ag) = 0.799\ 6\ V$,$\varphi^\ominus(Cu^{2+}/Cu) = 0.337\ V$。

①写出该原电池的符号。

②写出电极反应式和原电池的电池反应。

③求该电池的电动势。

④若加氨水于 $CuSO_4$ 溶液中,电池电动势如何变化? 若加氨水于 $AgNO_3$ 溶液中,情况又怎样? 做定性回答。

2. 已知:$Ag^+ + e^- \longrightarrow Ag\ \varphi^\ominus = 0.799\ 6\ V$,$AgI + e^- \longrightarrow Ag + I^-\ \varphi^\ominus = -0.152\ 2\ V$,求:AgI 在 298 K 时的溶度积常数 K_{sp} 以及判断标态下金属 Ag 能否与 HI(aq) 发生置换反应?

第 **9** 章
配位化合物

配位化合物简称配合物,也称络合物。人类通过长期的生产实践和科学研究,逐渐认识到配合物的结构和性质并总结出其中的规律。据历史记载,最早发现的第一个配合物就是人们所熟悉的六氰合铁(II)酸铁(III)(普鲁士蓝),它是 1704 年普鲁士人狄斯巴赫在染料作坊中为寻找蓝色染料,将兽皮、兽血同碳酸钠在铁锅中强烈煮沸得到的,以后经研究才确定其化学式为 $Fe_4[Fe(CN)_6]_3$。但人们经常提起的是 1788 年塔萨尔特在实验室里制得的六氨合钴氯化物,这标志着配位化学的真正开始。迄今为止,配合物已深深地进入人们的生活、工农业生产活动中。人们已经可以用化学方法合成数以万计的配合物;同时,在动物和植物的机体中发现了许多重要配合物,对它们的大量研究,不但使人们对配合物的结构、性质和用途有了深刻理解,而且丰富和深化了化学键的含义,对无机化学和其他化学学科的发展起了重要的推动作用。

一、配位化合物的基本概念

人们熟悉很多无机化合物,如 HCl、$CaCO_3$、$CuSO_4$ 等,在这类化合物的分子中,原子间都有确定的简单整数比,符合经典的化合价理论。另外,还有许多由简单化合物"加合"而成的物质,例如:

$$AgCl + 2NH_3 =\!=\!= [Ag(NH_3)_2]Cl$$
$$CuSO_4 + 4NH_3 =\!=\!= [Cu(NH_3)_4]SO_4$$
$$HgI_2 + 2KI =\!=\!= K_2[HgI_4]$$

在加合过程中,没有电子得失和价态的变化,也没有形成共用电子的共价键。因此,配合物的形成并不符合经典化合价理论。在这类化合物中,都含有能稳定存在的复杂离子,如 $[Ag(NH_3)_2]^+$、$[Cu(NH_3)_4]^{2+}$、$[HgI_4]^{2-}$,称为配离子。凡含有配离子的化合物称为配位化合物,简称配合物。在习惯上,配离子也称配合物。

二、配合物的组成

配合物可分为两个组成部分,即内界和外界。在配合物内,提供电子对的分子或离子称为配位体;接受电子对的离子或电子称为配位中心离子(或原子),简称中心离子(或原子)。中心离子与配位体结合组成配合物的内界,这是配合物的特征部分,通常用方括号括起来。配合物中的其他离子,构成配合物的外界,写在方括号外面。现以 $[Cu(NH_3)_4]SO_4$ 和 $K_4[Fe(CN)_6]$ 为例,说明配合物的组成,如图9.1所示。

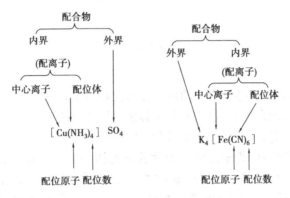

图9.1 配合物的组成

1. 中心离子(或原子)

中心离子是配合物的形成体,位于配合物的中心位置,是配合物的核心,通常是金属阳离子或某些金属原子以及高氧化数的非金属元素。如 Fe^{2+}、Fe^{3+}、Cu^{2+}、Co^{2+}、Ni^{2+}、Zn^{2+} 等金属离子以及 $[Fe(CO)_5]$、$[Ni(CO)_4]$、$[(SiF_6)]^{2-}$ 中的 Fe、Ni、Si(Ⅳ)原子。

2. 配位体

在配合物中,与中心离子以配位键结合的负离子、原子或分子称为配位体,简称配体。配体位于中心离子周围,它可以是中性分子,如 NH_3、H_2O 等,也可以是阴离子,如 Cl^-、CN^-、OH^- 等。配体中直接与中心原子配位的原子称为配位原子。如 NH_3 中 N,H_2O 中的 O 以及 CO、CN 中的 C 原子等。一般常见的配位原子主要是周期表中电负性较大的非金属原子,如 N、O、S、F、Cl、Br、I 等原子。

根据配位体所含配位原子的数目,可分为单齿配位体和多齿配位体。单齿配位体只含有一个配位原子且中心离子只形成一个配位键,其组成比较简单,如 F^-、Br^-、CN^-、NO_2^-、NH_3 和 H_2O 等。多齿配体含有两个或两个以上的配位原子,它们与中心离子可以形成多个配位键,其组成较复杂,多数是有机分子。如 NH_2—CH_2—CH_2—NH_2(乙二胺简写 en)、$C_2O_4^{2-}$ 等。

3. 配位数

直接与中心离子(或原子)的配位数。一般中心离子的配位数为偶数,而常见的配位数为 2、4、6,如 $[Ag(NH_3)_2]^+$、$[Cu(NH_3)_4]^{2+}$、$[Co(NH_3)_6]^{3+}$。如果是单齿配位体,则配位体的数目就是该中心离子(或原子)的配位数,即配位体的数目就是该中心离子(或原子)的配位数,配位体的数目和配位数相等。对多齿配位体,如在 $[Cu(en)_2]^{2+}$ 配离子中,en 是双齿配位体,

所以 Cu^{2+} 的配位数是 4 而不是 2。中心离子的实际配位数的多少与中心离子、配体的半径、电荷有关,也和配体的浓度、形成配合物的温度等因素有关。但对某一中心离子来说,常有一特征配位数。

4.配离子的电荷

配离子的电荷数等于中心离子和配位体总电荷的代数和。由于配合物作为整体是电中性的,因此,外界离子的电荷总数和配离子的电荷数相等,而符号相反,因此由外界离子的电荷也可以推断出配离子的电荷。例如在 $[Cu(NH_3)_4]^{2+}$ 中,由于配位体 NH_3 是中性分子,所以配离子的电荷就等于中心离子的电荷数,为 +2。再如 $K_3[Fe(CN)_6]$ 中配离子电荷为:$3 + 6 \times (-1) = -3$。

三、配合物的命名

由于配合物种类繁多,有些配合物的组成相对比较复杂,因此配合物的命名也较复杂。

配合物的命名有系统命名法、习惯命名法和俗名法等方法。

系统命名法的原则是,先命名阴离子再命名阳离子。

配离子的命名顺序为:阴离子配体→中性分子配体→“合”→中心离子(用罗马数字标明氧化数,无变价可以不写)。若有几种配体,各配体之间用黑点“·”分开。不同阴离子配体的命名顺序是:简单阴离子→复杂阴离子→有机酸根离子;不同中性分子配体的命名顺序是:NH_3→H_2O→有机分子。配体个数用数字一、二、三、…写在该种配体名称的前面。

①内外界顺序与一般无机物的命名原则相同。若配离子为阳离子,外界离子在前,配离子在后,命名为“某化某”或“某酸某”;若配离子为阴离子,配离子在前,外界离子在后,命名为“某酸某”。

②内界中各物质的命名顺序为:配体数(汉字数字)—配体名称(不同配体间用中圆点分开)—合—中心原子名称—中心原子氧化值(罗马数字)。

③不同配体的先后顺序按下述原则进行命名。

a.若配离子中既有无机配体又有有机配体。则无机配体排列在前,有机配体排列在后。

b.若同时存在阴离子配体和中性分子配体,则先阴离子配体后中性分子配体。

c.若都为同类配体,则按配位原子的元素符号在英文字母中的顺序排列。

d.若同类配体中配位原子相同,配体中含原子的数目也相同,则按在结构式中与配位原子相连的原子元素符号的英文字母顺序排列。

e.若同类配体中配位原子相同,配体中含原子的数目不同,则将较少原子数的配体排在前面,较多原子数的配体列后。

配离子是阴离子的配合物称为“某酸某”或“某某酸”,如:

$Na_2[Zn(NH_3)_4]$	四氨合锌酸钠
$H_2[PtCl_6]$	六氯合铂(Ⅳ)酸

配离子是阳离子的配合物称为“某化某”或“某酸某”,如:

$[Cu(NH_3)_4]SO_4$	硫酸四氨合铜(Ⅱ)
$[NiCl_2(NH_3)_3H_2O]Cl$	氯化二氯·三氨·一水合镍(Ⅲ)

中性配合物的命名,按内界直接命名,如:

[Co(CO)$_4$]   四羰基合钴

[PtCl$_2$(NH$_3$)$_2$]   二氯·二氨合铂(Ⅱ)

下面是一些配合物的命名实例:

[Cu(NH$_3$)$_4$]$^{2+}$ 四氨合铜(Ⅱ)离子

[CoCl$_2$(NH$_3$)$_4$]$^+$ 二氯·四氨合钴(Ⅲ)离子

[Fe(en)$_3$]Cl$_3$ 三氯化三(乙二胺)合铁(Ⅲ)

[Ag(NH$_3$)$_2$]OH   氢氧化二氨合银(Ⅰ)

H$_2$[PtCl$_6$]   六氯合铂(Ⅳ)酸

[Co(ONO)(NH$_3$)$_5$]SO$_4$ 硫酸亚硝酸根·五氨合钴(Ⅲ)

[Co(NH$_3$)$_5$(H$_2$O)]$_2$(SO$_4$)$_3$ 硫酸五氨·水合钴(Ⅲ)

[Co(NH$_3$)$_2$(en)$_2$]Cl$_3$ 氯化二氨·二(乙二胺)合钴(Ⅲ)

NH$_4$[Co(NO$_2$)$_4$(NH$_3$)$_2$]   四硝基·二氨合钴(Ⅲ)酸铵

NH$_4$[Cr(NCS)$_4$(NH$_3$)$_2$]   四(异硫氰酸根)·二氨合铬(Ⅲ)酸铵

没有外层的配合物,中心原子的氧化值可不必标明,如:

[Ni(CO)$_4$]   四羰基合镍

[PtNH$_2$(NO$_2$)(NH$_3$)$_2$]   氨基·硝基·二氨合铂

另外,有些配合物有其习惯上沿用的名称,例如:K$_4$[Fe(CN)$_6$]称为亚铁氰化钾(黄血盐);K$_3$[Fe(CN)$_6$]习惯名称为铁氰化钾,俗名为赤血盐;H$_2$[SiF$_6$]称为氟硅酸;[Ag(NH$_3$)$_2$]$^+$习惯名称为银氨配离子。

四、螯合物

螯合物是多齿配体通过两个或两个以上的配位原子与同一中心离子形成的具有环状结构的配合物。可将配位体比作螃蟹的螯钳,牢牢地钳住中心离子,所以形象地称其为螯合物。能与中心离子形成螯合物的配位体称为螯合剂。最常见的螯合剂是一些胺、羧酸类的化合物。如乙二胺四乙酸和它的二钠盐,是最典型的螯合剂,可简写为 EDTA。乙二胺四乙酸的结构为:

从结构上看,乙二胺四乙酸是一种四元酸,常用 H$_4$Y 表示。在室温下每 100 mL 水中仅溶解 0.02 g,溶解度很小。因此,在分析工作中通常使用其二钠盐 Na$_2$H$_2$Y·2H$_2$O(也称 EDTA 二钠)作滴定剂,其在 22 ℃时,每 100 mL 水中溶解 11.1 g,浓度约为 0.3 mol/L,pH 值约为 4.4。

环状结构是螯合物的特征。螯合物中的环一般是五元环或六元环。其他环则较少见到,也不稳定。螯合物中成环越多,其稳定性越强。在 EDTA 的分子中,可提供 6 个配位原子,其中 2 个氨基氮和 4 个羧基氧都可以提供电子对,与中心离子结合成 6 个配位数,5 个五元环的螯合物。

有些金属离子与螯合剂所形成螯合物具有特殊的颜色,可用于金属元素的分离或鉴定。例如 1,10-二氮杂菲,一般称为邻二氮杂菲,与 Fe^{2+} 可生成橙红色螯合物,可用以鉴定 Fe^{2+} 的存在。

五、配位平衡

(一)配合离子的离解平衡和不稳定常数

配合物的内界和外界之间是以离子键结合的,与强电解质类似,在水溶液中几乎完全离解。而配合物内界却很难离解。如在 $[Cu(NH_3)_4]SO_4$ 溶液中加入 $BaCl_2$ 溶液,会产生白色 $BaSO_4$ 沉淀,而加入少量的氢氧化钠溶液,并无浅蓝色的 $Cu(OH)_2$ 生成,这并不能说明溶液中根本没有 Cu^{2+} 离子,因为若加入少量的 Na_2S 溶液,则生成黑色 CuS 沉淀,并嗅到氨的特殊气味。这说明 $[Cu(NH_3)_4]^{2+}$ 离子可以微弱地解离出极少量的 Cu^{2+} 离子和 NH_3 分子。

$$[Cu(NH_3)_4]^{2+} \rightleftharpoons Cu^{2+} + 4NH_3$$

配离子在溶液中的离解平衡与弱电解质的电离平衡相似,因此,也可以写出配离子的离解平衡常数,即:

$$K_{不稳} = \frac{[Cu^{2+}][NH_3]_4}{[Cu(NH_3)_4^{2+}]}$$

这个常数越大则表示 $[Cu(NH_3)_4]^{2+}$ 配离子越易离解,即配离子越不稳定。所以这个常数 K 称为 $[Cu(NH_3)_4]^{2+}$ 配离子的不稳定常数。可用 $K_{不稳}$ 表示。不同配离子具有不同的不稳定常数,所以配合物的不稳定常数是每个配离子的特征常数。$K_{不稳}$ 越大,配离子越不稳定,在溶液中越容易离解为中心原子和独立的配体。对于具有相同个数配体(中心原子个数也相同)的配离子可根据 $K_{不稳}$ 的数值判断其稳定性的相对大小。例如 $[Cu(NH_3)_4]^{2+}$ 的 $K_{不稳} = 2.09 \times 10^{-13}$,而 $[Cd(NH_3)_4]^{2+}$ 的 $K_{不稳} = 2.75 \times 10^{-7}$,$[Zn(NH_3)_4]^{2+}$ 的 $K_{不稳} = 2.00 \times 10^{-9}$。根据 $K_{不稳}$ 越大,配离子越不稳定,越易离解的原则,上面的 3 种配离子其稳定性应为:

$$[Cd(NH_3)_4]^{2+} < [Zn(NH_3)_4^{2+}] < [Cu(NH_3)_4]^{2+}$$

(二)配离子的配位平衡与稳定常数

除了可以用不稳定常数表示配离子的稳定性以外,在有的书或资料中,也常用稳定常数。如 $[Cu(NH_3)_4]^{2+}$ 配离子的形成反应为:

$$Cu^{2+} + 4NH_3 \rightleftharpoons [Cu(NH_3)_4]^{2+}$$

其平衡常数为
$$K_{稳} = \frac{[Cu(NH_3)_4]^{2+}}{[Cu^{2+}][NH_3]_4}$$

$K_{稳}$ 值越大,表示配离子在水中越稳定。稳定常数的大小,直接反映配离子稳定性大小。由于 $K_{稳}$ 值通常都比较大,所以也经常使用 $K_{稳}$ 的常用对数值 $\lg K_{稳}$。一些常见配离子的稳定常数见表 9.1。

表9.1 一些常见配离子的稳定常数

配离子	$K_{稳}^{\ominus}$	配离子	$K_{稳}^{\ominus}$	配离子	$K_{稳}^{\ominus}$
$[Cd(NH_3)_4]^{2+}$	$10^{7.12}$	$[HgCl_4]^{2-}$	$10^{15.07}$	$[Cd(OH)_4]^{2-}$	$10^{12.0}$
$[Co(NH_3)_6]^{2+}$	$10^{5.11}$	$[Cd(CN)_4]^{2-}$	$10^{18.78}$	$[Cu(OH)_4]^{2-}$	$10^{6.0}$
$[Co(NH_3)_6]^{3+}$	$10^{35.2}$	$[Au(CN)_2]^{-}$	$10^{38.3}$	$[CdI_4]^{2-}$	$10^{5.41}$
$[Cu(NH_3)_6]^{3+}$	$10^{7.61}$	$[Cu(CN)_2]^{-}$	$10^{24.0}$	$[HgI_4]^{2-}$	$10^{29.83}$
$[Cu(NH_3)_2]^{+}$	$10^{12.59}$	$[Fe(CN)_6]^{4-}$	$10^{35.4}$	$[Co(NCS)_4]^{2+}$	$10^{3.00}$
$[Cu(NH_3)_4]^{2+}$	$10^{7.79}$	$[Fe(CN)_6]^{3-}$	$10^{43.6}$	$[Fe(NCS)_2]^{2+}$	$10^{2.95}$
$[Ni(NH_3)_4]^{2+}$	$10^{8.49}$	$[Hg(CN)_4]^{2-}$	$10^{41.4}$	$[Fe(NCS)_2]^{+}$	$10^{3.36}$
$[Ag(NH_3)_2]^{2+}$	$10^{7.40}$	$[Ni(CN)_4]^{2-}$	$10^{31.3}$	$[Hg(SCN)_4]^{2-}$	$10^{21.13}$
$[Zn(NH_3)_4]^{2+}$	$10^{9.06}$	$[Ag(CN)_2]^{-}$	$10^{21.8}$	$[Ag(SCN)_2]^{-}$	$10^{5.57}$
$[CdCl_4]^{2-}$	$10^{2.80}$	$[Zn(CN)_4]^{2-}$	$10^{16.7}$	$[Ag(S_2O_3)_2]^{3-}$	$10^{13.46}$

配合物在水溶液中存在着两种离解方式,内外界按强电解质电离方式全部离解;内界的中心离子和配体按弱电解质电离方式部分离解,并存在着离解与配位两个相反的过程,例如:

$$[Cu(NH_3)_4]^{2+} \Longrightarrow Cu^{2+} + 4NH_3 \qquad Cu^{2+} + 4NH_3 \Longrightarrow [Cu(NH_3)_4]^{2+}$$

当配离子$[Cu(NH_3)_4]^{2+}$的离解速度与Cu^{2+}、NH_3的配位速度相等时,体系就处于平衡状态,有关离子、分子的浓度相对不变。

(三)配离子的逐级稳定常数

配合物的生成一般也是分级进行的。在配合物生成时,有一系列平衡存在。对应于每一级配位平衡有一个相应的平衡常数,这些平衡常数称为配合物的逐级(或分步)稳定常数,分别用k_1、k_2、k_3、…来表示。逐级稳定常数随着配位数的增加而减小。因配位数增大时,配体之间的斥力增大,同时中心离子对每个配体的吸引力减小,因而其稳定性减弱。另外请注意平衡常数中配离子电荷的表示法,例如:

$$Cu^{2+} + 4NH_3 \Longrightarrow [Cu(NH_3)_4]^{2+}, K_{稳} = \frac{[Cu(NH_3)_4^{2+}]}{[Cu^{2+}][NH_3]^4}$$

$$Cu^{2+} + NH_3 \Longrightarrow [Cu(NH_3)]^{2+}, K_{稳1} = \frac{[Cu(NH_3)^{2+}]}{[Cu^{2+}][NH_3]} = 10^{4.31}$$

$$[Cu(NH_3)]^{2+} + NH_3 \Longrightarrow [Cu(NH_3)_2]^{2+}, K_{稳2} = \frac{[Cu(NH_3)_2^{2+}]}{[Cu(NH_3)^{2+}][NH_3]} = 10^{3.67}$$

$$[Cu(NH_3)_2]^{2+} + NH_3 \Longrightarrow [Cu(NH_3)_3]^{2+}, K_{稳3} = \frac{[Cu(NH_3)_3^{2+}]}{[Cu(NH_3)_2^{2+}][NH_3]} = 10^{3.04}$$

$$[Cu(NH_3)_3]^{2+} + NH_3 \Longrightarrow [Cu(NH_3)_4]^{2+}, K_{稳4} = \frac{[Cu(NH_3)_4^{2+}]}{[Cu(NH_3)_3^{2+}][NH_3]} = 10^{2.3}$$

逐级稳定常数的乘积等于该配离子的总稳定常数。

$$K_稳 = K_{稳1} \cdot K_{稳2} \cdot K_{稳3} \cdot K_{稳4} = \frac{[Cu(NH_3)_4^{2+}]}{[Cu^{2+}][NH_3]^4} = 10^{13.32}$$

很显然,稳定常数和不稳定常数之间存在如下关系:

$$K_稳 = \frac{1}{K_{不稳}}$$

稳定常数或不稳定常数在应用上十分重要,使用时应十分注意不可混淆。

在溶液中,配离子的离解是逐级进行的,因此有:

$$K_稳 = K_{稳1} \cdot K_{稳2} \cdot K_{稳3} \cdot \cdots \cdot K_{稳n}$$

六、配离子稳定常数的应用

利用配合物的稳定常数,可以判断配合反应进行的程度和方向,计算配合物溶液中某一离子的浓度、判断难溶盐的溶解和生成的可能性等,还可以用来计算金属与其配离子组成电对的电极电势。

(一)判断配合反应进行的方向

这实际上是配离子之间转化的问题。反应总是向形成更稳定配离子的方向进行,两种配离子的稳定常数相差越大,反应就越彻底,转化亦越完全。例如配合反应:

$$[Ag(NH_3)_2]^+ + 2CN^- \Longrightarrow [Ag(CN)_2]^- + 2NH_3$$

向哪一个方向进行? 可以根据配合物 $[Ag(NH_3)_2]^+$ 和 $[Ag(CN)_2]^-$ 的稳定常数,求出上述反应的平衡常数来判断。

$$K = \frac{[Ag(CN)_2^-][NH_3]^2}{[Ag(NH_3)_2^+][CN^-]^2}$$

分子分母同乘以 $[Ag^+]$ 后,可得:

$$K = \frac{[Ag(CN)_2^-][Ag^+][NH_3]^2}{[Ag^+][Ag(NH_3)_2^+][CN^-]^2} = \frac{K_稳[Ag(CN)_2^-]}{K_稳[Ag(NH_3)_2^+]}$$

已知 $[Ag(CN)_2]^-$ 和 $[Ag(NH_3)_2]^+$ 的 $K_稳$ 分别为 $10^{7.24}$ 和 10^{21},则:

$$K = \frac{10^{21}}{10^{7.24}} = 10^{13.76}$$

由计算出的 K 值可以看出,上述配合反应向着生或 $[Ag(CN)_2]^-$ 的方向进行趋势很大。因此在含有 $[Ag(NH_3)_2]^+$ 的溶液中,加入足够的 CN^- 时,$[Ag(NH_3)_2]^+$ 被破坏而生成 $[Ag(CN)_2]^-$。

(二)计算配离子溶液中有关离子的浓度

例 1:将 0.2 mol/L $AgNO_3$ 溶液与 0.6 mol/L 氨水等体积混合,求溶液中 Ag^+ 浓度。

解:所求的是平衡时的 Ag^+ 的浓度,即 $[Ag^+]$。由于等体积混合,因而溶液中原有的 Ag^+ 的浓度和 NH_3 的浓度都被冲稀到原有浓度的 1/2。($c_{Ag^+} = 0.1$ mol/L,$c_{NH_3} = 0.3$ mol/L)

假定达到平衡时溶液中 $[Ag^+]$ 为 x mol/L,则:

$$Ag^+ \quad + \quad 2NH_3 \Longrightarrow [Ag(NH_3)_2]^+$$

平衡浓度 $\qquad x \quad 0.3-2(0.1-x) \quad 0.1-x$

NH_3 是过量的，$K^{\ominus}_{[Ag(NH_3)_2]^+}$ 又相当大，故可以认为 Ag^+ 几乎都与 NH_3 分子结合为配离子，于是有：

$$0.1-x \approx 0.1$$
$$0.1+2x \approx 0.1$$

$$K_{稳} = \frac{[Ag(NH_3)_2^+]}{[Ag^+][NH_3]^2} = \frac{0.1-x}{x(0.1+2x)^2} = \frac{0.1}{0.1^2 x} = \frac{1}{0.1x}$$

$$x = 5.8 \times 10^{-7} \text{ mol/L}$$

（三）讨论配离子与沉淀之间的转化

可溶性配离子与沉淀之间的转化，与配离子之间的转化类似，后者是两种配离子生成的竞争反应，前者是沉淀溶解平衡与配位平衡的竞争。两种平衡互相影响和制约，利用配离子的稳定常数和沉淀的溶度积常数可以计算难溶物质在配位时的溶解度以及这时所需配位剂的量或浓度。

例2：在室温下，如果在 1.0 L 氨水中溶解 $0.001\,0$ mol AgCl 沉淀，问氨水的最小浓度应为多少 mol/L？

解：AgCl 溶于氨水的反应为：

$$AgCl + 2NH_3 \Longrightarrow Ag(NH_3)_2^+ + Cl^-$$

反应的平衡常数表达式为：

$$K = \frac{[Ag(NH_3)_2^+][Cl^-]}{[NH_3]^2}$$

分子分母同乘以 $[Ag^+]$ 后，可得：

$$K = \frac{[Ag(NH_3)_2^+][Cl^-][Ag^+]}{[NH_3]^2[Ag^+]} = K_{稳} K_{sp}$$

设溶解了的 Ag^+ 全部转化为 $[Ag(NH_3)_2]^+$，则有：

$$[Ag(NH_3)_2]^+ = [Cl^-] = 0.001\,0(\text{mol/L})$$
$$K_{稳} = 1.7 \times 10^7, K_{sp} = 1.56 \times 10^{-10}$$

用平衡常数表示式解出平衡时氨的浓度为：

$$[NH_3] = 1.9 \times 10^{-2}(\text{mol/L})$$

氨水的浓度应为 $[NH_3] + 2[Ag(NH_3)_2]^+ = 1.9 \times 10^{-2} + 2 \times 0.001\,0 = 2.1 \times 10^{-2}(\text{mol/L})$

（四）计算金属与其配离子间的电势

电极电势是元素从某一氧化态转变为另一氧化态难易程度的量度。不同氧化态之间的电极电势随配合物的形成而发生改变，则对应物质的氧化还原性能也有所不同。

例3：计算 $[Ag(NH_3)_2]^+ + e \Longrightarrow Ag + 2NH_3$ 体系的标准电势。已知 $K_{稳} = 1.7 \times 10^7$，$\varphi^{\ominus} = +0.81$ V。

解：求体系的标准电极电势是指 $[Ag(NH_3)_2]^+$、$[NH_3]$ 的浓度均为 1.0 mol/L：

$$Ag^+ + 2NH_3 \Longrightarrow [Ag(NH_3)_2]^+$$
$$[Ag(NH_3)_2]^+ = [NH_3] = 1.0 \text{ mol/L}$$

$$K_{稳} = 1/[Ag^+] \times 1.0^2 = 1.7 \times 10^7 \quad [Ag^+] = 5.8 \times 10^{-8} \, mol/L$$

根据能斯特方程求 $\varphi^{\ominus}_{[Ag(NH_3)_2]^+/Ag}$，即为 $[Ag^+] = 5.8 \times 10^{-8} \, mol/L$ 时的 $\varphi^+_{Ag/Ag}$，

$$\varphi^+_{Ag/Ag} = \varphi^{\ominus} + 0.059\,2 \times lg[Ag^+] = 0.81 + 0.059\,2 \times lg\,5.8 \times 10^{-8} = 0.38(V)$$

从计算结果可以看出，当简单离子配合以后，其标准电极电位一般变小。因而使简单离子得电子的能力减弱，不易被还原为金属。增加了金属离子的稳定性。根据这个道理，在电镀银时，不用硝酸银等简单银盐溶液，而用含 $[Ag(CN)_2]^-$ 的溶液。这是由于银的析出电位比其标准电位负得多。在许多情况下，避免了被镀金属与 Ag^+ 离子的置换反应，也有利致密的微细晶体的生成，达到镀层与被镀物结合牢固、表面平滑、质密、厚度均匀和美观的要求。

通过以上几个实例的计算结果表明，配合平衡只是一种相对平衡状态。同样存在着一个平衡移动问题。它同溶液中的 pH 值、沉淀反应、氧化还原反应等有着密切的关系。利用这些关系，实现配离子的生成与破坏，以达到某种科学实验或生产实践的目的。如废定影液中含有大量的 $[Ag(S_2O_3)_2]^{3-}$。由于 $[Ag(S_2O_3)_2]^{3-}$ 非常稳定，希望破坏配离子而将银提出，必须用很强的沉淀剂，如 Na_2S。在废定影液中，加入 Na_2S 则发生下列反应：

$$2[Ag(S_2O_3)_2]^{3-} + S^{2-} = Ag_2S + 4S_2O_3^{2-}$$

所得 Ag_2S 用硝酸氧化制成 Ag_2SO_4 或在过量的盐酸中用铁粉末：

$$Ag_2S + 2HCl + Fe = 2Ag + FeCl_2 + H_2S$$

又如氰化物极毒，为消除含氰废液的公害。往往用 $FeSO_4$ 进行消毒，使之转化为毒性很小，而且更稳定的配合物，反应为：

$$6NaCN + 3FeSO_4 = Fe_2[Fe(CN)_6] + 3Na_2SO_4$$

七、配合物的性质

在溶液中形成配合物时，常常出现颜色的改变、溶解度的改变、电极电势的改变、pH 值的改变等现象。根据这些性质的变化，可以帮助确定是否有配合物生成。在科研和生产中，常利用金属离子形成配合物后性质的变化进行物质的分析和分离。

(一)溶解度

一些难溶于水的金属氯化物、溴化物、碘化物、氰化物可以依次溶解于过量的 Cl^-，Br^-，I^-，CN^- 和氨中，形成可溶性的配合物，如难溶的 AgCl 可溶于过量的浓盐酸及氨水中。

金和铂之所以能溶于王水中，也是与生成配离子的反应有关。

$$Au + HNO_3 + 4HCl = H[AuCl_4] + NO + 2H_2O$$
$$3Pt + 4HNO_3 + 18HCl = 3H_2[PtCl_6] + 4NO + 8H_2O$$

(二)氧化与还原

通过实验的测定或查表，人们知道 Hg^{2+} 和 Hg 之间的标准电极电位 +0.85 V。如 CN^- 离子使 Hg^{2+} 形成了 $Hg(CN)_4^{2-}$ 离子，Hg^{2+} 的浓度不断减小，直到 Hg^{2+} 全部形成配离子。$Hg(CN)_4^{2-}$ 和 Hg 之间的电极电位为 -0.37 V。

通过实验事实可以充分说明当金属离子形成配离子后，它的标准电极电位值一般是要降

低的。同时稳定性不同的配离子,它们的标准电极电位值降低的大小也不同,它们之间又有什么关系呢?

一般配离子越稳定(稳定常数越大),它的标准电极电位越负(越小)。从而金属离子越难得到电子,越难被还原。事实上在 $HgCl_4^{2-}$ 溶液中投入铜片,即镀上一层汞,而在 $Hg(CN)_4^{2-}$ 溶液中就不会发生这种现象。

(三)酸碱性

一些较弱的酸如 HF、HCN 等在它们形成配合酸后,酸性往往变强。例如 HF 与 BF_3 作用而生成配合酸 $H[BF_4]$,而四氟配硼酸的碱金属盐溶在水中呈中性,这就说明 $H[BF_4]$ 应为强酸。又如弱酸 HCN 与 AgCN 形成的配合酸 $H[Ag(CN)_2]$ 也是强酸。这种现象是由于中心离子与弱酸的酸根离子形成较强的配键,从而迫使 H^+ 移到配合物的外界,因而变得容易电离,所以酸性增强。

同一金属离子氢氧化物的碱性因形成配离子而有变化,如 $[Cu(NH_3)_4](OH)_2$ 的碱性就大于 $Cu(OH)_2$。原因是 $[Cu(NH_3)_4]^{2+}$ 的半径大于 Cu^{2+} 离子的半径和 OH^- 离子的结合能力较弱,OH^- 离子易于解离。

习　题

一、判断题

1. 含有某配体的配合物的稳定常数实际上是该配体与以水为配体的配合物取代反应的平衡常数。　　　　　　　　　　　　　　　　　　　　　　　　　　　　　　　　(　　)

2. 配合物(离子)的 $K_稳$ 越大,则稳定性越高。　　　　　　　　　　　　　　(　　)

3. 包含配离子的配合物都易溶于水,例如 $K_3[Fe(CN)_6]$ 和 $[Co(NH_3)_6]Cl_3$ 就是这样。这是它们与一般离子化合物的显著区别。　　　　　　　　　　　　　　　　　(　　)

4. 多核配合物中,中心原子与中心原子总是经过某一或某些配位原子作为桥基联结起来的。　　　　　　　　　　　　　　　　　　　　　　　　　　　　　　　　　(　　)

5. 配位原子与中心原子之间的化学键也有可能是多重键。　　　　　　　　　(　　)

6. 价键理论认为,只有中心原子空的价轨道与具有孤对电子的配位原子轨道重叠时才能形成配位键。　　　　　　　　　　　　　　　　　　　　　　　　　　　　　(　　)

7. 在 $Pt(NH_3)_4Cl_4$ 中,铂为 +4 价,配位数为 6。　　　　　　　　　　　　(　　)

8. $[Pt(NH_3)_2(OH)_2Cl_2]$ 配合物有 5 种几何异构体。　　　　　　　　　(　　)

二、选择题

1. $[Cr(Py)_2(H_2O)Cl_3]$ 中 Py 代表吡啶,这个化合物的名称是(　　)。

A. 三氯化一水二吡啶合铬(Ⅲ)　　　　　　B. 一水合三氯化二吡啶合铬(Ⅲ)

C. 三氯一水二吡啶合铬(Ⅲ)　　　　　　　D. 二吡啶一水三氯化铬(Ⅲ)

2. $[Co(en)_2Cl_2]^+$ 中互为异构体的总数共有(　　)。

A. 2 个　　　　　　　B. 3 个　　　　　　　C. 4 个　　　　　　D. 1 个(无异构体)

3. 已知 $[Pd(Cl)_2(OH)_2]^{2-}$ 有两种不同的结构,成键电子所占据的杂化轨道应该是(　　)。

A. sp^3 B. d^2sp^3 C. sp^3 和 dsp^2 D. dsp^2

4. 下列哪一种"离子"在通常情况下在各自的配合物中不取 sp 杂化轨道成键?( )。

A. Cu(Ⅰ)   B. Cu(Ⅱ)   C. Ag(Ⅰ)   D. Au(Ⅰ)

5. 下列酸根都可以作为配体生成配合物,但最难配到形成体上的酸根是( )。

A. ClO_4^- B. SO_4^{2-} C. NO_3^- D. CO_3^{2-}

6. $[Cu(NH_3)_4]^{2+}$ 比 $[Cu(H_2O)_4]^{2+}$ 稳定,这意味着 $[Cu(NH_3)_4]^{2+}$ 的( )。

A. 酸性较强   B. 配体场较强   C. 离解常数较小   D. 三者都对

7. 在下列各组配合物中,中心离子氧化数相同的是( )。

A. $K[Al(OH)_4]$ $K_2[Co(NCS)_4]$ B. $[Ni(CO)_4]$ $[Mn_2(CO)_{10}]$

C. $H_2[PtCl_6]$ $[Pt(NH_3)_2Cl_2]$ D. $K_2[Zn(OH)_4]$ $K_3[Co(C_2O_4)_3]$

8. 下列配合物(离子)具有 3 种几何异构体的是( )。

A. $[Cr(H_2O)_3Cl]$ B. $[Zn(en)Cl_2]$

C. $[Fe(H_2O)_4(OH)_2]$ D. $[Co(NH_3)_2(en)Cl_2]$

9. 加入( )试剂可使 AgBr 以配离子形式进入溶液中。

A. HCl   B. $Na_2S_2O_3$ C. NaOH   D. $NH_3 \cdot H_2O$

三、填空题

1. 在配合物 $[Co(NH_3)_3H_2OCl_2]$ 中,中心离子是( ),配位体是( ),配位数是( ),中心离子的氧化数是( ),配离子的电荷数是( ),内界( ),外界( )。

2. 配合物 $Fe(CO)_5$ 中,金属 Fe 与 CO 的结合是靠( )键。

3. 在 $[Pt(NH_3)_5Cl]Cl_3$ 中,化学键型有( )种,它们分别是( )。

4. 写出下列配合物或配离子的名称

$Li[AlH_4]$( ),$[Pt(NH_3)_4][PtCl_4]$( )

5. 写出下列物质的化学式。

赤血盐( ),三氯化二水四氨合钴(Ⅲ)( )

四、简答题

KI 溶液中加入 $[Ag(NH_3)_2]NO_3$ 溶液,能使 Ag^+ 形成不溶物而析出;但加入 $K[Ag(CN)_2]$ 溶液后,不能有沉淀形成,为什么?

五、计算题

1. 已知 $[Co(NH_3)_6]^{3+}$ 的稳定常数为 6.3×10^{35},试计算反应 $[Co(NH_3)_6]^{3+} + 6H_3O^+ \longrightarrow [Co(H_2O)_6]^{3+} + 6NH_4^+$ 的标准自由能变化 $\Delta_r G^\circ$,并判断反应是否自发。实验证明加酸并不能引起 $[Co(NH_3)_6]^{3+}$ 变化,这现象与计算结果相符吗?为什么?

2. 0.1M $AgNO_3$ 溶液 50 mL,加入比重为 0.932 含 NH_3 18.24% 的氨水 30 mL 后,加水冲稀到 100 mL,求该溶液中 Ag^+,$[Ag(NH_3)_2]^+$ 和 NH_3 的浓度,已配合在 $[Ag(NH_3)_2]^+$ 中的 Ag^+ 的百分比为多少?(已知:$K_{稳}[Ag(NH_3)_2]^+ = 1.7 \times 10^7$)

六、综合题

有两种组成相同的 $CoSO_4Br(NH_3)_5$ 的配合物,其一的水溶液为无色,加 $AgNO_3$ 后生成黄色沉淀;若加 $BaCl_2$ 溶液无变化。另一水溶液为紫色,加入 $BaCl_2$ 溶液生成沉淀,若加入 $AgNO_3$ 溶液无变化。试确定它们的结构式,并一一命名。

第 **10** 章
元素化学导论

一、元素概论

　　人类一切活动的物质基础最终都来源于自然,自然界的万物都是由化学元素组成的。人类对元素的发现、认识和利用的历史,就是人类社会发展的历史。元素作为物质资源的出现,更成为各个历史阶段的里程碑。大约在 5 000 年前,人类发现了铜、锡,从此人类社会进入青铜时代。迄今为止。在人类发现的 112 种化学元素中,有 90 余种存在于自然界,其余 10 余种由人工合成。在这些化学元素中除了 22 种非金属外都是金属元素,正是这些元素构成了人类赖以生存和发展的物质世界。人类社会的进步更与元素资源的开发利用息息相关。没有钢铁,人类的近代文明是不可想象的;没有铀核变反应的发现,就不会有现代的原子能工业体系;没有硅的开发利用,也就没有以半导体为先导的电子时代,更不会有当今社会的信息时代。科学技术的发展一步也离不开化学的发展,化学是研究物质变化的科学,而物质的本质就是元素。

二、s 区元素

　　s 区元素包括周期表中ⅠA 族和ⅡA 族,是最活泼的金属元素。ⅠA 族元素包括锂、钠、钾、铷、铯、钫 6 种元素,它们的氧化物溶于水呈碱性所以又称碱金属。ⅡA 族元素包括铍、镁、钙、锶、钡、镭 6 种金属元素,由于钙、锶、钡的氧化物在性质上与碱性氧化物类似,也与土壤中的氧化铝类似,所以又称为碱土金属。习惯上也常将铍和镁包括在碱土金属之内。在 s 区元素中,锂、铷、铯、铍是稀有金属,钫和镭是放射性元素。ⅠA 族和ⅡA 族的价电子构型分别为 ns^1、ns^2,它们的原子最外层有 1～2 个电子,这些元素称为 s 区元素。钠、钾、镁、钙和钡在地壳内蕴藏较丰富,它们的单质和化合物用途广泛。

　　s 区元素的一个重要特点是各族元素通常只有一种稳定的氧化态。ⅠA 族为 +1,ⅡA 族为 +2。这与它们的族数一致。从电离能的数据可以看出,碱金属的第一电离能较小,容易失去一个电子,但第二电离能很大,故很难失去第二个电子。碱土金属的第一、第二电离能都较

193

小,容易失去两个电子,而第三电离能很大,所以很难失去第三个电子。

(一)通性

碱金属和碱土金属的基本性质分别列于表10.1和表10.2。

表10.1　碱金属的一些性质

名称\性质	锂(Li)	钠(Na)	钾(K)	铷(Rb)	铯(Cs)
原子序数	3	11	19	37	55
价电子构型	$2s^1$	$3s^1$	$4s^1$	$5s^1$	$6s^1$
金属原子半径/pm	155	190	255	248	267
沸点/℃	1 317	892	774	688	690
熔点/℃	180	97.8	64	39	28.5
电负性	0.98	0.93	0.82	0.82	0.79
第一电离能/$(kJ \cdot mol^{-1})$	520	496	419	403	376
第二电离能/$(kJ \cdot mol^{-1})$	7 298	4 562	3 051	2 633	2 230
电极电势	−3.045	−2.714	−2.925	−2.925	−2.923
氧化值	+1	+1	+1	+1	+1

表10.2　碱土金属的一些性质

名称\性质	铍(Be)	镁(Mg)	钙(Ca)	锶(Sr)	钡(Ba)
原子序数	4	12	20	38	56
价电子构型	$2s^2$	$3s^2$	$4s^2$	$5s^2$	$6s^2$
金属原子半径/pm	112	160	197	215	222
沸点/℃	2 970	1 107	1 487	1 334	1 140
熔点/℃	1 280	651	845	769	725
电负性	1.57	1.31	1.00	0.95	0.89
第一电离能/$(kJ \cdot mol^{-1})$	900	738	590	549	502
第二电离能/$(kJ \cdot mol^{-1})$	1 757	1 450.7	1 145.4	1 064.3	965.3
第三电离能/$(kJ \cdot mol^{-1})$	14 849	7 732.8	4 912	4 210	3 575
电极电势	−1.85	−2.37	−2.87	−2.89	−2.90
氧化值	+2	+2	+2	+2	+2

①它们的价电子构型为 $ns^{1\sim2}$,内层为稀有气体稳定电子层结构。价电子很易失去,呈 +1、+2 氧化态。它们都是活泼性很高的金属,只是碱土金属(第ⅡA族元素)稍次于碱金属(第ⅠA族元素)而已。

②有较大的原子半径。因为每一周期是从碱金属开始建立新的电子层。原子半径变化的规律为:同周期从ⅠA到ⅡA减小,同族中从上到下增大。

③电离势和电负性均较小。碱金属由于内层具有稀有气体的稳定电子层结构,对电荷的屏蔽作用较强,所以碱金属的第一电离能在同一周期中最低,使碱金属原子很容易失去一个电子呈 +1 价氧化态,因此碱金属是活泼性很高的金属。碱金属的第二电离能很大,不会表现出其他氧化态。碱土金属比相邻的碱金属多了一个核电荷,因而原子核对最外层的两个 s 电子的作用增强了,使碱土金属的原子半径较同周期碱金属为小,所以要失去一个电子比相应的碱金属难,活泼性次于碱金属。碱土金属的第二电离能约为第一电离能的两倍。在反应中似乎不可能失去第二个电子,但当它们和其他元素作用时,从第一个电子化合所释放的能量,足以使第二个电子随后也参与反应而形成 +2 价的化合物。而第三电离能太大,故不会形成 +3 氧化态。

④化学键特征。以离子键结合为特征,但在某些情况下仍显示一定程度的共价性,其中 Li 和 Be,由于具有较小的原子半径,电离能高于同族其他元素,形成共价键的倾向比较显著,常表现出与同族元素不同的化学性质。

(二)物理性质

碱金属和碱土金属单质具有金属光泽,除铍呈钢灰色外,其他都具有银白色光泽。碱金属具有密度小、硬度小、熔点低、导电性强的特点,是典型的轻金属。碱土金属的密度、熔点和沸点则较碱金属为高。碱土金属的密度稍大些,但钡的密度比常见金属如 Cu、Zn、Fe 还小。Li、Na、K 都比水轻,锂是固体单质中最轻的,它的密度约为水的一半。很多ⅠA、ⅡA 族金属单质之所以比较轻是因为它们在同一周期里比相应的其他元素原子量较小而原子半径较大的缘故。有良好的导电性和延展性,除 Be 和 Mg 外,其他均较软。由于碱金属的硬度小,所以钠、钾都可以用刀切割,切割后的新鲜表面可以看到银白色的金属光泽,接触空气以后由于生成氧化物、氮化物和碳酸盐,外壳颜色变暗。碱金属具有良好的导电性,碱金属(特别是钾、铷、铯)在光照之下能够放出电子对光特别灵敏,铯是光电池的良好材料。碱金属在常温下能形成液态合金(77.2% K 和 22.8% Na 熔点 260.7 K)和钠汞齐(熔点 236.2 K),前者由于具有较高的比热和较宽的液化范围而被用作核反应堆的冷却剂,后者由于具有缓和的还原性而常在有机合成中用作还原剂。

(三)单质的化学性质

①它们都具有很高的化学活泼性,能直接或间接地与电负性较高的非金属元素形成相应的化合物。如可与卤素、硫、氧、磷、氮和氢等元素化合。一般形成离子化合物(除 Li、Be 及 Mg 的卤化物外)。

②单质与水反应放出氢气。除了 Be 和 Mg 由于表面形成致密的氧化物保护膜,因而对水稳定外,碱金属和 Ca、Sr、Ba 都容易与水反应。金属钠与水反应剧烈并放出 H_2,反应放出的热使钠熔化成小球,钾与水的反应更激烈并发生燃烧,铷、铯与水剧烈反应并发生爆炸。碱土金属也可以与水反应,铍能与水蒸气反应,镁能将热水分解,而钙、锶、钡与冷水就能比较剧烈地进行反应。因为这两族金属的标准电极电势很负,都处于水的稳定区以下,在水溶液中能迅速同水反应放出氢气,所以,不能用来还原水溶液中的其他物质。它们的强还原性在干态和有机

反应中得到了广泛应用。

③碱金属、碱土金属均溶于液氨中,生成具有导电性的蓝色溶液。反应式如下:

$$M(s) + (x+y)NH_3 \Longrightarrow M(NH_3)_x^+ + (NH_3)_y^-$$
氨合电子(电流载体的主体)

它们的导电性与液体金属相似。

将氨从溶液中蒸发掉,可重新回收金属,这样,浓的金属氨溶液为有机和无机提供了一种理想的均相还原剂,实现了在水中无法实现的均相氧化还原反应。

④易氧化,生成氧化物、过氧化物、超氧化物等。碱金属和碱土金属在空气中都容易和氧化合,碱金属在室温下能迅速地与空气中的氧反应,所以碱金属在空气中放置一段时金属表面就生成一层氧化物,在锂的表面上除生成氧化物外还有氮化物,钠、钾在空气中稍微加热就燃烧起来,而铷和铯在室温下遇空气就立即燃烧。

$$4Li + O_2 \Longrightarrow 2Li_2O$$
$$6Li + N_2 \Longrightarrow 2Li_3N$$
$$4Na + O_2 \Longrightarrow 2Na_2O$$

它们的氧化物在空气中易吸收二氧化碳形成碳酸盐:

$$Na_2O + CO_2 \Longrightarrow Na_2CO_3$$

因此碱金属应存放在煤油中,因锂的密度最小可以浮在煤油上,所以将其浸在液状石蜡或封存在固体石蜡中。碱土金属活泼性略差,室温下这些金属表面缓慢生成氧化膜,它们在空气中加热才显著发生反应,除生成氧化物外还有氮化物生成。

$$3Ca + N_2 \Longrightarrow Ca_3N_2$$

因此在金属熔炼中常用 Li、Ca 等作为除气剂,除去溶解在熔融金属中的氮气和氧气。

在高温时碱金属和碱土金属还能夺取某些氧化物中的氧,如镁可使 SiO_2 的硅还原成单质 Si 或夺取氯化物中的氯,如金属钠可以从 $TiCl_4$ 中置换出金属钛:

$$SiO_2 + 2Mg \Longrightarrow Si + 2MgO$$
$$TiCl_4 + 4Na \Longrightarrow Ti + 4NaCl$$

⑤与氢的反应,活泼的碱金属均能与氢在高温下直接化合,生成离子型氢化物,由于氢负离子有较大的半径,容易变形,所以它仅能存在于干态的离子型氢化物晶体中,而不能成为水溶液中的水合离子。

⑥焰色反应。将碱金属、碱土金属单质及其挥发性盐置于无色火焰中,呈现特征的火焰颜色,称为焰色反应,碱金属和几种碱土金属焰色见表10.3。

表10.3 碱金属和碱土金属焰色

离子	Li$^+$	Na$^+$	K$^+$	Rb$^+$	Cs$^+$	Ca^{2+}	Sr^{2+}	Ba^{2+}
焰色	红	黄	紫	紫红	紫红	橙红	深红	黄绿
灵敏光谱线波长/nm	670.8	589.0 589.6	404.4 404.7	420.2 459.3	455.5 459.3	612.2 616.2	687.8 797.0	553.6

因为当金属或其盐在火焰上灼烧时,原子被激发,电子接受了能量,从较低的能级跳到较高能级。但处在较高能级的电子是很不稳定的,很快又跳回到低能级,这时就将多余的能量以

光的形式放出。原子的结构不同,就发出不同波长的光,所以光的颜色也不同。碱金属和碱土金属等能产生可见光谱,而且每一种金属原子的光谱线比较简单,所以容易观察识别。利用焰色反应,可以根据火焰的颜色定性地鉴别这些元素的存在与否,但一次只能鉴别一种离子,同时利用碱金属和钙、锶钡盐在灼烧时产生不同焰色的原理可以制造各色焰火。

焰色反应是检验碱金属和碱土金属及其离子的一种方法。由于钾盐中往往含有少量钠盐,实验表明,当钾盐中含有 $1/10^5$ 的钠盐时,就会在焰色反应中只看到钠的黄色。为消除钠焰色的干扰,一般须用蓝色钴玻璃片滤去黄色来进行观察。

节日五光十色的焰火多是用碱金属、碱土金属的盐类和一些易燃物混合而成。焰火中发白光的多是镁粉;盐类多用可提供氧的氯酸盐、硝酸盐。常见的各色焰火,可按表 10.4 中的比例(质量单位)进行配制。

与焰火的原理相同,军事上将各种金属盐按不同配方混合,装在子弹或炮弹中,制成信号弹。

表 10.4　部分焰火配方

药物/颜色	红　色	绿　色	蓝　色	黄　色	白　色
氯酸钾	4	9	7		
硫黄	11	10	5	12	3
木炭	2			2	2
硝酸锶	33				
硝酸钡		31			
硝酸钾			7	30	12
蔗糖			2		
硝酸钠				5	
镁粉					1

由此可知碱金属和碱土金属均为活泼金属,都是强还原剂。在同一族中金属的活泼性,由上而下逐渐增强,在同一周期中从左到右金属活泼性逐渐减弱。

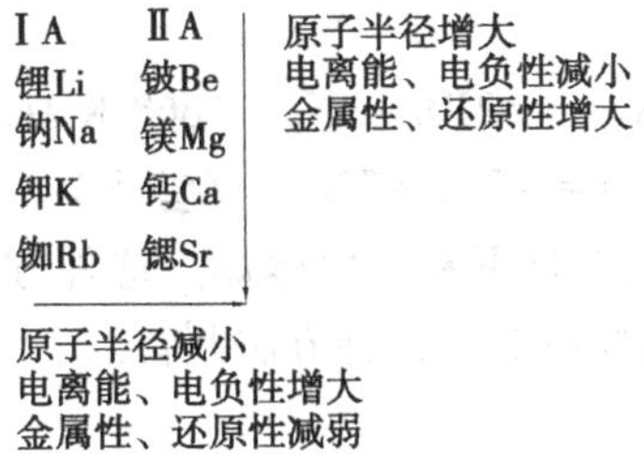

图 10.1　s 区元素性质

⑦铍的反常性质。

Be 原子的价电子层结构为 $2s^2$,它的原子半径为 89 pm,Be 离子半径为 31 pm,Be 的电负性为 1.57。铍由于原子半径和离子半径特别小(不仅小于同族的其他元素,还小于碱金属元素),电负性又相对较高(不仅高于碱金属元素,也高于同族其他各元素),所以铍形成共价键的倾向比较显著,不像同族其他元素主要形成离子型化合物。因此铍常表现出不同于同族其

197

他元素的反常性质。

a. 铍由于表面易形成致密的保护膜而不与水作用,而同族其他金属镁、钙、锶、钡均易与水反应。

b. 氢氧化铍是两性的,而同族其他元素的氢氧化物均是中强碱或强碱性的。

c. 铍盐强烈地水解生成四面体型的离子 $[Be(H_2O)_4]^{2+}$,键很强,这就削弱了 O—H 键,因此水合铍离子有失去质子的倾向:

$$[Be(H_2O)_4]^{2+} \Longrightarrow [Be(OH)(H_2O)_3]^+ + H^+$$

因此铍盐在纯水中是酸性的。而同族其他元素(镁除外)的盐均没有水解作用。

(四)单质制备

由于碱金属和碱土金属的性质很活泼,所以一般都用电解它们的熔融化合物的方法制取,钠和锂主要用电解熔融的氯化物制取。

（1）熔盐电解法

电解用的原料是氯化钠和氯化钙的混合盐,若只用氯化钠进行电解不仅需要高温而且电解析出的金属钠易挥发(氯化钠的熔点为 1 073 K,钠的沸点为 1 156 K),还容易分散在熔融盐中难于分离出来,加入氯化钙后一则可降低电解质的熔点(混合盐的熔点约 873 K),防止钠的挥发,再则可减小金属钠的分散性,因熔融混合物的密度比金属钠大,钠易浮在上面。电解熔融盐时的电极反应如下:

$$阳极\ 2Cl^- \Longrightarrow Cl_2 + 2e$$
$$阴极\ 2Na^+ + 2e \Longrightarrow 2Na$$
$$总反应\quad 2NaCl \xrightarrow{\text{电解}} 2Na + Cl^2$$

（2）热分解法

碱金属的某些化合物加热分解能生成碱金属。碱金属的化合物如亚铁氰化物、氰化物和叠氮化物加热能被分解成碱金属:

$$4KCN \Longrightarrow 4K + 4C + 2N_2$$
$$2MN_3 \Longrightarrow 2M + 3N_2(M = Na、K、Rb、Cs)$$

铷铯常用这种方法制备:

$$2RbN_3 \Longrightarrow 2Rb + 3N_2 \quad (668\ K\ 高真空)$$
$$2CsN_3 \Longrightarrow 2Cs + 3N_2 \quad (663\ K)$$

碱金属的叠氮化物较易纯化,而且不易发生爆炸。这种方法是精确定量制备碱金属的理想方法,锂因形成很稳定的 Li_3N,故不能用这种方法制备。

（3）热还原法

热还原法一般采用焦炭或碳化物为还原剂,例如:

$$K_2CO_3 + 2C \Longrightarrow 2K + 3CO \quad (1\ 473\ K\ 真空)$$
$$2KF + CaC_2 \Longrightarrow CaF_2 + 2K + 2C \quad (12\ 731\ 423\ K)$$

钾、铷、铯的沸点低易挥发,在高温下用焦炭、碳化物及活泼金属做还原剂,还原它们的化合物,利用它们的挥发性分离。

（4）金属置换法

钾、铷和钠虽然也可以用电解法制取,但通常用强还原性的金属,如 Na、Ca、Mg、Ba 等。

在高温和低压下还原它们氯化物的方法制取,例如:

$$KCl + Na \xlongequal{\quad} NaCl + K$$

$$2RbCl + Ca \xlongequal{\quad} CaCl_2 + 2Rb$$

铯可以用镁还原 $CsAlO_2$ 制得:

$$2CsAlO_2 + Mg \xlongequal{\quad} MgAl_2O_4 + 2Cs$$

上面几个反应看起来是较不活泼的金属,把活泼金属从其盐类中置换出来,这似乎与金属的标准电极电势排列的金属活动顺序相矛盾,人们已经知道用标准电极电势作反应方向的判断标准,只能在水溶液的情况下应用,而上述反应都是在高温下进行的,所以不能应用。将钠蒸气通入熔融的 KCl 中可以得到一种钠钾合金。钾在高温更易挥发,在一个分馏塔中加热,利用钾在高温时挥发度大而从合金中分离出来。另外钠和钾的同类型化合物的晶格能相比,钠比钾高,因而钠的化合物更稳定。钾沸点低、易挥发,钾易熔于熔融 KCl 中难分离,在电解过程中产生的 KO_2 与 K 会发生爆炸,所以一般不用熔融盐电解法制取钾,主要用金属置换法等制取。

(五)氧化物和氢氧化物

1. 氧化物

(1)普通氧化物

碱金属在空气中燃烧时,只有锂生成普通氧化物 Li_2O,钠生成过氧化物 Na_2O_2,钾、铷、铯生成超氧化物 MO_2(M = K、Rb、Cs)。要制备除锂以外的其他碱金属的普通氧化物,必须采用其他方法。碱土金属在室温或加热时与氧化合,一般只生成普通氧化物 MO。但实际生产中常从它们的碳酸盐或硝酸盐加热分解制备。

(2)过氧化物(O_2^{2-})

过氧化物是含有过氧基(—O—O—)的化合物,除铍外,碱金属、碱土金属在一定条件下都能形成过氧化物,常见的是过氧化钠。过氧化钠 Na_2O_2 呈强碱性,含有过氧离子。在碱性介质中,过氧化钠是一种强氧化剂,常用作氧化分解矿石的熔剂。例如:

$$Cr_2O_3 + 3Na_2O_2 \xlongequal{\quad} 2Na_2CrO_4 + Na_2O$$

$$MnO_2 + Na_2O_2 \xlongequal{\quad} Na_2MnO_4$$

Na_2O_2 与水作用产生 H_2O_2,H_2O_2 立即分解放出氧气。所以过氧化钠常用作纺织品、麦秆、羽毛等的漂白剂和氧气发生剂。在潮湿的空气中,过氧化钠能吸收二氧化碳气并放出氧气:

$$2Na_2O_2 + 2CO_2 \xlongequal{\quad} 2Na_2CO_3 + O_2 \uparrow$$

因此过氧化钠广泛用于防毒面具、高空飞行和潜水艇里,吸收人们放出的二氧化碳气并供给氧气。在酸性介质中,当遇到像高锰酸钾这样的强氧化剂时,过氧化钠就显还原性了,过氧离子被氧化成氧气单质:

$$5O_2^{2-} + 2MnO_4^- + 16H^+ \longrightarrow 2Mn^{2+} + 5O_2 \uparrow + 8H_2O$$

(3)超氧化物

超氧化钾 KO_2、超氧化铷 RbO_2 和超氧化铯 CsO_2 中都含有超氧离子(O_2^-),因为超氧离子中有一个未成对的电子,所以超氧化物有顺磁性并呈现出颜色。超氧化钾是橙黄色,超氧化铷是深棕色,超氧化铯是深黄色。超氧化物都是强氧化剂,与水剧烈地反应放出氧气和过氧化氢：

$$2MO_2 + 2H_2O \xrightarrow{} O_2\uparrow + H_2O_2 + 2MOH(M=K、Rb、Cs)$$

超氧化物还能除去二氧化碳气并再生出氧气，可以用于急救器、潜水和登山等方面。

$$4MO_2 + 2CO_2 \xrightarrow{} 2M_2CO_3 + 3O_2(M=K、Rb、Cs)$$

(4) 臭氧化物

钾、铷、铯的氢氧化物与臭氧反应，可得臭氧化物：

$$3KOH(s) + 2O_3(g) \xrightarrow{} 2KO_3(s) + KOH + H_2O(s) + \frac{1}{2}O_2$$

将 KO_3 用液氨结晶，可得到橘红色的 KO_3 晶体，它缓慢地分解为 KO_2 和 O_2。

2. 氢氧化物

碱金属溶于水生成相应的氢氧化物，它们最突出的化学性质是强碱性，对纤维和皮肤有强烈的腐蚀作用，所以称它们为苛性碱。氢氧化钠和氢氧化钾通常分别称为苛性钠（又名烧碱）和苛性钾。它们都是白色晶状固体，具有较低的熔点。除 LiOH 在水中的溶解度（13 g/100 g 水）较小外，其余碱金属的氢氧化物都易溶于水，并放出大量的热。在空气中易吸湿潮解，所以固体 NaOH 是常用的干燥剂。它们还容易与空气中的二氧化碳作用生成碳酸盐，所以要密封保存。但在 NaOH 表面难免要接触空气而带有一些 Na_2CO_3，如果在化学分析工作中需要不含 Na_2CO_3 的 NaOH 溶液，可先配制 NaOH 的饱和溶液，Na_2CO_3 因不溶于饱和的 NaOH 溶液而沉淀析出，静置取上层清液用煮沸后冷却的新鲜水稀释到所需的浓度即可。氢氧化钠一般用铸铁容器，在实验室可用银或镍的器皿。氢氧化钠能腐蚀玻璃，实验室盛氢氧化钠溶液的试剂瓶应用橡皮塞而不能用玻璃塞，否则存放时间较长 NaOH 就和瓶口玻璃中的主要成分 SiO_2 反应，而生成黏性的 Na_2SiO_3，而把玻璃塞和瓶口粘结在一起。

表 10.5　碱金属氢氧化物的某些性质

氢氧化物	LiOH	NaOH	KOH	RbOH	CsOH
溶解度/$(mol \cdot L^{-1})$（293 K）	5.3	26.4	19.1	17.9	25.8
酸碱性	中强碱	强碱	强碱	强碱	强碱

表 10.6　碱土金属氢氧化物的某些性质

氢氧化物	$Be(OH)_2$	$Mg(OH)_2$	$Ca(OH)_2$	$Sr(OH)_2$	$Ba(OH)_2$
溶解度/$(mol \cdot L^{-1})$（293 K）	8×10^{-6}	5×10^{-4}	1.8×10^{-2}	6.7×10^{-2}	2×10^{-1}
酸碱性	两性	中强碱	强碱	强碱	强碱

NaOH 和 KOH 是重要的化工基本原料，它们的水溶液和熔融物能与许多金属或非金属氧化物作用，在工业生产和科学研究上有很多重要用途。

$$2Al + 2NaOH + 6H_2O \xrightarrow{} 2Na[Al(OH)_4] + 3H_2\uparrow$$

$$Al_2O_3 + 2NaOH \xrightarrow{} 2NaAlO_2 + H_2O$$

$$Si + 2NaOH + H_2O \xrightarrow{} Na_2SiO_3 + 2H_2\uparrow$$

$$SiO_2 + 2NaOH \xrightarrow{} Na_2SiO_3 + H_2O$$

在碱金属、碱土金属的氢氧化物中，除 $Be(OH)_2$ 为两性氢氧化物外，其他的氢氧化物都是强碱或中强碱。这两族元素氢氧化物碱性递变的次序如下：

$$LiOH < NaOH < KOH < RbOH < CsOH$$

中强碱　　强碱　　强碱　　强碱　　强碱

$$Be(OH)_2 < Mg(OH)_2 < Ca(OH)_2 < Sr(OH)_2 < Ba(OH)_2$$

两性　　　中强碱　　　强碱　　　强碱　　　强碱

碱金属、碱土金属氢氧化物的碱性和溶解度递变规律如图 10.2 所示

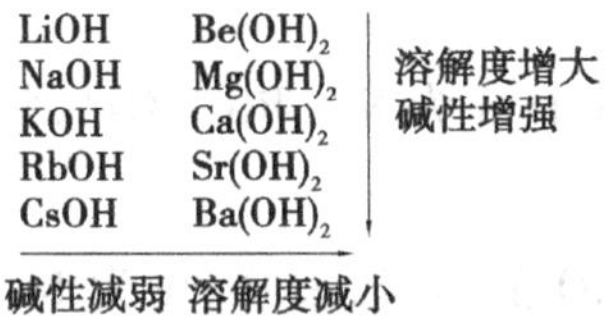

图 10.2　碱金属、碱土金属氢氧化物的碱性和溶解度递变规律

（六）重要的盐类

碱金属和碱土金属的常见盐类有卤化物、碳酸盐、硝酸盐、硫酸盐和硫化物等。下面讨论它们的共性和一些特性并简单介绍几种重要的盐。

1. 碱金属和碱土金属盐类溶解性的特点

碱金属盐类的最大特征是易溶于水并且在水中完全电离，所有碱金属离子都是无色的。只有少数碱金属盐是难溶的，它们的难溶盐一般都是由大的阴离子组成，而且碱金属离子越大，难溶盐的数目也越多。难溶钠盐有白色粒状的六羟基锑酸钠 $Na[Sb(OH)_6]$、醋酸双氧铀酰锌钠 $NaAc \cdot Zn(Ac)_2 \cdot 3UO_2(Ac)_2 \cdot 9H_2O$ 为黄绿色结晶。难溶的钾盐稍多，有高氯酸钾 $KClO_4$（白色）、四苯硼酸钾 $K[B(C_6H_5)_4]$（白色）、酒石酸氢钾 $KHC_4H_4O_6$（白色）、六氯铂酸钾 $K_2[PtCl_4]$（淡黄色）、钴亚硝酸钠钾 $K_2Na[Co(NO_2)_6]$（亮黄色），钠钾的一些难溶盐常用在鉴定钠、钾离子。

碱土金属盐类的重要特征是它们的微溶性，除氯化物、硝酸盐、硫酸镁、铬酸镁易溶于水外，其余的碳酸盐、硫酸盐、草酸盐、铬酸盐等皆难溶，硫酸盐和铬酸盐的溶解度 Ca、Sr、Ba 的顺序降低，草酸钙的溶解度是所有钙盐中最小的，因此在重量分析中可用它来测定钙。碱金属和碱土金属碳酸盐溶解度的差别也常用来分离 Na^+、K^+ 和 Ca^{2+}、Ba^{2+}。

2. 钠盐和钾盐性质的差异

钠盐和钾盐性质很相似，但也有差别，重要的有 3 点，如下所述。

（1）溶解度

钠、钾盐的溶解度都比较大，相对来说钠盐更大些，仅 $NaHCO_3$ 的溶解度不大，$NaCl$ 的溶解度随温度的变化不大，这是常见的盐中溶解性较特殊的。

（2）吸湿性

钠盐的吸湿性比相应的钾盐强，因此化学分析工作中常用的标准试剂多是钾盐，如用邻苯二甲酸氢钾标定碱液的浓度，用重铬酸钾标定还原剂溶液的浓度，在配制炸药时用 KNO_3 或 $KClO_3$，而不用相应的钠盐。

（3）结晶水

含结晶水的钠盐比钾盐多，如 $Na_2SO_4 \cdot 10H_2O$、$Na_2HPO_4 \cdot 10H_2O$ 等。

3. 晶型

绝大多数碱金属和碱土金属的盐是离子型晶体,大多数属 NaCl 型。铯的卤化物是 CsCl 型结构,它们的熔点均较高,由于 Li^+、Be^{2+} 离子最小,极化作用较强,才使得它们的某些盐(如卤化物)具有较明显的共价性,Mg^{2+} 盐也有一些是共价性的。

4. 形成复盐的能力

除锂以外,碱金属还能形成一系列复盐,复盐有下述几种类型。

(1) 光卤石类

通式为 $MCl \cdot MgCl_2 \cdot H_2O$,其中 M 为 K^+、Rb^+、Cs^+,如光卤石 $KCl \cdot MgCl_2 \cdot 6H_2O$。

(2) 矾类

通式为 $M_2SO_4 \cdot MgSO_4 \cdot 6H_2O$ 的矾类,其中 M 为 K^+、Rb^+、Cs^+,如软钾镁矾 $K_2SO_4 \cdot MgSO_4 \cdot 6H_2O$。

通式为 $M^I M^{III}(SO_4)_2 \cdot 12H_2O$ 的矾类,其中 M^I 为 Na^+、K^+、Rb^+、Cs^+,M^{III} 为 Al^{3+}、Cr^{3+}、Fe^{3+}、Co^{3+}、Ga^{3+}、V^{3+} 等离子,如明矾 $KAl(SO_4)_2 \cdot 12H_2O$。

5. 热稳定性

一般碱金属盐具有较高的热稳定性,卤化物在高温时挥发而难分解,硫酸盐在高温下既难挥发又难分解,碳酸盐除 Li_2CO_3 在 1 543 K 以上分解为 Li_2O 和 CO_2 外,其余更难分解,唯有硝酸盐热稳定性较低,加热到一定温度就可分解,例如:

$$4LiNO_3 \xrightarrow{976\ K} 2Li_2O + 4NO_2 + O_2 \uparrow$$

$$2NaNO_3 \xrightarrow{1\ 003\ K} 2NaNO_2 + O_2 \uparrow$$

$$2KNO_3 \xrightarrow{943\ K} 2KNO_2 + O_2 \uparrow$$

碱土金属的卤化物、硫酸盐、碳酸盐对热也较稳定,但它们的碳酸盐热稳定性较碱金属碳酸盐要低。

$BeCO_3$	$MgCO_3$	$CaCO_3$	$SrCO_3$	$BaCO_3$
373 K	813 K	1 173 K	1 553 K	1 633 K

6. 几种重要的盐

①氯化钠。卤化物中用途最广的是氯化钠,包含海盐、岩盐和井盐等,氯化钠除供食用外,也是制取金属钠、氢氧化钠、碳酸钠、氯气和盐酸等多种化工产品的基本原料,冰盐混合物可作为制冷剂。

②氯化镁。无水氯化镁是制取金属镁的原料,光卤石和海水是取得氯化镁的主要资源。氯化镁通常情况下以 $MgCl_2 \cdot 6H_2O$ 形式存在。用加热水合物的方法不能得到无水盐,因为它会水解:

$$MgCl_2 \cdot 6H_2O \xrightarrow{>408\ K} Mg(OH)Cl + HCl + 5H_2O$$

$$Mg(OH)Cl \xrightarrow{\sim 770\ K} MgO + HCl$$

要得到无水的氯化镁必须将六水氯化镁在干燥的氯化氢气流中加热脱水,工业上常用在高温下通氯气于焦炭和氧化镁的混合物制取。氯化镁有吸潮性,普通食盐的潮解就是含有氯化镁之故。

③碳酸钙($CaCO_3$)。$CaCO_3$是白色晶体或粉状固体,密度为 $2.729\ 3\ \text{g} \cdot \text{cm}^{-3}$,其为天然存在的石灰石、大理石和冰洲石的主要成分。它的化学性质主要表现在下述几个方面。

a. $CaCO_3$ 加热到 $1\ 098\ \text{K}$ 左右开始分解,生成氧化钙和二氧化碳气。

b. 将二氧化碳通入石灰水,或 Na_2CO_3 溶液与石灰水反应,或碳酸钠溶液与氯化钙溶液反应,都可以得碳酸钙沉淀。

c. $CaCO_3$不溶于水,但溶于含有二氧化碳的水中,生成碳酸氢钙 $Ca(HCO_3)_2$。

这种溶有碳酸氢钙的天然水称为暂时硬水,遇热时二氧化碳被驱出,又生成碳酸钙沉淀:

$$Ca(HCO_3)_2 =\!\!=\!\!= CaCO_3 \downarrow + CO_2 \uparrow + H_2O$$

石灰岩溶洞的形成就是这个道理,岩石中的碳酸钙被地下水(含有二氧化碳的水)溶解后再沉淀出来,就形成了钟乳石和石笋。

天然碳酸钙用于建筑材料,如作水泥、石灰、人造石等,还用于做陶瓷、玻璃等的原料。沉淀的碳酸钙用作医药上的解酸剂。

④氟化钙。萤石是制取 HF 和 F_2 的重要原料,在冶金工业中用作助熔剂,也用于制作光学玻璃和陶瓷等。常用的荧光灯中涂有荧光材料 $3Ca_3(PO_4)_2 \cdot Ca(F,Cl)_2$ 和少量 Sb^{3+}、Mn^{2+} 的化合物。卤磷酸钙称为母体,Sb^{3+}、Mn^{2+} 离子为激活剂,用紫外光激发后发出荧光。

⑤硫酸钙。$CaSO_4 \cdot 2H_2O$ 俗称生石膏,加热至 $393\ \text{K}$ 左右时其部分脱水而成熟石膏 $CaSO_4 \cdot \frac{1}{2}H_2O$。这个反应是可逆的:

$$2CaSO_4 \cdot 2H_2O \xrightleftharpoons{393\ \text{K}} 2CaSO_4 \cdot \frac{1}{2}H_2O + 3H_2O$$

熟石膏与水混合成糊状后放置一段时间会变成二水合盐,这时逐渐硬化并膨胀,故用以制作模型、塑像、粉笔和石膏绷带等。石膏还是生产水泥的原料之一和轻质建筑材料。

(七)镁与锂性质的相似性和对角线规则

镁与第ⅠA 主族的锂在周期表中呈对角线位置,呈现出对角线相似性。镁与锂性质上的相似性表现在下述方面。

①镁与锂在过量的氧气中燃烧,不形成过氧化物,只生成正常的氧化物。

②镁和锂的氢氧化物在加热时都可以分解为相应的氧化物。

③镁和锂的碳酸盐均不稳定,热分解生成相应的氧化物和放出二氧化碳气体。

④镁和锂的某些盐类如氟化物、碳酸盐、磷酸盐等及氢氧化物均难溶于水。

⑤镁和锂的氧化物、卤化物共价性较强,能溶于有机溶剂中,如溶于乙醇。

⑥镁离子和锂离子的水合能力均较强。

在周期表中某一元素的性质与它左上方或右下方的另一元素性质的相似性,称为对角线规则。这种相似性比较明显地表现在锂和镁、铍和铝、硼和硅 3 对元素之间。

对角线规则可以用离子极化的观点粗略说明:处于对角线的元素在性质上的相似性,是由于它们的离子极化力相近的缘故。离子极化力的大小取决于它的半径、电荷和结构。例如锂离子和钠离子虽为同一族,离子电荷相同,但是前者半径较小,并且 Li 具有电子结构,所以它的极化力比 Na^+ 强得多,因而使锂的化合物与钠的化合物在性质上差别较大。由于 Mg 的电荷较高,半径又小于钠离子,它的极化力与锂离子接近,于是 Mg 便与它左上方的锂离子在性质上显示出相似性。由此可见,对角线关系是物质的结构和性质内在联系的一种具体表现。

三、ds 区元素

ds 区元素包括铜族元素（ⅠB 族）和锌族元素（ⅡB 族）。铜、银、金位于周期表ⅠB 族，锌、镉、汞位于周期表ⅡB 族，结构特征铜族为 $(n-1)d^{10}ns^1$，锌族为 $(n-1)d^{10}ns^2$。从最外层电子说，铜族和ⅠA 族的碱金属元素都只有 1 个电子，失去 s 电子后都呈现 +1 氧化态；锌族和ⅡA 族的碱土金属元素都有两个 s 电子，失去 s 电子后都能呈 +2 氧化态。因此在氧化态和某些化合物的性质方面ⅠB 与ⅠA、ⅡB 与ⅡA 族元素有一些相似之处，但由于ⅠB 与ⅡB 族元素的次外层比ⅠA 与ⅡA 族元素多出 10 个 d 电子，它们又有一些显著的差异。由于它们都是金属，也称过渡金属。

（一）通性

铜族元素和锌族元素的次外层都是 18 电子结构，所以当它们分别形成与族数相同的氧化值的化合物时，相应的离子都是 18 电子构型。所以这两族的离子都有强的极化力，这使它们的二元化合物一般都部分地或完全地带有共价性。

ⅠB 族元素的 d 轨道都是刚好填满 10 个电子，由于刚填满 d 轨道的电子很不稳定，本族元素除能失去一个 s 电子形成 +1 氧化态外，还可以再失去一个或两个 d 电子形成 +2、+3 氧化态。ⅡB 族元素 d 轨道的电子已趋于稳定，只能失去最外层的一对 s 电子，因而它们多表现 +2 氧化态。汞有 +1 氧化态，但这时它总是以双聚离子 $[Hg—Hg]^{2+}$ 形式存在，它的化合价实际上还是 +2 价。ds 区元素的一些基本性质见表 10.7。它们与 s 区元素某些性质对比见表 10.8。

表 10.7　ds 区元素的一些基本性质

性质 ＼ 名称	铜（Cu）	银（Ag）	金（Au）	锌（Zn）	镉（Cd）	汞（Hg）
原子序数	29	47	79	30	48	80
价电子	$3d^{10}4s^1$	$4d^{10}5s^1$	$5d^{10}6s^1$	$3d^{10}4s^2$	$4d^{10}5s^2$	$5d^{10}6s^2$
氧化值	+1、+2	+1	+1、+3	+2	+2	+1、+2
熔点/℃	1 083	960.5	1 063	419.4	32.9	−38.89
沸点/℃	2 582	2 177	2 707	907	763.3	357
共价半径/pm	117	134	134	125	148	149
离子半径 M$^+$/pm	96	126	137	—	—	—
离子半径 M^{2+}/pm	72	—	—	74	97	110
第一电离能/（kJ.mol^{-1}）	745.5	731.0	890.1	906.4	867.7	1 007.0
第二电离能/（kJ.mol^{-1}）	1 957.9	2 074	1 980	1 733.3	1 631.4	1 809.7
升华能/（kJ.mol^{-1}）	340	285	385	131	112	62
电负性	1.9	1.9	2.4	1.6	1.7	1.9

表 10.8　ds 与 s 区元素性质对比

性质＼名称	I B	II B	I A	II A
次外层电子数	18	18	8	8
氧化态	+1、+2、+3	+2、+1	+1	+2
活泼性	小	小	大	大
同族元素活泼性变化规律	从上到下活泼性减小	从上到下活泼性减小	从上到下活泼性增大	从上到下活泼性增大
形成配合物的能力	大	大	小	小

（二）ds 元素单质的重要性质

铜、银、金是电的良导体,其中银在金属中导电性最好,铜次之。它们都是密度大、熔沸点较高、延展性好的金属。锌、镉、汞的熔沸点较低,汞是唯一在室温下呈液态的金属。汞与其他金属相比,具有较高的蒸气压。人体吸入汞蒸气会引起慢性中毒,使用汞时要特别小心,不要将它撒落在地上。万一不慎撒落时,应先小心将汞收集起来,然后在地面上撒一些硫粉或 $FeCl_3$ 溶液。汞的另一个特性是能够与许多金属形成合金-汞齐。若在光亮的铜片上滴一滴 Hg^{2+} 或 Hg_2^{2+} 试液(不含硝酸),放置片刻,铜片上立即出现汞齐的斑点,用布摩擦之,即光亮如镜。

$$Hg^{2+} + Cu = Cu^{2+} + Hg \downarrow$$
$$Hg_2^{2+} + Cu = Cu^{2+} + 2Hg \downarrow$$

该反应是鉴定 Hg^{2+} 和 Hg_2^{2+} 的特效反应,它不受其他阳离子的干扰。

ds 区金属的化学性质见表 10.9。

表 10.9　ds 区金属的反应性

反应物	Cu	Ag	Au	Zn	Cd	Hg
O_2	+（加热）	-	-	+（加热）	+（加热）	+（加热）
HNO_3 或浓 H_2SO_4	+	+	-	+	+	+
HCl	-	-	-	+	+	-
NaOH	-	-	-	+	-	-

说明：+ 表示反应；- 表示不反应。

从表中可以看出：

①II B 族金属的活泼性比 I B 族大,且每族元素都是从上到下活泼性降低。

②室温下,ds 区金属在空气中应该是稳定的,但是铜与含有 CO_2 的潮湿空气接触,铜表面生成(铜绿)-碱式碳酸铜。

$$2Cu + O_2 + CO_2 + H_2O \longrightarrow Cu_2(OH)_2CO_3$$

银也能发生类似的反应,当和含 H_2S 的空气接触时立即逐渐变暗：

$$4Ag + 2H_2S + O_2 \longrightarrow 2Ag_2S + 2H_2O$$

③金与所有的酸都不反应,但可溶于王水:

$$Au + 4HCl + HNO_3 \Longrightarrow H[AuCl_4] + NO\uparrow + 2H_2O$$

④锌是 ds 区元素中唯一能与碱反应的金属:

$$Zn + 2H_2O + 2NaOH \Longrightarrow Na_2[Zn(OH)_4] + H_2\uparrow$$

这是由于锌比较活泼,反应物 $Na_2[Zn(OH)_4]$ 又可溶于水的缘故。

(三)ds 区元素的重要化合物

1. 氧化物和氢氧化物

除 Au 以外,该区元素各氧化物的性质见表 10.10。在 ds 区元素的盐溶液中加入碱,可得相应的氢氧化物,但 AgOH 和 $Hg(OH)_2$ 不稳定,立即分解为氧化物。

$$2Ag^+ + 2OH^- \Longrightarrow Ag_2O\downarrow + H_2O$$

$$Hg^{2+} + 2OH^- \Longrightarrow HgO\downarrow + H_2O$$

表 10.10　ds 区元素氧化物的性质

	Cu_2O	CuO	Ag_2O
颜色	红色	黑色	棕色
热稳定性	稳定	800 ℃开始分解为 Cu_2O	300 ℃开始分解为 Ag
酸碱性	碱性	碱性为主,略显两性	碱性
	ZnO	CdO	HgO
颜色	白色	棕色	黄或红色
热稳定性	稳定	稳定	300 ℃开始分解为 Hg
酸碱性	两性	碱性	碱性

$Cu(OH)_2$ 呈淡蓝色,它受热脱水变成黑色的 CuO:

$$Cu(OH)_2 \xrightarrow{800\ ℃} CuO + H_2O$$

$Cu(OH)_2$ 略显两性,不但可溶于酸,也溶于强碱溶液,而形成 $[Cu(OH)_4]^{2-}$:

$$Cu(OH)_2 + 2OH^- \Longrightarrow [Cu(OH)_4]^{2-}$$

四羟基合铜离子可被葡萄糖还原为鲜红色的 Cu_2O:

$$2[Cu(OH)_4]^{2-} + C_6H_{12}O_6 \Longrightarrow Cu_2O\downarrow + 2H_2O + C_6H_{12}O_7 + 4OH^-$$

医院里常用这个反应来检验尿糖含量。

$Zn(OH)_2$ 和 $Cd(OH)_2$ 皆为白色沉淀。前者是两性氢氧化物,既溶于酸,也溶于过量的碱(形成 $[Zn(OH)_4]^{2-}$);而后者呈碱性,不溶于过量的碱溶液。但 $Zn(OH)_2$ 和 $Cd(OH)_2$ 均能溶于氨水中,形成配合物。

2. 铜盐

(1)硫酸铜

最常见的铜盐是五水硫酸铜 $CuSO_4 \cdot 5H_2O$,俗称胆矾,呈蓝色。$CuSO_4 \cdot 5H_2O$ 中 4 个水分子与 Cu^{2+} 配位,而第五个水分子则通过氢键同时与硫酸根和配位水分子相连。因此 $CuSO_4 \cdot 5H_2O$ 受热逐步脱水:

$$CuSO_4 \cdot 5H_2O \xrightarrow[-2H_2O]{102\ ℃} CuSO_4 \cdot 3H_2O \xrightarrow[-2H_2O]{113\ ℃} CuSO_4 \cdot H_2O \xrightarrow[-H_2O]{258\ ℃} CuSO_4$$

无水硫酸铜是白色粉末,有很强的吸水性,吸水后变成蓝色,所以常用它检验有机物中的微量水,也可用作干燥剂。

在 $CuSO_4$ 溶液中逐步加入氨水,先得到浅蓝色碱式硫酸铜沉淀:

$$2CuSO_4 + 2NH_3 \cdot H_2O =\!=\!= Cu_2(OH)_2SO_4 \downarrow + (NH_4)_2SO_4$$

若继续加入氨水,$Cu_2(OH)_2SO_4$ 即溶解,得到深蓝色的铜氨配离子 $[Cu(NH_3)_4]^{2+}$。

Cu^{2+} 与过量氨水作用生成深蓝色的 $[Cu(NH_3)_4]^{2+}$ 是鉴定 Cu^{2+} 的特效反应。但 Cu^{2+} 含量极微时,此法不宜检出。Cu^{2+} 在中性或酸性溶液中,能与 $K_4[Fe(CN)_6]$ 作用生成砖红色 $Cu_2[Fe(CN)_6]$ 沉淀:

$$2Cu^{2+} + [Fe(CN)_6]^{4-} =\!=\!= Cu_2[Fe(CN)_6] \downarrow$$

这个反应很灵敏,但 Fe^{3+}、Co^{2+} 的存在会有干扰。

硫酸铜有杀菌能力,用于蓄水池、游泳池中防止藻类生长。硫酸铜与石灰乳混合而成的"波尔多"液,可用于消灭植物的病虫害。

(2) Cu(Ⅰ)和 Cu(Ⅱ)之间的相互转化

Cu^+ 在水溶液中非常不稳定,从铜的电势图看出:

$$Cu^{2+} \xrightarrow{0.159} Cu^+ \xrightarrow{0.52} Cu$$

由于 $\varphi^{\ominus}(Cu^+/Cu) > \varphi^{\ominus}(Cu^{2+}/Cu^+)$,$Cu^+$ 易发生歧化反应而转变为 Cu^{2+} 和单质 Cu。反应的标准平衡常数很大($K^{\ominus} = 1.2 \times 10^6$),说明在水溶液中歧化反应进行得很彻底。

若使 Cu(Ⅱ)转化为 Cu(Ⅰ),必须有还原剂存在;同时 Cu^+ 必须以沉淀或配合物形式存在,借以减小溶液中 Cu^+ 的浓度。例如 $CuSO_4$ 溶液和浓盐酸及铜屑混合加热,可得 $[CuCl_2]^-$ 溶液:

$$Cu^{2+} + Cu + 4Cl^- \xrightarrow{\triangle} 2[CuCl_2]^-$$

将制得的溶液稀释,可得白色的 CuCl 沉淀:

$$[CuCl_2]^- \xrightarrow{稀释} CuCl(s) \downarrow + Cl^-$$

如果用其他还原剂代替 Cu,也可以得到 Cu^+ 化合物,例如:

$$2Cu^{2+} + 2Cl^- + SO_2 + 2H_2O =\!=\!= 2CuCl \downarrow + SO_4^{2-} + 4H^+$$

$$2Cu^{2+} + 4I^- =\!=\!= 2CuI \downarrow + I_2$$

后一反应便是碘量法测定铜的依据所在。

3. 银的化合物

银的化合物主要是氧化数为 +1 的化合物,氧化数为 +2 的化合物很少,如 AgO、AgF_2 一般不稳定,是极强的氧化剂。氧化数为 +3 的化合物极少,如 Ag_2O_3。

银盐的一个特点是多数难溶于水,能溶的只有硝酸银、氟化银、高氯酸银等少数几种。Ag^+ 和 Cu^{2+} 离子相似形成配合物的倾向很大,将难溶盐转比成配合物是溶解难溶银盐的最重要方法。

(1) 氧化银

在 $AgNO_3$ 溶液中加 NaOH,反应首先析出白色 AgOH,常温下 AgOH 极不稳定,立即脱水生

成暗棕色 Ag_2O 沉淀。Ag_2O 微溶于水，293 K 时 1 L 水能溶 13 mg，所以溶液呈微碱性，但如分别用溶于 90% 酒精的硝酸银和 KOH 在低于 228 K 下小心进行沉淀，可将到白色 AgOH 沉淀。

氧化银生成热很小(31 kJ/mol)，因此不稳定。加热到 573 K 时就完全分解，它容易被 CO 或 H_2O_2 所还原。

$$Ag_2O + CO = 2Ag + CO_2$$
$$Ag_2O + H_2O_2 = 2Ag + H_2O + O_2$$

Ag_2O 和 MnO_2、Co_2O_3、CuO 的混合物能在室温下将 CO 迅速氧化成 CO_2，可用在防毒面具中，以上反应显示出氧化银是一个强氧化剂。

Ag_2O 可溶于氰化钠或氨水溶液中：

$$Ag_2O + 4CN^- + H_2O = 2[Ag(CN)_2]^- + 2OH^-$$
$$Ag_2O + 4NH_3 + H_2O = 2[Ag(NH_3)_2]^+ + 2OH^-$$

$[Ag(NH_3)_2]^+$ 的溶液在放置过程中，会分解为黑色的易爆物 AgN_3。因此，该溶液不宜久置，而且凡是接触过 $[Ag(NH_3)_2]^+$ 的器皿、用具，用后必须立即清洗干净，以免潜伏隐患。

（2）硝酸银

硝酸银是最重要的可溶性银盐，可由单质与硝酸作用得到：

$$Ag + 2HNO_3(浓) = AgNO_3 + NO_2\uparrow + H_2O$$
$$3Ag + 4HNO_3(稀) = 3AgNO_3 + NO\uparrow + 2H_2O$$

其制法是将银溶于硝酸后蒸发并结晶，即得硝酸银。硝酸银熔点为 481.5 K，加热到 713 K 时分解，如有微量的有机物存在或日光直接照射即逐渐分解，因此硝酸银晶体或其溶液应当装在棕色玻璃瓶中。

$$2AgNO_3 = 2Ag + 2NO_2\uparrow + O_2\uparrow$$

硝酸银遇到蛋白质，即生成黑色蛋白银，因此它对有机组织有破坏作用，皮肤或工作服上沾有 $AgNO_3$ 后会逐渐变成紫黑色。它有一定的杀菌能力，对人体有腐蚀作用，使用时不要使皮肤接触它。10% 的 $AgNO_3$ 溶液在医疗上用作消毒剂和腐蚀剂。大量的硝酸银用于制造照相底片上的卤化银，还用于电镀、制镜、印刷、电子等行业，它也是重要的化学试剂。

（3）卤化银

在硝酸银溶液中加入卤化物，可以生成 AgCl、AgBr、AgI 沉淀，卤化银的颜色依 Cl、Br、I 的顺序依次加深（白→浅黄→黄）。它们都难溶于水，溶解度根据 Cl、Br、I 顺序而降低。由于 AgF 为离子型化合物，所以在水中溶解度较大。氟化银可由氢氟酸和氧化银或碳酸银反应制得：

$$Ag_2O + 2HF = 2AgF + H_2O$$

AgCl、AgBr、AgI 都不溶于稀硝酸，都具有感光性，常用于照相术。

$$2AgX \xrightarrow{\text{日光}} 2Ag + X_2$$

从 AgF→AgI 稳定性减弱，分解的趋势增大，因此在制备 AgBr 和 AgI 时常在暗室内进行。基于卤化银的感光性，可用它作为照相底片上的感光物质，也可将感光变色的卤化银加进玻璃以制造变色眼镜。

照相底片印相纸上涂一薄层含有细小溴化银的明胶，摄影时强弱不同的光线照射到底片上时就引起底片上 AgBr 不同程度的分解，分解产物溴与明胶化合，银成为极细小的银核析出，底片上哪部分感光强,AgBr 分解就越多,那部分就越黑。

(4)配合物

Ag^+ 离子的重要特征是容易形成配离子,如与 NH_3、$S_2O_3^{2-}$、CN^- 等配体形成稳定程度不同的配离子。许多难溶的银盐都是借助于形成配合物而溶解,但若向银的配合物溶液加入适当的沉淀剂,又会有银的沉淀析出。根据 Ag^+ 难溶盐溶解度的不同和配离子稳定性的差异,沉淀的溶解和生成以及配离子的形成和解离,可以在一定条件下相互转化。

在定性分析中,Ag^+ 的鉴定可利用 Ag^+ 与盐酸反应生成白色凝乳状沉淀,沉淀不溶于硝酸,但溶于氨水中:

$$AgCl + 2NH_3 \cdot H_2O =\!=\!= [Ag(NH_3)_2]^+ + Cl^- + 2H_2O$$

银的配合物在实际生产、生活中有较广泛的用途。例如用于电镀、照相、制镜等方面。在制造热水瓶的过程中,瓶胆上镀银就是利用银氨配离子与甲醛或葡萄糖的反应:

$$2[Ag(NH_3)_2]^+ + RCHO + 2OH^- =\!=\!= RCOONH_4 + 2Ag + 3NH_3 + H_2O$$

这个反应称为银镜反应,此反应在化学镀银及鉴定醛(RCHO)时应用,要注意镀银后的银氨溶液不能贮存。因放置时(天热时不到一天)会析出强爆炸性的氮化银 Ag_3N 沉淀,为了破坏溶液中的银氨离子可加盐酸使它转化为 AgCl 回收。

4. 锌盐

锌的化合物很多,主要形成氧化态为 +2 的化合物。多数锌盐带有结晶水,形成配合物的倾向也很大。

(1)氯化物

氯化锌($ZnCl_2 \cdot H_2O$)是较重要的锌盐,极易溶于水。其水溶液因 Zn^{2+} 水解呈酸性:

$$Zn^{2+} + H_2O =\!=\!= [Zn(OH)]^+ + H^+$$

因此水合氯化锌固体在加热时不能得到无水盐,而是形成碱式盐:

$$ZnCl_2 \cdot H_2O \xrightarrow{\triangle} Zn(OH)Cl + HCl\uparrow$$

要得到无水盐必须在氯化氢气氛下加热。

在 $ZnCl_2$ 溶液中,由于形成配合酸,溶液呈显著酸性:

$$ZnCl_2 + H_2 =\!=\!= H[ZnCl_2(OH)]$$

该溶液能溶解金属氧化物。例如:

$$FeO + 2H[ZnCl_2(OH)] =\!=\!= Fe[ZnCl_2(OH)]_2 + H_2O$$

因 $ZnCl_2$ 能清除金属表面的氧化物,可用作"焊药"。

$ZnCl_2$ 主要用作有机合成工业的脱水剂、缩合剂和催化剂,以及染料工业的媒染剂,也用作石油净化剂和活性炭活化剂。此外,$ZnCl_2$ 还用于干电池、电镀、医药、木材防腐和农药等方面。

(2)硫化物

在 Zn^{2+} 的溶液中通入 H_2S 时,都会有硫化物从溶液中析出:

$$Zn^{2+} + H_2S =\!=\!= 2H^+ + ZnS\downarrow(白色)$$

ZnS 中加入微量的 Cu、Mn、Ag 等离子作活化剂,光照后可发出多种颜色的荧光,这种材料称荧光粉,可用于制作荧光屏、夜光表。

硫酸锌也是一种重要的硫化物,在硫酸锌 $ZnSO_4 \cdot 7H_2O$ 的溶液中加入硫化钡时生成 ZnS

和 $BaSO_4$ 混合沉淀物,此沉淀称为锌钡白(俗称立德粉):

$$Zn^{2+} + SO_4^{2-} + Ba^{2+} + S^{2-} =\!=\!= ZnS + BaSO_4$$

锌钡白无毒性,在空气中比较稳定,是一种优良的白色颜料,广泛应用于涂料和油墨中。

5. 汞盐

汞和锌、镉不同,有氧化态为 +1 和 +2 两类化合物,前者 $Hg(I)$ 常称为亚汞化合物,如氯化亚汞 Hg_2Cl_2、硝酸亚汞 $Hg_2(NO_3)_2$ 等。经 X 衍射实验证实氯化亚汞的分子式为 Cl—Hg—Hg—Cl,故分子式不是 HgCl 而是 Hg_2Cl_2。亚汞离子不是 Hg^+ 而是 Hg_2^{2+}。绝大多数的亚汞化合物难溶于水,汞(Ⅱ)的化合物中难溶于水的也较多,易溶于水的汞化合物都是有毒的。

(1)氯化汞、氯化亚汞

氯化汞 $HgCl_2$ 是白色针状结晶或颗粒粉末。熔点低,易升华,俗称升汞。有剧毒,内服 $0.2 \sim 0.4$ g就能致命。但少量使用有消毒作用。氯化汞是在过量的氯气中加热金属汞而制得:

$$Hg + Cl_2 =\!=\!= HgCl_2 \downarrow (加热)$$

在 $HgCl_2$ 中加入氨水,得白色的氯化氨基汞沉淀:

$$HgCl_2 + 2NH_3 =\!=\!= Hg(NH_2)Cl \downarrow (白色) + NH_4Cl$$

在酸性溶液中,$HgCl_2$ 是较强的氧化剂,与适量 $SnCl_2$ 作用,$HgCl_2$ 被还原为白色的 Hg_2Cl_2;$SnCl_2$ 过量时,则析出黑色的金属汞:

$$2HgCl_2 + Sn^{2+} + 4Cl^- =\!=\!= [SnCl_6]^{2-} + Hg_2Cl_2 \downarrow (白色)$$

$$Hg_2Cl_2 + Sn^{2+} + 4Cl^- =\!=\!= [SnCl_6]^{2-} + 2Hg \downarrow (黑色)$$

化学分析中利用上述反应鉴定 $Hg(I)$ 和 $Sn(Ⅱ)$。

$HgCl_2$ 主要用作有机合成的催化剂,外科上用作消毒剂。此外,如干电池、染料、农药等也有应用。

氯化亚汞 Hg_2Cl_2 为直线型分子(Cl—Hg—Hg—Cl),是难溶于水的白色粉末,无毒,因略有甜味,俗称甘汞。Hg_2Cl_2 见光分解,故应保存在棕色瓶中。

$$Hg_2Cl_2 =\!=\!= Hg + HgCl_2$$

Hg_2Cl_2 与氨水反应,即歧化为氯化氨基汞和汞:

$$Hg_2Cl_2 + 2NH_3 =\!=\!= Hg(NH_2)Cl \downarrow + Hg \downarrow + NH_4Cl$$

白色的氯化氨基汞和黑色汞微粒混在一起,使沉淀呈灰黑色,这个反应可用来鉴定 $Hg(I)$。

Hg_2Cl_2 在化学上常用作制作甘汞电极,在医药上曾用作轻泻剂。

(2)硝酸汞、硝酸亚汞

硝酸汞 $Hg(NO_3)_2$ 和硝酸亚汞 $Hg_2(NO_3)_2$ 都易溶于水,并水解成碱式盐,所以配制溶液时,应将它们溶于 HNO_3 中。汞离子不易和 NH_3 形成配合物,而是形成氨基盐沉淀:

$$2Hg(NO_3)_2 + 4NH_3 + H_2O =\!=\!= HgO \cdot NH_2HgNO_3 \downarrow (白色) + 3NH_4NO_3$$

$$2Hg_2(NO_3)_2 + 4NH_3 + H_2O =\!=\!= HgO \cdot NH_2HgNO_3 \downarrow (白色) + 2Hg + 3NH_4NO_3$$

在 $Hg_2(NO_3)_2$ 溶液中加入氨水,不仅有白色沉淀产生,同时有黑色 Hg 析出,因此使整个沉淀呈黑色。

向 Hg^{2+}、Hg_2^{2+} 的溶液中分别加入适量的 Br^-、CN^-、SCN^-、$S_2O_3^{2-}$、S^{2-} 时,分别生成难溶于

水的汞盐和亚汞盐。若再加入过量的上述离子时,难溶的汞盐因生成配离子而溶解,难溶的亚汞盐则发生歧化反应产生 $Hg(Ⅱ)$ 的配离子及黑色的单质汞。例如,在 $Hg(NO_3)_2$ 及 $Hg_2(NO_3)_2$ 溶液中加入 KI 时发生如下反应:

$$Hg^{2+} + 2I^- ===HgI \downarrow (橘红色)$$

$$HgI_2 + 2I^- ===[HgI_4]^{2-} (无色)$$

$$Hg_2^{2+} + 2I^- ===Hg_2I_2 \downarrow (绿色)$$

$$Hg_2I_2 + 2I^- ===[HgI_4]^{2-} + Hg(黑色)$$

$Hg(NO_3)_2$ 是常用的化学试剂,也是制备其他含汞化合物的主要原料。

(3)硫化汞

向 Hg^{2+} 及 $HgCl_2$ 溶液中通入 H_2S,均能产生黑色的 HgS 沉淀。虽然在 $HgCl_2$ 溶液中 Hg^{2+} 浓度很小,但由于 HgS 非常难溶,故仍能有 HgS 析出:

$$HgCl_2 + H_2S ===HgS \downarrow (黑色) + 2H^+ + 2Cl^-$$

在金属硫化物中,HgS 的溶解度最小,其他的酸不能将其溶解,而只易溶于王水:

$$3HgS + 12Cl^- + 2NO_3^- + 8H^+ ===3[HgCl_4]^{2-} + 3S \downarrow + 2NO \uparrow + 4H_2O$$

这一反应由于有 S 及 $[HgCl_4]^{2-}$ 生成,有效降低了 S^{2-} 和 Hg^{2+} 离子浓度,导致了 HgS 的溶解。

可见,HgS 溶解是借助于氧化还原反应和配位反应共同作用的结果。

HgS 也溶于过量的浓的 Na_2S 溶液中生成配离子:

$$HgS + S^{2-} ===[HgS_2]^{2-}$$

(4)汞的配合物

无论是 Hg_2Cl_2 还是 $Hg_2(NO_3)_2$,都不会形成 Hg_2^{2+} 的配离子,而 $Hg(Ⅱ)$ 却能形成多种配合物,如 $Hg(Ⅱ)$ 与卤素离子、CN^-、SCN^- 等离子可形成一系列配离子,其配位数为 4 的居多。

Hg^{2+} 离子与卤素离子形成配离子的倾向,依 Cl^-、Br^-、I^- 离子顺序增强。

Hg^{2+} 离子与过量 KI 作用最后生成无色的四碘合汞(Ⅱ)配离子 $[HgI_4]^{2-}$,其碱性溶液称为奈斯勒(Nessler)试剂。如果溶液中有微量的 NH_4^+ 存在,滴加该试剂,会立即生成红棕色沉淀,这个反应常用来鉴定 NH_4^+ 离子。

(5)$Hg(Ⅰ)$ 与 $Hg(Ⅱ)$ 的转化

$$Hg_2Cl_2 + Cl_2 ===2HgCl_2$$

$$Hg_2(NO_3)_2 + 4HNO_3(浓) ===2Hg(NO_3)_2 + 2NO_2 \uparrow + 2H_2O$$

上面看到的反应,都涉及 $Hg(0)$,$Hg(Ⅰ)$ 和 $Hg(Ⅱ)$ 的电势:

$$Hg^{2+} \xrightarrow{0.92} Hg_2^{2+} \xrightarrow{0.79} Hg$$

由于 $\varphi^\ominus(Hg_2^{2+}/Hg) < \varphi^\ominus(Hg^{2+}/Hg_2^{2+})$,所以 Hg_2^{2+} 不会发生歧化反应,相反地,却可发生反歧化反应:

$$Hg + Hg^{2+} = Hg_2^{2+}$$

该反应的平衡常数 $K = [Hg_2^{2+}]/[Hg^{2+}] = 166$。因此,在通常情况下,$Hg_2^{2+}$ 在水溶液中是稳定的,只有当溶液中 Hg^{2+} 浓度大大减小时,Hg_2^{2+} 才会可以发生歧化反应。例如将 $Hg(NO_3)_2$ 与 Hg 一起震荡时,就生成 $Hg_2(NO_3)_2$:

$$Hg(NO_3)_2 + Hg \overline{} Hg_2(NO_3)_2$$

而在 Hg_2^{2+} 溶液中加入 OH^-、NH_3、I^- 或 S^{2-} 时,因它们都能有效地降低 Hg^{2+} 的浓度,则发生歧化反应。例如:

存在 $Hg(II)$ 的沉淀剂、络合剂时,发生歧化:

$$Hg_2^{2+} + 2OH^- \overline{} Hg\downarrow + HgO\downarrow + H_2O$$

$$Hg_2(NO_3)_2 + 2NH_3 \overline{} Hg\downarrow + Hg(NH_2)NO_3\downarrow + NH_4NO_3$$

$$Hg_2^{2+} + 4I^- \overline{} Hg\downarrow + [HgI_4]^{2-}$$

$$Hg_2^{2+} + S^{2-} \overline{} Hg\downarrow + HgS\downarrow$$

四、d 区 元 素

d 区元素包括ⅢB~ⅧB族所有的元素。目前对过渡元素的定义很不一致。本书定义是:过渡元素是指原子的电子层结构中 d 轨道或 f 轨道仅部分填充的元素。因此过渡元素实际上包括 d 区元素和 f 区元素。由于 f 区元素的电子层结构和性质有特殊之处,所以被称为内过渡元素,以区别一般的过渡元素即 d 区元素,本节只讨论 d 区元素。

(一)d 区元素的特性

d 区元素价电子层结构是 $(n-1)d^{1\sim10}ns^{1\sim2}$。它们 ns 轨道上的电子数几乎保持不变,主要差别在于 $(n-1)d$ 轨道上的电子数不同。又因为 $(n-1)d$ 轨道和 ns 轨道的能量相近,d 电子可以全部或部分地参与成键,由此构成了 d 区元素的一些特性。

1. 单质的相似性

d 区元素的最外层电子数一般都不超过两个,较易失去,所以它们都是金属。d 区元素和 s 区元素比较,前者有较大的有效核电荷,而且 d 电子也存在一定的成键能力,因此 d 区元素一般有较小的原子半径、较大的密度、较高的熔沸点和良好的导热导电性能,被广泛地应用在冶金工业上制造合金钢,例如不锈钢(含镍和铬)、弹簧钢(含钒)、锰钢等。熔点最高的单质是钨(W),硬度最大的铬(Cr),单质密度最大的是锇(Os)。

2. 有可变的氧化态

d 区元素除最外层 s 层电子可参加成键外,次外层电子在一定的条件下也可部分甚至全部参与成键,因此它们具有可变的氧化态,能形成多种氧化值的化合物。它们的最高氧化值等于最外层 s 电子和次外层 d 电子数的总和。但在第Ⅷ、ⅠB、ⅡB族中这个规律不完全适用。具有较低氧化值的元素,大都以"简单"离子(M^+、M^{2+}、M^{3+})存在。

3. 离子的有色性

d 区元素水合离子具有颜色,这与它们离子的 d 轨道有未成对电子有关。晶体场理论指出,在配体水的作用下 d 轨道发生分裂,由于分裂能较小,未成对电子吸收可见光后便可实现 d—d 跃迁,所以能显色。表 10.11 列出某些元素的水含离子的颜色与未成对电子的关系。

表 10.11　一些 d 区元素水合离子的颜色

离子中未成对电子	水合离子的颜色		
0	Sc^{3+}（无色）	La^{3+}（无色）	Ti^{4+}（无色）
1	Ti^{3+}（紫红色	V^{4+}（蓝色）	
2	Ni^{2+}（绿色）	V^{3+}（绿色）	
3	Cr^{3+}（紫色）	Co^{2+}（桃红）	V^{2+}（紫色）
4	Fe^{2+}（淡绿色）	Cr^{2+}（蓝色）	
5	Mn^{2+}（淡红色）	Fe^{3+}（淡紫色）	

从表中可看出,Sc^{3+}、La^{3+}、Ti^{4+} 等由于其 d 轨道没有未成对电子,它们的水合离子均无色,而 d 轨道有 1～5 个未成对电子的相应水合物,则常具有各种不同的颜色。用同样的道理也可解释 ds 区的 Ag^+、Zn^{2+}、Cd^{2+}、Hg^{2+} 等水合离子无色,而 Cu^{2+}、Au^{3+} 等水合离子有色。

4.易于形成多种配合物

d 区元素的原子或离子都具有空的价电子轨道,这种电子构型为接受配位体的孤对电子形成配价键创造条件,因此它们的原子或离子都有形成配合物的倾向。

综上所述,过渡元素的许多性质都与其未充满的 d 轨道中的电子有关。所以有人说,过渡元素的化学就是 d 电子的化学。

(二)d 区元素的重要化合物

1.钛及其化合物

(1)钛的性质和用途

钛属于稀有分散金属,就地球中的丰度而言,在金属元素中仅次于 Al、Fe、Mg,居第四位,但冶炼比较困难。

钛是银白色金属,因具有熔点高、密度小、机械强度大、抗腐蚀性强等特点,而受到人们的青睐。是航空、宇航、舰船、军械兵器等部门不可缺少的材料,也是化工等部门用于制造防腐设备的优良材料。

钛在室温下不能与水或稀酸反应,但可溶于热浓盐酸:

$$2Ti + 6HCl === 2TiCl_3 + 3H_2\uparrow$$

(2)钛的化合物

在钛的化合物中以 +4 氧化态最稳定。TiO_2 为白色粉末,不溶于水、稀酸或碱溶液中,但能溶于热的浓硫酸或氢氟酸中:

$$TiO_2 + H_2SO_4 === TiOSO_4 + H_2O$$
$$TiO_2 + 6HF === H_2[TiF_6] + 2H_2O$$

经过化学处理制造出来的纯净二氧化钛是雪白色的粉末,俗称钛白。钛白是世界上最白的东西,其遮盖性大于锌白,持久性高于铅白,是一种宝贵的白色颜料。钛白不仅雪白,而且粘附性很强,不易起化学变化。特别可贵的是钛白无毒,因此钛白用途广泛,除用作高级白色颜料外,还可用作白色橡胶、高级纸张等的填充剂,合成纤维的消光剂。还常被用来制造耐火玻璃、耐高温的实验器皿、瓷釉、珐琅等。

四氯化钛是分子晶体,在常温下是一种无色液体,熔点为 250 K,沸点为 409 K,具有刺激性的臭味儿,它在水中或潮湿的空气中都极易水解,将它暴露在空气中会发烟。

$$TiCl_4 + 3H_2O \Longrightarrow H_2TiO_3 + 4HCl$$

利用 $TiCl_4$ 的水解性,在军事上用作烟幕弹,当驾驶飞机在天空或海上撒布 $TiCl_4$ 时,浓烟就像一条白色的长城,挡住了敌人的视线。在农业上,将 $TiCl_4$ 撒布在农田的四周,白色的烟雾就像一条巨大的"棉被"覆盖在农田上,既可防霜冻,又能消灭虫害。$TiCl_4$ 还可用作有机聚合反应的催化剂,是制备金属钛和钛的化合物的重要原料。将二氧化钛(金红石矿)和碳粉混合加热至 $1\,000 \sim 1\,100$ K 进行氯化制得气态 $TiCl_4$,冷凝即可得到 $TiCl_4$ 液体。

$$TiO_2 + 2C + 2Cl_2 \Longrightarrow TiCl_4 + 2CO$$

在 Ti(Ⅳ)盐溶液中加入过氧化氢,呈现特征的颜色。在强酸性溶液中显红色,在稀酸或中性溶液中显橙黄色。这一灵敏的显色反应常用于钛或过氧化氢的比色分析。

$$TiO^{2+} + H_2O_2 \Longrightarrow [TiO(H_2O_2)]^{2+}$$

在强酸性介质中,Ti(Ⅳ)可被活泼金属还原为 Ti^{3+}(紫色),它具有很强的还原性:

$$TiO^{2+} + 2H^+ + e^- \Longrightarrow Ti^{3+} + H_2O \qquad \varphi^\ominus = 0.1 \text{ V}$$

在分析化学中,利用这一性质进行钛的测定;在含 Ti(Ⅳ)的硫酸溶液中,加入铝片先将 TiO^{2+} 还原为 Ti^{3+},然后用 $FeCl_3$ 标准溶液滴定,用 KSCN 溶液作指示剂。

$$3TiO^{2+} + 6H^+ + Al \Longrightarrow 3Ti^{3+} + Al^{3+} + 3H_2O$$

$$Ti^{3+} + Fe^{3+} + H_2O \Longrightarrow TiO^{2+} + 2H^+ + Fe^{2+}$$

2. 铬的化合物

(1)铬的性质

由于 Cr 原子可以提供 6 个价电子形成较强的金属键,因此金属铬的熔沸点在同一周期中是最高的。纯铬有延展性,含有杂质的铬硬而且脆。Cr 原子的价电子层结构为:$3d^5 4s^1$。Cr 的最高氧化值是 +6,但也有 +5、+4、+3、+2 的,它的常见氧化态是 +6 和 +3,其他的氧化值的化合物不稳定。

从铬在酸性溶液中的标准电极电势看:

$$Cr_2O_7^{2-} \xrightarrow{+1.33} Cr^{3+} \xrightarrow{-0.41} Cr^{2+} \xrightarrow{-0.86} Cr \qquad \varphi_A^\ominus / V$$

①铬的还原性相当强,是个较活泼的金属。但由于铬的表面容易生成紧密的氧化物薄膜而钝化,表现出显著的化学惰性,王水和硝酸(不论浓或稀)都不能溶解铬。

②在酸性溶液中 $Cr_2O_7^{2-}$ 是个很强的氧化剂,被还原为 Cr^{3+},而 Cr^{2+} 具有较强的还原性,可被氧化成 Cr^{3+},因此 Cr^{3+} 在酸性溶液中最稳定,不易被氧化,也不易被还原。

从铬在碱性溶液中的标准电极电势看:

$$CrO_4^{2-} \xrightarrow{-0.12} [Cr(OH)_4]^- \xrightarrow{\substack{-0.80 \\ \overline{-1.2}}} Cr(OH)_2 \xrightarrow{-1.4} Cr$$

$$Cr(OH)_3 \xrightarrow{-1.1} \qquad \varphi_A^\ominus / V$$

Cr^{3+} 在碱性溶液中有较强的还原性,很容易被氧化成 CrO_4^{2-} 离子。在高温下,铬能与卤素、硫、氮、碳等直接化合。铬的化合物都有五彩缤纷的颜色,例如 Cr_2O_3 是绿色的,$Cr_2(SO_4)_3$ 是紫色的,$PbCrO_4$ 是黄色的,Ag_2CrO_4 是砖红色的,$K_2Cr_2O_7$ 是橘红色的,"铬"在希腊语中就是"色彩艳丽"的意思。

（2）铬的用途

铬的光泽度好，抗腐蚀性强，铬常被用来镀在其他金属的表面，不仅外表美观，而且防锈，经久耐用。铬与铁、镍能组成各种性能的抗腐蚀性的不锈钢。不锈钢具有很好的韧性和机械强度，对空气、海水、有机酸等具有很好的耐蚀性，是制造化工设备的重要防腐材料。铬是人体必需的微量元素，对维持人体正常的生理功能有重要作用。它是胰岛素不可缺少的辅助成分，参与糖代谢过程，促进脂肪和蛋白质的合成，对于人体的生长和发育起着促进作用。

（3）三氧化二铬和氢氧化铬

三氧化二铬（Cr_2O_3）是一种绿色的固体，熔点很高，为 2 263 K。它是冶炼铬的原料。由于它呈绿色，是常用的绿色颜料，俗称铬绿。Cr_2O_3 微溶于水，与 Al_2O_3 同晶，具有两性。Cr_2O_3 溶于 H_2SO_4 生成紫色的硫酸铬 $Cr_2(SO_4)_3$，溶于浓的强碱 NaOH 中生成绿色的亚铬酸钠 $Na[Cr(OH)_4]$ 或 $NaCrO_2$。

$$Cr_2O_3 + 3H_2SO_4 = Cr_2(SO_4)_3 + 3H_2O$$
$$Cr_2O_3 + 2NaOH + 3H_2O = 2Na[Cr(OH)_4]$$

或写成：

$$Cr_2O_3 + 2NaOH = 2NaCrO_2 + H_2O$$

向 Cr(Ⅲ)盐溶液中加碱，或亚铬酸钠溶液加热水解，都可以得到灰蓝色的氢氧化铬 $Cr(OH)_3$ 的胶状沉淀，或称为水合三氧化二铬（$Cr_2O_3 \cdot nH_2O$）：

$$Cr^{3+} + 3OH^- = Cr(OH)_3 \downarrow$$
$$NaCrO_2 + 2H_2O = Cr(OH)_3 \downarrow + NaOH$$

$Cr(OH)_3$ 也具有两性，既溶于酸，又溶于碱。

$$Cr(OH)_3 + 3H_3O^+ \rightleftharpoons [Cr(H_2O)_6]^{3+}$$

或写成：

$$Cr(OH)_3 + 3H^+ \rightleftharpoons Cr^{3+} + 3H_2O$$
$$Cr(OH)_3 + OH^- \rightleftharpoons CrO_2^- + 2H_2O$$

$Cr(OH)_3$ 在溶液中存在着如下平衡：

$$Cr^{3+} + 3OH^- \rightleftharpoons Cr(OH)_3 \rightleftharpoons H^+ + CrO_2^- + H_2O$$
$$\text{紫色} \qquad\qquad \text{灰蓝色} \qquad\qquad \text{绿色}$$

（4）铬（Ⅲ）盐

最重要的铬盐有硫酸铬和铬矾。硫酸铬由于含结晶水不同有不同的颜色（硫酸铬与碱金属硫酸盐形成铬矾 $MCr(SO_4)_2 \cdot 12H_2O$（$M = Na^+$、K^+、Rb^+、Cs^+、NH_4^+、Tl^+）。用 SO_2 还原 $K_2Cr_2O_7$ 的酸性溶液，可制得铬钾矾。铬矾在鞣革、纺织工业有广泛用途。$Cr_2(SO_4)_3 \cdot 18H_2O$ 紫色、$Cr_2(SO_4)_3 \cdot 6H_2O$ 绿色、$Cr_2(SO_4)_3$ 桃红色。

$$K_2Cr_2O_7 + H_2SO_4 + 3SO_2 = K_2SO_4 \cdot Cr_2(SO_4)_3 + H_2O$$

铬盐在水溶液中水解显酸性：

$$Cr^{3+} + H_2O \rightleftharpoons [Cr(OH)]^{2+} + H^+$$

（5）三氧化铬和铬酸

三氧化铬 CrO_3 是一种暗红色的针状晶体，在 CrO_3 晶体中含有 CrO_4 四面体的基本结构单元，CrO_4 四面体通过共用一个角顶氧原子彼此相连而构成长链，这种结构使 CrO_3 的熔点较低,为 470 K。

CrO_3 的热稳定性较差,超过熔点后逐步分解放出氧气。$CrO_3 \rightarrow Cr_3O_8 \rightarrow Cr_2O_5 \rightarrow CrO_2 \rightarrow Cr_2O_3$,最后产物是 Cr_2O_3。因此,Cr_2O_3 是一种强氧化剂,遇到有机物(如酒精)时,猛烈反应以致着火。CrO_3 大量用于电镀工业,还常用作织品媒染、鞣革和清洁金属。

CrO_3 易溶于水(在 288 K,每 100 g 水能溶 166g CrO_3),溶于水生成铬酸 H_2CrO_4,因此称 CrO_3 为铬酸的酸酐。

$$CrO_3 + H_2O =\!=\!= H_2CrO_4$$

H_2CrO_4 是中强酸(酸度接近于硫酸),只存在于水溶液中,溶液呈黄色。CrO_4^{2-} 离子中的 Cr—O 键较强,所以它不像 VO_4^{3-} 离子那样容易形成多酸,但在酸性溶液中能生成简单的多酸根离子——重铬酸根离子。

$$2CrO_4^{2-} + 2H^+ =\!=\!= Cr_2O_7^{2-} + H_2O$$

(6)铬酸盐和重铬酸盐

Cr(Ⅵ)离子比同周期的 Ti(Ⅳ)离子、V(Ⅴ)离子具有更高的正电荷和更小的半径(52 pm),因此,不论在晶体还是在溶液中都不存在着简单的 Cr(Ⅵ)离子。Cr(Ⅵ)总是以氧化物 CrO_3、含氧酸根 CrO_4^{2-}、$Cr_2O_7^{2-}$、铬氧基 CrO_2^{2+} 等形式存在。Cr(Ⅵ)的价电子层结构为 $3d^0$,它的化合物都显有颜色并有较大的毒性。在工业上和实验室中,常见的 Cr(Ⅵ)化合物是铬酸盐和重铬酸盐,其中以重铬酸钠最为重要。下面分 3 个方面介绍重铬酸盐和铬酸盐。

①重铬酸钾和重铬酸钠。重铬酸钾($K_2Cr_2O_7$)俗称红矾钾,重铬酸钠($Na_2Cr_2O_7$)俗称红矾钠,它们都是大粒的橙红色的晶体。在所有的重铬酸盐中,以钾盐在低温下的溶解度最低,而且这个盐不含结晶水,可以通过重结晶的方法制备出极纯的盐,除用作基准的氧化剂外,在工业上还大量用于火柴、烟火、炸药等方面。$Na_2Cr_2O_7$ 的溶解度比 $K_2Cr_2O_7$ 大得多,由于不易与 NaCl 分离而不容易制得极纯的产品。

②重铬酸盐是强氧化剂。在酸性溶液中,$Cr_2O_7^{2-}$ 离子是强氧化剂。例如在冷溶液中,$Cr_2O_7^{2-}$ 离子可以氧化 H_2S、H_2SO_3、HI 等。

$$Cr_2O_7^{2-} + 14H^+ + 6e^- =\!=\!= 2Cr^{3+} + 7H_2O \qquad \varphi_A^\ominus = 1.33 \text{ V}$$
$$Cr_2O_7^{2-} + 8H^+ + 3H_2S =\!=\!= 2Cr^{3+} + 3S\downarrow + 7H_2O$$
$$Cr_2O_7^{2-} + 8H^+ + 3SO_3^{2-} =\!=\!= 2Cr^{3+} + 3SO_4^{2-} + 4H_2O$$
$$Cr_2O_7^{2-} + 14H^+ + 6I^- =\!=\!= 2Cr^{3+} + 3I_2 + 7H_2O$$

加热时,可以氧化浓 HCl 和 HBr。

$$K_2Cr_2O_7 + 14HCl =\!=\!= 2KCl + 2CrCl_3 + 3Cl_2\uparrow + 7H_2O$$

在这些反应中,$Cr_2O_7^{2-}$ 被还原的产物都是 Cr^{3+};在酸性溶液中,Cr^{3+} 离子是铬的最稳定的状态。

$K_2Cr_2O_7$ 还被用来配制实验室常用的铬酸洗液,铬酸洗液的氧化性很强,在实验室中用于洗涤玻璃器皿上附着的油污。

③CrO_4^{2-} 和 $Cr_2O_7^{2-}$ 的互相转化。在溶液中 CrO_4^{2-} 同 $Cr_2O_7^{2-}$ 存在着下列平衡:

$$2CrO_4^{2-} + 2H^+ =\!=\!= Cr_2O_7^{2-} + H_2O$$

加酸可使平衡向右移动,$Cr_2O_7^{2-}$ 离子浓度增大,CrO_4^{2-} 离子浓度降低,溶液颜色从黄变为橙红;加碱可使平衡左移,CrO_4^{2-} 离子浓度增大,$Cr_2O_7^{2-}$ 离子浓度降低,溶液颜色从橙红变为黄色。由此可见,离子和离子的相互转化,取决于溶液的 pH 值。

除了加酸、加碱可使这个平衡发生移动外,向这个溶液中加入 Ba^{2+}、Pb^{2+} 或 Ag^+ 离子,也能使平衡向左移动。因为这些阳离子的铬酸盐有较小的溶度积。所以不论是向 CrO_4^{2-} 盐溶液中加入这些离子,还是向 $Cr_2O_7^{2-}$ 盐溶液中加入这些离子,生成的都是这些离子的铬酸盐沉淀而不是重铬酸盐沉淀。

$$Cr_2O_7^{2-}+2Ba^{2+}+H_2O=\!=\!=2BaCrO_4\downarrow(黄色)+2H^+ \quad K_{sp}=1.2\times10^{-10}$$
$$Cr_2O_7^{2-}+2Pb^{2+}+H_2O=\!=\!=2PbCrO_4\downarrow(黄色)+2H^+ \quad K_{sp}=2.8\times10^{-13}$$
$$Cr_2O_7^{2-}+4Ag^++H_2O=\!=\!=2Ag_2CrO_4\downarrow(砖红色)+2H^+ \quad K_{sp}=2.0\times10^{-12}$$

3. 锰的化合物

锰是丰度较高的元素,在地壳中的含量为 0.085%。锰的主要矿石有软锰矿($MnO_2\cdot xH_2O$)、黑锰矿(Mn_3O_4)和水锰矿($Mn_2O_3\cdot H_2O$)。近年来在深海海底发现大量的锰矿——锰结核。锰结核是含有 Cu、Co、Ni 等多种重要金属氧化物的多金属结核状资源,其主要成分是锰,含锰 25% 左右。它是一种层层铁锰氧化物,被黏土重重包围着的一个个同心圆状的团块,据估计,仅太平洋中锰结核内所含的 Mn、Cu、Co、Ni,就相当于陆地总储量的几十到几百倍。

(1)锰的性质

金属锰外形似铁,致密的块状锰是银白色的,粉末状的锰是灰色的。锰是活泼金属 $[\varphi_A^\theta(Mn^{2+}/Mn)=-1.18\ V]$,它在空气中燃烧生成 Mn_3O_4(类似 Fe_3O_4,是 MnO 和 Mn_2O_3 的混合氧化物)。Mn 溶于稀的非氧化性酸中生成 Mn(Ⅱ)盐和释放出氢气;与热水反应生成 $Mn(OH)_2$,并释放出氢气。

$$Mn+2H^+=\!=\!=Mn^{2+}+H_2\uparrow$$

高温时锰能够同卤素、氮、硫、硼、碳、硅、磷等直接化合。锰不与氢作用,在有氧化剂存在时,锰同熔融的碱作用生成锰酸盐。

$$2Mn+4KOH+3O_2\xrightarrow{熔融}2K_2MnO_4+2H_2O$$

锰的价电子层结构为 $3d^54s^2$,7 个价电子都可以参加成键,因此 Mn 具有 +2,+3,+4,+6,+7 多种氧化数。

(2)锰的用途

纯锰的用途不多,但它的合金非常重要。含锰 12% ~ 15% 的锰钢既坚硬,又强韧,耐磨损。用来轧制铁轨、架设桥梁、构筑高楼、造装甲板、做耐磨的轴承、破碎机等。锰钢还有一个优异特性——不会被磁化,用在船舰需要防磁的部位,正是合适的材料。

含锰 12% 的铜合金-锰铜,它的电位恒定,不受周围环境温度变化的影响,是制造精密电学仪器的好材料。锰是人体不可缺少的微量元素,是人体多种酶的核心组成部分。如果缺锰,会导致人的畸形生长、畸形生殖和脑惊厥。成年人每天需要吸收 3 mg 的锰。在茶叶中含有较多的锰,常饮茶能供应人体必需的锰量的1/3 还多。锰对植物体的光合作用以及一些酶的活动、维生素的转化起着十分重要的作用,小麦、玉米缺锰,叶子会出现红和褐色斑点,果树叶子也会因此变黄。因此,在微量元素肥料中,锰盐是必不可少的成分。

(3)锰(Ⅱ)的化合物

在酸性溶液中,Mn^{2+} 是锰的最稳定状态。另外,Mn^{2+} 的价电子层构型恰好为半充满,也是一种稳定的构型。

向可溶性的锰（Ⅱ）溶液中加入强碱，可以生成 $Mn(OH)_2$ 的白色沉淀，它在碱性介质中很不稳定，立即被空气中的氧氧化成棕色的 $MnO(OH)_2$（或写成 $MnO_2 \cdot H_2O$）。

$$Mn^{2+} + 2OH^- === Mn(OH)_2 \downarrow \quad (白色)$$

$$2Mn(OH)_2 + O_2 === 2MnO(OH)_2 \downarrow \quad (棕色)$$

多数的二价锰盐（如卤化锰、硝酸锰、硫酸锰等强酸盐）都易溶于水。在水溶液中，Mn^{2+} 以淡粉红色的 $[Mn(H_2O)_6]^{2+}$ 水合离子存在。从溶液中结晶出的锰（Ⅱ）盐是带结晶水的淡粉红色晶体。例如 $MnSO_4 \cdot xH_2O(x=1、4、5、7)$ 等。

MnO_2 与浓 H_2SO_4 和 C 作用可以制得硫酸盐。室温下 $MnSO_4 \cdot H_2O$ 比较稳定。无水 $MnSO_4$ 是白色的，加热到红热也不分解，所以硫酸盐是最稳定的锰（Ⅱ）盐。在农业上用它作促进种子发芽的药剂。

不溶性的二价锰盐有硫化锰 MnS（肉色）、碳酸锰 $MnCO_3$（白色）等。肉色 $MnS \cdot xH_2O$ 是带结晶水的，无水 MnS 是绿色的。MnS 的 $K_{sp} = 1.4 \times 10^{-15}$，难溶于水，但易溶于弱酸中，像 HAc 那样的弱酸也能使它溶解，所以 MnS 不能在酸性介质中沉淀。肉色 MnS 或白色 $MnCO_3$ 沉淀在空气中放置或加热，都会被空气中的氧氧化成棕色的 $MnO(OH)_2$。

$$MnS + O_2 + H_2O === MnO(OH)_2 + S$$

$$2MnCO_3 + O_2 + H_2O === MnO(OH)_2 + 2CO_2$$

（4）锰（Ⅳ）的化合物

锰（Ⅳ）的化合物最重要的是 MnO_2，它在通常情况下很稳定，但锰（Ⅳ）的盐不稳定。MnO_2 是一种很稳定的黑色粉末状物质，不溶于水，显弱酸性。锰（Ⅳ）氧化数居中，既可做氧化剂又可做还原剂。在酸性介质中，MnO_2 是一种强氧化剂。

$$\varphi_A^{\ominus}(MnO_2/Mn^{2+}) === +1.23 \text{ V}$$

例如，它与浓 HCl 反应产生 Cl_2 气，实验室中也常用此反应制备 Cl_2。

$$MnO_2 + 4HCl \xlongequal{\triangle} MnCl_2 + Cl_2 \uparrow + 2H_2O$$

MnO_2 与浓 H_2SO_4 作用，可得硫酸锰并放出氧气。

$$2MnO_2 + 2H_2SO_4(浓) \xlongequal{\triangle} 2MnSO_4 + O_2 \uparrow + 2H_2O$$

在碱性介质中，有氧化剂存在时，能被氧化成锰酸盐。

$$\varphi_B^{\ominus}(MnO_4^{2-}/MnO_2) = +0.60 \text{ V}$$

例如，与 KOH 的混合物在空气中，或者与硝酸钾、氯酸钾等氧化剂一起加热熔融，可以得到深绿色的锰酸钾。这是由软锰矿制备 $KMnO_4$ 的第一步反应。

$$2MnO_2 + 4KOH + O_2 === 2K_2MnO_4 + 2H_2O$$

$$3MnO_2 + 6KOH + KClO_3 === 3K_2MnO_4 + KCl + 3H_2O$$

（5）锰（Ⅵ）的化合物

锰（Ⅵ）的化合物中比较稳定的是锰酸盐，如锰酸钾（K_2MnO_4）和锰酸钠（Na_2MnO_4）。锰酸盐是制备高锰酸盐的中间产品。

只有在强碱性条件下（pH > 14.4）才能稳定存在。如果在酸性或在近中性的条件下，MnO_4^{2-} 也易发生歧化反应：

$$3MnO_4^{2-} + 4H^+ === 2MnO_4^- + MnO_2 \downarrow + 2H_2O$$

歧化成紫色的 MnO_4^- 和沉淀出棕黑色的 MnO_2。

$$3MnO_4^{2-} + 2H_2O =\!=\!= 2MnO_4^- + MnO_2 \downarrow + 4OH^-$$

（6）锰（Ⅶ）的化合物

锰（Ⅶ）的化合物中最重要的是高锰酸钾 $KMnO_4$。$KMnO_4$ 是一种深紫色的晶体，其水溶液是紫红色的。将固体 $KMnO_4$ 加热到 473 K 以上时，会分解放出氧气，这是实验室制备氧气的简便方法。$KMnO_4$ 的溶液不十分稳定，在酸性溶液中明显分解，在中性或微碱性溶液中分解速度慢。但光对 $KMnO_4$ 溶液的分解起催化作用，因此 $KMnO_4$ 溶液必须存在于棕色的瓶子中。

$$4MnO_4^- + 4H^+ =\!=\!= 4MnO_2 \downarrow + 3O_2 \uparrow + 2H_2O$$

$KMnO_4$ 是重要和常用的氧化剂之一，它的氧化能力和还原产物因介质的酸碱度不同而不同。在酸性溶液中，$KMnO_4$ 是很强的氧化剂，它可以氧化 Cl^-、I^-、SO_3^{2-}、$C_2O_4^{2-}$、Fe^{2+} 等，本身被还原为 Mn^{2+}。

$$2MnO_4^- + 5SO_3^{2-} + 6H^+ =\!=\!= 2Mn^{2+} + 5SO_4^{2-} + 3H_2O$$

在中性、微酸性或微碱性溶液中，$KMnO_4$ 仍旧是氧化剂，与还原剂反应时被还原成 MnO_2。

$$MnO_4^- + 2H_2O + 3e^- =\!=\!= MnO_2 + 4OH^-$$

$$2MnO_4^- + 3SO_3^{2-} + H_2O =\!=\!= 2MnO_2 \downarrow + 3SO_4^{2-} + 2OH^-$$

$$2MnO_4^- + I^- + H_2O =\!=\!= 2MnO_2 \downarrow + IO_3^- + 2OH^-$$

在强碱性溶液中，$KMnO_4$ 仍旧是个氧化剂，与还原剂反应时被还原成锰酸盐 MnO_4^{2-}。

$$2MnO_4^- + SO_3^{2-} + 2OH^- =\!=\!= 2MnO_4^{2-} + SO_4^{2-} + H_2O$$

$KMnO_4$ 是一种大规模生产的无机盐，是一种良好的氧化剂，除常用来漂白毛、棉和丝，或使油类脱色外，还广泛用于容量分析中，测定一些过渡金属离子（如 Ti^{3+}、VO^{2+}、Fe^{2+}）以及过氧化氢、草酸盐、钾酸盐和亚硝酸盐等。它的稀溶液（0.1%）可用于浸洗水果、碗、杯等用具的消毒和杀菌，5% 的 $KMnO_4$ 溶液可治疗轻度烫伤。

4. 铁及其化合物

铁是地球上分布广泛的金属之一，约占地壳质量的 5.1%，居元素分布序列中的第 4 位，仅次于氧、硅和铝。在自然界，游离态的铁只能从陨石中找到，分布在地壳中的铁都以化合物的状态存在。铁的主要矿石有：赤铁矿（Fe_2O_3），含铁量为 50%～60%；磁铁矿（Fe_3O_4），含铁量 60% 以上，有磁性，此外还有褐铁矿（$2Fe_2O_3 \cdot 3H_2O$）、菱铁矿（$FeCO_3$）和黄铁矿（FeS_2），它们的含铁量低一些，但比较容易冶炼。我国的铁矿资源非常丰富，著名的产地有湖北大冶、东北鞍山等。

（1）铁的性质

铁是有光泽的银白色金属，硬而有延展性，熔点为 1 535 ℃，沸点 2 750 ℃，有很强的铁磁性，并有良好的可塑性和导热性。铁分为生铁、熟铁和钢三类。生铁含碳量为 1.7%～4.5%，生铁坚硬耐磨，可以浇铸成型，如铁锅、火炉等。所以又称为铸铁。生铁没有延展性，不能锻打。熟铁含碳量在 0.1% 以下，近似于纯铁，韧性很强，可以锻打成型，如铁勺、锅炉等，所以又称锻铁。钢的基本成分也是铁，但钢的含碳量比熟铁高，比生铁低，为 0.1%～1.7%。钢兼具有生铁和熟铁的优点，既刚硬又强韧。

$$\varphi_A^\ominus / V \qquad FeO_4^{2-} \xrightarrow{+2.20} Fe^{3+} \xrightarrow{+0.771} Fe^{2+} \xrightarrow{-0.447} Fe$$

$$\varphi_B^\ominus / V \qquad FeO_4^{2-} \xrightarrow{+0.72} Fe(OH)_3 \xrightarrow{-0.56} Fe(OH)_2 \xrightarrow{-0.877} Fe$$

从铁的标准电极电势看,铁是个中等活泼的金属。铁能溶解 H_2 气,温度越高,溶解度越大。在 350 ℃ 以上时,氢气能透过铁管。铁与许多金属有一重要差别,即不容易形成汞齐。

①铁与非金属的反应。常温下没有水蒸气存在时,铁与氧、硫、氯等非金属单质几乎不起作用,高温下却发生猛烈反应:

$$4Fe + 3O_2 \Longrightarrow 2Fe_2O_3 \qquad 3Fe + 2O_2 \Longrightarrow Fe_3O_4 \qquad Fe + S \Longrightarrow FeS$$
$$2Fe + 3X_2 \Longrightarrow 2FeX_3 (X = F、Cl、Br) \qquad 3Fe + C \Longrightarrow Fe_3C(碳化铁)$$

②铁与水蒸气等的反应。在高温下,铁与水蒸气作用生成 Fe_3O_4 和氢气:

$$3Fe + 4H_2O \Longrightarrow Fe_3O_4 + H_2 \uparrow$$

铁在潮湿的空气中会生锈,这是因为铁受到空气中水、CO_2 和氧气的作用。铁锈是一种松脆多孔的物质,不能防止里层的铁不受锈蚀。铁锈的成分比较复杂,通常用 $Fe_2O_3 \cdot xH_2O$ 表示。

铁与气态的卤化氢作用,生成亚铁卤化物:

$$Fe + 2HX \Longrightarrow FeX_2 + H_2 \uparrow (X = F、Cl、Br)$$

铁与氮不能直接化合,但能与氨作用生成氮化铁:

$$4Fe + 2NH_3 \Longrightarrow 2Fe_2N + 3H_2 \uparrow$$

铁还能与 CO、环戊二烯作用生成羰基配合物、环戊二烯配合物等:

$$Fe + 5CO \Longrightarrow Fe(CO)_5$$
$$Fe + K_2O + 2C_5H_6 \Longrightarrow (C_5H_6)_2Fe + 2KOH$$

③铁与酸的反应。铁易溶于稀的无机酸中生成 Fe^{2+} 的化合物并放出氢气:

$$Fe + 2HCl \Longrightarrow FeCl_2 + H_2 \uparrow$$

当有空气存在或加热时,铁与热的稀硝酸反应,则生成 Fe^{3+} 的化合物:

$$2Fe + 3H_2SO_4 + O_2 \Longrightarrow Fe_2(SO_4)_3 + 2H_2O + H_2 \uparrow$$
$$2Fe + 6HNO_3 \Longrightarrow Fe(NO_3)_3 + 3H_2 \uparrow$$

浓硝酸或含有重铬酸盐的酸能使铁钝化。因此,贮运浓硝酸的容器和管道可用铁制品。

④铁与碱的反应。铁能被热的浓碱溶液侵蚀,生成 Fe^{3+} 的化合物 $Fe(OH)_3$ 或 $[Fe(OH)_6]^{3-}$ 离子。

(2)铁的制备

单质铁的制备一般采用冶炼法。以赤铁矿 Fe_2O_3 和磁铁矿 Fe_3O_4 为原料,与焦炭和助溶剂在熔矿炉内反应,焦炭燃烧产生 CO_2 气,CO_2 气与过量的焦炭接触就生成 CO 气,CO 气和氧化铁作用就生成金属铁。

$$C + O_2 \Longrightarrow CO_2$$
$$CO_2 + C \Longrightarrow 2CO$$
$$Fe_3O_4 + 4CO \Longrightarrow 3Fe + 4CO_2$$
$$Fe_2O_3 + CO \Longrightarrow 2FeO + CO_2$$
$$FeO + CO \Longrightarrow Fe + CO_2$$

以上反应都是可逆反应,所产生的 CO 浓度越大越好,要使反应进行完全必须在 800 ℃ 以上进行。化学纯的铁是用氢气还原纯氧化铁来制取,也可由羰基合铁热分解来得到纯铁。

(3)铁(Ⅱ)的化合物

在一般条件下,铁的常见氧化态是 +2 和 +3,在很强的氧化条件下,铁可以呈现不稳定的 +6 氧化态。还原性是氧化数为 +2 的铁的化合物的特征化学性质。

①氧化亚铁。FeO 为黑色固体,碱性化合物,不溶于水或碱性溶液中,只溶于酸。在隔绝空气的条件下,将草酸亚铁加热可以制得 FeO:

$$FeC_2O_4 \xrightarrow{\triangle} FeO + CO\uparrow + CO_2\uparrow$$

②氢氧化亚铁。在亚铁盐溶液中加入碱,开始可以生成氢氧化亚铁的白色胶状沉淀:

$$Fe^{2+} + 2OH^- ==== Fe(OH)_2$$

$Fe(OH)_2$ 不稳定,很容易被空气中的氧所氧化变成棕红色的氢氧化铁 $Fe(OH)_3$ 沉淀。

$$4Fe(OH)_2 + O_2 + 2H_2O ==== 4Fe(OH)_3$$

这可由它们的标准电极电势得到解释:

$$Fe(OH)_3 + e^- ==== Fe(OH)_2 + OH^- \quad \varphi_B^\ominus = -0.56\ V$$

$$O_2 + 2H_2O + 4e^- ==== 4OH^- \quad \varphi_B^\ominus = +0.401\ V$$

氢氧化亚铁 $Fe(OH)_2$ 主要呈碱性,酸性很弱,但它能溶于浓碱溶液中生成 $[Fe(OH)_6]^{4-}$ 配离子。

$$Fe(OH)_2 + 4OH^- ==== [Fe(OH)_6]^{4-}$$

③硫酸亚铁。硫酸亚铁是比较重要的亚铁盐,它是一种含有 7 个结晶水的浅绿色晶体 $(FeSO_4 \cdot 7H_2O)$,俗称绿矾。它在农业上用作农药,主治小麦黑穗病,在工业上用作染色、制造蓝黑墨水和木材防腐、除草剂和饲料添加剂等。

(4)铁(Ⅲ)的化合物

①三氧化二铁。三氧化二铁(Fe_2O_3)是砖红色固体,可以用作红色颜料、涂料、媒染剂、磨光粉以及某些反应的催化剂。Fe_2O_3 有 α 和 γ 两种不同的构型。α 型是顺磁性的,而 γ 型是铁磁性的。γ 型 Fe_2O_3 在 673 K 以上可以转变为 α 型。自然界中存在的赤铁矿是 α 型 Fe_2O_3,将硝酸铁或草酸铁加热,可得 α 型 Fe_2O_3。

将 Fe_4O_3 氧化所得产物是 γ 型 Fe_2O_3。Fe_2O_3 是碱性为主的两性氧化物。

②四氧化三铁。铁除了生成 FeO 和 Fe_2O_3 之外,还生成一种 FeO 和 Fe_2O_3 的混合氧化物——Fe_3O_4,亦称为磁性氧化铁,它具有磁性,是电的良导体,是磁铁矿的主要成分。将铁或氧化亚铁在空气中加热,或令水蒸气通过烧热的铁,都可以得到 Fe_3O_4:

$$3Fe + 2O_2 ==== Fe_3O_4$$

$$6FeO + O_2 ==== 2Fe_3O_4$$

$$3Fe + 4H_2O ==== Fe_3O_4 + 4H_2\uparrow$$

③氢氧化铁。向铁(Ⅲ)盐溶液中加碱,可以沉淀出红棕色的氢氧化铁 $[Fe(OH)_3]$。这红棕色的沉淀实际是水合三氧化二铁($Fe_2O_3 \cdot xH_2O$),只是习惯上将它写作 $Fe(OH)_3$。新沉淀出来的 $Fe(OH)_3$ 略有两性,主要显碱性,易溶于酸中。能溶于浓的强碱溶液中形成 $[Fe(OH)_6]^-$ 离子。

$$Fe(OH)_3 + 3OH^- ==== [Fe(OH)_6]^{3-}$$

$Fe(OH)_3$ 溶于盐酸的反应仅是中和反应,与 $Co(OH)_3$ 和 $Ni(OH)_3$ 不同。

$$Fe(OH)_3 + 3HCl ==== FeCl_3 + 3H_2O$$

④三氯化铁。三氯化铁是比较重要的铁(Ⅲ)盐,主要用于有机染色反应中的催化剂。因为它能引起蛋白质的迅速凝聚,在医疗上用作外伤止血剂。另外它还用于照相、印染、印刷电路的腐蚀剂和氧化剂。

三氯化铁有无水三氯化铁($FeCl_3$)和六水合三氯化铁($FeCl_3 \cdot 6H_2O$)。将铁与氯气在高温下直接合成就可以得到棕黑色的无水($FeCl_3$)：

$$2Fe + 3Cl_2 =\!=\!= 2FeCl_3$$

无水 $FeCl_3$ 的熔点(555 K)、沸点(588 K)都比较低，能借升华法提纯，并易溶于有机溶剂(如丙酮)中，这些都说明无水 $FeCl_3$ 具有明显的共价性。无水 $FeCl_3$ 在空气中易潮解，易溶于水生成淡紫色的 $[Fe(H_2O)_6]^{3+}$ 离子。将铁屑溶于盐酸中，再往溶液中通入氯气，经浓缩、冷却，就有黄棕色的六水合三氯化铁 $FeCl_3 \cdot 6H_2O$。

$$Fe + 2HCl =\!=\!= FeCl_2 + H_2 \uparrow$$

$$2FeCl_2 + Cl_2 + 12H_2O =\!=\!= 2FeCl_3 \cdot 6H_2O$$

加热六水合三氯化铁晶体，则水解失去 HCl 而生成碱式盐：

$$2FeCl_3 \cdot 6H_2O =\!=\!= Fe(OH)Cl_2 + HCl$$

⑤$Fe(\mathrm{III})$ 的水解。$FeCl_3$ 及其他铁(III)盐溶于水后都容易水解，水解的最终产物是析出红棕色的氢氧化铁的胶状沉淀：

$$Fe^{3+} + 3H_2O =\!=\!= Fe(OH)_3 \downarrow + 3H^+$$

使 Fe 离子水解析出氢氧化铁沉淀，是长期以来作为一种典型的除铁的方法，在冶金和化工生产中得到广泛应用。

⑥$Fe(\mathrm{III})$ 的氧化性。三氯化铁及其他铁(III)盐在酸性溶液中是较强的氧化剂，可以将 I^- 氧化成 I_2，将 H_2S 氧化成单质 S，还可以被 $SnCl_2$ 还原，标准电极电势为 +0.771 V。另外，$FeCl_3$ 的溶液还可以溶解 Cu，使 Cu 变成 $CuCl_2$ 而溶解：

$$2FeCl_3 + Cu =\!=\!= CuCl_2 + 2FeCl_2$$

在印刷制版中，就是利用 $FeCl_3$ 这一性质，作铜板的腐蚀剂，把铜版上需要去掉的部分溶解变成 $CuCl_2$。

(5)铁的配位化合物

铁能形成多种配合物，例如，铁不仅能与 CN^-、F^-、$C_2O_4^{2-}$、Cl^-、SCN^- 等离子形成配合物。大多数铁的配合物呈八面体性，配位数为6。

Fe^{2+} 与氨水作用不能生成氨的配合物，生成的是 $Fe(OH)_2$ 的沉淀。只有无水状态下，$FeCl_3$ 与液氨作用，可以生成 $[Fe(NH_3)_6]Cl_2$ 配合物，但遇水即分解：

$$[Fe(NH_3)_6]Cl_2 + 6H_2O =\!=\!= Fe(OH)_2 + 4NH_3 \cdot H_2O + 2NH_4Cl$$

Fe^{3+} 与氨水作用也不能生成氨的配合物，Fe^{3+} 强烈水解生成 $Fe(OH)_3$ 沉淀。

$$[Fe(H_2O)_6]^{3+} + 3NH_3 =\!=\!= Fe(OH)_3 \downarrow + 3NH_4^+ + 3H_2O$$

Fe^{2+} 与 CN^- 生成六氰合铁(II)酸钾，使亚铁盐与 KCN 溶液反应，得到 $Fe(CN)_2$ 沉淀，该沉淀溶解在过量的 KCN 溶液中：

$$FeS + 2KCN =\!=\!= Fe(CN)_2 \downarrow + K_2S$$

$$Fe(CN)_2 + 4KCN =\!=\!= K_4[Fe(CN)_6]$$

从溶液中析出来的黄色晶体 $K_4[Fe(CN)_6] \cdot 3H_2O$ 称为六氰合铁(II)酸钾，或称为亚铁氰化钾，俗称黄血盐。黄血盐在 373 K 时失去所有的结晶水，形成白色的粉末。

黄血盐 $K_4[Fe(CN)_6]$ 在水溶液中很稳定，只含有 K^+ 离子和 $[Fe(CN)_6]^{4-}$ 离子，几乎检验不到 Fe^{2+} 离子的存在。黄血盐溶液遇到 Fe 离子，立即生成名为普鲁士蓝(Prussian blue)的深

蓝色沉淀,其化学式为 $KFe[Fe(CN)_6]$ 六氰合亚铁钾:

$$K^+ + Fe^{3+} + [Fe(CN)_6]^{4-} =\!\!=\!\!= KFe[Fe(CN)_6] \downarrow$$

利用这一反应,可用黄血盐来检验 Fe^{3+} 离子的存在。普鲁士蓝俗称铁蓝,在工业上用作燃料和颜料。

用氯气来氧化黄血盐溶液,将 Fe^{2+} 氧化成 Fe^{3+},就可以得到深红色的 $K_3[Fe(CN)_6]$ 六氰合铁(III)酸钾的晶体,或称为铁氰酸钾,俗称赤血盐。

$$2K_4[Fe(CN)_6] + Cl_2 =\!\!=\!\!= 2KCl + 2K_3[Fe(CN)_6]$$

赤血盐在碱性溶液中有氧化作用:

$$4K_3[Fe(CN)_6] + 4KOH =\!\!=\!\!= 4K_4[Fe(CN)_6] + O_2 \uparrow + 2H_2O$$

在中性溶液中赤血盐有微弱的水解作用。因此,使用赤血盐溶液时,最好现用现配。赤血盐溶液遇到 Fe^{2+} 离子,立即生成名为腾氏蓝的沉淀,其化学式为 $KFe[Fe(CN)_6]$ 六氰合亚铁酸铁钾:

$$K_3[Fe(CN)_6] + 3H_2O =\!\!=\!\!= Fe(OH)_3 + 3KCN + 3HCN$$

利用这一反应,可用赤血盐溶液来检验 Fe^{2+} 离子的存在。经结构研究证明,腾氏蓝的组成与结构和普鲁士蓝一样。

向 Fe^{3+} 溶液中加入硫氰化钾 KSCN 或硫氰化铵 NH_4SCN,溶液立即呈现出血红色:

$$Fe^{3+} + nSCN^- =\!\!=\!\!= [Fe(SCN)n]^{3-n}(血红色) \quad n = 1 \sim 6$$

随 SCN^- 的浓度而异。这是鉴定 Fe^{3+} 离子的灵敏反应之一,这一反应也常用于 Fe^{3+} 的比色分析。该反应必须在酸性环境下进行,因为溶液的酸度小时,Fe^{3+} 会发生水解生成 $Fe(OH)_3$ 而破坏了硫氰合铁(III)的配合物。

(6)铁、钴、镍的氧化物

表 10.12

氧化数	氧化物		
+2	FeO 黑色	CoO 灰绿色	NiO 暗绿色
+3	Fe_2O_3 砖红色	Co_2O_3 黑色	Ni_2O_3 黑色

高氧化态氧化能力增强,稳定性下降。

铁、钴、镍的 +2 与 +3 氧化数的氧化物均属于碱性氧化物,易溶于酸,一般不溶于水或碱性溶液中;低氧化数氧化物的碱性比高氧化数氧化物的碱性强;铁、钴、镍的 +3 氧化数的氧化物都具有较强的氧化性,按 Fe、Co、Ni 的顺序,它们的氧化能力增强,但稳定性降低。

(7)铁、钴、镍的氢氧化物

表 10.13

氧化数	氢氧化物		
+2	$Fe(OH)_2$ 白色	$Co(OH)_2$ 粉红色	$Ni(OH)_2$ 绿色
+3	$Fe(OH)_3$ 棕红色	$Co(OH)_3$ 棕褐色	$Ni(OH)_3$ 黑色

高氧化态氧化能力增强,稳定性下降;低氧化态还原能力增强,稳定性下降;铁、钴、镍的 +2 与 +3 氧化数的氢氧化物均难溶于水;低氧化数的氢氧化物具有还原性,按 Fe—Co—Ni 的顺序,还原能力依次降低。例如,空气中的氧就能把 $Co(OH)_2$ 氧化成 $Co(OH)_3$,而 $Ni(OH)_2$ 最稳定,根本不能被空气中的氧氧化。

$$4Fe(OH)_2 + O_2 + 2H_2O = 4Fe(OH)_3$$
$$4Co(OH)_2 + O_2 + 2H_2O = 4Co(OH)_3$$

高氧化数的氢氧化物具有氧化性,按 Fe、Co、Ni 的顺序,氧化能力依次增强。例如 $Fe(OH)_3$ 与盐酸反应,仅发生中和反应,而 $Co(OH)_3$ 和 $Ni(OH)_3$ 都是强氧化剂,它们与盐酸反应时,能氧化生成 Cl_2 气。

$$Fe(OH)_3 + 3HCl = FeCl_3 + 3H_2O$$
$$2Co(OH)_3 + 6HCl = 2CoCl_2 + Cl_2\uparrow + 6H_2O$$
$$2Ni(OH)_3 + 6HCl = 2NiCl_2 + Cl_2\uparrow + 6H_2O$$

(8) 铁、钴、镍的盐

铁、钴、镍的 +2 氧化数的盐,在性质上有许多相似之处,见表 10.14。

表 10.14

M^{2+} 水合离子	$[Fe(H_2O)_6]^{2+}$ 浅绿色	$[Co(H_2O)_6]^{2+}$ 粉红色	$[Ni(H_2O)_6]^{2+}$ 亮绿色
M^{2+} 无水盐	Fe^{2+} 白色	Co^{2+} 蓝色	Ni^{2+} 黄色

它们的 +2 价水合离子或无水盐都显有一定的颜色,这与它们的 M^{2+} 离子具有不成对的 d 电子有关;它们的硝酸盐、硫酸盐、氯化物和高氯酸盐等易溶于水,在水中有微弱的水解使溶液显碱性:

$$M^{2+} + H_2O = M(OH)^+ + H^+$$

它们的碳酸盐、磷酸盐、硫化物等弱酸盐都难溶于水。它们的可溶性盐从溶液中析出时,常常带有相同数目的结晶水。例如,$M(II)SO_4 \cdot 7H_2O(M = Fe、Co、Ni)$、$M(II)(NO_3)_2 \cdot 6H_2O(M = Fe、Co、Ni)$。它们的硫酸盐都能与碱金属或铵的硫酸盐形成复盐,$(NH_4)_2 \cdot MSO_4 \cdot 6H_2O(M = Fe、Co、Ni)$。

铁、钴、镍中只有铁和钴才有氧化数为 +3 的盐,由于镍(III)的氧化性更强,故类似的镍(III)盐尚未找到。钴(III)的盐只能存在于固态,溶于水则迅速分解成钴(II)盐。例如,$Fe_2(SO_4)_3 \cdot 9H_2O$ 是稳定的,$Co_2(SO_4)_3 \cdot 18H_2O$ 不仅在溶液中不稳定,在固体状态也不稳定,分解成 $CoSO_4$ 和 O_2。再如,FeF_3、$FeCl_3$、$FeBr_3$ 都是稳定化合物,而 CoF_3 受热即分解,$CoCl_3$ 在室温和有水时也即分解:

$$2CoF_3 = 2CoF_2 + F_2 \qquad 2CoCl_3 = 2CoCl_2 + Cl_2$$

而镍(III)的氟化物、氯化物尚未制得。高氧化数的钴盐和镍盐都是强氧化剂,它们的氧化能力按 Fe、Co、Ni 的顺序增强,而其稳定性按此顺序降低。

(9) 配合物

Co^{3+} 离子氧化性很强,不稳定,在酸性溶液中容易还原成 Co^{2+} 离子,所以钴盐在溶液中都

是以 Co^{2+} 离子形式存在。但当 Co^{2+} 离子与氨水生成可溶性的 $[Co(NH_3)_6]^{2+}$ 氨合配离子后,它们的稳定性发生了变化,变得不稳定了,很容易被氧化成稳定的 $[Co(NH_3)_6]^{3+}$ 氨合配离子。在 Co^{2+} 盐溶液中加入氰化钾 KCN,就会出现红色的氰化钴 $Co(CN)_2$ 沉淀。把 $Co(CN)_2$ 溶于过量的 KCN 溶液中,就会析出紫红色的 $K_4[Co(CN)_6]$ 晶体:

$$Co^{2+} + 2KCN = Co(CN)_2 \downarrow + 2K^+$$

$$Co^{2+} + 4KCN = K_4[Co(CN)_6] \downarrow$$

$[Co(CN)_6]^{4-}$ 配离子比 $[Co(NH_3)_6]^{2+}$ 更不稳定,是一个相当强的还原剂:

$$[Co(CN)_6]^{3-} + e^- \rightleftharpoons [Co(CN)_6]^{4-}$$

而 $[Co(CN)_6]^{3-}$ 则比 $[Co(NH_6)]^{3+}$ 还要稳定得多。将 $[Co(CN)_6]^{4-}$ 的溶液稍稍加热,它就会使 H^+ 还原产生 H_2:

$$2K_4[Co(CN)_6] + 2H_2O = 2K_3[Co(CN)_6] + 2KOH + H_2 \uparrow$$

向 Co^{2+} 盐溶液中加入硫氰化钾 KSCN 或硫氰化铵 NH_4SCN,可以生成蓝色的 $[Co(SCN)_4]^{2-}$ 配离子,它在水溶液中不稳定,易解离成简单离子:

$$[Co(SCN)_4]^{2-} = Co^{2+} + 4SCN^-, \quad K_{不稳} = 10^{-3}$$

$[Co(SCN)_4]^{2-}$ 可溶于丙酮或戊醇,在有机溶剂中比较稳定,可用于比色分析。

$[Co(SCN)_4]^{2-}$ 与 Hg^{2+} 作用,可生成 $Hg[Co(SCN)_4]$ 沉淀:

$$[Co(SCN)_4]^{2-} + Hg^{2+} = Hg[Co(SCN)_4] \downarrow$$

向镍(Ⅱ)盐的溶液中加入过量的氨水,可以生成稳定的蓝色 $[Ni(NH_3)_6]$ 配离子:

$$Ni^{2+} + 6NH_3 = [Ni(NH_3)_6]^{2+}$$

将 $Ni(OH)_2$ 溶于 HBr 中并加入过量的氨水,就会沉淀出紫色的 $[Ni(NH_3)_6]Br_2$ 溴化六氨合镍。

$$Ni(OH)_2 + 2HBr + 6NH_3 = [Ni(NH_3)_6]Br_2 + 2H_2O$$

向镍(Ⅱ)盐的溶液中加入过量的氰化钾,可以生成稳定的 $[Ni(CN)_4]^{2-}$ 配阴离子:

$$Ni^{2+} + 4KCN = [Ni(CN)_4]^{2-} + 4K^+$$

这个配阴离子的钠盐 $Na_2[Ni(CN)_4] \cdot 3H_2O$ 四氰合镍(Ⅱ)酸钠是黄色的,它的钾 $K_2[Ni(CN)_4] \cdot H_2O$ 四氰合镍(Ⅱ)酸钾是橙色的。

五、f 区元素

(一)卤族元素

周期系第Ⅶ主族元素氟、氯、溴、碘和砹总称为卤素(常用 X 表示),即成盐元素之意。它们表现出典型的非金属性,易与碱金属元素化合成盐,砹是放射性元素。

1.卤素的通性

(1)卤素的存在

由于卤素单质具有很高的化学活性,因此它们在自然界不可能以游离状态存在,而是以稳定的卤化物形式存在。氟是最活泼的非金属元素,氟单质是目前已知最强的氧化剂,所以自然界中没有游离态的氟存在,只有氟的化合物。氟在自然界的分布主要以萤石(氟化钙 CaF_2)、冰晶石($3NaF \cdot AlF_3$)和氟磷灰石$[Ca_{10}F_2(PO_4)_6]_3$ 这 3 种矿物存在,在地壳中的质量分数为0.065%。萤石(CaF_2)因为在黑暗中摩擦时发出绿色荧光而得名。氯在地壳中的质量分数为0.031%,主要以氯化物的形式蕴藏在海水里,海水中含氯大约为 1.9%。在某些盐湖、盐井和盐床中也含有氯。在自然界中,碘以化合物的形式存在,不仅有碘化物还有碘酸盐的形式。地壳中碘的质量百分数为 3×10^{-5}%,主要以碘酸钠 $NaIO_3$ 的形式存在于南美洲的智利硝石矿中。在海水中碘的含量很少,但海洋中的某些生物如海藻、海带等具有选择性地吸收和聚集碘的能力,是碘的一个重要来源。

(2)卤族元素的性质

在表 10.15 中列出了卤素的一些主要性质。由表中数据可知,卤素的性质递变具有明显的规律性,如熔点、沸点、原子半径等都随原子序数增大而增大。

表 10.15　卤族元素的一些性质

名称 性质	氟(F)	氯(Cl)	溴(Br)	碘(I)
原子序数	9	17	35	53
价电子构型	$2s^2 2p^5$	$3s^2 3p^5$	$4s^2 4p^5$	$5s^2 5p^5$
常见氧化态	-1	$-1,+1,+3,+5,+7$	$-1,+1,+3,+5,+7$	$-1,+1,+3,+5,+7$
共价半径/pm	64	99	114.2	133.3
X^- 离子半径/pm	133	181	196	220
第一电离能/$(kJ \cdot mol^{-1})$	1 671	1 251	1 140	1 008
电子亲和能/$(kJ \cdot mol^{-1})$	327.9	348.8	324.6	295.3
X^- 水合能/$(kJ \cdot mol^{-1})$	-207	-368	-335	293
X_2 的解离能/$(kJ \cdot mol^{-1})$	156.9	242.6	193.8	152.6
电负性(Pauling 标度)	3.98	3.16	2.96	2.66

卤素的价电子构型均为 $ns^2 np^5$,仅缺少一个电子就达到 8 电子的稳定结构,因此它们容易获得一个电子成为一价负离子,卤素和同周期元素相比较,非金属性是最强的,在本族内从氟到碘非金属性依次减弱。由于卤素是非常活泼的典型非金属,所以能和活泼的金属生成离子化合物。几乎能和所有的非金属起作用,生成共价化合物。由于卤素与电子结合能力强,所以它们大多数是强氧化剂,氧化能力为 $F_2 > Cl_2 > Br_2 > I_2$。

F_2、Cl_2 可与所有金属作用,Br_2、I_2 可与除贵金属外所有金属作用。

F_2 是最强的氧化剂,能与稀有气体反应生成 XeF_2、XeF_4、$XeOF_4$;与水猛烈反应放出 O_2。

卤素在化合物中常见的氧化值为 -1。除氟以外,卤素还可以形成正的氧化值,如 $+1$、$+3$、$+5$、$+7$。由卤素电子层结构 $ns^2 np^5$ 决定,除了易获得一个电子显 -1 价外,氯、溴、碘的原子最外层电子结构中存在空的 nd 轨道,当这些元素与电负性更大的元素化合时,它们的 nd 轨道可以参加成键,原来成对的 p 电子拆开进入 nd 轨道中,因此这些元素可以表现更高的氧化态 $+1$、$+3$、$+5$、$+7$。这一类化合物主要是卤素含氧化合物和卤素互化物,主要形成共价键。氟原子外

层电子结构是 $2s^2 2p^5$,价电子是在 L 层上,没有空 d 轨道,而且 F 的电负性最大,仅显 +1 价。

2. 卤素单质

（1）卤素单质的物理性质

卤素单质的物理性质见表 10.16。

表 10.16　卤素单质的物理性质

性质 ＼ 名称	氟	氯	溴	碘
物态	气体	气体	液体	固体
颜色	淡黄色	黄绿色	红棕色	紫色(气)紫黑色(固)
液体密度/$(g \cdot mL^{-1})$	1.513(85 K)	1.655(203 K)	3.187(273 K)	3.960(393 K)
熔点/K	53.38	172	265.8	386.5
沸点/K	84.86	238.4	331.8	457.4
汽化热/$(kJ \cdot mol^{-1})$	6.54	20.41	29.56	41.95
临界温度/K	144	417	588	785
临界压力/MPa	5.57	7.7	10.33	11.75

在常温下,氟和氯是气态,溴是易挥发的液体,碘为固体。氯较易液化,在 288 K 于 607.8 kPa 或常压下冷至 239 K,或在 293 K 超过 6.7×10^5 Pa 时,气态氯即转变为液态氯。碘在常压下加热时不经熔化而升华,它也是一种半导体,高压下可显示如金属一样的导电能力。

所有的卤素均有刺激性气味,强烈刺激眼、鼻、呼吸道及器官黏膜等,吸入较多蒸气会严重中毒,甚至死亡,刺激性从氯至碘依次减小。

卤素分子间以微弱的色散力结合,因此熔、沸点较低。从氟到碘色散力增大,熔、沸点亦增高。

卤素单质都有颜色。随原子序数增大,颜色由浅到深。这是由于吸收光带不同之故。物质的颜色通常是由于物质具有选择性吸收作用而产生的。物质所显示的颜色就是未被吸收的那部分光复合的颜色。

卤素较难溶于水,它们在有机溶剂,如乙醇、乙醚、氯仿等溶剂中溶解度要大得多。这是由于卤素分子是非极性分子,有机溶剂大多为非极性分子或弱极性分子的缘故,遵循相似相溶原则。

碘难溶于水,但易溶于碘化物溶液（如碘化钾）中,这是由于 I_2 和 I^- 形成易溶于水的 I_3^-：

$$I_2 + I^- === I_3^- （棕色）$$

实验室中常用此反应来获得较高浓度的碘水溶液。

（2）卤素单质的化学性质

①卤素与金属的反应。卤素单质的氧化性是其最典型的化学性质。氟在低温或高温下都可以和所有的金属直接作用,生成高价氟化物。氟与铜、镍、镁作用时,由于在金属表面生成薄层金属氟化物而阻止了反应的进行,因此氟可以储存在铜、镍、镁或由它们的合金制成的合金中。氯气能与各种金属作用,反应比较剧烈。例如钠、铁、锡、锑、铜等能在氯气中燃烧,甚至连不与氧气反应的银、铂、金也能与氯气直接化合。但氯气在干燥的情况下不与铁作用,因此,可以将干燥的液氯储存于铁罐或钢瓶中。

②卤素与非金属的反应。氟几乎与所有的非金属(氧、氮除外)都能直接化合,甚至在低温下氟仍可以与硫、磷、硅、碳等猛烈反应产生火焰。甚至极不活泼的稀有气体氙 Xe,也能在 523 K 与氟发生化学反应生成氟化物。氟在低温和黑暗中即可和氢直接化合,放出大量的热并引起爆炸。氯能与大多数非金属单质直接化合,反应程度虽不如氟猛烈,但也比较剧烈。例如氯能与磷、硫、氟、碘、氢等多种非金属单质作用生成氯化物。

③卤素与水的反应。卤素单质较难溶于水,卤素与水可能发生以下两类反应:

$$X_2 + H_2O = 2HX + \frac{1}{2}O_2 \uparrow$$

$$X_2 + H_2O = HX + HXO \uparrow \quad (X = F、Cl、Br、I)$$

先来看看第一类反应:

$$X_2 + H_2O = 2HX + \frac{1}{2}O_2 \uparrow$$

在这类反应中,卤素作为氧化剂,水作为还原剂组成了一个氧化还原反应。该反应是由下面两个半反应组成的:

$$X_2 + 2e^- \rightleftharpoons 2X^- \quad ①$$

$$\varphi_A^\ominus/V : (F_2/F^-) = 2.87、(Cl_2/Cl^-) = 1.36、(Br_2/Br^-) = 1.07、(I_2/I^-) = 0.54$$

$$O_2 + 4H^+ + 4e^- \rightleftharpoons 2H_2O \quad ②$$

$$\varphi_A^\ominus(O_2/O^{2-}) = 1.23 \text{ V}$$

从标准电极电势可以看出,F_2 与水反应的趋势最大,Cl_2 次之,它们在一般酸性溶液中就能发生反应;当水溶液的 pH > 3 时,Br_2 才能发生反应;水溶液的 pH > 12 时,I_2 才能发生反应。再来看看第二类反应:

$$X_2 + H_2O = HX + HXO$$

这是卤素在水中发生的氧化还原反应,氧化作用和还原作用同时发生在同一分子内的同一种元素上,即该元素的原子一部分被氧化,氧化数升高,同时另一部分原子被还原,氧化数降低,这种自身的氧化还原反应称为歧化反应。氟由于不能生成正氧化态的化合物,所以它与水不发生歧化反应。氯与溴对水的反应从热力学角度看可以发生第一类反应,但由于第一类反应的活化能较高而实际上速度很慢,事实上氯与溴对水进行的是第二类反应——歧化反应。歧化反应进行的程度与溶液的 pH 值有很大关系,碱性条件有利于歧化反应的进行。

④卤素间的置换反应。从卤素的电势图可以看出,卤素单质都是氧化剂,它们的标准电极电势值按 F,Cl,Br,I 的顺序依次降低,所以卤素单质的氧化能力按此顺序依次降低。而卤离子的还原能力按此顺序依次增强,标准电极电势值 $\varphi_A^\ominus(V)$:

$$F_2 \xrightarrow{2.87} F^- \quad Cl_2 \xrightarrow{1.36} Cl^- \quad Br_2 \xrightarrow{1.07} Br^- \quad I_2 \xrightarrow{0.54} I^-$$

卤素单质的氧化能力:$F_2 > Cl_2 > Br_2 > I_2$;卤离子的还原能力:$F^- < Cl^- < Br^- < I^-$。

氯气能氧化溴离子和碘离子成为单质。由于氯气是一种较强的氧化剂,如果氯气过量,则被它置换出的碘将进一步被氧化成高价碘的化合物。

$$Cl_2 + 2NaBr = Br_2 + 2NaCl$$

$$Cl_2 + 2NaI = I_2 + 2NaCl$$

$$I_2 + 5Cl_2 + 6H_2O = 2IO_3^- + 10Cl^- + 12H^+$$

溴能氧化碘离子成为碘单质。

$$Br_2 + 2NaI = I_2 + 2NaBr$$

（3）卤素单质的制备

卤素大多以卤化物的形式存在，一般制备卤素单质的方法是将卤离子氧化。

F_2 氧化性强，F^- 还原性极弱，目前还没有氧化剂可将其氧化成 F_2，只能用电解的方法，在无水条件下，在溶有 HF 的 KF 熔盐中进行，阳极析出氟气，阴极析出氢气。

Cl_2：工业上电解食盐水。

实验室用 MnO_2 或 $KMnO_4$ 与 HCl 作用：

$$2KMnO_4(s) + 16HCl(浓) = 2MnCl_2 + 5Cl_2(g) + 2KCl + 8H_2O$$

$$MnO_2(s) + 4HCl(浓) \xrightarrow{\triangle} MnCl_2 + Cl_2(g) + 2H_2O$$

Br_2：海水中含溴，在一定条件下，通入 Cl_2 置换出 Br_2，再纯化。

$$Cl_2 + 2Br^- = Br_2 + 2Cl^-$$

I_2：藻类植物中提取，I^- 还原性强，许多氧化剂可将其氧化。

如：
$$Cl_2 + 2I^- = I_2 + 2Cl^-$$
$$Br_2 + 2I^- = I_2 + 2Br^-$$

（4）卤素的用途

氟主要用来制有机氟化物，如杀虫剂 CCl_3F、制冷剂 CCl_2F_2（氟里昂-12）。氟在高科技领域也得到日益广泛的应用。例如，氟在原子能工业用以制造六氟化铀（UF_6），液态氟也是航天工业中所用的高能燃料的氧化剂；含 C—F 键的全氟烃，被广泛用于砂锅、铲雪车铲的防黏涂层和人造血液；由 ZrF_4、BaF_2 和 NaF 组成的氟化物光导纤维，对光的透明度显著提高，从而有望大大改善光纤通信的品质。

氯是重要的化工产品和原料，除用于合成盐酸外，还广泛用于生产农药、医药、燃料、炸药，以及纺织品和纸张的漂白、饮水消毒等。

溴主要用于药物、燃料、感光材料、汽车抗震添加剂和催化剂生产。

碘在医药上用作消毒剂，如碘酒、碘仿 CHI_3 等。碘化物有预防和治疗甲状腺肥大的功能。

3. 卤素化合物

（1）卤化氢和氢卤酸的物理性质

①卤化氢。卤素的氢化物称为卤化氢，即氟化氢 HF、氯化氢 HCl、溴化氢 HBr、碘化氢 HI 等。常温下卤化氢都是无色、有刺激性气味的气体。卤化氢易溶于水，其水溶液称为氢卤酸。除氟化氢外，其他氢化物均为强酸。

卤化氢都是具有强烈刺激性臭味的无色气体。在空气中会"冒烟"，这是因为它们与空气中的水蒸气结合形成了酸雾，卤化氢和氢卤酸的性质见表 10.17。

表 10.17　卤化氢和氢卤酸的性质

性质 \ 名称	HF	HCl	HBr	HI
分子量	20.006	36.461	80.912	127.913
熔点/K	189.61	158.94	186.28	222.36
沸点/K	292.67	188.11	206.43	237.80
生成热/（kJ·mol^{-1}）	-271	-92	-36	26
在 1 273 K 时分解分数/%	忽略	0.001 4	0.5	33

续表

名称 性质	HF	HCl	HBr	HI
H—X 键能/$(kJ \cdot mol^{-1})$	569.0	431	369	297.1
汽化热/$(kJ \cdot mol^{-1})$	30.31	16.12	17.62	19.77
水合热/$(kJ \cdot mol^{-1})$	-48.14	-17.58	-20.93	-23.02
溶解度(293 K,101 kPa)	35.3	42	49	57
氢卤酸表观电离度/%	10	92.6	93.5	95
恒沸溶液(101 kPa)沸点/K	393	383	399	400
相对密度/$(g \cdot mL^{-1})$	1.138	1.096	1.482	1.708
质量分数/%	35.35	20.24	47	57

由表中的数据可以看出:卤化氢的性质按 HCl—HBr—HI 的顺序有规律地变化,例如它们的熔沸点随着分子量的增加而升高。但 HF 表现例外,它的熔沸点和汽化热反常,特别高,它生成时放出的热量及键能都很大。反常的原因是 HF 分子之间存在氢键,而其他卤化氢分子中没有这种缔合作用。因此 HF 的熔沸点和汽化热特别高。卤化氢都是极性分子,HF 分子极性最大,HI 分子极性最小。它们在水中有很大的溶解度,卤化氢的水溶液称为氢卤酸。

②氢卤酸的性质。除氢氟酸外,其余的氢卤酸都是强酸,并按照 HCl—HBr—HI 的顺序,酸性依次增强。在常压下蒸馏氢卤酸,都可以得到溶液的组成和沸点恒定不变的恒沸溶液。强酸性和卤离子的还原性是氢卤酸的主要化学性质。卤离子的还原能力按 $F^- < Cl^- < Br^- < I^-$ 的顺序依次增强。例如,氢碘酸在常温时即可被空气中的氧气所氧化;而氢溴酸和氧的反应进行得很慢;氢氯酸即盐酸不能被氧气所氧化,但在强氧化剂作用下可以表现出还原性;而氢氟酸没有还原性。

$$4HI + O_2 \Longrightarrow 2I_2 + 2H_2O$$
$$4HBr + O_2 \Longrightarrow 2Br_2 + 2H_2O(慢)$$
$$4HCl + O_2 \neq 不反应$$

(2)卤化氢和氢卤酸的制备

①氟化氢和氢氟酸的制备。用萤石为原料制取氟化氢,氟化氢用水吸收就成为氢氟酸。要把氢氟酸保存在铅、石蜡或塑料瓶中,因为氢氟酸能与 SiO_2 或硅酸盐(玻璃的主要成分)反应生成气态的、易挥发的 SiF_4,而其他的氢卤酸都没有这个性质。

$$CaF_2 + H_2SO_4(浓) \Longrightarrow CaSO_4 + 2HF \uparrow$$
$$4HF + SiO_2 \Longrightarrow SiF_4 \uparrow + 2H_2O$$
$$6HF + CaSiO_3 \Longrightarrow SiF_4 \uparrow + CaF_2 + 3H_2O$$

②氯化氢和氢氯酸的制备。以下反应是实验室制备氯化氢的方法,氯化氢用水吸收就生成氢氯酸,即盐酸。

$$NaCl + H_2SO_4(浓) \Longrightarrow NaHSO_4 + HCl \uparrow$$

③溴化氢和氢溴酸,碘化氢和氢碘酸的制备。

$$NaBr + H_2SO_4(浓) \Longrightarrow NaHSO_4 + HBr \uparrow$$

$$NaI + H_2SO_4(浓) =\!=\!= NaHSO_4 + HI\uparrow$$

用以上反应的方法不能制备出纯的溴化氢和碘化氢。因为生成的 HBr 和 HI 会被浓硫酸进一步氧化。

$$2HBr + H_2SO_4(浓) =\!=\!= SO_2 + Br_2 + 2H_2O$$

$$8HI + H_2SO_4(浓) =\!=\!= H_2S\uparrow + 4I_2 + 4H_2O$$

在实验室中用金属卤化物制取溴化氢和碘化氢,要用没有氧化性和挥发性的磷酸来代替浓硫酸。将溴化氢或碘化氢溶于水就可以得到氢溴酸或氢碘酸。

$$NaBr + H_3PO_4 =\!=\!= NaH_2PO_4 + HBr\uparrow$$

$$NaI + H_3PO_4 =\!=\!= NaH_2PO_4 + HI\uparrow$$

④非金属卤化物水解。采用非金属卤化物水解的方法制取 HBr 和 HI。例如:

将溴滴加到磷和少许水的混合物上制取 HBr:

$$3Br_2 + 2P + 6H_2O =\!=\!= 2H_3PO_3 + 6HBr\uparrow$$

将水滴加到磷和碘的混合物上制取 HI:

$$3I_2 + 2P + 6H_2O =\!=\!= 2H_3PO_3 + 6HI\uparrow$$

4. 卤素的含氧酸及其盐

氟的含氧酸仅限于次氟酸 HOF。Cl、Br 和 I 均应有 4 种类型的含氧酸,它们是次卤酸、亚卤酸、卤酸和高卤酸,其中卤原子的氧化态分别为 +1、+3、+5 和 +7。在这些含氧酸根的离子结构中,卤原子均采取 sp^3 杂化方式,均为四面体构型。在卤原子和氧原子之间除有 sp^3 杂化轨道参与成键外,还有氧原子中充满电子的 2p 轨道与卤原子的空的 nd 轨道间所形成的 d-pπ键。

表 10.18　卤素的含氧酸

名　称	氟	氯	溴	碘
次卤酸	HOF	HOCl	HOBr	HOI
亚卤酸		$HClO_2$	$HBrO_2$	—
卤酸		$HClO_3$	$HBrO_3$	HIO_3
高卤酸		$HClO_4$	$HBrO_4$	HIO_4、H_5IO_6 等

卤素的含氧酸和含氧酸盐的许多重要性质,如酸性、氧化性、热稳定性、阴离子的强度等,都随着分子中氧原子数的改变而呈现规律性的变化。以氯的含氧酸和含氧酸盐为代表,其规律为:按 HClO—HClO₂—HClO₃—HClO₄ 的顺序,随着分子中氧原子数的增多,酸和盐的热稳定性及酸强度在增大,而氧化性和阴离子碱强度却在减弱;盐的热稳定性比相应的酸的热稳定性高,但其氧化性比酸弱。

表 10.19　氯的含氧酸及其钠盐的性质变化规律

氧化态	酸	热稳定性和酸强度	氧化性	盐	热稳定性
+1	HClO			NaClO	
+3	$HClO_2$	增大	减弱	$NaClO_2$	氧化性和阴离子碱强度
+5	$HClO_3$			$NaClO_3$	减弱
+7	$HClO_4$			$NaClO_4$	

热稳定性增高,氧化性减弱。

(1)次氯酸及次氯酸盐

氯与水作用,发生下述可逆反应:

$$Cl_2 + H_2O \rightleftharpoons HClO + HCl$$

氯在水中的溶解度不大,反应中又有强酸生成,所以上述反应进行不完全。次氯酸是很弱的酸,$K_a = 3.17 \times 10^{-8}$,只能存在于溶液中,次氯酸性质不稳定,有下述 3 种分解方式。

$$2HClO \overline{\quad\quad} 2HCl + O_2\uparrow \quad (光照) \quad ①$$
$$2HClO \overline{\quad\quad} Cl_2O + H_2O \quad (脱水剂) ②$$
$$3HClO \overline{\quad\quad} 2HCl + HClO_3 \quad (加热) \quad ③$$

这 3 种分解方式可以同时各自独立进行,称为平行反应。它们的相对速率取决于反应条件。例如,日光或催化剂(如氧化钴、氧化镍)的存在,有利于反应①的进行。次氯酸具有杀菌和漂白能力就是基于这个反应。而氯气之所以有漂白作用,就是其可以和水作用生成次氯酸,干燥的氯气是没有漂白能力的。

将氯气通入冷碱溶液,可生成次氯酸盐,反应如下:

$$Cl_2 + 2NaOH \overline{\quad\quad} NaClO + NaCl + H_2O$$
$$2Cl_2 + 2Ca(OH)_2 \overline{\quad\quad} Ca(ClO)_2 + CaCl_2 + 2H_2O$$

漂白粉中含有 $Ca(ClO)_2$、$CaCl_2$、$Ca(OH)_2$ 和 H_2O,其有效成分是 $Ca(ClO)_2$。次氯酸盐(或漂白粉)的漂白作用主要基于次氯酸的氧化性。

漂白粉遇酸放出氯气:

$$Ca(ClO)_2 + 4HCl \overline{\quad\quad} CaCl_2 + 2Cl_2\uparrow + 2H_2O$$

漂白粉在潮湿空气中受 CO_2 作用逐渐分解析出次氯酸:

$$Ca(ClO)_2 + CO_2 + H_2O \overline{\quad\quad} CaCO_3 + 2HClO$$

漂白粉是强氧化剂,是价廉的消毒、杀菌剂,广泛用于漂白棉、麻、纸浆等。

(2)氯酸及氯酸盐

氯酸是强酸,也是强氧化剂,它能将浓盐酸氧化为氯。$HClO_3$ 仅存在于溶液中,若将其浓缩到40%以上,即爆炸分解。

将次氯酸盐溶液加热,产生歧化反应,得到氯酸盐:

$$3ClO^- \overline{\quad\quad} ClO_3^- + 2Cl^-$$

因此将氯通入热碱溶液,就可制得氯酸盐:

$$3Cl_2 + 6KOH \overline{\quad\quad} 5KCl + KClO_3 + 3H_2O$$

这也是一个歧化反应。由于氯酸钾在冷水中溶解度不大,当溶液冷却时,有白色晶体析出。

固体氯酸钾加热分解有两种类型:

$$2KClO_3 \overline{\quad\quad} 2KCl + 3O_2 (200\ ℃) \quad ④$$
$$4KClO_3 \overline{\quad\quad} 3KClO_4 + KCl (400\ ℃) \quad ⑤$$

当有催化剂存在时,200 ℃就开始按④式分解,如没有催化剂存在,在 400 ℃左右主要按⑤式分解,同时,还有少量氧生成。

固体氯酸盐是强氧化剂,和各种易燃物(硫、碳、磷)混合时,在撞击时剧烈爆炸,因此氯酸盐被用来制造炸药、火柴、烟火等。氯酸盐在中性(或碱性)溶液中不具有氧化性,只有在酸性

溶液中才具有氧化性,而且是强氧化剂,例如可将 I^- 氧化成单质 I_2:

$$ClO_3^- + 6I^- + 6H^+ \Longrightarrow 3I_2 + Cl^- + 3H_2O$$

（3）高氯酸及高氯酸盐

用高氯酸钾同浓硫酸反应,然后进行减压蒸馏,即可得到高氯酸:

$$KClO_4 + H_2SO_4 \Longrightarrow KHSO_4 + HClO_4$$

高氯酸是已知酸中最强的酸,无水高氯酸是无色液体,浓的高氯酸不稳定,受热分解:

$$4HClO_4 \Longrightarrow 2Cl_2 + 7O_2 + 2H_2O（加热）$$

高氯酸在储存时必须远离有机物质,否则会发生爆炸。但高氯酸的水溶液在氯的含氧酸中最稳定,氧化性比 $HClO_3$ 弱。

高氯酸盐是氯的含氧酸盐中最稳定的,固体高氯酸盐受热时都能分解为氯化物和氧气:

$$KClO_4 \Longrightarrow KCl + 2O_2$$

因此,固体高氯酸盐在高温下是一个强氧化剂,但氧化能力比氯酸盐弱,所以高氯酸盐用于制造较为安全的炸药。高氯酸镁和高氯酸钡是很好的吸水剂和干燥剂。

以上讨论了氯的含氧酸及其盐,现将它们的热稳定性、氧化性及酸性变化一般规律总结如图 10.3 所示。

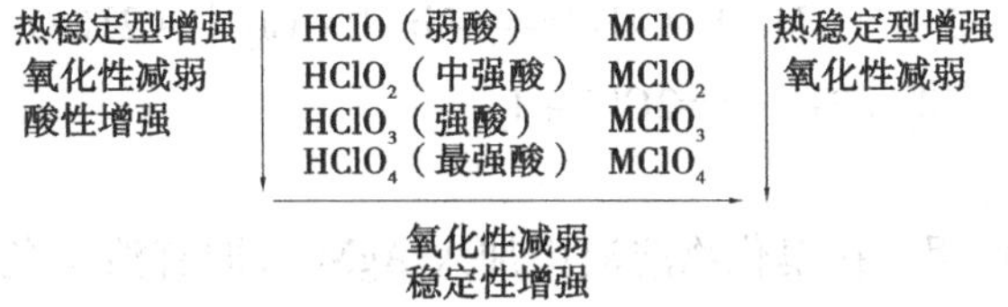

$$
\begin{array}{l|ll|l}
\text{热稳定型增强} & HClO（弱酸） & MClO & \text{热稳定型增强} \\
\text{氧化性减弱} & HClO_2（中强酸） & MClO_2 & \text{氧化性减弱} \\
\text{酸性增强} & HClO_3（强酸） & MClO_3 & \\
 & HClO_4（最强酸） & MClO_4 & \\
\hline
 & \text{氧化性减弱} & & \\
 & \text{稳定性增强} & &
\end{array}
$$

图 10.3　氯的含氧酸及其盐热稳定性、氧化性及酸性变化一般规律

（4）溴和碘的含氧酸及其盐

溴和碘可以形成与氯类似的含氧化合物,它们的性质按 Cl—Br—I 的顺序呈现规律性的变化。

①次溴酸和次碘酸及其盐。次溴酸和次碘酸都是弱酸,酸性按 HClO—HBrO—HIO 顺序减弱,它们都是强氧化剂,而且都不稳定,易按下式发生歧化反应:

$$3HXO \Longrightarrow 2HX + HXO_3$$

溴和碘与冷的碱液作用,也能生成次溴酸盐和次碘酸盐,而且比次氯酸盐更容易歧化。

BrO^- 在常温下歧化速率已很快,只有在 0 ℃ 以下的低温才可得到 BrO^-,在 50 ℃ 以上产物几乎是 BrO_3^-。IO^- 在所有温度下歧化的速率都很快,所以,实际上在碱性介质中不存在 IO^-:

$$3I_2 + 6OH^- \Longrightarrow 5I^- + IO_3^- + H_2O$$

②溴酸、碘酸及其盐。与氯酸相同,溴酸是用溴酸盐和硫酸作用制得:

$$Ba(BrO_3)_2 + H_2SO_4 \Longrightarrow BaSO_4 + 2HBrO_3$$

碘酸是用浓 HNO_3 氧化 I_2 制得:

$$I_2 + 10HNO_3（浓） \Longrightarrow 2HIO_3 + 10NO_2 + 4H_2O$$

卤酸的酸性按 $HClO_3$—$HBrO_3$—HIO_3 顺序逐渐减弱,但它们的稳定性逐渐增强。溴酸只存在于水溶液中,碘酸在常温时为无色晶体。

溴酸盐和碘酸盐的制备方法与氯酸盐相似。溴酸盐和碘酸盐在酸性溶液中也都是强氧化剂。

③高溴酸和高碘酸及其盐。用单质氟在碱性溶液中氧化溴酸盐而制得高溴酸盐：

$$BrO_3^- + F_2 + 2OH^- =\!=\!= BrO_4^- + 2F^- + H_2O$$

高碘酸有两种存在形式，即正高碘酸 H_5IO_6 和偏高碘酸 HIO_4。高碘酸是弱酸，酸性远不如 $HClO_4$ 和 $HBrO_4$。高碘酸的氧化性比高氯酸强。

5. 卤素离子的鉴定

常见无机离子的鉴定反应是元素化合物部分的主要内容。离子的鉴定是根据离子的性质，选择离子的特征反应，运用定性分析化学的方法去确证。

（1）氯离子的鉴定

①与 $AgNO_3$ 溶液作用。在氯化物溶液中加入 $AgNO_3$，即有白色沉淀生成，此沉淀能溶于稀氨水，但不溶于 HNO_3：

$$Cl^- + Ag^+ =\!=\!= AgCl\downarrow（白）$$
$$AgCl + 2NH_3 =\!=\!= [Ag(NH_3)_2]^+ + Cl^-$$

②与 $KMnO_4$（或 MnO_2）作用。在氯化物溶液加入 $KMnO_4$（或 MnO_2）和稀 H_2SO_4，加热即有氯气放出。Cl_2 使 KI-淀粉试纸显蓝色：

$$2Cl^- + MnO_2 + 4H^+ =\!=\!= Mn^{2+} + Cl_2\uparrow + 2H_2O$$
$$Cl_2 + 2I^- =\!=\!= 2Cl^- + I_2$$

（2）Br^- 离子的鉴定

①与 $AgNO_3$ 溶液作用。在溴化物溶液中加入 $AgNO_3$，即有淡黄色沉淀生成，此沉淀微溶于稀氨水，不溶于 HNO_3：

$$Br^- + Ag^+ =\!=\!= AgBr\downarrow（淡黄色）$$

②与氯水作用。在溴化物溶液中加入氯水，再加氯仿（$CHCl_3$）振摇，氯仿层显黄色或红棕色：

$$2Br^- + Cl_2 =\!=\!= Br_2 + 2Cl^-$$

（3）I^- 离子的鉴定

①与 $AgNO_3$ 溶液作用。碘化物溶液中加入 $AgNO_3$，即有黄色沉淀，此沉淀不溶于氨水及 HNO_3：

$$I^- + Ag^+ =\!=\!= AgI\downarrow（黄色）$$

②与氯水或铁（Ⅲ）作用。碘化物溶液中加入少量氯水或加 $FeCl_3$ 溶液，即有 I_2 生成。I_2 在 CCl_4 中显紫色，如加淀粉溶液显蓝色：

$$2I^- + Cl_2 =\!=\!= I_2 + 2Cl^-$$
$$2I^- + Fe^{3+} =\!=\!= I_2 + 2Fe^{2+}$$

（二）氧族元素

周期系第ⅥA族包括氧、硫、硒、碲、钋 5 种元素，统称为氧族元素。其中氧是地壳中含量最多的元素。在自然界中氧和硫能以单质存在。硒、碲是稀有元素，钋是放射性元素。

1. 氧族元素的存在

氧族元素有氧、硫、硒、碲和钋 5 种元素。氧是地球上含量最多，分布最广的元素。约占地壳总质量的 46.6% 。它遍及岩石层、水层和大气层。在岩石层中,氧主要以氧化物和含氧酸盐的形式存在。在海水中,氧占海水质量的 89% 。在大气层中,氧以单质状态存在,约占大气质量的 23% 。

硫在地壳中的含量为 0.045% ,是一种分布较广的元素。它在自然界中以两种形态出现:单质硫和化合态硫。天然的硫化合物包括金属硫化物、硫酸盐和有机硫化合物三大类。最重要的硫化物矿是黄铁矿(FeS_2),它是制造硫酸的重要原料。其次是黄铜矿($CuFeS_2$)、方铅矿(PbS)、闪锌矿(ZnS)等。硫酸盐矿以石膏($CaSO_4 \cdot 2H_2O$)和 $Na_2SO_4 \cdot 10H_2O$ 为丰富。有机硫化合物除了存在于煤和石油等沉积物中外,还广泛存在于生物体的蛋白质、氨基酸中,单质硫则主要存在于火山附近。

2. 氧族元素的基本性质

有关氧族元素性质的一些主要数据列于表 10.20 中。

表 10.20　氧族元素的一些基本性质

名称 性质	氧(O)	硫(S)	硒(Se)	碲(Te)	钋(Po)
原子序数	8	16	34	52	84
原子量	15.99	32.06	78.96	127.60	209
价电子构型	$2s^2 2p^4$	$3s^2 3p^4$	$4s^2 4p^4$	$5s^2 5p^4$	$6s^2 6p^4$
常见氧化态	$-2, -1, 0$	$-2, 0, +2,$ $+4, +6$	$-2, 0, +2,$ $+4, +6$	$-2, 0, +2,$ $+4, +6$	—
共价半径/pm	66	104	117	137	167
M^{2-} 离子半径/pm	140	184	198	221	230
第一电离能/$(kJ \cdot mol^{-1})$	1 314	1 000	941	869	812
第一电子亲和能/$(kJ \cdot mol^{-1})$	-141	-200	-195	-190	-183
第二电子亲和能/$(kJ \cdot mol^{-1})$	780	590	420	295	—
单键解离能/$(kJ \cdot mol^{-1})$	142	226	172	126	—
电负性(Pauling 标度)	3.44	2.58	2.55	2.10	2.00
熔点/℃	-218.6	112.8	221	450	254
沸点/℃	-183.0	444.6	685	1 009	962

氧族元素随着原子序数增大,非金属性减弱,氧硫是非金属,硒、碲是准金属,钋是典型金属,为放射性元素。

氧族元素原子的价电子层构型比相应的卤素原子在 p 轨道上少一个电子,结构 $ns^2 np^4$,因此氧族元素与其他元素化合时有共用或夺取两个电子,以达到稀有气体原子电子构型的倾向。

氧族元素与电负性比它们强的元素化合时,可呈现 $+2$、$+4$、$+6$ 氧化值。氧由于其位于第二周期,没有 d 轨道,而且氧的电负性很强,仅次于氟,因此,氧除了与氟化合时显正氧化值外,氧在所有化合物中表现 -2 氧化值(除 H_2O_2 及 OF_2 外);氧族元素都有同素异形体。例如氧有普通氧和臭氧两种单质;硫有斜方硫、单斜硫和弹性硫等。

氧和硫的性质相似,都活泼。氧能与许多元素直接化合,生成氧化物,硫也能与氢、卤素及几乎所有的金属起作用,生成相应化合物的性质有很多相似之处。

3.氧族元素的化合物

（1）氧族元素的氢化物

①过氧化氢。过氧化氢的分子式为 H_2O_2,俗称双氧水。纯品是无色黏稠液体,能与水以任意比例混合。市售品有30%和3%两种规格。在自然界中很少见,仅以微量存在于雨雪或某些植物的汁液中,是自然界中还原性物质与大气氧化合的产物。

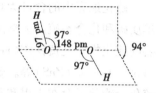

图 10.4 过氧化氢的分子结构

②过氧化氢分子的结构。H_2O_2 的 O 原子也是采取不等性的 sp^3 杂化,两个杂化轨道一个同 H 原子形成 H—Oσ 键,另一个则同第二个 O 原子的杂化轨道形成 O—Oσ 键,其他两个杂化轨道则被两对孤电子对占据,每个 O 原子上的两对孤电子间的排斥作用,使得两个 H—O 键向 O—O 键靠拢,所以键角 $\angle HOO$ 为 97°,小于四面体的 109°。同时也使得 O—O 键长为 148 pm,比计算的单键值大。H—O 键键长为 97 pm。整个分子不是直线形的,在分子中有一个过氧链—O—O—,O 的氧化数为 -1,每个 O 原子上各连着一个 H 原子,两个 H 原子位于像半展开的书的两页纸面上,两页纸面的夹角为 94°,两个 O 原子则处在书的夹缝位置上,过氧化氢的分子结构如图10.4所示。

③过氧化氢的性质和用途。纯 H_2O_2 是一种淡蓝色的黏稠液体,它的极性比 H_2O 强,由于 H_2O_2 分子间有较强的氢键,所以比 H_2O 的缔合程度还大,沸点也远比水高,但其熔点与水接近,可以与水以任意比例互溶,3% 的 H_2O_2 水溶液在医药上称为双氧水,有消毒杀菌的作用,水和过氧化氢的物理性质见表10.21。

表 10.21 水和过氧化氢的物理性质

性质 \ 名称	水	过氧化氢
分子式	H_2O	H_2O_2
O 的氧化数	-2	-1
液体颜色	无色	淡蓝色
偶极矩/$(C \cdot m^{-1})$	6.2×10^{-30}	7.5×10^{-30}
密度/$(g \cdot cm^{-3})$	1.0(273 K)	1.438
熔点/K	273	272
沸点/K	373	423
分解温度/K	2 000 以上	426

在 H_2O_2 中 O 的氧化数为 -1,H_2O_2 的特征化学性质是:

①过氧化氢的氧化性。从标准电极电势数值看,H_2O_2 在酸性溶液中是一种强氧化剂。例如,H_2O_2 能将碘化物氧化成单质碘,这个反应可用来定性检出或定量测定 H_2O_2 过氧化物的含量:

$$H_2O_2 + 2I^- + 2H^+ \xlongequal{\quad\quad} I_2 + H_2O$$

另外,H_2O_2 还能将黑色的 PbS 氧化成白色的 $PbSO_4$:

$$4H_2O_2 + PbS \xlongequal{\quad\quad} PbSO_4 + 4H_2O$$

表现 H_2O_2 氧化性的反应还有：

$$H_2O_2 + H_2SO_3 =\!=\!=\!= H_2SO_4 + H_2O$$

在碱性介质中 H_2O_2 的氧化性虽不如在酸性溶液中强，但与还原性较强的亚铬酸钠 $NaCrO_2$ 等反应时，仍表现出一定的氧化性：

$$3H_2O_2 + 2NaCrO_2 + 2NaOH =\!=\!=\!= 2Na_2CrO_4 + 4H_2O$$
$$\quad\quad\quad\text{深绿色}\quad\quad\quad\quad\quad\quad\text{黄色}$$
$$H_2O_2 + Mn(OH)_2 =\!=\!=\!= MnO_2\downarrow + 2H_2O$$
$$\quad\text{白色}\quad\quad\quad\text{棕黑色}$$

H_2O_2 最常用作氧化剂，用于漂白毛、丝织物和油画，也可用于消毒杀菌。纯的 H_2O_2 还可用作火箭燃料的氧化剂，它作为氧化剂的最大优点是不会给反应体系带来杂质，它的还原产物是 H_2O。要注意质量分数大于 30% 以上的 H_2O_2 水溶液会灼伤皮肤。

②过氧化氢的还原性。在碱性溶液中，H_2O_2 是一种中等强度的还原剂，工业上常用 H_2O_2 的还原性除氯，因为它不会给反应体系带来杂质：

$$H_2O_2 + Cl_2 =\!=\!=\!= 2Cl^- + O_2\uparrow + 2H^+$$

在酸性溶液中 H_2O_2 虽然是一种强氧化剂，但若遇到比其更强的氧化剂（如 $KMnO_4$）时，H_2O_2 也会表现出还原性：

酸性介质中：

$$5H_2O_2 + 2MnO_4^- + 6H^+ =\!=\!=\!= 2Mn^{2+} + 8H_2O + 5O_2\uparrow$$

中性或弱碱性介质中：

$$3H_2O_2 + 2MnO_4^- =\!=\!=\!= 2MnO_2\downarrow + 2H_2O + 3O_2\uparrow + 2OH^-$$

③过氧化氢的不稳定性。H_2O_2 在低温和高纯度时还比较稳定，但若受热到 426 K（153 ℃ 以上）时便会猛烈分解，它的分解反应就是其歧化反应：

$$2H_2O_2 =\!=\!=\!= 2H_2O + O_2\uparrow$$

能加速 H_2O_2 分解速度的因素还有：a. O_2 在碱性介质中的分解速度比在酸性介质中快。b. 杂质的存在，如重金属离子等都能大大加速 H_2O_2 的分解。c. 波长为 $320\sim380$ nm 的光（紫外光）也能促进 H_2O_2 的分解。针对会加速 H_2O_2 分解的热、介质、重金属离子和光四大因素，为了阻止 H_2O_2 的分解，一般常将 H_2O_2 装在棕色瓶中放在阴凉处保存，有时还加入一些稳定剂，如微量的锡酸钠 Na_2SnO_3、焦磷酸钠 $Na_4P_2O_7$、8-羟基喹啉等来抑制所含杂质的催化分解作用。

（2）单质硫

单质硫有几种同素异形体，最常见的是斜方硫（菱形硫）和单斜硫。菱形硫又称为 α-硫，单斜硫又称为 β-硫。天然硫是黄色的菱形硫（密度 2.06 g/cm^{-3}，熔点 385.8 K），其在 36.6 K 以下是稳定的。当加热到 368.6 K 以上就转变为单斜硫（密度 1.96 g/cm^{-3}，熔点 392 K），但转变速度不快。将其冷却时，又转变为菱形硫。

$$\text{斜方硫（柠檬黄）} \underset{}{\overset{368.6\ K}{\rightleftharpoons}} \text{单斜硫（深黄色）}$$

斜方硫和单斜硫都是环状 S_8 的分子晶体，易溶于 CS_2 和 CCl_4 等有机溶剂。当加热熔融时成为浅黄色的液体，继续加热到 433 K 以上环发生断裂，颜色变深，黏度显著增大，因为成为长链状分子且互相纠缠使之不易流动。接近 473 K 时它的黏度最大。到 717.6 K 时，硫就变成蒸气,蒸气中有 S_8、S_6、S_4、S_2 等分子存在。在 1 273 K 左右硫蒸气的密度相当于 S_2 分子。

若将熔融硫迅速倒入冷水中,长链状的硫被固定下来,成为能拉伸的弹性硫,即得到棕黄色的玻璃状弹性硫,因有可塑性,也称塑性硫。弹性硫是一种过冷液体,不溶于任何溶剂,但经在室温下的空气中放置(需要一年的时间),能慢慢转变为晶态硫。

硫不及氧活泼。加热时能和碳、氢及一些活泼金属作用,生成相应的硫化物,表现出氧化性。硫能被活泼非金属(F_2、O_2 等)、强氧化剂(硝酸、浓硫酸等)氧化,表现出还原性。与铝和碳在加热时生成三硫化二铝和二硫化碳:

$$2Al + 3S \xrightarrow{\triangle} Al_2S_3$$

$$C + 2S \xrightarrow{\triangle} CS_2$$

硫还能与热的浓硫酸和硝酸反应,在加热时能被浓硫酸氧化成二氧化硫,被硝酸氧化生成硫酸:

$$S + 2H_2SO_4(浓) \xrightarrow{\triangle} 3SO_2 + 2H_2O$$

$$S + 2HNO_3 \xrightarrow{\triangle} H_2SO_4 + 2NO \uparrow$$

在碱中发生歧化反应生成硫化钠和亚硫酸钠:

$$3S + 6NaOH =\!=\!= 2Na_2S + Na_2SO_3 + 3H_2O$$

单质硫可从天然矿制得。将含有天然硫的矿石隔绝空气加热,可将硫熔化而和沙石等杂质分开,也可用黄铁矿和焦炭混合燃烧(有限空气)制取:

$$3FeS_2 + 12C + 8O_2 \xrightarrow{燃烧} Fe_3O_4 + 12CO + 6S$$

硫在工业上用于制硫酸、硫化橡胶、黑火药、火柴、硫化物等。医药上用以制硫黄软膏治疗某些皮肤病。还有一部分硫黄用于农业杀虫剂和漂染工业。

4. 硫化氢和氢硫酸

硫化氢 H_2S 为无色有臭鸡蛋气味的气体,吸入后引起头痛、眩晕、吸入量较多时可致死。所以空气中允许最大含量为 0.01 mg/L。

硫化氢分子结构与水相似,呈 V 形,键角比水分子小($92°20'$),因 S 比 O 的电负性小,半径大。同样,H_2S 极性比水弱,形成氢键能力弱得多,所以熔点(187 K)和沸点(212 K)比水低得多。

H_2S 中的 S 的氧化态 -2 已达到最低,因此具有还原性。它在空气中燃烧时火焰呈蓝色:

$$2H_2S + 3O_2(过量) \xrightarrow{燃烧} 2SO_2 + 2H_2O$$

$$2H_2S + O_2(不足量) \xrightarrow{燃烧} 2S + 2H_2O$$

许多氧化剂能氧化 H_2S,如 Cl_2、Br_2、浓 H_2SO_4 等。

$$Br_2 + H_2S =\!=\!= S + 2HBr$$

$$H_2S + H_2SO_4(浓) =\!=\!= SO_2 + S + 2H_2O$$

H_2S 能与 Ag 作用,生成黑色 Ag_2S,此处 Ag 是还原剂,因生成较稳定的 Ag_2S 之故。

H_2S 的热稳定性比水低得多,673 K 可分解:

$$H_2S \xrightarrow{673\ K} H_2 + S$$

H_2S 可溶于水,293 K、101.3 kPa 下 1 体积水能溶解 2.6 体积 H_2S,饱和溶液浓度约为 0.1 mol/L。加热溶液,H_2S 溶解度迅速减少而逸出。H_2S 的水溶液称为氢硫酸,为二元弱酸。

硫化氢可由硫蒸气和氢直接化合制得,但反应不完全。实验室常用金属硫化物与酸反应制备:

$$FeS + 2HCl \longrightarrow FeCl_2 + H_2S \uparrow$$

由于 H_2S 是一种有毒气体,需在通风橱中制备。分析化学上常用硫代乙酰胺代替硫化氢,通常是 5% 的水溶液,它可水解产生 H_2S 和 S^{2-},使用简便、干净。

$$CH_3CSNH_2 + 2H_2O \longrightarrow CH_3COONH_4 + H_2S \uparrow$$

$$CH_3CSNH_2 + 2OH^- \longrightarrow CH_3COO^- + NH_4^+ + S^{2-} \uparrow$$

由于大多数金属硫化物不溶于水,在定性分析中,以 H_2S 作为分离溶液中阳离子的沉淀剂。

检验:以 $Pb(Ac)_2$ 试纸检验,H_2S 使试纸变黑:

$$H_2S + Pd(Ac)_2 \longrightarrow PdS + 2HAc$$

5. 硫的氧化物和含氧酸及其盐

(1) SO_2 和 H_2SO_3

SO_2 分子是弯曲形的,S 原子 sp^2 杂化,其中两个杂化轨道与氧成键,另一杂化轨道中有一对孤电子对。$\angle OSO$ 为 119.5°,键长为 143 pm。SO_2 是一种无色有刺激臭味的气体,比空气重 2.26 倍,它是一种大气污染物。SO_2 的职业性慢性中毒会引起食欲丧失,大便不通和气管炎症。空气中 SO_2 的含量不得超过 0.02 mg/L。SO_2 是极性分子,常压下,263 K 就能液化,易溶于水,常况下每立方分米水能溶解 40 L 的 SO_2,相当于质量分数为 10% 的溶液,SO_2 是造成酸雨的主要因素之一。二氧化硫具有漂白作用,且易溶于水生成亚硫酸,亚硫酸具有弱酸性、强的还原性,也是烟雾中的主要污染物。

工业制备方法:硫在空气中燃烧生成 SO_2:

$$S + O_2 \longrightarrow SO_2$$

金属硫化物矿、硫铁矿(黄铁矿)灼烧时生成氧化物,同时放出 SO_2:

$$3FeS_2 + 8O_2 \longrightarrow Fe_3O_4 + 6SO_2 \uparrow$$

$$2ZnS + 3O_2 \longrightarrow 2ZnO + 2SO_2 \uparrow$$

实验室制备方法:$Na_2SO_3(s) + 2HCl(浓) \longrightarrow SO_2 \uparrow + 2NaCl + H_2O$

H_2SO_3 为二元中强酸。

$$H_2SO_3 \Longrightarrow H^+ + HSO_3^- \qquad K_1 = 1.3 \times 10^{-2}$$

$$HSO_3^- \Longrightarrow H^+ + SO_3^{2-} \qquad K_2 = 6.1 \times 10^{-8}$$

SO_2 中 S 的氧化数为 +4,所以 SO_2 既有氧化性又有还原性,但还原性是主要的。只有遇到强还原剂时,SO_2 才表现出氧化性。

$$SO_2 + 2H_2S \longrightarrow 3S + 2H_2O$$

$$SO_2 + 2CO \xrightarrow{773\ K} S + 2CO_2$$

$$3SO_2(过量) + KIO_3 + 3H_2O \longrightarrow 3H_2SO_4 + KI$$

$$SO_2 + Br_2 + 2H_2O \longrightarrow H_2SO_4 + 2HBr$$

$$2SO_2 + O_2 \longrightarrow 2SO_3$$

酸性溶液:

$$H_2SO_3 + 4H^+ + 4e^- \Longrightarrow S + 3H_2O; \qquad \varphi = 0.45\ V$$

$$SO_4^{2-} + 4H^+ + 2e^- \Longrightarrow H_2SO_3 + H_2O; \qquad \varphi = 0.17\ V$$

碱性溶液：　　　$SO_4^{2-} + H_2O + 2e^- \Longrightarrow SO_3^{2-} + 2OH^-$；　　$\varphi = -0.93\ V$

SO_2 能和一些有机色素结合成为无色化合物，因此可用作纸张、草帽等的漂白剂。SO_2 主要用于制造硫酸和亚硫酸盐，还大量用于制造合成洗涤剂、食物和果品的防腐剂、住所和用具的消毒剂。

（2）SO_3 和 H_2SO_4

气态 SO_3 分子构型为平面三角形，S 原子杂化，键角为 120°，S—O 键长 143 pm，具有双键特征（S—O 单键长约为 155 pm）。固态的 SO_3 主要以两种形式存在。一种（SO_3）$_n$ 是石棉形的，结构与石棉相似，是由许多 SO_3 基团通过氧原子互相连接起来的长链，在链中 S—O 键长为 161 pm，端梢的 O 与 S 的键长为 141 pm。在这种结构形式中 S 原子杂化，除生成 4 个 σ 键外，还生成了 2 个 π 键。另一种固态 SO_3 是冰状结构的三聚体（SO_3）$_3$。3 个 S 原子通过 O 原子以单键连接成环状，在这种结构中 S 原子也是杂化。纯净的 SO_3 是无色易挥发的固体，熔点 289.9 K，沸点 317.8 K。

制备 SO_3 是通过 SO_2 的催化氧化来制备的，工业上常用的催化剂是 V_2O_5：

$$2SO_2 + O_2 \xrightarrow[450\ ℃]{V_2O_5} 2SO_3 \xrightarrow{2H_2O} 2H_2SO_4$$

SO_3 中 S 原子处于最高氧化态 +6，所以 SO_3 是一种强氧化剂，特别在高温时它能氧化磷、碘化物和铁、锌等金属：

$$5SO_3 + 2P \Longrightarrow 5SO_2 + P_2O_5$$
$$SO_3 + 2KI \Longrightarrow K_2SO_3 + I_2$$

SO_3 极易吸收水分，在空气中强烈冒烟，溶于水即生成硫酸并放出大量热。

$$SO_3 + H_2O \Longrightarrow H_2SO_4$$

H_2SO_4 是一个强的二元酸，在稀溶液中，它的第一步电离是完全的，第二步电离程度则较低，$K_{a_2} = 1.2 \times 10^{-2}$。

$$H_2SO_4^- \Longrightarrow H^+ + HSO_4^-　完全电离$$
$$HSO_4^- \Longrightarrow H^+ + SO_4^{2-}　K_2 = 1.2 \times 10^{-2}$$

纯 H_2SO_4 是无色油状液体，凝固点为 283.36 K，沸点为 611 K（质量分数 98.3%），密度为 1.854 g/cm^{-3}，相当于浓度为 18 mol/L。浓 H_2SO_4 溶于水产生大量的热，若不小心将水倾入浓 H_2SO_4 中，将会因为产生剧热反应而导致爆炸。因此在稀释硫酸时，只能在搅拌下将浓硫酸缓慢地倾入水中，绝不能将水倾入浓硫酸中！硫酸是 SO_3 的水合物，除了 H_2SO_4（$SO_3 \cdot H_2O$）和 $H_2S_2O_7$（$2SO_3 \cdot H_2O$）外，它还能生成一系列稳定的水合物，所以浓硫酸有强烈的吸水性。

浓硫酸是工业上和实验室中最常用的干燥剂，用它来干燥氯气、氢气和二氧化碳等气体。它不但能吸收游离的水分，还能从一些有机化合物中夺取与水分子组成相当的氢和氧，使这些有机物碳化。例如，蔗糖或纤维被浓硫酸脱水：

$$C_{12}H_{22}O_{11} \xrightarrow{浓硫酸} 12C + 11H_2O$$

因此，浓硫酸能严重地破坏动植物的组织，如损坏衣服或烧坏皮肤等，使用时必须注意安全。浓硫酸是一种氧化性酸，加热时氧化性更显著，它可以氧化许多金属和非金属。例如：

$$Cu + 2H_2SO_4 \Longrightarrow CuSO_4 + SO_2 \uparrow + 2H_2O$$
$$C + 2H_2SO_4 \Longrightarrow CO_2 \uparrow + 2SO_2 \uparrow + 2H_2O$$

但金和铂甚至在加热时也不与浓硫酸作用。此外,冷的浓硫酸(93%以上)不和铁、铝等金属作用,因为铁、铝在冷浓硫酸中被钝化了。所以可以用铁、铝制的器皿盛放浓硫酸。

稀硫酸具有一般酸类的通性,与浓硫酸的氧化反应不同,稀硫酸的氧化反应是由 H_2SO_4 中的 H^+ 离子引起的。稀硫酸只能与电位顺序在 H 以前的金属如 Zn、Mg、Fe 等反应而放出氢气:

$$H_2SO_4 + Fe \Longrightarrow FeSO_4 + H_2 \uparrow$$

硫酸是重要的基本化工原料,常用硫酸的年产量来衡量一个国家的化工生产能力。硫酸大部分消耗在肥料工业中,在石油、冶金等许多工业部门,也要消耗大量的硫酸。

浓硫酸能被铜、磷、碳还原为二氧化硫,被锌还原为 S 或 H_2S。浓 H_2SO_4 具有吸水性,用作干燥剂。

$$2P + 5H_2SO_4(浓) \xrightarrow{\triangle} 2H_3PO_4 + 5SO_2 \uparrow + 2H_2O$$

$$C + 2H_2SO_4(浓) \xrightarrow{\triangle} CO_2 \uparrow + SO_2 \uparrow + 2H_2O$$

$$Cu + H_2SO_4(浓) \xrightarrow{\triangle} CuSO_4 + SO_2 \uparrow + 2H_2O$$

$$3Zn + 4H_2SO_4(浓) \xrightarrow{\triangle} 3ZnSO_4 + S + 4H_2O$$

$$4Zn + 5H_2SO_4(浓) \xrightarrow{\triangle} 4ZnSO_4 + H_2S \uparrow + 4H_2O$$

在生产中用 98.3% 的浓硫酸吸收 SO_3 生成发烟硫酸,再用稀硫酸稀释为 98% 的产品浓硫酸。若用水直接吸收则会生成难溶于水的 H_2SO_4 酸雾。

硫酸在化工、石油、轻工、纺织、冶金、医药等许多领域都有重要应用。

(3)硫的含氧酸盐

硫的含氧酸盐种类繁多,其相应的含氧酸多数只能存在于溶液中,但盐却比较稳定。

①硫酸盐的溶解性。硫酸盐和水的作用,因阳离子结构特征不同而有不同的表现:a. 在 8 电子外壳阳离子的硫酸盐中,碱金属的硫酸盐是易溶于水的。其他 +2、+3 阳离子的硫酸盐是难溶的,这是由于电荷增高,加强了离子间引力而造成的难溶性。例如 $CaSO_4$、$BaSO_4$ 难溶于水。b. 18 电子外壳和不规则电子外壳的低电荷阳离子的硫酸盐,如 $CuSO_4$、$ZnSO_4$、$CdSO_4$ 等易溶于水。主要因为这些阳离子是容易水合的(和水分子相互极化)。c. 较大半径的 18 和 18 + 2 电子外壳阳离子的硫酸盐如 Ag_2SO_4、$PbSO_4$、Hg_2SO_4 等是难溶于水的,由于阳离子和阴离子之间有较强的相互极化作用。d. 除了碱金属和碱土金属硫酸盐外,其他硫酸盐都会有不同程度的水解作用。

②硫酸盐的热稳定性。硫酸盐的热稳定性与相应阳离子的电荷、半径以及最外层的电子构型有关。活泼金属的硫酸盐在高温下也是稳定的。例如 K_2SO_4、Na_2SO_4、$BaSO_4$ 等硫酸盐较稳定,加热到 1 273 K 时也不分解。这是由于这些盐的阳离子具有低的电荷和 8 电子构型,离子极化作用小。较不活泼金属的硫酸盐,例如 $CuSO_4$、Ag_2SO_4、$Al_2(SO_4)_3$、$Fe_2(SO_4)_3$、$PbSO_4$ 等,它们的阳离子多是高电荷和 18 电子构型或不规则构型,离子极化作用较强,高温下,阳离子向硫酸根离子争夺氧。因此,这些硫酸盐在高温下一般先分解成金属氧化物和 SO_3,有的则进一步分解为金属。

③硫酸盐的复盐。可溶性硫酸盐从溶液中析出的晶体常带有结晶水,如 $CuSO_4 \cdot 5H_2O$、$FeSO_4 \cdot 7H_2O$、$Na_2SO_4 \cdot 10H_2O$ 等。这些带结晶水的盐通常也称为矾,如 $CuSO_4 \cdot 5H_2O$ 称为胆矾或蓝矾,$FeSO_4 \cdot 7H_2O$ 称为绿矾,$ZnSO_4 \cdot 7H_2O$ 称为皓矾等。多数硫酸盐有形成复盐的

趋势,复盐是由两种或两种以上的简单盐类所组成的晶形化合物。常见的复盐有两类:

一类的组成通式是,其中 $M_2^I SO_4 \cdot M^{II} SO_4 \cdot 6H_2O$,其中 $M^1 = NH_4^+$、Na^+、K^+ 等,属于这一类的复盐有著名的摩尔盐 $(NH_4)_2SO_4 \cdot FeSO_4 \cdot 6H_2O$,镁钾矾 $K_2SO_4 \cdot MgSO_4 \cdot 6H_2O$。另一类组成的通式 $M_2^I SO_4 \cdot M_2(SO_4)_3 \cdot 24H_2O$,其中 $M^1 = NH_4^+$、Na^+、K^+ 等(Li 除外),$M^{II} = Fe^{3+}$、Co^{3+}、Cr^{3+} 等。属于这一类的复盐有大家所熟悉的明矾 $K_2SO_4 \cdot Al_2(SO_4)_3 \cdot 24H_2O$。

在复盐中的两种硫酸盐是同晶形的化合物,这类复盐才是真正的矾。

许多硫酸盐都有很重要的用途,例如 $Al_2(SO_4)_3$ 是净水剂、造纸充填剂和媒染剂。胆矾是消毒剂和农药,绿矾是农药和治疗贫血的药剂,也是制造蓝黑墨水的原料。芒硝 $Na_2SO_4 \cdot 10H_2O$ 是重要的化工原料等。

①硫代硫酸钠。硫代硫酸 $H_2S_2O_3$ 非常不稳定,但硫代硫酸盐是相当稳定的。市售硫代硫酸钠 $Na_2S_2O_3 \cdot 5H_2O$ 俗名海波或大苏打,是一种无色透明的晶体,易溶于水,其水溶液显弱碱性。$Na_2S_2O_3$ 在中性或碱性溶液中很稳定,在酸性($pH \leq 4.6$)溶液中迅速分解:

$$Na_2S_2O_3 + 2HCl \rel{=\!=\!=} 2NaCl + S\downarrow + H_2O + SO_2\uparrow$$

这个反应可以用来鉴定 $S_2O_3^{2-}$ 离子的存在。在制备 $Na_2S_2O_3$ 时,溶液必须控制在碱性范围内,否则将会有硫析出而使产品变黄。

$S_2O_3^{2-}$ 离子中的两个 S 原子的平均氧化数是 $+2$,中心 S 原子的氧化数为 $+6$,另一个 S 原子的氧化数为 -2。因此,$Na_2S_2O_3$ 具有一定的还原性。例如,碘可以将 $Na_2S_2O_3$ 氧化成连四硫酸钠 $Na_2S_4O_6$:

$$2Na_2S_2O_3 + I_2 \rel{=\!=\!=} Na_2S_4O_6 + 2NaI$$

较强的氧化剂如氯、溴等可以把 $Na_2S_2O_3$ 氧化成硫酸钠,因此在纺织和造纸工业上用 $Na_2S_2O_3$ 作脱氯剂:

$$Na_2S_2O_3 + 4Cl_2 + 5H_2O \rel{=\!=\!=} Na_2SO_4 + H_2SO_4 + 8HCl$$

溶于水的卤化银 $AgX(X = Cl、Br、I)$ 能溶解在 $Na_2S_2O_3$ 溶液中生成稳定的硫代硫酸银配离子:

$$AgX + 2S_2O_3^{2-} \rel{=\!=\!=} [Ag(S_2O_3)_2]^{3-} + X^-$$

$Na_2S_2O_3$ 用作定影液,就是利用这个反应溶去胶片上未感光的 $AgBr$。

$Na_2S_2O_3$ 溶于水,但重金属的硫代硫酸盐难溶于水并且不太稳定。例如:

$$Na_2S_2O_3 + 2AgNO_3 \rel{=\!=\!=} Ag_2S_2O_3\downarrow + 2NaNO_3$$
$$\text{白色}$$

但 $Ag_2S_2O_3$ 沉淀很快变黑:

$$Ag_2S_2O_3 + H_2O \rel{=\!=\!=} H_2SO_4 + Ag_2S\downarrow$$
$$\text{黑色}$$

这是因为 $Ag_2S_2O_3$ 中的 Ag^+ 与 S^{2-} 生成了溶度积更小的 Ag_2S 沉淀而使 $Ag_2S_2O_3$ 沉淀转化。

②过二硫酸及其盐。过二硫酸可以看成是过氧化氢 $H—O—O—H$ 中 H 原子被亚硫酸氢根取代的产物。若 $H—O—O—H$ 中一个 H 被 HSO_3^- 取代后得 $H—O—O—SO_3H$,即称为过一硫酸;另一个 H 也被 HSO_3^- 取代后得 $HSO_3—O—O—SO_3H$,称为过二硫酸。过氧键 $—O—O—$ 中 O 原子的氧化数为 -1,而不同于其他的 O 原子,其中 S 原子的氧化数仍然是 $+6$。而在 $H_2S_2O_8$ 分子式中,形式上 S 的氧化数为 $+7$。过二硫酸是无色晶体,338 K 时熔化并分解。

过二硫酸及其盐的强氧化性。所有的过二硫酸及其盐都是强氧化剂,例如,过二硫酸钾能将铜氧化成硫酸铜：

$$K_2S_2O_8 + Cu =\!\!=\!\!= CuSO_4 + K_2SO_4$$

过二硫酸盐在 Ag^+ 的催化作用下能将 Mn^{2+} 氧化成紫红色的 MnO_4^-：

$$5S_2O_8^{2-} + 2Mn^{2+} + 8H_2O =\!\!=\!\!= MnO_4^- + 10SO_4^{2-} + 16H^+$$

如果没有 Ag^+ 作催化剂，$S_2O_8^{2-}$ 只能将 Mn^{2+} 氧化成 $MnO(OH)_2$ 的棕色沉淀：

$$S_2O_8^{2-} + Mn^{2+} + 3H_2O \longrightarrow MnO(OH)_2\downarrow + 2SO_4^{2-} + 4H^+$$

在钢铁分析中，常用过二硫酸铵（或过二硫酸钾）氧化法测定钢中锰的含量。

过二硫酸及其盐的热不稳定性。过二硫酸及其盐均不稳定，加热时容易分解，例如，$K_2S_2O_8$ 受热会放出 SO_3 和 O_2：

$$2K_2S_2O_8 \stackrel{\triangle}{=\!\!=\!\!=} 2K_2SO_4 + 2SO_3\uparrow + O_2\uparrow$$

（三）氮族元素

周期表 V A 族（氮族元素）包括氮（N）、磷（P）、砷（As）、锑（Sb）、铋（Bi）5 种元素。其中氮、磷是非金属元素，砷是准金属，锑和铋是金属。

1. 基本性质

氮族元素的基本性质列于表 10.22 中，它们的价电子构型为 ns^2np^3。由于它们的电负性比同周期的 VIA、VIIA 族元素小，因此能与卤素、氧、硫反应，主要形成氧化态为 +3 和 +5 的共价化合物。它们与电负性较小的氢则形成氧化态为 -3 的共价型氢化物。总之，形成共价化合物是氮族元素的主要成键特征。

表 10.22　氮族元素的基本性质

性质　　名称	氮（N）	磷（P）	砷（As）	锑（Sb）	铋（Bi）
原子序数	7	15	33	51	83
原子量	14.01	30.97	74.92	121.76	208.98
价电子构型	$2s^2 2p^3$	$3s^2 3p^3$	$4s^2 4p^3$	$5s^2 5p^3$	$6s^2 6p^3$
常见氧化态	$-3,-2,-1,+1,+5$	$-3,+1,+3,+5$	$-3,+3,+5$	$+3,+5$	$+3,+5$
共价半径/pm	70	110	121	141	152
第一电离能/$(kJ\cdot mol^{-1})$	1 400	1 060	966	833	774
电负性（Pauling 标度）	3.04	2.1	2.0	1.9	1.9
单键解离能/$(kJ\cdot mol^{-1})$	252	208	180	142	—

2. 氮的成键特征和价键结构

氮族元素在基态时原子都有半充满的 p 轨道，因而与同周期中左右元素相比各有相对较高的电离能和较小的电子亲和能，它们的电负性又较大，易形成共价化合物是本族元素的特性。仅电负性较大的 N 和 P 可形成离子型 Mg_3N_2、Ca_3P_2 等固态物质，但 N^{3-} 和 P^{3-} 因半径大，易变形，在水溶液中强烈水解。

N_2 分子在常况下非常稳定，但 N 原子却是活泼的非金属元素，其有较高的电负性，可与许多元素形成一系列的化合物。N 最多形成 4 个共价键,易形成 p-pπ 键,N_2 分子稳定的三重键恰好表明 N 原子的活泼性。此外,N 原子在形成单质或化合物时常留有孤电子对,可作为电子对给予体形成配位键,如 $Cu(NH_3)_4^{2+}$ 等。

表 10.23　N 原子的成键特征和价键结构

结构基础	杂化态	σ 键	π 键	孤电子对	空间构型	例　子
共价键	sp^3	4	0	0	正四面体	NH_4^+
	sp^2	4	0	1	三角锥形	NH_3、NF_3
	sp^2	3	1	0	平面三角形	NO_3^-
	sp^2	3	1	1	V 形	NO_2^-
	sp	2	2	0	直线形	N_3^-、NO_2^+
	sp	2	2	1	直线形	N_2、HCN
离子键 N^{3-}	离子型氮化物:Li_3N、Ca_3N_2、Mg_3N_2 等					N^{3-} 溶液中不存在
配位键	配位化合物:氨合物、铵合物、过渡金属氮分子配位化合物等					

3. 氮和氮的化合物

（1）单质氮

氮在地壳中的质量百分含量是 0.46%,绝大部分氮是以单质分子 N_2 的形式存在于空气中。除了土壤中含有一些铵盐、硝酸盐外,氮以无机化合物形式存在于自然界是很少见的,而氮却普遍存在于有机体中,是组成动植物体的蛋白质和核酸的重要元素。

①氮的性质。单质氮在常况下是一种无色无臭的气体,在标准情况下的气体密度是 $1.25\ g\cdot dm^{-3}$,比空气略小,熔点 63 K,沸点 75 K,临界温度为 126 K,为难液化的气体。在水中的溶解度很小,在 283 K 时,一体积水约可溶解 0.02 体积的 N_2。

氮气分子的分子轨道式为 $[KK(\sigma_{2s})^2(\sigma_{2s}^*)^2(\pi_{2py})^2(\pi_{2pz})^2(\sigma_{2px})^2]$,对成键有贡献的是 $(\pi_{2py})^2(\pi_{2pz})^2(\sigma_{2px})^2$ 3 对电子,即形成两个 π 键和一个 σ 键。$(\sigma_{2s})^2(\sigma_{2s}^*)^2$ 对成键没有贡献,成键与反键能量近似抵消,它们相当于孤电子对。由于 N_2 分子中存在叁键 N≡N,所以 N_2 分子具有很大的稳定性,将它分解为原子需要吸收 941.69 kJ/mol 的能量,N_2 分子是已知的双原子分子中最稳定的。

单质 N_2 不活泼,只有在高温高压并有催化剂存在的条件下,氮气和氢气反应生成氨。在放电条件下,氮气可以和氧气化合生成一氧化氮。

N_2 与电离势小,而且其氮化物具有高晶格能的金属能生成离子型的氮化物。

N_2 与金属锂在常温下就可直接反应:

$$6Li + N_2 =\!=\!= 2Li_3N$$

N_2 与碱土金属 Mg、Ca、Sr、Ba 在炽热的温度下作用:

$$3Ca + N_2 =\!=\!= Ca_3N_2$$

N_2 与硼和铝要在白热的温度才能反应:

$$2B + N_2 =\!=\!= 2BN(大分子化合物)$$

N_2 与硅和其他族元素的单质一般要在高于 1 473 K 的温度下才能反应。

②氮的制备。单质氮一般是由液态空气的分馏而制得的,常以 1.52×10^7 Pa 的压力将氮

气装在气体钢瓶中运输和使用。一般钢瓶中氮气的纯度约为 99.7%。

实验室中制备少量氮气的基本原理是用适当的氧化剂将氨或铵盐氧化,最常用的是下述几种方法:

加热亚硝酸铵的溶液:

$$NH_4NO_2(aq) \xrightarrow{\quad\quad} N_2\uparrow + 2H_2O$$

但此反应非常剧烈,不易控制,所以通常用加热饱和 $NaNO_2$ 和 NH_4Cl 溶液的方法制备。

亚硝酸钠与氯化铵的饱和溶液相互作用:

$$NH_4Cl + NaNO_2 \xrightarrow{\quad\quad} NaCl + 2H_2O + N_2\uparrow$$

这样得到的 N_2 中含有 NH_3、NO 等杂质。用下法可制得高纯 N_2:

$$2NaN_3(s) \xrightarrow{573\ K} 2Na(s) + 3N_2(g)\uparrow$$

还可将氨通过红热的氧化铜:

$$2NH_3 + 3CuO \xrightarrow{\quad\quad} 3Cu + 3H_2O + N_2\uparrow$$

氨与溴水反应也可以制得 N_2:

$$8NH_3 + 3Br_2(aq) \xrightarrow{\quad\quad} 6NH_4Br + N_2\uparrow$$

③氮的用途。氮主要用于合成氨,由此制造化肥、硝酸和炸药等,氨还是合成纤维(锦纶、腈纶),合成树脂,合成橡胶等的重要原料。由于氮的化学惰性,常用作保护气体。以防止某些物体暴露于空气时被氧所氧化,用氮气填充粮仓,可使粮食不霉烂、不发芽,长期保存。液氮还可用作深度冷冻剂。

(2)氮的氢化物

氮的氢化物一般有:氨(NH_3)、联氨[NH_2-NH_2(N_2H_4)]、羟胺(NH_2OH)和氢叠氮酸(HN_3),其中最重要的是氨。

①氨(NH_3)。氨是氮的最主要化合物之一,几乎所有含氮化合物都可由它来制取。

在 NH_3 分子中,N 原子采取不等性 sp^3 杂化,有一对孤电子对和 3 个与 H 原子结合成的共价单键。由于孤电子对对成键电子对的排斥作用,使 N—H 键之间的键角 $\angle HNH$ 不是正四面体的 $109°28'$,而分子形状是三角锥形,键长 101 pm,键角为 $107°28'$,这种结构使得 NH_3 分子有相当大的极性,易形成氢键,从而决定了 NH_3 的许多性质。

氨是具有特殊刺激性气味的无色气体。因氨有较大的极性,液、固分子之间有氢键存在,所以它的熔点(195.26 K)、沸点(239.58 K)都较同族 RH_3 反常地高。它易液化,液氮的汽化热较高,仅次于水,故氨是常用的制冷剂。氨是水中溶解度最大的气体,常况下 1 体积水可吸收 700 体积氨,生成的水溶液为氨水。一般市售浓氨水的密度为 $0.91\ g\cdot cm^{-3}$,含 NH_3 约 28%。

工业上制备氨是用氮气和氢气在高温高压和催化剂存在下直接反应合成的:

$$N_2 + 3H_2 \underset{催化剂}{\overset{高温高压}{\rightleftharpoons}} 2NH_3$$

实验室中通常用铵盐和强碱的反应来制备少量氨气:

$$(NH_4)_2SO_4 + Ca(OH)_2 \xrightarrow{\quad\quad} CaSO_4(s) + 2NH_3\uparrow + 2H_2O$$

有些铵盐[如 NH_4NO_3、$(NH_4)_2Cr_2O_7$ 等]受热分解可能产生氮气或氮的氧化物,所以一般用非氧化性酸的铵盐(如 NH_4Cl)来制备少量氨气。

$$NH_4Cl \xrightarrow{\triangle} NH_3\uparrow + HCl\uparrow$$

实验室中另一种制备氨的方法是用氮化物同水作用:

$$Mg_3N_2 + 6H_2O \xrightarrow{\quad\quad} 3Mg(OH)_2\downarrow + 2NH_3\uparrow$$

NH_3 在常温下很容易被加压液化,液氨是一个很好的溶剂,由于分子的极性和存在氢键,液氨在许多物理性质方面同水非常相似。液氨和水的物理性质见表 10.24。

表 10.24　液氨和水的物理性质

名称 性质	NH_3	H_2O
熔点/K	195.26	273
沸点/K	239.58	373
溶解热/$(kJ \cdot mol^{-1})$	5.657	6.024
蒸发热/$(kJ \cdot mol^{-1})$	23.351	40.668
临界温度/K	405.9	647.0
临界压力/K	1.14×107	2.21×107
介电常数	26.7(-213 K)	87.7(273 K)
密度/$(g \cdot mL^{-1})$	0.725 3	1.00
生成热/$(kJ \cdot mol^{-1})$	-46.11	-241.82
偶极矩/$(C \cdot m^{-1})$	4.9×10^{-30}	6.1×10^{-30}

NH_3 和 H_2O 相比,它们的差别在于:a. NH_3 是比 H_2O 更强的亲质子试剂,或者说更好的电子对给予体。b. NH_3 放出质子 H^+ 的倾向弱于 H_2O 分子。

一些活泼的金属可以从水中置换氢和生成氢氧化物,在液氨中就较难置换氢。但液氨能够溶解金属生成一种蓝色溶液。这种金属液氨溶液能够导电,并缓慢分解放出氢气,有强还原性,例如钠的液氨溶液:

$$2Na + 2NH_3 \xrightarrow{\quad\quad} 2Na^+ + 2NH_2^- + H_2\uparrow$$

金属液氨溶液显蓝色,能导电并有强还原性的原因是其在溶液中生成了"氨合电子"。例如金属钠溶解在液氨中时失去其价电子生成正离子:

$$Na \xrightarrow{\quad\quad} Na^+ + e^-$$

然后液氨分子同离子和电子发生溶剂加合作用:

$$Na + nNH_3(1) \xrightarrow{\quad\quad} [Na(NH_3)_x]^+ + [e(NH_3)_y]^- \quad (n = x + y)$$

②NH_3 的化学性质。

a. 易形成配合物。NH_3 分子中的孤电子对倾向于和别的分子或离子形成配位键,生成各种形式的氨合物,如 $[Ag(NH_3)_2]^+$、$[Cu(NH_3)_4]^{2+}$、$BF_3 \cdot NH_3$ 等都是以 NH_3 为配位的配合物。

b. 弱碱性。NH_3 极易溶于水,在水中主要形成水合分子 $NH_3 \cdot H_2O$ 和 $2NH_3 \cdot H_2O$。在这些水合物中既不存在 NH_4^+ 和 OH^-,也不存在 NH_4OH 分子,它们是氨分子通过氢键(键长为 276 pm)同水分子相连接的。在 298 K 时,0.1 $mol \cdot dm^{-3} NH_3$ 水溶液中只有 1.34% 发生电离作用:

$$NH_3 \cdot H_2O \xrightarrow{\quad\quad} NH_4^+ + OH^-$$

所以 NH_3 水溶液显弱碱性。

c.还原性。NH_3 分子和 NH_4^+ 离子中 N 的氧化数为 -3,因此在一定条件下它们能失去电子而显还原性。例如:氨在空气中不能燃烧,却能在纯氧中燃烧:

$$4NH_3 + 3O_2 \Longrightarrow 6H_2O + 2N_2$$

在催化剂(铂网)的作用下,NH_3 可被氧化成 NO:

$$4NH_3 + 5O_2 \Longrightarrow 4NO + 6H_2O$$

这个反应是工业合成硝酸的基础。Cl_2 或 Br_2 在常温下,也能在气态或溶液中将 NH_3 氧化成单质:

$$2NH_3 + 3Cl_2 \Longrightarrow 6HCl + N_2 \uparrow$$

若 Cl_2 过量,则生成 NCl_3:

$$NH_3 + 3Cl_2 \Longrightarrow NCl_3 + 3HCl$$

NH_3 通过热的 CuO 可以被氧化成单质 N_2:

$$2NH_3 + 3CuO \Longrightarrow 3Cu + 3H_2O + N_2 \uparrow$$

氨与过氧化氢或高锰酸盐作用,也均可被氧化成单质氮。NH_4^+ 离子的还原性比 NH_3 分子更为明显,许多有氧化性含氧酸的铵盐,受热会发生激烈反应,其中 N 被氧化成 N_2 或其他氮的氧化物。热的 HNO_3 和 HCl 的混合物可以将溶液中的铵离子完全氧化成氮或氮的氧化物。为了消除溶液中的 NH_4^+ 离子时,这个反应是非常有用的。

(3)铵盐及铵盐的鉴定反应

铵盐一般是无色的晶体,易溶于水。NH_4^+ 和 Na^+ 是等电子体,因此 NH_4^+ 具有 $+1$ 价金属离子的性质。NH_4^+ 离子有较大的半径 148 pm,近似于 K^+(133 pm)、Rb^+(148 pm)离子的半径,所以铵盐常与钾盐、铷盐同晶,并有相似的溶解度。

由于氨的弱碱性,铵盐都有一定程度的水解,由强酸组成的铵盐,其水溶液显酸性:

$$NH_4Cl + H_2O \Longrightarrow NH_3 \cdot H_2O + HCl$$

在任何铵盐的溶液中加入强碱并加热,会释放出 NH_3,这是检验是否为铵盐的反应。

铵盐的另一种鉴定方法是向含有 NH_4^+ 的溶液中加入奈斯勒试剂(奈斯勒试剂是 $K_2[HgI_4]$ 的 KOH 溶液),即能产生特征的红褐色沉淀:

$$NH_4^+ + 2[HgI_4]^{2-} + 4OH^- \Longrightarrow \left[O \underset{Hg}{\overset{Hg}{\diagdown \diagup}} NH_2 \right] I \downarrow + 7I^- + 3H_2O$$

红褐色

铵盐的一个重要性质是它的热稳定性差,固态铵盐加热易分解为氨和相应的酸。如果酸是不挥发性的,则只有氨挥发逸出,而酸或酸式盐则残留在容器中。如果相应的酸有氧化性,则分解出来的 NH_3 会立即被氧化,例如 NH_4NO_3 受热分解时,NH_3 被氧化成 N_2O:

$$NH_4NO_3 \Longrightarrow N_2O + 2H_2O$$

如果加热温度高于 573 K 时,N_2O 又分解为 N_2 和 O_2。由于这些化合物分解时产生大量的热,分解产物是气体,所以如果在密闭的容器中进行就会发生爆炸。基于这个性质,NH_4NO_3 可用于制造炸药。

(4)氮的含氧化物

N 原子和 O 原子可以由多种形式结合,在这些结合形式中,N 的氧化数可以从 $+1$ 变到 $+5$。在 5 种常见的氮的氧化物中,以一氧化氮(NO)和二氧化氮(NO_2)较为重要。

①一氧化氮(NO)。在 NO 分子中,N 原子采取 sp 杂化,形成一个 σ 键,一个 π 键和一个三电子 π 键。N 的氧化数为 +2。NO 共有 11 个价电子,全部成对是不可能的,因此 NO 是一个奇电子分子,是顺磁性的。NO 是一种无色气体,微溶于水但不与水反应,不助燃,常温下与氧立即反应生成红棕色的 NO_2:

$$2NO + O_2 =\!=\!= 2NO_2$$

由于分子中有孤电子对,易与卤素加合反应生成卤化亚硝酰:

$$NO + Cl_2 =\!=\!= 2NOCl$$

NO 也可作为配体与过渡金属离子生成配位化合物,它与 Fe^{2+} 生成的亚硝酰合物,是检验硝酸根的"棕色环实验"显色的原因:

$$NO + FeSO_4 =\!=\!= [Fe(NO)]SO_4$$

NO 是一种中性氧化物而不是一种酸酐。实验室中制备 NO 的方法是用铜与稀硝酸反应:

$$3Cu + 8HNO_3(稀) =\!=\!= 3Cu(NO_3)_2 + 2NO\uparrow + 4H_2O$$

②二氧化氮(NO_2)。在 NO_2 分子中,N 原子采取 sp^2 杂化,形成两个 σ 键,一个三电子 π 键,N 的氧化数为 +4,分子构型为角形。NO_2 共有 17 个价电子,是一个奇电子分子,是顺磁性的。NO_2 是一种红棕色有毒的气体,低温时易聚合成无色的 N_2O_4:

$$2NO_2 =\!=\!= N_2O_4$$

NO_2 易溶于水或碱中生成硝酸和亚硝酸或硝酸盐和亚硝酸盐的混合物,是一种混合酸酐:

$$2NO_2 + H_2O =\!=\!= HNO_3 + HNO_2$$

$$2NO_2 + 2NaOH =\!=\!= NaNO_3 + NaNO_2 + H_2O$$

将 NO 氧化或用铜与浓 HNO_3 反应均可制备出 NO_2:

$$2NO + O_2 =\!=\!= 2NO_2$$

$$Cu + 4HNO_3(浓) =\!=\!= Cu(NO_3)_2 + 2NO_2\uparrow + 2H_2O$$

(5)亚硝酸及其盐

①亚硝酸的制备。将等摩尔的 NO 和 NO_2 的混合物溶解在冰冻的水中或者向亚硝酸盐的冷溶液中加入强酸时,都可以在溶液中生成亚硝酸:

$$NaNO_2 + HCl =\!=\!= HNO_2 + NaCl$$

HNO_2 很不稳定,仅存在于冷的稀溶液中,微热甚至冷时便会分解成 NO、NO_2 和 H_2O。

②亚硝酸的结构。在 HNO_2 分子中,N 原子采取 sp^2 杂化,生成两个 σ 键,一个 π 键,还有一个孤电子对,NO_2^- 离子为角形结构,N 的氧化数为 +3。

③亚硝酸及其盐的性质。

a. HNO_2 是个弱酸,但酸性比醋酸略强:

$$HNO_2 =\!=\!= H^+ + NO_2^- \qquad K_a = 5 \times 10^{-4}$$

b. 氧化性。亚硝酸及其盐中 N 原子具有中间氧化态 +3,虽然它们既具有氧化性,又具有还原性,但以氧化性为主。而且它的氧化能力在稀溶液时比 NO_3^- 离子还强。

在酸性溶液中,HNO_2 的 $\varphi^\ominus$ 值均比 HNO_3 的高,所以在稀溶液中 NO_2^- 可以将 I^- 氧化成 I_2,而 NO_3^- 却不能氧化 I^-,这是 NO_2^- 和 NO_3^- 的重要区别之一。这个反应可用于鉴定 NO_2^- 离子。

$$2HNO_2 + 2H^+ + 2I^- =\!=\!= 2NO + 2H_2O + I_2$$

c. 还原性。虽然在酸性溶液中 HNO_2 是种较强的氧化剂,但遇到比其氧化性更强的

$KMnO_4$、Cl_2 等强氧化剂时,它也可以表现出还原性,被氧化为硝酸盐:

$$5NO_2^- + 2MnO_4^- + 2H^+ = 5NO_3^- + 2Mn^{2+} + 3H_2O$$

$$NO_2^- + Cl_2 + H_2O = NO_3^- + 2H^+ + 2Cl^-$$

在碱性溶液中 NO_2 的还原性是主要的,空气中的氧就能将 NO_2^- 氧化成 NO_3^-。

$$2NO_2^- + O_2 = 2NO_3^-$$

d. NO_2^- 离子易生成配位化合物。在 NO_2^- 离子中,N 原子和 O 原子上都有孤电子对,它们能分别与许多过渡金属离子生成配位键,形成配位化合物,例如:$[Co(NO_2)_6^{3-}]$ 和 $[Co(NO_2)(NH_3)_5]^{2+}$ 等,它与 K^+ 离子生成黄色的沉淀,此方法可用于鉴定 K^+ 离子的反应:

$$3K^+ + [Co(NO_2)_6]^{3-} = K_3[Co(NO_2)_6] \downarrow \quad (黄色)$$

e. 亚硝酸盐具有很高的热稳定性,可用金属在高温下还原硝酸盐的方法来制备亚硝酸盐:

$$Pb(粉) + NaNO_3 = PbO + NaNO_2$$

亚硝酸盐除黄色的 $AgNO_2$ 不溶于水外,一般都易溶于水,亚硝酸盐有毒,是致癌物质。

④亚硝酸根离子的鉴定。在酸性溶液中,NO_2^- 与对氨基苯磺酸和 α-萘胺作用,生成有特征浅粉红色的溶液,证明 NO_2^- 离子的存在。

这个反应用来检验低浓度的 NO_2^- 离子,当 NO_2^- 浓度增大时,粉红色消失,生成黄色溶液或褐色沉淀。

(6)硝酸及其盐

①硝酸的制备方法。

a. 氨催化氧化法。氨催化氧化法是目前主要的工业制造硝酸的方法。在 1 273 K 和铂网(90% Pt、10% Rh 合金网)为催化剂时,NH_3 可以被空气中的 O_2 氧化成 NO,NO 进一步与 O_2 作用生成 NO_2,NO_2 被水吸收就成为硝酸。

用这个方法制得的硝酸溶液含 HNO_3 约 50%,若要得到更高浓度的酸,可在稀 HNO_3 中加浓 H_2SO_4 作为吸水剂,然后蒸馏。

b. 电弧法。让空气通过温度为 4 273 K 的电弧,然后将混合气体迅速冷却到 1 473 K 以下,可以得到 NO 气体,进一步冷却,并使得 NO 与 O_2 作用变成 NO_2,然后用水吸收制成硝酸。

在自然界里,雷电将空气里一部分 N_2 和 O_2 结合在一起,生成氮的氧化物被雨水吸收成硝酸而淋入土壤中,再和沙石土壤化合成硝酸盐或其他含氮化合物,经植物吸收而变成有机氮化合物——蛋白质等。这种过程与植物通过根瘤菌把空气中的氮固定为氮化合物的过程一起维持着氮素在自然界的循环。

c. 硝酸盐与浓硫酸作用法。在实验室中,用硝酸盐与浓硫酸在 393 ~ 423 K 条件下反应来制备少量硝酸。

$$NaNO_3 + H_2SO_4(浓) = NaHSO_4 + HNO_3$$

②硝酸分子的结构。在 HNO_3 分子中,N 原子采取 sp^2 杂化,形成 3 个 σ 键,3 个 O 原子围绕 N 原子在同一平面上成三角形状。N 原子 π 轨道上的一对电子和两个 O 原子的成单 π 电子形成一个垂直于 sp^2 平面的三中心四电子的不定域 π 键 π_3^4,N 原子的表观氧化数为 +5。在 NO_3^- 中,每个 $\angle ONO$ 键角是 120°,N 原子仍是 sp^2 杂化,除形成 3 个 σ 键外,还与 3 个 O 原子形成一个 π_4^6 键。

③硝酸的强氧化性。硝酸的强氧化性是由于 HNO_3 中的 N 处于最高氧化态 +5;HNO_3 分

子不稳定,受光照射时会分解放出 O_2 和 NO_2:

$$4HNO_3 = 2H_2O + 4NO_2\uparrow + O_2\uparrow$$

分解出的 NO_2 对反应有催化作用,HNO_3 获得还原剂的电子,反应便被加速:

$$NO_2 + e^- = NO_2^-$$
$$NO_2^- + H^+ = HNO_2$$
$$HNO_2 + HNO_3 = H_2O + 2NO_2\uparrow$$

除少数金属(金、铂、铱、铑、钌、钛、铌等)外,HNO_3 几乎可以氧化所有金属生成硝酸盐(铁、铝、铬等与冷的浓 HNO_3 接触时会被钝化,所以现在一般用铝制容器来装盛 HNO_3)。稀 HNO_3 也有较强的氧化能力,与浓 HNO_3 不同之处在于稀 HNO_3 的反应速度慢,氧化能力较弱,被氧化的物质不能达到最高氧化态,例如:

$$8HNO_3 + 3Cu = 3Cu(NO_3)_2 + 2NO\uparrow + 4H_2O$$

浓 HNO_3 作为氧化剂时,其还原产物多数为 NO_2。硝酸与金属反应,其还原产物中 N 的氧化数降低多少,主要取决于酸的浓度、金属的活泼性和反应的温度,反应复杂,往往同时生成多种还原产物。非金属中除 Cl_2、O_2、稀有气体外,都能被浓 HNO_3 氧化成氧化物或含氧酸,例如:

$$2HNO_3 + S = H_2SO_4 + 2NO\uparrow$$
$$S + 6HNO_3 = H_2SO_4 + 6NO_2\uparrow + 2H_2O$$
$$5HNO_3 + P + 2H_2O = 3H_3PO_4 + 5NO\uparrow$$
$$P + 5HNO_3 = H_3PO_4 + 5NO_2\uparrow + H_2O$$

有机物或碳能被浓 HNO_3 氧化成 CO_2,有些有机物遇到浓 HNO_3 甚至可以燃烧。浓 HNO_3 与非金属作用时的还原产物往往是 NO。

$$C + 4HNO_3 = CO_2\uparrow + 4NO_2\uparrow + 2H_2O$$

④硝酸盐的热不稳定性。

硝酸盐的热稳定性不如亚硝酸盐,硝酸盐受热易分解,硝酸盐热分解情况复杂,如下所述。

a. 碱金属和碱土金属的无水硝酸盐热分解生成亚硝酸盐和放出 O_2 气。

$$2NaNO_3 \xrightarrow{\triangle} 2NaNO_2 + O_2\uparrow$$

b. 电位顺序在 Mg 与 Cu 之间的金属元素的无水硝酸盐热分解时生成相应金属的氧化物(电位顺序:K、Na、Mg、Zn、Fe、Ni、Sn、Pb、H、Cu、Hg、Ag、Au)。

$$2Pb(NO_3)_2 \xrightarrow{\triangle} 2PbO + 4NO_2\uparrow + O_2\uparrow$$

c. 活泼性更小的金属(活泼性比 Cu 差)的硝酸盐,则分解生成金属单质。

$$2AgNO_3 \xrightarrow{\triangle} 2Ag + 2NO_2 + O_2\uparrow$$

d. 硝酸盐的阳离子如果有氧化能力或还原能力时,它们的无水硝酸盐受热分解时,可能发生阴阳离子之间的氧化还原反应,例如:

$$2AgNO_3 = 2Ag + 2NO_2\uparrow + O_2\uparrow$$
$$NH_4NO_3 = N_2O\uparrow + 2H_2O$$

e. 含有结晶水的硝酸盐受热分解时会发生水解反应,生成碱式盐,因为 HNO_3 是个易挥发性酸。

⑤硝酸根离子的鉴定。

在试管中加入少许硝酸盐的稀溶液,再加入少许 Fe^{2+} 的酸性溶液,然后沿试管壁加入浓硫酸,则在浓硫酸和试液的界面上可以形成一棕色环,此棕色环可证明 NO_3^- 存在。

$$NO_3^- + 3Fe^{2+} + 4H^+ \underline{\quad\quad} 3Fe^{3+} + NO\uparrow + 2H_2O$$

$$Fe^{2+} + NO + SO_4^{2-} \underline{\quad\quad} [Fe(NO)]SO_4(棕色)$$

4. 磷及其化合物

(1) 单质磷

磷在自然界中总是以磷酸盐的形式出现,它在地壳中的百分含量为 0.118%。磷的矿物有磷酸钙 $Ca_3(PO_4)_2 \cdot H_2O$ 和磷灰石 $Ca_5F(PO_4)_3$,这两种矿物是制造磷肥和一切磷化合物的原料。磷是生命元素,它存在于细胞、蛋白质、骨骼和牙齿中,磷是细胞核的重要成分,磷酸和糖结合而成的核苷酸,是遗传基因的物质基础,直接关系到变化万千的生物世界。磷在脑细胞里含量丰富,脑磷脂供给大脑活动所需的巨大能量。因此,科学家说磷是思维元素,磷在生命起源、进化以及生物生存、繁殖中,都起着重要作用。

① 单质磷的制备。将磷酸钙、石英砂(SiO_2)和炭粉的混合物放在电弧炉中熔烧还原:

$$2Ca_3(PO_4)_2 + 6SiO_2 + 10C \underline{\quad\quad} 6CaSiO_3 + P_4 + 10CO\uparrow$$

将生成的磷蒸气 P_4 通入水下冷却,就得到凝固的白色固体——白磷。该反应的本质是碳把高氧化态的磷还原成单质磷,单纯的碳还原磷酸钙的反应需要很高的温度,加入石英砂后可大大降低反应温度。

② 单质磷的同素异形体。磷有多种同素异形体,常见的有白磷、红磷和黑磷。

纯白磷是无色透明的晶体,遇光逐渐变为黄色,所以又称黄磷。黄磷有剧毒,误食 0.1 g 就能致死。白磷晶体是由 P_4 分子组成的分子晶体,P_4 分子是四面体构型。分子中 P—P 键长是 221 pm,键角 $\angle PPP$ 是 $60°$,在 P_4 分子中,每个 P 原子用它的 3 个 p 轨道与另外 3 个 P 原子的 p 轨道间形成 3 个 σ 键时,这种纯的 p 轨道间的键角应为 $90°$,实际上却是 $60°$,所以 P_4 分子具有张力,这种张力的存在使每一个 P—P 键的键能减弱,易于断裂,因此使黄磷在常温下有很高的化学活性。将白磷隔绝空气在 673 K 加热数小时就可以转化为红磷。红磷是紫磷的无定形体,是一种暗红色的粉末,不溶于水、碱和 CS_2 中,没有毒性。

红磷是由 9 个磷原子连接成的稠环结构,相当一个 6 圆环与一个 5 圆环交叉在一起,横看是个通道,侧看也是个通道。

黑磷是磷的一种最稳定的变体,将白磷在高压(1 215.9 MPa)下或在常压用 Hg 做催化剂并以小量黑磷做"晶种",在 493～643 K 温度加热 8 d 才得到黑磷。黑磷具有石墨状的片层结构并能导电,所以黑磷有"金属磷"之称。

③ 单质磷的性质。白磷不溶于水,易溶于二硫化碳 CS_2 中。它和空气接触时缓慢氧化,部分反应能量以光能的形式放出,这便是白磷在暗处发光的原因,称为磷光现象。当白磷在空气中缓慢氧化到表面上积聚的热量使温度达到 313 K 时,便达到了白磷的燃点,发生自燃。因此白磷一般要储存在水中以隔绝空气,白磷是剧毒物质。

白磷的主要反应如下:

a. 白磷在空气中自燃生成氧化物。b. 白磷猛烈地与卤素单质反应,在氯气中也能自燃生成三氯化磷和五氯化磷。c. 白磷能被硝酸氧化成磷酸。d. 白磷溶解在热的浓碱中,歧化生成磷化氢和次磷酸盐。e. 白磷还可以将金、银、铜和铅从它们的盐中取代出来,例如白磷与热的铜盐反应生成磷化亚铜,在冷溶液中则析出铜。硫酸铜是白磷中毒的解毒剂,如不慎将白磷沾到皮肤上,可用 $CuSO_4$ 溶液冲洗,用磷的还原性来解毒。f. 白磷可以被氢气还原生成磷化氢。

（2）磷的氧化物

①三氧化二磷。磷在常温下慢慢氧化,或在不充分的空气中燃烧,均可生成 P(Ⅲ)的氧化物 P_4O_6,通常称为三氧化二磷。由于三氧化二磷的分子具有似球状的结构而容易滑动,所以三氧化二磷是有滑腻感的白色吸潮性蜡状固体,熔点 296.8 K,沸点（在氮气氛中）446.8 K。三氧化二磷有很强的毒性,溶于冷水中缓慢地生成亚磷酸,它是亚磷酸酐。三氧化二磷在热水中歧化生成磷酸和放出磷化氢。

②五氧化二磷。磷在充分的氧气中燃烧,可以生成 P_4O_{10},这个化合物常简称为五氧化二磷。其中 P 的氧化数为 +5。五氧化二磷是白色粉末状固体,熔点 693 K,在 573 K 时升华。它有很强的吸水性,在空气中很快就潮解,因此它是一种最强的干燥剂。五氧化二磷与水作用激烈,放出大量热,生成 P(Ⅴ)的各种含氧酸,并不能立即转变成磷酸,只有在 HNO_3 存在下煮沸才能转变成磷酸,五氧化二磷是磷酸的酸酐。

（3）磷的含氧酸及其盐

磷能生成多种氧化数的含氧酸和含氧酸盐,以 P(Ⅴ)的含氧酸和含氧酸盐最为重要。

①正磷酸。工业上生产磷酸是用 76%左右的硫酸分解磷酸钙矿。H_3PO_4 是由一个单一的磷氧四面体构成的。磷氧四面体是所有 P(Ⅴ)含氧酸和盐的基本结构单元。市售磷酸是含 H_3PO_4 82%的黏稠状的浓溶液,磷酸溶液黏度较大是由于溶液中存在着氢键。磷酸的熔点是 315.3 K,由于加热 H_3PO_4 会逐渐脱水,因此 H_3PO_4 没有沸点,能与水以任何比例混溶。它的基本性质是:a. H_3PO_4 是个三元酸,由它逐级电离常数看,它是一个中强酸。b. 从 H_3PO_4 的电极电势看,不论在酸性溶液还是碱性溶液中,H_3PO_4 几乎没有氧化性。c. 磷酸根离子具有很强的配合能力,能与许多金属离子生成可溶性的配合物。d. 磷酸受强热时脱水,依次生成焦磷酸、三磷酸和多聚的偏磷酸。

②正磷酸盐。

a. 溶解性。磷酸的钠、钾、铵盐及磷酸的二氢盐都易溶于水,而磷酸的一氢盐和正盐,除钠、钾、铵盐以外,一般都难溶于水。但它们之间在一定条件下是可以相互转化的。例如溶解度:

$$Ca(H_2PO_4)_2 > CaHPO_4 > Ca_3(PO_4)_2$$

b. 水解性。由于 H_3PO_4 是中强酸,所以它的碱金属盐都易于水解。PO_4^{3-} 的水溶液显强碱性,HPO_4^{2-} 的水溶液显碱性,$H_2PO_4^-$ 溶液显酸性。如果向 PO_4^{3-}、HPO_4^{2-} 和 $H_2PO_4^-$ 盐的溶液中分别滴加 $AgNO_3$ 溶液,它们都会产生沉淀吗？产生沉淀后溶液的 pH 值又有什么变化？它们都会产生沉淀,并且都是产生 Ag_3PO_4 的沉淀,且 pH 值变小。

c. 热稳定性。磷酸正盐比较稳定,一般不易分解。但磷酸一氢盐或二氢盐受热却容易脱水分解。磷酸一氢盐受热脱水分解成焦磷酸盐,磷酸二氢盐受热脱水分解成三聚的偏磷酸盐。

例如,将磷酸二氢钠加热到 973 K,然后快速冷却,可以得到直链多磷酸盐玻璃体,即所谓的格氏盐（Graham）$(NaPO_3)_x$,格氏盐是一种最常见的磷酸盐玻璃体,它没有固定的熔点,易溶于水,水溶液有很大的黏度,pH 为 5.5~6.4。它是一个长链聚合物。这个化合物的链长达 20~100 个单位。

③正磷酸、焦磷酸和偏磷酸的鉴别。正磷酸根、焦磷酸根和偏磷酸根离子可以用 $AgNO_3$

加以区别和鉴定。正磷酸与 $AgNO_3$ 产生黄色沉淀,焦磷酸和偏磷酸都产生白色沉淀。但只有偏磷酸能使蛋白水溶液凝聚产生白色沉淀。

5. 砷、锑、铋的重要化合物

本族元素中的砷、锑、铋又称为砷分族,由于它们次外层电子构型为 18 电子,而与氮、磷外层 8 电子稳定构型不同。因此,砷、锑、铋在性质上有更多的相似之处。

(1)砷、锑、铋的氧化物

砷、锑、铋的氧化物有 +3 氧化值的 As_2O_3、Sb_2O_3、Bi_2O_3 和 +5 氧化值的 As_2O_5、Sb_2O_5。其中以 As_2O_3(俗称砒霜)最为主要,它是白色粉状固体,剧毒,致死量为 0.1 g。两性偏酸性,因此它易溶于碱生成亚砷酸盐,也可溶于酸:

$$As_2O_3 + 6NaOH == 2Na_3AsO_3 + 3H_2O$$

$$As_2O_3 + 6HCl == 2AsCl_3 + 3H_2O$$

Sb_2O_3 是两性氧化物,不溶于水,能溶于强碱或强酸溶液中,生成相应的盐:

$$Sb_2O_3 + 6HCl == 2SbCl_3 + 3H_2O$$

$$Sb_2O_3 + 2NaOH == 2NaSbO_2 + H_2O$$

(偏亚锑酸钠)

Bi_2O_3 是弱碱性氧化物,不溶于水和碱溶液,能溶于酸:

$$Bi_2O_3 + 6HNO_3 == 2Bi(NO_3)_3 + 3H_2O$$

(2)砷、锑、铋含氧酸及其盐

它们的含氧酸由 As—Sb—Bi 酸性依次减弱,碱性依次增强。但 +3 氧化值的 H_3AsO_3、$Sb(OH)_3$、$Bi(OH)_3$ 基本上是两性,所以 As^{3+}、Bb^{3+}、Bi^{3+} 的盐都易水解:

$$AsCl_3 + 3H_2O == H_3AsO_3 + 3HCl$$

$$SbCl_3 + 2H_2O == Sb(OH)_2Cl + 2HCl \qquad Sb(OH)_2Cl \text{ 失水生成 } SbOCl(\text{氯化氧锑})$$

$$BiCl_3 + 2H_2O == Bi(OH)_2Cl \qquad Bi(OH)_2Cl \text{ 失水生成 } BiOCl(\text{氯化氧铋})$$

因此,在配制这些盐的溶液时,都应先加入相应的强酸以抑制水解。

+5 氧化值的 H_3AsO_4、$Sb_2O_5 \cdot nH_2O$ 的酸性比相应的 +3 氧化值含氧酸强。H_3AsO_4 为中强酸,锑酸为弱酸,铋酸则不存在。

砷分族元素按 As—Sb—Bi 的顺序 +3 氧化值化合物的还原性依次减弱;+5 氧化值化合物的氧化性依次增强。因此,亚砷酸盐是较强的还原剂,在近中性溶液中能被中等强度的氧化剂 I_2 氧化:

$$H_3AsO_3 + I_2 + H_2O == H_3AsO_4 + 2I^- + 2H^+$$

此反应的进行方向取决于溶液的酸碱性,当溶液的酸性增强时,反应将向左进行,即向 AsO_4^{3-} 氧化 I^- 为单质 I_2 的方向进行。

偏铋酸盐不论在酸性或碱性溶液中都有很强的氧化性,在酸性溶液中它能将 Mn^{2+} 氧化成 MnO_4^- 离子,此反应常用于鉴定 Mn^{2+} 离子:

$$5NaBiO_3(s) + 2Mn^{2+} + 14H^+ == 2MnO_4^- + 5Bi^{3+} + 7H_2O$$

现将砷、锑、铋的氧化物及其水合物的性质变化规则总结如图 10.5 所示。

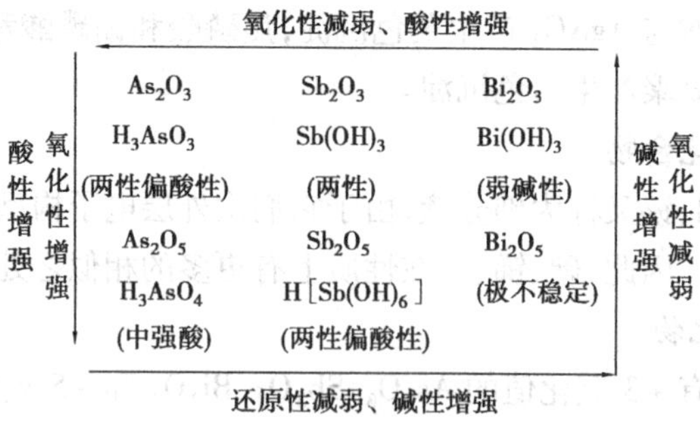

图 10.5　砷、锑、铋的氧化物及其水合物的性质变化规律

（3）砷、锑、铋的硫化物

在砷、锑的 +3、+5 氧化值的盐溶液（M^{3+}、M^{5+}）和含氧酸盐（MO_3^{3-}、MO_4^{3-}）以及铋的 +3 氧化值的盐的强酸性溶液中，通入 H_2S 可以得到一系列的有色硫化物沉淀。

$$As_2S_3 \quad Sb_2S_3 \quad Bi_2S_3 \quad As_2S_5 \quad Sb_2S_5$$
黄色　橙红色　黑色　黄色　橙红色

砷分族硫化物的酸碱性与相应的氧化物类似。As_2S_3 两性偏酸性易溶于碱；Sb_2S_3 两性；Bi_2S_3 显碱性易溶于酸：

$$As_2S_3 + 6NaOH \Longrightarrow Na_3AsO_3 + Na_3AsS_3 + 3H_2O$$
$$Sb_2S_3 + 6NaOH \Longrightarrow Na_3SbO_3 + Na_3SbS_3 + 3H_2O$$
$$Sb_2S_3 + 12HCl \Longrightarrow 2H_3SbCl_6 + 3H_2S\uparrow$$
$$Bi_2S_3 + 6HCl \Longrightarrow 2BiCl_3 + 3H_2S\uparrow$$

AS_2S_3 和 Sb_2S_3 还可以溶于碱金属硫化物 Na_2S，也能溶于（NH_4）$_2S$ 溶液中，生成相应的硫代亚酸盐：

$$As_2S_3 + 3Na_2S \Longrightarrow 2Na_3AsS_3$$
$$Sb_2S_3 + 3Na_2S \Longrightarrow 2Na_3SbS_3$$

As_2S_5 和 Sb_2S_5 的酸性更为显著，因此更易溶于碱或碱金属硫化物中，生成相应的硫代砷酸盐和锑酸盐：

$$Sb_2S_5 + 3Na_2S \Longrightarrow 2Na_3SbS_4$$
$$4As_2S_5 + 24NaOH \Longrightarrow 3Na_3AsO_4 + 5Na_3AsS_4 + 12H_2O$$

砷和锑的硫代亚酸盐及硫代酸盐遇强酸分解，生成 H_2S 和相应的硫化物沉淀。例如：

$$2Na_3AsS_3 + 6HCl \Longrightarrow As_2S_3\downarrow + 3H_2S\uparrow + 6NaCl$$

（4）含砷废水的处理

砷及其化合物都是有毒物质，As（Ⅲ）的毒性强于 As（Ⅴ），有机砷化物又比无机砷化物的毒性更强。冶金、化工、化学制药等工业的废气和废水中常含有砷。砷及其化合物对人体危害很大，它们可在人体内积累，且是致癌物质。因此，必须采用有效措施，消除污染，保护环境，保证人体健康。国家规定，排放废水中含砷量不得超过 $0.5\ \text{mg} \cdot \text{L}^{-1}$。

含砷废水的处理主要有以下两种方法：

①石灰法。在含砷废水中投入石灰，使之生成难溶的砷酸盐或偏亚砷酸盐，沉降分离，即可将砷从废水中除去。例如：

$$As_2O_3 + Ca(OH)_2 \Longrightarrow Ca(AsO_2)_2\downarrow + H_2O$$

②硫化法。可用 H_2S 作沉淀剂,废水中的砷与之反应生成难溶的硫化物。例如:

$$2As^{3+} + 3H_2S = As_2S_3 \downarrow + 6H^+$$

这些含砷的难溶物虽然毒性较小,但仍不可随意丢弃,应进行妥善处理。

(四)碳族元素

周期系第ⅣA族元素碳、硅、锗、锡、铅总称为碳族元素。碳和硅是非金属,锗、锡、铅是金属,其中硅和锗相似,也有人称为准金属。它们由非金属过渡到金属的趋势比氮族元素更为明显。

碳元素在地壳中约占 0.03%,但它是地球上分布最广、化合物最多的元素。大气中有 CO_2;矿物界中有碳酸盐、碳单质、石油和天然气;动植物界的脂肪、淀粉、蛋白质、纤维素等都是含碳的化合物。碳存在 3 种同素异形体,金刚石、石墨和无定形碳,由于它们的晶型结构不同,所以性质上有差别,其中以无定形炭的活泼性最大。近几年的另一类同素异形体——C_{60}、C_{70} 等也被发现。C_{60} 是深黄色的固体,每个分子由 60 个碳原子构成球形 32 面体结构。目前对 C_{60} 等的研究刚刚揭开序幕,科学家预言,C_{60} 等分子的发现,将会开创碳化学的新领域。

硅是构成地壳中矿物的主要元素,硅元素约占地壳中元素的 1/4,硅在自然界主要以石英砂和硅酸盐的形式存在。岩石、沙砾和土壤均以硅酸盐为主,因此,硅是分布广泛而含量又十分巨大的一种元素。

锗是 1886 年德国化学家温克勒尔在分析硫银锗矿时取得了白色 GeS_2,再用氢气还原发现的,命名为锗以纪念他的祖国——德国。锗是稀有元素,单质锗是主要的半导体材料,锗的化合物应用还不多。锡和铅是常见元素,很容易从它们的矿石中提取出来,古代就为人们所认识。

1.通性

在表 10.25 中列出了碳族元素的一些基本性质。

表 10.25　碳族元素的基本性质

性质　　　名称	碳(C)	硅(Si)	锗(Ge)	锡(Sn)	铅(Pb)
原子序数	6	14	32	50	82
价电子构型	$2s^2 2p^2$	$3s^2 3p^2$	$4s^2 4p^2$	$5s^2 5p^2$	$6s^2 6p^2$
主要氧化数	−4、+2、+4	+4	+2、+4	+2、+4	+2、+4
共价半径/pm	77	113	12	141	147
熔点/℃	3 550	1 410	937	232(百)	327
沸点/℃	4 329	2 355	2 830	2 260(百)	1 744
(M—M)	346	222	188	146	—
(M—O)	358	452	360	—	—
(M—H)	415	320	289	251	—
电离能/(kJ·mol^{-1})	1 086	787	762	709	716
电负性	2.5	1.8	1.8	1.8	1.8

碳族元素原子价电子构型为 ns^2np^2，因此它们主要的氧化值为 +2 和 +4。碳有时也可生成共价的 4 氧化值化合物。惰性电子对效应在本族元素中表现也很显著，+4 氧化值的稳定性从上到下降低，而 +2 氧化值的稳定性从上到下增加。所以碳、硅主要表现为 +4 氧化值，锗和锡的 +2 氧化值的化合物具有强还原性，铅的 +4 氧化值的化合物有强氧化性，易被还原为铅 +2 化合物，所以铅的化合物以 +2 氧化值为主。

2. 碳及其重要化合物

(1)单质碳

自然界中碳有 3 种主要同位素 ^{12}C、^{13}C 和 ^{14}C，含量分别为 98.892%、1.108% 及 $1.2 \times 10^{-10}\%$。$^{12}C = 12$ 被确定为原子量的相对标准。^{14}C 是在宇宙射线影响下形成的放射性同位素，半衰期为 5 684 年。它参与自然界碳的循环而不断进入生物体内，植物从大气中呼吸 CO_2，故生物体内碳的同位素与大气中是相等的。生物体"死亡"后停止呼吸，^{14}C 得不到补充，就只发生 ^{14}C 蜕变，其数量随时间减少。因此测定某些物质中 ^{14}C 的含量，可推算形成这些物质的年代(适用于 500 ~ 50 000 年)，用于考古学和地球化学的研究。

金刚石和石墨是两种最熟悉的碳的同素异形体，还有一种无定形炭，现已证明它是微晶形石墨。由于原子的排布及键合的不同，使得它们的物理和化学性质产生差异，表 10.26 所示为金刚石和石墨的性质。

表 10.26　金刚石和石墨的性质

名称 性质	晶体结构	杂化态	外　貌	密度 /(g·cm⁻³)	熔点/K	沸点/K	硬度 (莫氏)	导电导热	O_2 中燃烧 温度/K
金刚石	原子晶体	sp^3	无色透明	3.51	>3 823	5 100	最硬(10)	不导电	1 050
石墨	层状晶体	sp^2	灰黑不透明	2.25	3 925	5 100	柔软(1)	导电导热	960

金刚石晶体中全部价电子都已成键，没有自由流动的电子，是非导体；其原子间结合力很强，在所有物质中的熔点最高。它对大多数试剂表现为惰性，因此它除作装饰品外，主要用于制作钻探用的钻头和磨削工具。

石墨晶体层上每个 C 原子还余一个 p 电子，形成很大的离域 π_n^m，pπ 电子可在整个 C 原子平面上活动。所以石墨具有良好的导电导热性，化学性质较金刚石稍活泼。石墨层与层之间是弱的分子间作用力，因此易沿着与层平行的方向裂开、滑动，所以它质软具润滑性。大量石墨用于制作电极、坩埚、润滑剂、铅笔芯等。石墨层与层间距较大，其空隙能容纳某些物质，形成石墨化合物，多数具有催化特征。

无定形炭有炭黑、木炭、焦炭、活性炭等，都是黑色。碳的性质与制备时所用原料及方法有关。炭黑是一种非常细的粉末，天然气在 O_2 不足的条件下燃烧会产生炭黑。我国制墨用的主要原料——松烟也是一种炭黑，它是将松枝放在窑里经过不完全燃烧而得，炭黑用于制造油墨、油漆、颜料等。隔绝空气加热木材可制得木炭，它质疏多孔，具有吸附作用，用于水的过滤。烟煤干馏可得焦炭，坚硬多孔，用作冶炼金属的还原剂。用特殊方法制备的炭黑称为活性炭，它具有大的比表面(单位质量物质所具有的总表面积)，有很强的吸附性能，常用来净化某些气体和液体，如制糖工业用作脱色剂，防毒面具中用作脱气剂，工业和饮用水的去臭剂等。

碳在常温下不活泼，但无定形炭比金刚石和石墨活泼。它在空气中点燃便与 O_2 剧烈作用;它能与 F_2 直接化合生成 CF_4;还能在高温下还原一些氧化物和氧化剂。在电炉中能与许多单质反应,生成碳化物,如离子型的 CaC_2、Al_4C_3(可水解得烃),共价型的 SiC,B_4C(极硬、难熔、化学惰性),间充型的 TiC、WC、VC 等(高强度、高熔点、导电、不与酸、水作用)。原子半径较小的 Cr、Fe 等与 C 反应所得的 Fe_3C、Cr_3C 等介于离子型和间充型之间,能被水或稀酸分解。

(2)碳的氧化物

碳有多种氧化物,除最常见的 CO、CO_2 外,还有 C_3O_2、C_4O_3、C_5O_2 和 $C_{12}O_9$ 等低氧化物。

①一氧化碳。CO 是无色、无臭的气体,CO 气体有毒,主要是因为它能和血液中携 O_2 的血红蛋白结合成稳定的配合物,使血红蛋白失去输送 O_2 的能力,致人缺氧而窒息。空气中的 CO 的体积分数达 0.1% 时,就会引起中毒。

CO 易形成配合物。它几乎可以同全部过渡金属形成稳定的羰基配合物,如 $Ni(CO)_4$、$Fe(CO)_5$ 等。它们易挥发,可用于制取高纯金属。

CO 易被氧化为 CO_2。它在空气中燃烧,火焰呈蓝色,生成 CO_2 并放出大量的热。

$$2CO + O_2 \xrightarrow{\text{燃烧}} 2CO_2$$

所以 CO 和水煤气都是很好的气体燃料。它在高温下可以还原许多金属氧化物,成为冶炼金属的还原剂。冶金工业中用焦炭作还原剂,实际上起重要作用的是 CO。

实验室用浓 H_2SO_4 使甲酸脱水,以制备少量 CO:

$$HCOOH \xrightarrow[\text{加热}]{\text{浓 } H_2SO_4} CO\uparrow + H_2O$$

②二氧化碳。CO_2 是无色,无臭气体,比空气重 1.5 倍,加压时易液化,在 5.27×10^5 Pa 下于 273 K 凝为固态——干冰。常压下,干冰于 $1\,194.5$ K 升华,常用作制冷剂。CO_2 是直线形分子,没有极性,分子间作用力小,而原子间作用力强,分子有很高的热稳定性,$2\,273$ K 时只有 1.8% 的 CO_2 分解为 CO 和 O_2,在空气中的体积分数为 0.03%。

CO_2 通常条件下不助燃,也不能支持呼吸。用它制造的干冰灭火剂可扑灭一般火焰,但不能扑灭燃着的镁条,因 Mg 可在高温下还原 CO_2:

$$CO_2 + 2Mg \xrightarrow{\text{燃烧}} 2MgO + C$$

实验室中常用盐酸与石灰石反应制备 CO_2:

$$CaCO_3 + 2HCl \xrightarrow{} CaCl_2 + CO_2\uparrow + H_2O$$

在生产和科研中 CO_2 也常用作惰性介质。CO_2 可溶于水。溶于水中的 CO_2 部分与水作用生成碳酸。由于工农业的高度发展,近年来大气中二氧化碳的含量在增加,产生温室效应,使全球变暖,因此,大气中二氧化碳的平衡成为生态平衡研究课题之一。

(3)碳酸和碳酸盐

CO_2 溶于水生成 H_2CO_3。碳酸是二元弱酸,在水溶液中存在以下解离平衡:

$$H_2CO_3 \rightleftharpoons H^+ + HCO_3^-, K_{a_1} = 4.3 \times 10^{-7}$$

$$HCO_3^- \rightleftharpoons H^+ + CO_3^{2-}, K_{a_2} = 5.61 \times 10^{-11}$$

这两个解离常数是假定溶于水的 CO_2 全部转化为 H_2CO_3 计算出来的。H_2CO_3 不稳定,仅存在于稀溶液中,当浓度增大或加热溶液时即分解出 CO_2。

碳酸能生成两类盐:碳酸盐和碳酸氢盐。铵和碱金属(除 Li 外)的碳酸盐都溶于水,一般来说,难溶性碳酸盐对应的碳酸氢盐的溶解度较大。例如 $Ca(HCO_3)_2$ 的溶解此 $CaCO_3$ 大,

因而 $CaCO_3$ 能溶于 H_2CO_3 中,但是对易溶的碳酸盐来说,它对应的碳酸氢盐的溶解度反而小,例如 $NaHCO_3$ 溶解度就比 Na_2CO_3 小。

碳酸盐、碳酸氢盐在溶液中都会解离。碱金属碳酸盐的解离分两步进行:

$$CO_3^{2-} + H_2O \Longrightarrow HCO_3^- + OH^-$$

$$HCO_3^- + H_2O \Longrightarrow H_2CO_3 + OH^-$$

一级解离远大于二级解离,因此碱金属碳酸盐的水溶液呈强碱性。碳酸氢盐的水溶液呈弱碱性。重金属的碳酸盐,在水溶液中会部分解离生成碱式碳酸盐,例如将碳酸钠溶液和锌盐、铜盐、铅盐等溶液混合时,得到的不是碳酸盐而是碱式碳酸盐沉淀:

$$2Cu^{2+} + 2CO_3^{2-} + H_2O \Longrightarrow Cu_2(OH)_2CO_3 \downarrow + CO_2 \uparrow$$

而用碳酸盐处理可溶性的三价铁、铝、铬盐时,得到的不是碳酸盐而是氢氧化物沉淀:

$$2Fe^{3+} + 3CO_3^{2-} + 3H_2O \Longrightarrow 2Fe(OH)_3 \downarrow + 3CO_2 \uparrow$$

碳酸盐和碳酸氢盐的另一个重要性质是热稳定性较差,它们在高温下均会分解:

$$M(HCO_3)_2 \Longrightarrow MCO_3 + H_2O + CO_2 \uparrow$$

$$MCO_3 \Longrightarrow MO + CO_2 \uparrow$$

对比碳酸、碳酸盐和碳酸氢盐的热稳定性,发现它们的稳定顺序是:

$$H_2CO_3 < MHCO_3 < M_2CO_3$$

不同碳酸盐热分解温度也可以相差很大。例如 ⅡA 族的碳酸盐的稳定性次序:

$$MgCO_3 < CaCO_3 < SrCO_3 < BaCO_3$$

不同金属离子的碳酸盐,由于其阳离子的电荷、半径以及电子构型不同,其热稳定性差别甚大,表现为:铵盐 < 过渡金属盐 < 碱土金属盐 < 碱金属盐。

上述事实可用离子极化的观点来说明。当没有外电场影响时,CO_3^{2-} 中 3 个 O^{2-} 已被 C^{4+} 所极化而变形;金属离子可以看作外电场,只极化邻近一个 O^{2-},由于金属离子其极化的偶极方向与 C^{4+} 对 O^{2-} 极化所产生的偶极方向相反,使这个 O^{2-} 原来的偶极矩缩小,从而削弱了碳氢间的键,这种作用称为反极化作用,最后导致碳酸根的破裂,分解成 MO 和 CO_2。显然,金属离子的极化力越强,它对碳酸根的反极化作用也越强烈,碳酸盐也就越不稳定。至于 H^+ 离子,虽然只有一个正电荷,但由于它的半径很小,电场强度大,所以极化力强;又由于它的半径很小,外层没有电子,可以钻入 CO_3^{2-} 离子的 O^{2-} 离子中,更削弱 C^{4+} 离子与 O^{2-} 离子间的联系,所以 H^+ 的反极化作用较金属强。因而,含一个 H 的 $NaHCO_3$ 比不含 H 的 Na_2CO_3 易分解,而含两个 H 的 H_2CO_3 就更易分解。其他含氧酸及其盐类的稳定性也可以同样加以解释。

在碳酸盐中,以钠、钾、钙的碳酸盐最为重要。钠盐俗称纯碱,碳酸氢盐中以 $NaHCO_3$(小苏打)最为重要。在食品工业中,它与碳酸氢铵、碳酸铵等作为膨松剂。

(4)CO_3^{2-} 和 HCO_3^{2-} 的鉴定

①与酸的反应。向碳酸盐或碳酸氢盐溶液中加入稀酸,即有 CO_2 气体放出,将此气体通入氢氧化钙溶液中,即有 $CaCO_3$ 白色沉淀生成:

$$CO_3^{2-} + 2H^+ \Longrightarrow CO_2 \uparrow + H_2O$$

$$HCO_3^- + H^+ \Longrightarrow CO_2 \uparrow + H_2O$$

$$CO_2 + Ca(OH)_2 \Longrightarrow CaCO_3 \downarrow (白) + H_2O$$

②与硫酸镁的反应。碳酸盐溶液中加入硫酸镁溶液,即有 $Mg_2(OH)_2CO_3$ 白色沉淀生成:

$$2Mg^{2+} + 2CO_3^{2-} + H_2O \Longrightarrow Mg_2(OH)_2CO_3 \downarrow + CO_2 \uparrow$$

碳酸氢盐溶液中加入硫酸镁溶液,冷时无沉淀生成,加热煮沸,即有 $MgCO_3$ 白色沉淀生成。

$$Mg(HCO_3)_2 \Longrightarrow MgCO_3 \downarrow + CO_2 \uparrow + H_2O$$

3. 硅的含氧化合物

①二氧化硅、硅酸和硅胶。二氧化硅是硅的主要氧化物,有晶体和无定形两种。石英是天然的 SiO_2 晶体,无色透明的纯净石英称为水晶。硅藻土为天然无定型 SiO_2,为多孔性物质,工业上常用作吸附剂以及催化剂的载体。

二氧化硅为大分子的原子晶体,硅原子采用 sp^3 杂化形式同 4 个氧原子结合,组成 SiO_4 正四面体,Si—O 键在空间不断重复,排列成大分子。这种结构中的 Si 和 O 原子数之比是 1:2,组成的最简式是 SiO_2,因此在石英晶体中不存在单分子 SiO_2。若将无色透明的纯净石英在 1 600 ℃时熔化成黏稠液体,然后急速冷却,因黏度大不易结晶而变成无定形的石英玻璃。它有许多特殊的性能:如热至 1 400 ℃也不软化;热膨胀系数很小,能经受高温的剧变,可透过可见光和紫外光。因此,石英可用于制造高温仪器和医学、光学仪器。

二氧化硅化学性质很不活泼,不溶于强酸,在室温下仅 HF 与它反应:

$$SiO_2 + 4HF \Longrightarrow SiF_4 + 2H_2O$$

高温时,二氧化硅和氢氧化钠或纯碱共熔即得硅酸钠:

$$SiO_2 + 2NaOH \Longrightarrow NaSiO_3 + H_2O$$
$$SiO_2 + Na_2CO_3 \Longrightarrow Na_2SiO_3 + CO_2 \uparrow$$

用酸同上述得到的硅酸盐作用可制得硅酸:

$$Na_2SiO_3 + 2HCl \Longrightarrow H_2SiO_3 + 2NaCl$$

硅酸是一种极弱的酸,$K_1 = 10^{-10}$ 左右,$K_2 = 10^{-12}$ 左右。

从 SiO_2 可以制得多种硅酸,其组成随形成时的条件而变,常以 $nSiO_2 \cdot mH_2O$ 表示。现已知有正硅酸 H_4SiO_4、偏硅酸 H_2SiO_3、二偏硅酸 H_2SiO_5 等。其中 $n/m > 1$ 者称为多硅酸,实际上见到的硅酸常常是各种硅酸的混合物。由于各种硅酸中以偏硅酸组成最为简单,因此习惯用 H_2SiO_3 作为硅酸的代表。硅酸的一个重要特征是它的聚合作用,在水溶液中,随条件的不同有时形成硅溶胶,有时形成硅凝胶。硅溶胶又称硅酸水溶胶,是水化的二氧化硅的微粒分散于水中的胶体溶液。它广泛应用于催化剂、黏合剂、纺织、造纸等工业。硅凝胶如经过干燥脱水后则成白色透明多孔性的固体物质,常称为硅胶,有良好的吸水性,而且吸水后能烘干重复使用,所以在实验室中常将硅胶作为干燥剂。如在硅胶烘干前,先用 $CoCl_2$ 溶液浸泡,这样在干燥时呈蓝色,吸潮后为淡红色,这种变色硅胶可指示硅胶的吸湿状态,使用方便。

②硅酸盐。硅酸或多硅酸的盐称为硅酸盐。其中只有碱金属盐可溶于水,其他的硅酸盐均不溶于水。不溶于水的硅酸盐分布十分广泛,地壳主要就是由各种硅酸盐组成的,许多矿物如长石、云母、石棉、滑石,许多岩石,如花岗岩等都是硅酸盐。硅酸钠是常见的可溶性硅酸盐,其透明的浆状溶液称为"水玻璃",俗称"泡花碱",它实际上是多种多硅酸盐的混合物,化学组成可表示为 $Na_2O \cdot nSiO_2$。水玻璃是纺织、造纸、制皂、铸造等工业的重要原料。

③分子筛。分子筛是一类多孔性的硅铝酸盐,有天然的和人工合成的两大类。泡沸石就是一种天然的分子筛,其组成为 $Na_2O \cdot Al_2O_3 \cdot SiO_2 \cdot nH_2O$。人们模拟天然的分子筛,以氢氧化钠、铝酸钠和水玻璃为原料制成合成分子筛。分子筛有很强的吸附性,可把它当干燥剂。经过分子筛干燥后的气体和液体,含水量一般低于 10 μg/g。分子筛可活化再生连续使用。它

的热稳定性也好。分子筛的类型和孔径大小是由化学组成中的 SiO_2 与 Al_2O_3 的摩尔数之比决定的,分子筛组成中金属离子的种类(Na^+、K^+、Ca^{2+})对孔径大小也有影响。分子筛能吸附的是分子体积较其孔径小的分子。分子的极性越强越容易被吸附。因此可用于化合物的分离、提纯以及作催化剂或催化剂载体。

4. 锡、铅的重要化合物

①锡、铅的氧化物和氢氧化物。锡和铅可生成 MO 和 MO_2 两类氧化物以及其相应的氢氧化物 $M(OH)_2$ 和 $M(OH)_4$。它们都是两性的,但 +4 氧化态的以酸性为主。它们的酸碱性变化规律如图 10.6 所示。

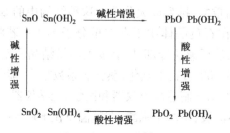

图 10.6　锡、铅的氧化物和氢氧化物变化规律

氧化物中 SnO 是还原剂,PbO_2 是氧化剂。由于锡和铅的氧化物都不溶于水。因此,要制得相应的氢氧化物,必须用它们的盐溶液与碱溶液相作用而制得,例如用碱金属的氢氧化物处理锡盐就可得相应 $Sn(OH)_2$ 白色沉淀生成。

$$SnCl_2 + 2NaOH \rightleftharpoons Sn(OH)_2 \downarrow + 2NaCl$$

氢氧化物既溶于酸,又溶于碱,例如:

$$Sn(OH)_2 + 2HCl \rightleftharpoons SnCl_2 + 2H_2O$$
$$Sn(OH)_2 + 2NaOH \rightleftharpoons Na_2SnO_2 + 2H_2O$$
$$Pb(OH)_2 + HNO_3 \rightleftharpoons Pb(NO_3)_2 + 2H_2O$$
$$Pb(OH)_2 + 2NaOH \rightleftharpoons Na_2PbO_2 + 2H_2O$$
$$Sn(OH)_4 + 2NaOH \rightleftharpoons Na_2SnO_3 + 3H_2O$$

但其中酸性以 $Sn(OH)_4$ 为最强,碱性以 $Pb(OH)_2$ 为最强,酸碱性强弱不同的情况可以 ROH 理论加以解释。

PbO_2 是强氧化剂,它与浓盐酸或浓硫酸反应可放出 Cl_2 或 O_2,但它不溶于 HNO_3。

$$PbO_2 + 4HCl(浓) \rightleftharpoons PbCl_2 + Cl_2 \uparrow + 2H_2O$$
$$2PbO_2 + 2H_2SO_4(浓) \rightleftharpoons 2PbSO_4 + O_2 \uparrow + 2H_2O$$

铅的氧化物除 PbO(黄色)和 PbO_2(褐色)以外,还存在鲜红色的 Pb_3O_4(铅丹),它表现出 PbO_2 和 PbO 的性质,例如:

$$Pb_3O_4 + 4HNO_3 \rightleftharpoons PbO_2 \downarrow + 2Pb(NO_3)_2 + 2H_2O$$
$$Pb_3O_4 + 8HCl \rightleftharpoons 3PbCl_2 + Cl_2 \uparrow + 4H_2O$$

所以通常将它看作"混合氧化物"——$2PbO \cdot PbO_2$。

②锡和铅的盐。由于锡和铅的氢氧化物具有两性,因此它们能形成两种类型的盐,即 M^{2+} 盐、M^{4+} 盐和 MO_2^{2-} 盐及 MO_3^{2-} 盐两类。

在锡和铅的盐中最常见的是卤化物。$SnCl_2$ 是实验室中常用的还原剂。例如向 $HgCl_2$ 溶

液中逐渐加入 $SnCl_2$ 溶液时,可生成 Hg_2Cl_2 白色沉淀:

$$2HgCl_2 + SnCl_2 =\!=\!= SnCl_4 + Hg_2Cl_2 \downarrow（白）$$

当 $SnCl_2$ 过量时,亚汞盐将进一步被还原为单质汞:

$$Hg_2Cl_2 + SnCl_2 =\!=\!= SnCl_4 + 2Hg \downarrow（灰黑）$$

这一反应很灵敏,常用于鉴定 Hg^{2+} 离子或 Sn^{2+} 离子。

$SnCl_2$ 易水解,Sn^{2+} 离子在溶液中易被空气中的氧所氧化。因此,在配制 $SnCl_2$ 溶液时,除应先加入少量浓 HCl 抑制水解外,还要在刚刚配制好的溶液中加入少量金属 Sn。

$PbCl_2$ 为白色固体,冷水中微溶,能溶于热水,也能溶于盐酸或过量 NaOH 溶液中:

$$PbCl_2 + 2HCl =\!=\!= H_2[PbCl_4]$$

$$PbCl_2 + 4NaOH =\!=\!= Na_2PbO_2 + 2NaCl + 2H_2O$$

Pb^{2+} 和 CrO_4^{2-} 反应生成黄色的 $PbCrO_4$ 沉淀(俗称铬黄)。这一反应常用来鉴定 Pb^{2+} 或 CrO_4^{2-},$PbCrO_4$ 能溶于碱:

$$Pb^{2+} + CrO_4^{2-} =\!=\!= PbCrO_4 \downarrow（黄色）$$

$$PbCrO_4 + 3OH^- =\!=\!= [Pb(OH)_3]^- + CrO_4^{2-}$$

故可用来区别其他黄色的难溶铬酸盐(如 $BaCrO_4$)。

铅的许多化合物难溶于水。铅和可溶性铅盐都对人体有毒。Pb^{2+} 离子在人体内能与蛋白质中的半胱氨酸反应生成难溶物,使蛋白毒化。

Sn^{2+}、Sn^{4+} 和 Pb^{2+} 遇 H_2S 分别生成 SnS(棕色)、SnS_2(黄色)和 PbS(黑色)沉淀,它们都不溶于稀盐酸,但可溶于浓盐酸。由于 Pb^{4+} 有氧化性,S^{2-} 有还原性,所以 PbS_2 不存在。与氧化物一样,SnS_2 显酸性,SnS 和 PbS 显碱性,所以 SnS_2 可与碱或 Na_2S 反应生成锡酸盐和硫代锡酸盐:

$$3SnS_2 + 6OH^- =\!=\!= Sn(OH)_6^{2-} + 2SnS_3^{2-}$$

$$SnS_2 + Na_2S =\!=\!= Na_2SnS_3$$

而 SnS 和 PbS 却不会发生以上反应,但是 SnS 可溶于二硫化钠 Na_2S_2 溶液中,这是由于 S_2^{2-} 有氧化性,SnS 被氧化成 SnS_2 而被溶解:

$$SnS + S_2^{2-} =\!=\!= SnS_3^{2-}$$

硫代锡酸盐遇酸,则分解为 SnS_2 和 H_2S:

$$SnS_3^{2-} + 2H^+ =\!=\!= SnS_2 \downarrow + H_2S$$

PbS 不溶于稀酸和碱金属硫化物,但可溶于稀硝酸和浓盐酸:

$$PbS + 4HCl（浓）=\!=\!= H_2[PbCl_4] + H_2S \uparrow$$

$$3PbS + 8HNO_3 =\!=\!= 3Pb(NO_3)_2 + 2NO + 3S \downarrow + 4H_2O$$

PbS 可与 H_2O_2 反应:

$$PbS + 4H_2O_2 =\!=\!= PbSO_4 + 4H_2O$$

此反应可用来洗涤油画上黑色的 PbS,使它转化为白色的 $PbSO_4$。

③含铅废水的处理。含铅废水对人体健康和农作物生长都有严重危害。铅的中毒作用虽然缓慢,但在体内会逐渐积累,引起人体各个组织中毒,尤其是神经系统、造血系统。典型症状是食欲不振,精神倦怠,严重时会致人死亡。

含铅废水多来自金属冶炼厂、涂料厂、蓄电池厂等。国家规定铅的允许排放浓度为 $1.0\ mg \cdot L^{-1}$(按 Pb 计)。对含铅废水的处理一般采用沉淀法。用石灰或纯碱作沉淀剂,使废

水中的铅生成 $Pb(OH)_2$ 或 $PbCO_3$ 沉淀而除去,还可用强酸性阳离子交换树脂除去铅的有机化合物,使含铅量由 $150\ mg \cdot L^{-1}$ 降至 $0.02 \sim 0.53\ mg \cdot L^{-1}$。

(五)硼族元素

周期系第ⅢA族元素包括硼、铝、镓、铟和铊总称为硼族元素。硼族元素中,硼是唯一的非金属元素,其他元素都是金属。硼和硅相似,也称为准金属。而铝和铍相似,为两性金属。硼和铝有富集矿藏,而镓、铟、铊是分散的稀有元素,常与其他矿共生,从镓到铊均为活泼金属。

1. 通性

硼族元素原子的价电子层构型为 $2s^2 2p^1$。它们的最高氧化值为 $+3$。硼、铝一般只形成氧化值为 $+3$ 的化合物。从镓到铊,由于 $2s^2$ 惰性电子对效应,氧化值为 $+3$ 的化合物的稳定性降低,而氧化值为 $+1$ 的化合物的稳定性增强,故铊的 $+3$ 的氧化值具有强氧化性。硼原子半径小,电负性较大,因此硼只能形成共价型化合物。其他元素均可形成离子型化合物,但氧化值为 $+3$ 的离子型化合物具有一定程度的共价性,表 10.27 所示为硼族元素的基本性质。

表 10.27　硼族元素的基本性质

性质 ＼ 名称	硼(B)	铝(Al)	镓(Ga)	铟(In)	铊(Tl)
原子序数	5	13	31	49	81
价电子构型	$2s^2 2p^1$	$3s^2 3p^1$	$4s^2 4p^1$	$5s^2 5p^1$	$6s^2 6p^1$
主要氧化数	$+3$	$+3$	$+1$、$+3$	$+1$、$+3$	$+1$、$+3$
共价半径/pm	79.5	118	126	144	148
熔点/℃	2 300	660.1	29.8	156.6	303.5
沸点/℃	2 500	2 467	2 403	2 080	1 457
电离能/$(kJ \cdot mol^{-1})$	800.6	577.6	578.8	558.3	589.3
电负性	2.0	1.5	1.6	1.7	1.8

硼族元素价电子层有 4 个轨道,但价电子只有 3 个,这种价电子数少于轨道数的原子称为缺电子原子。当其与其他原子形成共价键时,价电子层中留下空轨道,这种化合物称缺电子化合物。由于空轨道的存在。有很强的接受电子对的能力,故它们易形成聚合型分子。

2. 硼的重要化合物

(1)氧化硼和硼酸

三氧化二硼(B_2O_3)也称硼酸酐或硼酐,是白色固体。在高温下硼和氧反应,生成氧化硼。氧化硼溶于水后,能与水结合成硼酸:

$$4B + 3O_2 \xrightarrow{\Delta} 2B_2O_3$$

工业上,硼酸是用强酸处理硼砂而制得的:

$$Na_2B_4O_7 \cdot 10H_2O + H_2SO_4 =\!=\!= 4H_3BO_3 + Na_2SO_4 + 5H_2O$$

H_3BO_3 晶体呈鳞片状,具有层状的晶体结构。层与层之间又通过分子间力联系在一起组成大晶体。晶体内各片层之间容易滑动,所以硼酸可作润滑剂。

常温下,硼酸是白色晶体,微溶于冷水。热水中的溶解度增大。当 H_3BO_3 加热失去水得 HBO_2(偏硼酸),再进一步加热成氧化硼 B_2O_3。溶于水,它们又能生成硼酸:

$$H_3BO_3 \underset{+H_2O}{\overset{-H_2O}{\rightleftharpoons}} HBO_2 \underset{+H_2O}{\overset{-H_2O}{\rightleftharpoons}} B_2O_3$$

硼酸一元弱酸,$K_a = 5.8 \times 10^{-10}$。硼酸的酸性是由于硼原子的缺电子性所引起的。$H_3BO_3$ 在溶液中能与水解离出来的 OH^- 离子生成加合物,使 $[H^+]$ 相对升高,溶液呈酸性。

$$H_3BO_3 + H_2O \longrightarrow \left[HO - \underset{\underset{OH}{|}}{\overset{\overset{OH}{|}}{B}} - OH \right]^- + H^+$$

硼酸大量用于搪瓷和玻璃工业,它还可作防腐剂以及医用消毒剂。

(2)硼酸盐

最主要的硼酸盐是四硼酸的钠盐 $Na_2B_4O_7 \cdot 10H_2O$,俗称硼砂,它是无色透明晶体,在空气中易失去部分水分子而风化。受热时失去结晶水而成为蓬松状物质,体积膨胀。熔化的硼砂能溶解许多金属氧化物,生成具有特征颜色的偏硼酸 HBO_2 的复盐,可用来鉴定某些金属离子,称为硼砂珠试验,例如:

$$Na_2B_4O_7 + CoO =\!=\!= 2NaBO_2 \cdot Co(BO_2)_2(宝蓝色)$$
$$Na_2B_4O_7 + NiO =\!=\!= 2NaBO_2 \cdot Ni(BO_2)_2(淡红色)$$

$Na_2B_4O_7$ 可看成 $B_2O_3 \cdot 2NaBO_2$,因此上述反应可看成酸性氧化物 B_2O_3 与碱性的金属氧化物结合成盐的反应。

硼砂在水中进行水解,先生成偏硼酸钠,再水解成 NaOH 和 H_3BO_3,溶液显碱性:

$$Na_2B_4O_7 + 3H_2O \rightleftharpoons 2NaBO_2 + 2H_3BO_3$$
$$2NaBO_2 + 4H_2O \rightleftharpoons 2NaOH + 2H_3BO_3$$

硼酸盐在分析化学中可作基准物,可以做消毒剂、防腐剂及洗涤剂的填充料,并利用它的稳定性做耐热材料、绝缘材料等。硼砂也用于陶瓷工业,还用于制造耐温度骤变的特种玻璃和光学玻璃。

(3)BO_3^{3-} 离子(含 H_3BO_3 和 $Na_2B_4O_7$)的鉴定

①生成酯的反应。向硼酸或硼酸盐溶液中加入甲醇(或乙醇)和浓 H_2SO_4(起脱水作用),即生成有挥发性的硼酸三甲酯,用火点燃,火焰边缘呈绿色:

$$H_3BO_3 + 3CH_3OH =\!=\!= B(OCH_3)_3 + 3H_2O$$

②姜黄试纸反应。将酸化过的硼酸盐溶液滴在姜黄试纸上,放至干燥,试纸显棕红色,再用 NaOH 溶液湿润,试纸显墨绿色。

3. 铝及其重要化合物

(1)铝

金属铝广泛存在于地壳中,其丰度仅次于氧和硅,名列第三,是蕴藏最丰富金属元素。铝主要以铝矾土($Al_2O_3 \cdot nH_2O$)矿物存在,它是冶炼金属铝的重要原料。纯铝是银白色的轻金属,无毒,富有延展性,具有很高的导电、传热性和抗腐蚀性,不发生火花放电。由于铝的性能优良,价格便宜,使它在国民经济中的地位与日俱增,在宇航工业、电力工业、房屋工业和运输、包装等方面被广泛应用。

铝与空气接触很快失去光泽,表面生成氧化铝薄膜(约 10^{-6} cm 厚),此膜可阻止铝继续被氧化。铝遇发烟硝酸,被氧化成"钝态",因此工业上常用铝罐储运发烟硝酸。这层膜遇稀酸则遭破坏,会导致罐体泄漏。

$$4Al + 3O_2 =\!=\!= 2Al_2O_3$$

铝是两性元素,既能溶于酸也能溶于碱:

$$2Al + 6HCl =\!=\!= 2AlCl_3 + 3H_2 \uparrow$$

$$2Al + 2NaOH + 6H_2O =\!=\!= 2Na[Al(OH)_4] + 3H_2 \uparrow$$

(2)氧化铝和氢氧化铝

铝的氧化物 Al_2O_3 有多种变体,其中 $\alpha\text{-}Al_2O_3$ 称为刚玉,有很高的熔点和硬度,化学性质稳定,常用作耐火、耐腐蚀和高硬度材料。$\gamma\text{-}Al_2O_3$ 硬度小,不溶于水,但能溶于酸和碱,具有很强的吸附性能,可作吸附剂和催化剂。

氢氧化铝是两性氢氧化物,碱性略强于酸性。在溶液中形成的 $Al(OH)_3$ 为白色凝胶状沉淀,并按下式以两种方式解离:

$$Al^{3+} + 3OH^- =\!=\!= Al(OH)_3 =\!=\!= H_3AlO_3 =\!=\!= H^+ + [Al(OH)_4]^-$$

加酸平衡向左移动,生成铝盐;加碱,平衡向右移动,生成铝酸盐。

$Al(OH)_3$ 通常用来制药中和胃酸,也广泛用于玻璃和陶瓷工业。

(3)铝盐

常见的盐是 $AlCl_3$ 和明矾(硫酸铝钾),它们最主要的化学性质是 Al^{3+} 离子的水解性。$AlCl_3$ 和 $KAl(SO_4)_2 \cdot 12H_2O$ 溶于水时,Al^{3+} 离子水解生成一系列碱式盐直到 $Al(OH)_3$ 胶状沉淀,这些水解产物能吸附水中的泥沙、重金属离子及有机污染物等,因此可用于净化水。明矾是人们早已广泛应用的净水剂。$AlCl_3$ 是有机合成中常用的催化剂。

一些弱酸的铝盐在水中几乎完全或大部分水解。例如:

$$2Al^{3+} + 3S^{2-} + 6H_2O =\!=\!= 2Al(OH)_3 \downarrow + 3H_2S \uparrow$$

$$2Al^{3+} + 3CO_3^{2-} + 3H_2O =\!=\!= 2Al(OH)_3 \downarrow + 3CO_2 \uparrow$$

所以弱酸的铝盐如 Al_2S_3、$Al_2(CO_3)_3$ 不能用湿法制得。

习　题

一、判断题

1. 金属单质的升华热越大,说明该金属晶体的金属键的强度越大,内聚力也就越大;反之也是一样。　　　　　　　　　　　　　　　　　　　　　　　　　　　　　　　(　　)

2. 所有主族金属元素最稳定氧化态的氧化物都溶于硝酸。　　　　　　　　　(　　)

3. 凡是价层 p 轨道上全空的原子都是金属原子,部分或全部充填着电子的原子则都是非金属原子。　　　　　　　　　　　　　　　　　　　　　　　　　　　　　(　　)

4. 真金不怕火炼,说明金的熔点在金属中最高。　　　　　　　　　　　　　(　　)

5. 碱金属或碱土金属的原子电离势都是自上而下降低,但它们生成离子 M^+ 或 M^{2+} 的标准电极电势并不是自上而下减小的。　　　　　　　　　　　　　　　　　　(　　)

6. Na 在蒸气状态下可以形成双原子分子,而 Be 在蒸气状态下仅能形成单原子分子。

（　　）

7. 除 LiOH 外,所有碱金属氢氧化物都可加热到熔化,甚至蒸发而不分解。（　　）

8. 在空气中燃烧 Ca 或 Mg,燃烧的产物遇水可生成氨。（　　）

9. 碱土金属的碳酸盐和硫酸盐在中性水溶液中的溶解度都是自上而下的减小。（　　）

10. 在所有的金属中,熔点最高的是副族元素,熔点最低的也是副族元素。（　　）

11. 铜和锌都属 ds 区元素,它们的性质虽有差别,但(+2)态的相应化合物性质很相似而与其他同周期过渡元素(+2)态的相应化合物差别就比较大。（　　）

12. 在 $CuSO_4 \cdot 5H_2O$ 中的 5 个 H_2O,其中有 4 个配位水,1 个结晶水。加热脱水时,应先失结晶水,而后才失去配位水。（　　）

13. Zn^{2+}、Cd^{2+}、Hg^{2+} 都能与氨水作用,形成氨的配合物。（　　）

14. 从元素钪开始,原子轨道上填 3d 电子,因此第一过渡系列元素原子序数的个位数等于 3d 上的电子数。

15. 除ⅢB 外,所有过渡元素在化合物中的氧化态都是可变的,这个结论也符合与ⅠB 族元素。（　　）

16. ⅢB 族是副族元素中最活泼的元素,它们的氧化物碱性最强,接近于对应的碱土金属氧化物。（　　）

17. 第一过渡系列的稳定氧化态变化,自左向右,先是逐渐升高,而后又有所下降,这是由于 d 轨道半充满以后倾向于稳定而产生的现象。（　　）

18. 元素的金属性越强,则其相应氧化物水合物的碱性就越强;元素的非金属性越强,则其相应氧化物水合物的酸性就越强。（　　）

19. 第Ⅷ族在周期系中位置的特殊性,是与它们之间性质的类似和递变关系相联系的,除了存在通常的垂直相似性外,而且还存在更为突出的水平相似性。（　　）

20. 铁系元素不仅可以和 CN^-、F^-、$C_2O_4^{2-}$、SCN^-、Cl^- 等离子形成配合物,还可以与 CO、NO 等分子以及许多有机试剂形成配和物,但 Fe^{2+} 和 Fe^{3+} 均不能写出稳定的氨合物。（　　）

21. 在水溶液中常用 $\varphi^{\ominus}_{M^{n+}/M}$ 判断金属离子 M^{n+} 的稳定性,也可以从 $\varphi^{\ominus}$ 值判断金属的活泼性。（　　）

22. 铁系元素和铂系元素因同处于第Ⅷ族,它们的价电子构型完全一样。（　　）

23. 在铁系元素中,只有最少 d 电子的铁系元素可以写出 FeO_4^{2-},而钴、镍则不能形成类似的含氧酸根阴离子。

24. 除氟外,各种卤素都可以生成几种含氧酸根,例如 ClO_4^-、ClO_3^-、ClO_2^-、ClO^-,在这些酸根中,卤素的氧化态越高,它的氧化能力就越强,即 $ClO_4^- > ClO_3^- > ClO_2^- > ClO^-$。（　　）

25. 所有的非金属卤化物水解的产物都有氢卤酸。（　　）

26. 氟的电离势,电子亲和势,F_2 的离解能均小于同族的氯。（　　）

27. 歧化反应就是发生在同一分子内的同一元素上的氧化还原反应。（　　）

28. 卤素是最活泼的非金属,它们在碱溶液中都能发生歧化反应,反应产物随浓度及温度的不同而不同。（　　）

29. 由于氟是强氧化剂之一,氟离子的还原性极弱,因此氟单质只能用电解法来制备。

（　　）

30. 次卤酸都是极弱酸,且酸性随着卤素原子量递增而增强。即酸性:$HClO < HBrO <$ HIO。 （ ）

31. 各种卤酸根离子的结构,除了 IO_6^{5-} 离子中的 I 是 sp^3d^2 杂化外,其他中心原子均为 sp^3 杂化。 （ ）

32. 硫有 6 个价电子,每个原子需要两个共用电子对才能满足于八隅体结构,硫与硫之间又不易生成 π 键,所以硫分子总是链状结构。 （ ）

33. 氧族元素和卤族元素的氢化物的酸性和还原性都是从上到下逐渐增强。 （ ）

34. 氧族元素和卤族元素的氢化物的热稳定性从上到下逐渐减弱。 （ ）

35. 双氧水具有 4 种反应类型:氧化作用、还原作用、歧化作用和生成盐类的作用。
（ ）

36. 过氧化氢的分解就是它的歧化反应,在碱性介质中分解远比在酸性介质中快。
（ ）

37. 二氧化硫和氯气都具有漂白作用,它们的漂白原理是相同的。 （ ）

38. 在 N_2 分子轨道能级顺序中,σ_{2p} 的能量比 π_{2p} 高,因此,N_2 参加反应时,应首先打开 σ 键,而不是 π 键。 （ ）

39. 白磷分子式为 P_4,几何构型为四面体,每个磷原子的 3s、3p 轨道都发生了 sp^3 杂化。
（ ）

40. NO_2^- 和 O_3 互为等电子体;NO_3^- 和 CO_3^{2-} 互为等电子体;$HSb(OH)_6$、$Te(OH)_6$、$IO(OH)_5$ 互为等电子体。 （ ）

41. 用棕色环反应鉴定 NO_2^- 和 NO_3^- 时,所需的酸性介质是一样的。 （ ）

42. 浓硝酸的酸性比稀硝酸强,浓硝酸的氧化性也比稀硝酸强;硝酸的酸性比亚硝酸强,NO_2 的氧化性(标态)比硝酸要强。 （ ）

43. 固体的五氯化磷,实际上是离子化合物 $[PCl_4]^+[PCl_6]^-$。 （ ）

二、选择题

1. 我国金属矿产资源中,居世界首位的是（ ）。

A. 钨、铁、锌　　　　B. 铬、铝、铜　　　　C. 钨、锑、稀土　　　　D. 铝、铅、锌

2. 下列金属单质升华热从小到大的顺序是（ ）。

A. Be、Na、K、Mg　B. Be、Mg、Na、K　C. Mg、K、Na、Be　D. K、Na、Mg、Be

3. 下列各组金属单质中,可以和碱溶液发生作用的是（ ）。

A. Cr、Al、Zn　　　B. Pb、Zn、Al　　　　C. Ni、Al、Zn　　　　D. Sn、Be、Fe

4. 下列各组金属单质中,可以和稀盐酸发生反应的是（ ）。

A. Al、Cr、Mn　　　B. Fe、Sn、Pb　　　　C. Cu、Pb、Zn　　　　D. Fe、Ni、Ag

5. 下列金属中最软的是（ ）。

A. Li　　　　　　　B. Na　　　　　　　C. Cs　　　　　　　D. Be

6. 与同族元素相比,有关铍的下列性质中描述不正确的是（ ）。

A. 有高熔点　　　B. 有最大密度　　　C. 有最小的原子半径　D. 硬度最大

7. 下列方法中适合制备金属铯的是（ ）。

A. 熔融盐电解法　　B. 热还原法　　　　C. 金属置换法　　　　D. 热分解法

8. 金属锂应存放在（ ）。

A. 水中 　　　　　　　B. 煤油中 　　　　　　　C. 石蜡中 　　　　　　　D. 液氨中

9. 碱金属在过量的空气中燃烧时,生成物(　　　)。

A. 都是普通的氧化物 M_2O 　　　　　　B. 钠、钾是过氧化物 M_2O_2

C. 钾、铷、铯是超氧化物 MO_2 　　　　　　D. 铷、铯是臭氧化物 MO_3

10. 下列物质中碱性最强的是(　　　)。

A. LiOH 　　　　　　B. $Mg(OH)_2$ 　　　　　　C. $Be(OH)_2$ 　　　　　　D. $Ca(OH)_2$

11. 下列物质中溶解度最小的是(　　　)。

A. $Be(OH)_2$ 　　　　　　B. $Ca(OH)_2$ 　　　　　　C. $Sr(OH)_2$ 　　　　　　D. $Ba(OH)_2$

12. 芒硝和元明粉的化学式分别为(　　　)。

A. $Na_2SO_4 \cdot 10H_2O$、Na_2SO_4 　　　　　　B. $CaSO_4 \cdot 2H_2O$、$Na_2SO_4 \cdot 10H_2O$

C. Na_2S、$Na_2S_2O_3 \cdot 5H_2O$ 　　　　　　D. $NaNO_3$、Na_2SO_4

13. 下列碳酸盐的热稳定性顺序是(　　　)。

A. $BeCO_3 > MgCO_3 > CaCO_3 > SrCO_3 > BaCO_3$

B. $BaCO_3 < CaCO_3 < K_2CO_3$

C. $Li_2CO_3 > NaHCO_3 > Na_2CO_3$

D. $BaCO_3 > SrCO_3 > CaCO_3 > MgCO_3 > BeCO_3$

14. 加热无水 Na_2CO_3 固体至熔化前,其(　　　)。

A. 放出 CO_2 　　　　　　B. 不发生化学变化 　　C. 放出 O_2 　　　　　　D. 生成 $NaHCO_3$

15. 镁和铝都应是较活泼的金属元素,它们(　　　)。

A. 都能很快溶解在水中

B. 都能很快溶解在碱溶液中

C. 都能很快溶解在 NH_4Cl 溶液中

D. 铝能很快溶解在碱中,镁能很快溶解在 NH_4Cl 溶液中

16. 锡单质有多种形态,如白锡、灰锡、脆锡等,它们的结构(　　　)。

A. 都属金属键的结构 　　　　　　B. 都属共价键的结构

C. 都包含金属键和共价键的结构 　　　　　　D. 有的是金属键,有的是共价键的结构

17. 铅的氧化物有许多组成,如 PbO_2、Pb_2O_3、Pb_3O_4、PbO 等,这些氧化物(　　　)。

A. 都易溶于硝酸

B. 都难溶于硝酸

C. 都测定不出沸点

D. 有 O_2 存在下,升高温度有利于生成 PbO_2

18. 铝和铍的化学性质有许多相似之处,但并不是所有性质都是一样的,下列指出的各相似性中(　　　)是不恰当的。

A. 氧化物都具有高熔点 　　　　　　B. 氯化物都为共价型化合物

C. 能生成六配位的络(配)合物 　　　　　　D. 既溶于酸又溶于碱

19. 下列(　　　)离子在偏酸性条件下通入 H_2S 都能生成硫化物沉淀。

A. Be^{2+}、Al^{3+} 　　B. Sn^{2+}、Pb^{2+} 　　C. Be^{2+}、Sn^{3+} 　　　　D. Al^{3+}、Pb^{2+}

20. 铝族元素的 M^{3+} 离子在水溶液中容易离子化,是由于它们(　　　)。

A. 离子的水合焓大 　　B. 晶体的晶格能小 　　C. 电极电势低 　　　　　　D. 离子具有两性

21. 铝热法冶金的主要依据是（　　　）。

　　A. 铝的亲氧能力很强　　　　　　　　B. 氧化铝有很高的生成焓

　　C. 铝和氧化合是放热反应　　　　　　D. 铝是活泼金属

22. 工业上制备无水 $AlCl_3$ 常用的方法是（　　　）。

　　A. 加热使 $AlCl_3 \cdot H_2O$ 脱水　　　　　B. Al_2O_3 与浓盐酸作用

　　C. 熔融的铝与氯气反应　　　　　　　D. 硫酸铝水溶液与氯化钡溶液反应

23. 在 $[Sn(OH)_6]^{2-}$ 和 $[PbCl_6]^{2-}$ 离子中，中心离子价层轨道杂化采用（　　　）。

　　A. d^2sp^3　　　　　B. sp^3d^2　　　　　C. d^3sp^2　　　　　D. sp^2d^3

24. 将碳酸钠溶液加到铝盐溶液中，产生的沉淀是（　　　）。

　　A. $Al_2(CO_3)_3$　　　B. $Al(OH)_3$　　　C. Al_2O_3　　　D. $Al(OH)CO_3$

25. 二氧化铅具有强氧化性的原因是（　　　）。

　　A. Pb^{4+} 的有效核电荷大　　　　　　B. Pb^{2+} 易形成配离子

　　C. Pb 原子含有惰性电子对　　　　　　D. Pb^{2+} 盐难溶于水

26. 下列哪一族元素原子的最外层 s 电子都未占满？（　　　）。

　　A. ⅠB 族　　　　　B. ⅢB 族　　　　　C. ⅥB 族　　　　　D. ⅤB 族

27. ⅠB 族金属元素导电性的顺序是（　　　）。

　　A. $Cu > Ag > Au$　　B. $Au > Ag > Cu$　　C. $Ag > Cu > Au$　　D. $Ag > Au > Cu$

28. 波尔多液是硫酸铜和石灰乳配成的农药乳液，它的有效成分是（　　　）。

　　A. 硫酸铜　　　　　B. 硫酸钙　　　　　C. 氢氧化钙　　　　　D. 碱式硫酸铜

29. 锌比铜化学活泼性强，从能量变化角度分析，主要是由于（　　　）。

　　A. 锌的升华热(131 kJ/mol)比铜的升华热(340 kJ/mol)小得多

　　B. 锌的第一、二电离势之和比铜的第一、二电离势之和要小

　　C. Zn^{2+}(气态)的水合热比 Cu^{2+}(气态)的水合热大得多

　　D. 以上 3 个原因都是主要的

30. 铜与热浓盐酸作用，产物是（　　　）。

　　A. $CuCl_2$　　　　B. $[CuCl_4]^{2-}$　　　　C. $CuCl$　　　　D. $[CuCl_4]^{3-}$

31. 在合成氨生产工艺中，为吸收 H_2 中的杂质 CO，可以选用的试剂是（　　　）。

　　A. $[Cu(NH_3)_4]Ac_2$　B. $[Ag(NH_3)_2]^+$　C. $[Cu(NH_3)_2]Ac$　D. $[Cu(NH_3)_4]^{2+}$

32. 在分别含有 Cu^{2+}、Sb^{3+}、Hg^{2+}、Cd^{2+} 的 4 种溶液中加入哪种试剂，即可将它们鉴别出来（　　　）。

　　A. 氨水　　　　　B. 稀 HCl　　　　　C. KI　　　　　D. NaOH

33. 在 $Hg_2(NO_3)_2$ 的溶液中，加入（　　　）试剂时，不会发生歧化反应。

　　A. 浓 HCl　　　　B. H_2S　　　　C. NaCl 溶液　　　　D. $NH_3 \cdot H_2O$

34. 过渡元素原子的电子能级往往是 $(n-1)d > ns$，但氧化后首先失去电子的是 ns 轨道上的，这是因为（　　　）。

　　A. 能量最低原理仅适合于单质原子的电子排布

　　B. 次外层 d 上的电子是一个整体，不能部分丢失

　　C. 只有最外层的电子或轨道才能成键

　　D. 生成离子或化合物，各轨道的能级顺序可以变化

35. 下列(　　)元素的(Ⅴ)氧化态在通常条件下都不稳定。

　　A. Cr(Ⅴ)　　　　　　　B. Mn(Ⅴ)　　　　　　　C. Fe(Ⅴ)　　　　　　　D. 都不稳定

36. Cr_2O_3、MnO_2、Fe_2O_3 在碱性条件下都可以氧化到(Ⅵ)的酸根,完成各自的氧化过程所要求的氧化剂和碱性条件上(　　)。

　　A. 三者基本相同　　　　　　　　　　　　B. 对于铬要求最苛刻

　　C. 对于锰要求最苛刻　　　　　　　　　　D. 对于铁要求最苛刻

37. 下列(　　)体系可以自发发生同化反应而产生中间氧化态离子?

　　A. $Cu(s)+Cu^{2+}(aq)$　　　　　　　　　　B. $Fe(s)+Fe^{3+}(aq)$

　　C. $Mn^{2+}(aq)+MnO_4^{2-}(aq)$　　　　　　D. $Hg(l)+HgCl_2(饱和)$

38. 下列哪一种关于 $FeCl_3$ 在酸性水溶液的说法是不妥的?(　　)。

　　A. 浓度小时可以是水合离子的真溶液

　　B. 可以形成以氯为桥基的多聚体

　　C. 可以形成暗红色的胶体溶液

　　D. 可以形成分子状态的分子溶液。

39. 关于过渡元素,下列说法中哪种是不正确的?(　　)。

　　A. 所有过渡元素都有显著的金属性

　　B. 大多数过渡元素仅有一种价态

　　C. 水溶液中它们的简单离子大都有颜色

　　D. 绝大多数过渡元素的 d 轨道未充满电子。

40. 在酸性介质中,用 Na_2SO_3 还原 $KMnO_4$,如果 $KMnO_4$ 过量,则反应产物为(　　)。

　　A. $Mn^{2+}+SO_4^{2-}$　　　　B. $Mn^{2+}+SO_2$　　　　C. $MnO_2+SO_4^{2-}$　　　　D. $MnO_4^{2-}+SO_4^{2-}$

41. 用浓盐酸处理 $Fe(OH)_3$,$Co(OH)_3$ 沉淀时观察到的现象是(　　)。

　　A. 都有氯气产生

　　B. 都无氯气产生

　　C. 只有 $Co(OH)_3$ 与 HCl 作用时才产生氯气

　　D. 只有 $Fe(OH)_3$ 与 HCl 作用时才产生氯气

42. 黄血盐与赤血盐的化学式分别为(　　)。

　　A. 都为 $K_3[Fe(CN)_6]$　　　　　　　　　B. $K_3[Fe(CN)_6]$ 和 $K_2[Fe(CN)_4]$

　　C. $K_4[Fe(CN)_5]$ 和 $K_4[Fe(CN)_4]$　　　　D. $K_4[Fe(CN)_6]$ 和 $K_3[Fe(CN)_6]$

43. Fe^{2+}、Fe^{3+} 与 SCN^- 在溶液中作用时的现象是(　　)。

　　A. 都产生蓝色沉淀

　　B. 都产生黑色沉淀

　　C. 仅 Fe^{3+} 与 SCN^- 生成血红色的 $[Fe(SCN)_6]^{3-}$

　　D. 都不对

44. Fe^{2+} 与赤血盐作用时的现象是(　　)。

　　A. 产生滕氏蓝沉淀　　　　　　　　　　B. 产生可溶性的普鲁氏蓝

　　C. 产生暗绿色沉淀　　　　　　　　　　D. 无作用

45. Fe^{3+} 与 $NH_3 \cdot H_2O(aq)$ 作用的现象是(　　)。

　　A. 生成 $[Fe(NH_3)_6]^{3+}$ 溶液　　　　　　B. 生成 $[Fe(NH_3)_6](OH)_3$ 沉淀

C.生成 $Fe(OH)_3$ 红棕色沉淀　　　　　D.无反应发生

46.摩尔盐的化学式是(　　)。

A.一种较为复杂的复盐　　　　　　　B.$(NH_4)_2SO_4 \cdot FeSO_4 \cdot 6H_2O$

C.$Fe_2(SO_4)_3$　　　　　　　　　　D.都可以

47.用以检验 Fe^{2+} 离子的试剂是(　　)。

A.NH_4CNS　　　　B.$K_3[Fe(CN)_6]$　　　C.$K_4[Fe(CN)_6]$　　　D.H_2SO_4

48.氟与水反应很激烈,并有燃烧现象,它的主要产物是(　　)。

A.HF 和 O_2　　　　　　　　　　　B.HF、O_2、O_3

C.HF、O_2、O_3、H_2O_2、OF_2　　　D.HF、O_2、O_3、H_2O_2

49.氟的电子亲和势和 F_2 的离解能小于氯,原因是元素氟的(　　)。

A.原子半径小,电子密度大,斥力大　　B.原子半径大,电负性大

C.原子半径小,电离势高　　　　　　D.以上三者都有

50.卤族元素从上到下(　　)性质是无规律变化的。

A.原子半径　　　B.第一电离势　　　C.电子亲和势　　　D.X^- 的水合能

51.在常温下,氟和氯是气体,溴是易挥发的液体,碘为固体,在各卤素分子之间是靠(　　)结合的。

A.色散力　　　　B.取向力　　　　C.诱导力　　　　D.分子间作用力

52.氢氟酸是一弱酸,同其他弱酸一样,浓度越大,电离度越小,酸度越大;但浓度大于 5 M 时,则变成强酸。这点不同于一般弱酸,原因是(　　)。

A.浓度越大,F^- 与 HF 的缔合作用越大

B.HF 的浓度变化对 HF 的 K_a 有影响,而一般弱酸无此性质

C.HF_2^- 的稳定性比水合 F^- 离子强

D.以上三者都是

53.在低温下已制成 FOH,但很不稳定,在室温时与水反应立即放出氧气,其中元素氧的氧化数为(　　)。

A.0　　　　　　B.-1　　　　　　C.$+2$　　　　　　D.-2

54.硼的独特性质表现在(　　)。

A.能生成正氧化态化合物如 BN,其他非金属则不能

B.能生成负氧化态化合物,其他非金属则不能

C.能生成大分子

D.在简单的二元化合物中总是缺电子的

55.二氧化硅(　　)。

A.与 NaOH 共熔反应生成硅酸钠

B.是不溶于水的碱性氧化物

C.单质是分子晶体,与 CO_2 晶体相似

D.属 AB_2 型的化合物,晶体结构属 CaF_2 型

56.下列 4 种非金属元素中,(　　)不生成类似 $POCl_3$ 的氯氧分子化合物。

A.B　　　　　　B.C　　　　　　C.N　　　　　　D.S

57.C、Si、B 都有自相结合成键的能力,但 C 的自链能力最强,原因是(　　)。

A. C 原子外层 4 个电子易得或易失形成 C^{4-} 或 C^{4+}

B. C 形成的最大共价数为 2

C. C 单质的化学活性较 Si、B 活泼

D. C 原子半径小,自链成键不受孤对电子键弱化效应的影响

58. CO 与金属形成配合物的能力比 N_2 强的原因是(　　)。

A. C 原子电负性小,易给出孤对电子

B. C 原子外层有空 d 轨道易形成反馈键

C. CO 的活化能比 N_2 低

D. 在 CO 中由于 $C^- \leftarrow O^+$ 配键的形成,使 C 原子负电荷偏多,加强了 CO 与金属的配位能力

59. 下列无机酸中能溶解酸性氧化物 SiO_2 的是(　　)。

A. HCl　　　　　B. H_2SO_4(浓)　　　　C. HF　　　　　D. HNO_3(浓)

60. 下列元素性质最相似的是(　　)。

A. B 和 Al　　　　B. B 和 Si　　　　C. B 和 Mg　　　　D. B 和 C

61. 关于 BF_3 的下列描述中,说法正确的是(　　)。

A. BF_3 水解得到 HF(aq) 和 H_3BO_3　　　B. BF_3 接受电子对的倾向比 BCl_3 强

C. BF_3 是离子化合物,分子是极性的　　　D. 在室温下 B 与 F_2 反应得到 BF_3

62. 下列氧化物中单独加热到温度不太高时能放出氧气的是(　　)。

A. 所有两性氧化物　　　　　　　　B. 所有高低氧化态复合起来的氧化物

C. 所有金属二氧化物　　　　　　　D. 所有过氧化物

63. 下列 4 类化合物中氧化能力最强的是(　　)

A. 硫酸盐　　　　B. 硫代硫酸盐　　　　C. 过硫酸盐　　　　D. 连多硫酸盐

64. 硫酸(　　)。

A. 在水中全部电离　　　　　　　　B. 与活泼金属反应都得 SO_2

C. 能氧化一些非金属单质　　　　　D. 上面 3 种说法都正确

65. 硫代硫酸钠(　　)。

A. 在酸中不分解　　　　　　　　　B. 在溶液中可氧化非金属单质

C. 与 I_2 反应得 SO_4^{2-}　　　　　　D. 可以作为络合剂(即配体)

66. 水具有特别好的溶解性能是基于(　　)。

A. 水具有高的配位能力,即对电子对接受体及电子对给予体具有强配位能力

B. 水具有极高的介电常数,使离子在水中的吸引力很小

C. 以上两种原因

D. 不能确定

67. 离域 π 键是由 3 个及以上原子形成的 π 键,不同于两原子间的 π 键,在 3 个及以上原子间用 σ 键联结的原子间,若满足以下哪一条件,则可生成离域 π 键(　　)。

A. 所有成键原子都在同一平面上

B. 所有成键原子都有一互相平行的 p 轨道

C. 这些轨道上的电子数目小于轨道数目的两倍

D. 以上三者

68. 气态的三氧化硫主要是以单分子形式存在,中心原子的杂化,成键及分子的结构为( )。

 A. sp^3 杂化,σ 键,三角锥体   B. spd^2 杂化,σ 键,平面正方形

 C. sp^2 杂化,σ 键,π_4^6 键,平面三角形   D. 以上三者都不是

69. 工业上生产硫酸不用水吸收三氧化硫,原因是( )。

 A. 三氧化硫极易吸水,生成硫酸并放出大量的热

 B. 大量的热使水蒸气与三氧化硫形成酸雾液滴

 C. 液滴体积较大,扩散较慢,影响吸收速度与吸收效率

 D. 以上 3 种都是

70. 磷的单质中,热力学上最稳定的是( )。

 A. 红磷   B. 白磷   C. 黑磷   D. 黄磷

71. 下列分子或离子中,不存在 π_3^4 的是( )。

 A. SO_2 B. NO_2^- C. HNO_3D   D. NO_3^-

72. 将 NO_2 气体通入 $NaOH$ 溶液,反应的产物应该是( )。

 A. $NaNO_3$、$NaNO_2$、H_2O B. $NaNO_3$、$NaNO_2$

 C. $NaNO_3$、H_2O D. $NaNO_2$、H_2O

73. P_4O_6 称为三氧化二磷,它可以( )。

 A. 溶解于冷水中,生成 H_3PO_3 B. 溶解于冷水中,生成 H_3PO_4

 C. 溶解于热水中,生成 H_3PO_3 D. 溶解于 $NaOH$ 溶液,生成 PH_3 气体

74. 以下含氧酸中,二元酸是( )。

 A. 焦磷酸   B. 次磷酸   C. 亚磷酸   D. 正磷酸

75. HNO_2 是不稳定的化合物,它在水溶液中( )。

 A. 不分解为 HNO_3 和 NO B. 不能全部电离

 C. 不作为氧化剂   D. 不作为还原剂

76. 下列分子型氢化物中沸点最高的是( )。

 A. H_2S B. H_2O C. CH_4 D. NH_3

77. 下列分子中偶极矩最大的是( )。

 A. HCl B. H_2 C. HI D. HF

78. 石墨中的碳原子层与层之间的作用力是( )。

 A. 范德华力   B. 共价键   C. 配位共价键   D. 自由电子型金属键

79. 下列几种碳酸盐中,热稳定性最高的是( )。

 A. NH_4HCO_3 B. Ag_2CO_3 C. Na_2CO_3 D. $CaCO_3$

80. 下列氢化物的酸性从小到大的顺序是( )。

 A. $HCl > H_2S > HF > H_2O$ B. $HCl > HF > H_2S > H_2O$

 C. $HF > HCl > HBr > HI$ D. $HCl > HF > HBr > HI$

81. 与 NO_3^- 离子结构相似的是( )。

 A. PO_4^{3-}、SO_4^{2-}、ClO_4^- B. CO_3^{2-}、SiO_3^{2-}、SO_3^{2-}

 C. SO_3、CO_3^{2-}、BO_3^{3-} D. NO_2^-、SO_3^{2-}、PO_4^{3-}

82. 下列阴离子中水解度最大的是( )。

A. S^{2-}　　　　　　B. Cl^-　　　　　　C. CN^-　　　　　　D. F^-

83. 碳酸氢钠比碳酸钠热稳定性差,这主要是因为(　　　　)。

A. 碳酸氢钠比碳酸钠碱性要弱　　　　B. 碳酸氢钠中 H^+ 的反极化作用很强

C. 碳酸氢钠比碳酸钠的晶格能要大　　D. 碳酸钠晶体中含有两个钠离子

三、填空题

1. 元素在地壳中丰度值最大的三元素是(　　　　　　　　)。金属元素的丰度值最大的八元素顺序是(　　　　　　　　　　　　)。地壳中含量最大的含氧酸盐是(　　　　)。

2. 可以游离态存在的 5 种金属元素是(　　　　)。

3. 试写出我国丰产元素钨、锑等重要金属矿物的名称和主要组成,钨:(　　　　),锑:(　　　　)。

4. 在元素周期表各区的金属单质中,熔点最低的是(　　　　);硬度最小的是(　　　　);密度最大的是(　　　　),最小的是(　　　　);导电性最好的是(　　　　);延性最好的是(　　　　);第一电离能最大的是(　　　　);电负性最小的是(　　　　),最大的是(　　　　)。

5. 由于钠和钾的氧化物(　　　　),所以ⅠA 族元素称为碱金属。因为钙、锶和钡的氧化物(　　　　),故ⅡA 族元素称为碱土金属。

6. 锂的电离势大而标准电极电势在金属中最小,其原因是(　　　　)。

7. 当 K,Rb 和 Cs 固体在某些高频率的光照射下会放出电子,这种现象称为(　　　　),它们可用于(　　　　)。

8. 氨合电子和碱金属氨合阳离子是(　　　　)生成的,所以溶液有(　　　　),因为(　　　　),故溶液是(　　　　)。

9. 写出下列物质的俗名。

Pb_3O_4(　　　　),α-Al_2O_3(　　　　),Na_3AlF_6(　　　　)

10. 指出下列卤化物的化学键类型。

AlF_3(　　　　),$SnCl_4$(　　　　)

11. 刚玉或红宝石的硬度比金刚石(　　　　),刚玉是(　　　　)晶体,其中含有少量(　　　　)即成红宝石。

12. $AlCl_3$ 分子为(　　　　)分子,通常(　　　　)形成(　　　　)杂化的(　　　　)结构单元,然后借(　　　　)使两个结构单元结合成(　　　　)。

13. 二氧化铅具有两性,(　　　　)性大于(　　　　)性。它与碱作用生成(　　　　),与酸作用生成(　　　　)。

14. 写出下列物质的化学式或主要化学组成。

立德粉(　　　　),黄铜矿(　　　　)

15. 指出下列化合物中化学键的类型。

$ZnCl_2$(　　　　),AgF(　　　　)

16. 在 Na、Al、Cu、Zn、Sn、Fe 等金属中,汞易与(　　　　)等金属形成汞齐,而不和(　　　　)等金属形成汞齐。

17. 为除去 $AgNO_3$ 中含有的少量 $Cu(NO_3)_2$ 杂质,可以采取(　　　　)。

18. Hg_2Cl_2 可用作利尿剂,但若储存不当,服用后会引起中毒,原因是(　　　　)。

19. 写出下列物质的化学式和化学名称。

铬黄(　　　　),灰锰氧(　　　　),铬铁矿(　　　　)

20. 在酸性介质中将 Cr(Ⅲ) 氧化成 Cr(Ⅵ) 比在碱性介质中(   )。写出 3 种可以将 Cr^{3+} 氧化成 $Cr_2O_7^{2-}$ 的氧化剂:(   )、(   )、(   )。

21. $CrCl_3 \cdot 6H_2O$ 有 3 种水合异构体,它们是(   )、(   )、(   ),它们的颜色分别是(   )、(   )、(   )。

22. 按照酸碱质子理论,$[Fe(H_2O)_5(OH)]^{2+}$ 的共轭酸是(   ),其共轭碱为(   )。

23. 实验室中作干燥剂用的硅胶常浸有(   ),吸水后成为(   )色水合物,分子式是(   ),在(   )K 下干燥后呈(   )色。

24. 写出下列物质的化学式或主要化学组成。

尿素(   ),硫酸肼(   )

25. 在 HNO_3 分子中,N 原子采取(   )杂化,形成(   )离域 π 键;在 N_2O 分子中,中心 N 原子采取(   )杂化,形成(   )个(   )离域 π 键;在 NO_2 分子中,N 原子采取(   )杂化,形成(   )离域 π 键。

26. 写出 3 个具有还原性的碱。

(   )、(   )和(   )

27. 将固体亚硝酸钠与氯化铵饱和溶液混合加热,产物是(   )。

28. 完成下列反应式。

$H_2S + 4H_2O_2 \longrightarrow$ (   );

$Na_2SO_3 + 2H_2S + 2HCl \longrightarrow$ (   ) $+ 3H_2O +$ (   );

$2Mn^{2+} + 5S_2O_8^{2-} + 8H_2O \longrightarrow$ (   );

$2FeCl_3(aq) + H_2S(aq) \longrightarrow$ (   )。

29. 现有 NH_4Cl、$(NH_4)_2SO_4$、Na_2SO_4、$NaCl$ 4 种固体试剂,用(   )一种试剂就可以将它们一一鉴别开。

30. 在 Cl_2、I_2、CO、NH_3、H_2O_2、BF_3、HF、Fe 等物质中,(   )与 N_2 的性质十分相似,(   )能溶解 SiO_2,(   )能与 CO 形成羰基配和物,(   )能溶于 KI 溶液,(   )能在 NaOH 溶液中发生歧化反应,(   )具有缺电子化合物特征,(   )既有氧化性又有还原性,(   )是非水溶剂。

31. 第二周期 B、C、N、O、F 等与本族其他元素相比的 3 个主要差别是(   )、(   )、(   )。

四、简答题

1. 分别向硝酸银、硝酸铜和硝酸汞溶液中加入过量的碘化钾溶液,各得到什么产物?写出化学反应方程式。

2. 为什么当硝酸作用于 $[Ag(NH_3)_2]Cl$ 时,会析出沉淀?请说明所发生反应的本质。

3. 向 Fe^{3+} 离子的溶液中加入硫氰化钾或硫氰化铵溶液时,然后再加入少许铁粉,有何现象并说明?

试说明 SO_2、$SO_3(g)$、SO_3^{2-}、SO_4^{2-} 离子的结构有什么不同。

4. 为什么 $SiCl_4$ 水解而 CCl_4 不水解?

5. 为什么说 H_3BO_3 是一个一元弱酸?

6. 为何工厂可用浓氨水检查氯气管道是否漏气?

7. 为什么浓硝酸一般被还原为 NO_2,而稀硝酸一般被还原为 NO,这与它们氧化能力的强弱是否矛盾?

8. 为什么在室温下 H_2S 是气态而 H_2O 是液体?

9. O_3 分子的结构是怎样的? 为什么它是反磁性的?

10. 氯的电负性比氧小,但为何很多金属都比较容易和氯作用,而与氧反应较困难?

11. 为什么 AlF_3 的熔点高达 1 290 ℃,而 $AlCl_3$ 却只有 190 ℃?

五、综合题

1. 已知某化合物是一种钾盐,溶于水得负离子 A,酸化加热即产生黄色沉淀 B,与此同时有气体 C 产生,将 B 和 C 分离后,溶液中除 K^+ 外,还有 D。将气体 C 通入酸性的 $BaCl_2$ 溶液中并无沉淀产生。但通入含有 H_2O_2 的 $BaCl_2$ 溶液中,则生成白色沉淀 E。B 经过过滤干燥后,可在空气中燃烧,燃烧产物全部为气体 C。经过定量测定,从 A 分解出来的产物 B 在空气中完全燃烧变成气体 C 的体积在相同的体积下等于气体 C 体积的 2 倍。分离出 B 和 C 后的溶液如果加入一些 Ba^{2+} 溶液则生成白色沉淀。从以上事实判断 A 至 E 各是什么物质? 并写出有关思路及反应式。

2. 化合物 A 是白色固体,不溶于水,加热时剧烈分解,产生固体 B 和气体 C。固体 B 不溶于水或盐酸,但溶于热的稀硝酸,得溶液 D 及气体 E。E 无色,但在空气中变红。溶液 D 用盐酸处理时得一白色沉淀 F。气体 C 与普通试剂不起反应,但与热的金属镁反应生成白色固体 G。G 与水反应得另一种白色固体 H 及气体 J。J 可使润湿的红色石蕊试纸变蓝,固体 H 可溶于稀硫酸得溶液 I。化合物 A 以硫化氢溶液处理时得黑色沉淀 K 及无色溶液 L 和气体 C,过滤后,固体 K 溶于硝酸得气体 E 及黄色固体 M 和溶液 D。D 以盐酸处理得沉淀 F,滤液 L 以 NaOH 溶液处理又得气体 J。请指出 A 至 M 表示的物质名称,并用反应式表示以上过程。

3. 14 mg 某黑色固体 A,与浓 NaOH 共热时产生无色气体 B 22.4 mL(标况下)。A 燃烧的产物为白色固体 C,C 与氢氟酸反应时,能产生一无色气体 D,D 通入水中时产生白色沉淀 E 及溶液 F。E 用适量的 NaOH 溶液处理可得溶液 G。G 中加入氯化铵溶液则 E 重新沉淀。溶液 F 加过量的 NaCl 时得一无色晶体 H。试判断各字母所代表的物质,并用反应式表示。

4. 对含有 3 种硝酸盐的白色固体进行下列实验:①取少量固体 A 加入水溶解后,再加 NaCl 溶液,有白色沉淀;②将沉淀离心分离,取离心液 3 份,一份加入少量 H_2SO_4,有白色沉淀产生;一份加 $K_2Cr_2O_7$ 溶液,有柠檬黄颜色沉淀;③在 A 所得沉淀中加入过量的氨水,白色沉淀转化为灰白色沉淀,部分沉淀溶解;④在 C 所得的离心液中加入过量的硝酸,又有白色沉淀产生。试推断白色固体含有哪 3 种硝酸盐,并写出有关的反应式。

5. 有一固体混合物 A,加入水以后部分溶解,得溶液 B 和不溶物 C。往 B 溶液中加入澄清的石灰水出现白色沉淀 D,D 可溶于稀 HCl 或 HAc,放出可使石灰水变浑浊的气体 E。溶液 B 的焰色反应为黄色。不溶物 C 可溶于稀盐酸得溶液 F,F 可以使酸化的 $KMnO_4$ 溶液褪色,F 可使淀粉-KI 溶液变蓝。在盛有 F 的试管中加入少量 MnO_2 可产生气体 G,G 可使带有余烬的火柴复燃。在 F 中加入 Na_2SO_4 溶液,可产生不溶于硝酸的沉淀 H,F 的焰色反应为黄绿色。问 A、B、C、D、E、F、G、H 各是什么? 写出有关的离子反应式。

6. 一种纯的金属单质 A 不溶于水和盐酸。但溶于硝酸而得到 B 溶液,溶解时有无色气体 C 放出,C 在空气中可以转变为另一种棕色气体 D。加盐酸到 B 的溶液中能生成白色沉淀 E,E 可溶于热水中 E 的热水溶液与硫化氢反应得黑色沉淀 F,F 用 60% HNO_3 溶液处理可得淡黄色固体 G 同时又得 B 的溶液。根据上述现象试判断这 7 种物质各是什么? 并写出有关反应式。

7. 有一白色固体 A,溶于水生成白色沉淀 B,B 可溶于浓 HCl,若将 A 溶于稀硝酸,得无色溶液 C,将 AgNO₃ 加入 C 中,析出白色沉淀 D。D 溶于氨水得溶液 E,酸化 E,又得白色沉淀 D。将 H₂S 通入 C,产生棕色沉淀 F,F 溶于 (NH₄)₂Sₓ 得溶液 G。酸化 G,得黄色沉淀 H。少量 C 加入 HgCl₂ 得白色沉淀 I,继续加 C,I 变灰最后得黑色沉淀 J。试判断 A 至 J 为何物,写出有关反应式。

8. 判断下列各字母所代表的物质:化合物 A 是一种黑色固体,它不溶于水,稀 HAc 与 NaOH 溶液,而易溶于热 HCl 中,生成一种绿色的溶液 B。如溶液 B 与铜丝一起煮沸,即逐渐变成土黄色溶液 C。溶液 C 若用大量水稀释时会生成白色沉淀 D,D 可溶于氨溶液中生成无色溶液 E,E 暴露于空气中则迅速变成蓝色溶液 F。往 F 中加入 KCN 时,蓝色消失,生成溶液 G。往 G 中加入锌粉,则生成红色沉淀 H,H 不溶于稀酸和稀碱中,但可溶于热 HNO₃ 中生成蓝色的溶液 I。往 I 中慢慢加入 NaOH 溶液则生成蓝色沉淀 J。如将 J 过滤,取出后强热,又生成原来的化合物 A。

9. 铬的某化合物 A 是橙红色可溶于水的固体,将 A 用浓 HCl 处理产生黄绿色刺激性气体 B 和生成暗绿色溶液 C。在 C 中加入 KOH 溶液,先生成灰蓝色沉淀 D,继续加入过量的 KOH 溶液则沉淀消失,变为绿色溶液 E。在 E 中加入 H₂O₂ 并加热则生成黄色溶液 F,F 用稀酸酸化,又变为原来的化合物 A 的溶液。问:A 至 F 各是什么?写出有关反应式。

10. 现有一种含结晶水的淡绿色晶体,将其配成溶液,若加入 BaCl₂ 溶液,则产生不溶于酸的白色沉淀;若加入 NaOH 溶液,则生成白色胶状沉淀并很快变成红棕色。再加入盐酸,此红棕色沉淀又溶解,滴入硫氰化钾溶液显深红色。问该晶体是什么物质?写出有关的化学反应式。

11. 金属 M 溶于稀盐酸时生成 MCl₂,其磁矩为 5.0 B.M.。在无氧操作条件下,MCl₂ 溶液遇 NaOH 溶液生成一白色沉淀 A。A 接触空气,就逐渐变绿,最后变成棕色沉淀 B。灼烧时 B 生成了棕红色粉末 C,C 经不彻底还原而生成了铁磁性的黑色物 D。B 溶于稀盐酸生成溶液 E,它使 KI 溶液氧化成 I₂,但在加入 KI 前先加入 NaF,则 KI 将不被 E 所氧化。若向 B 的浓 NaOH 悬浮液中通入氯气时可得到一红色溶液 F,加入 BaCl₂ 时就会沉淀出红棕色固体 G,G 是一种强氧化剂。试确认 A 至 G 所代表的物质,写出有关反应式。

12. 有一种白色固体 A,加入油状无色液体 B,可得紫黑色固体 C,C 微溶于水,加入 A 后 C 的溶解度增大,成棕色溶液 D。将 D 分成两份,一份中加一种无色溶液 E,另一份通入气体 F,都褪色成无色透明溶液,E 溶液遇酸有淡黄色沉淀,将气体 F 通入溶液 E,在所得的溶液中加入 BaCl₂ 溶液有白色沉淀,后者难溶于 HNO₃,问 A 至 F 各代表何物质?用反应式表示以上过程。

附 录

附录1 国际单位制

附录表1 SI 基本单位

量		单 位	
名称	符号	名称	符号
长度	l	米	m
质量	m	千克(公斤)	kg
时间	t	秒	s
电流	I	安[培]	A
热力学温度	T	开[尔文]	K
物质的量	n	摩[尔]	mol
发光强度	I_v	坎[德拉]	cd

注:1.[ ]内的字是在不被混淆的情况下,可以省略的字,下同。

2.( )内的字为前者的同义词,下同。

附录表2 常用的SI 导出单位

量		单 位		
名称	符号	名称	符号	定义式
频率	ν	赫[兹]	Hz	s^{-1}
能量	E	焦[耳]	J	$kg \cdot m^2 \cdot s^{-2}$
力	F	牛[顿]	N	$kg \cdot m \cdot s^{-2} = J \cdot m^{-1}$
压力	p	帕[斯卡]	Pa	$kg \cdot m^{-1} \cdot s^{-2} = N \cdot m^{-2}$
功率	P	瓦[特]	W	$kg \cdot m^2 \cdot s^{-3} = J \cdot s^{-1}$
电量	Q	库[仑]	C	$\Lambda \cdot s$

续表

量		单位		
名称	符号	名称	符号	定义式
电位、电压、电动势	U	伏[特]	V	$kg \cdot m^2 \cdot s^{-3} \cdot A^{-1} = J \cdot A^{-1} \cdot s^{-1}$
电阻	R	欧[姆]	Ω	$kg \cdot m^2 \cdot s^{-3} \cdot A^{-2} = V \cdot A^{-1}$
电导	G	西[门子]	S	$kg^{-1} \cdot m^{-2} \cdot s^3 \cdot A^2 = \Omega^{-1}$
电容	C	法[拉]	F	$A^2 \cdot S^4 \cdot kg^{-1} \cdot m^{-2} = A \cdot s \cdot V^{-1}$
磁通量	Φ	韦[伯]	Wb	$kg \cdot m^2 \cdot s^{-2} \cdot A^{-1} = V \cdot s$
电感	L	亨[利]	H	$kg \cdot m^2 \cdot s^{-2} \cdot A^{-2} = V \cdot A^{-1} \cdot s$
磁通量密度（磁感应强度）	B	特[斯拉]	T	$kg \cdot s^{-2} \cdot A^{-1} = V \cdot s$

附录2 原子量四位数表（以 $^{12}C = 12$ 相对原子质量为标准）

表中除了5种元素有较大的误差外，所列数值均准确到第四位有效数字，其末位数的误差不超过 ±1。对于既无稳定同位素又无特征天然同位素的各个元素，均以该元素的一种熟知的放射性同位素来表示，表中用其质量数（写在化学符号的左上角）及相对原子质量标出。

附录表3

序数	名称	符号	原子量	序数	名称	符号	原子量	序数	名称	符号	原子量
1	氢	H	1.008	15	磷	P	30.97	29	铜	Cu	63.55
2	氦	He	4.003	16	硫	S	32.07	30	锌	Zn	65.39
3	锂	Li	6.941	17	氯	Cl	35.45	31	镓	Ga	69.72
4	铍	Be	9.012	18	氩	Ar	39.95	32	锗	Ge	72.61
5	硼	B	10.81	19	钾	K	19.10	33	砷	As	74.92
6	碳	C	12.01	20	钙	Ca	40.08	34	硒	Se	78.96
7	氮	N	14.01	21	钪	Sc	44.96	35	溴	Br	79.90
8	氧	O	16.00	22	钛	Ti	47.88	36	氪	Kr	83.80
9	氟	F	19.00	23	钡	Ba	50.94	37	铷	Rb	85.47
10	氖	Ne	20.18	24	铬	Cr	52.00	38	锶	Sr	87.62
11	钠	Na	22.99	25	锰	Mn	54.94	39	钇	Y	88.91
12	镁	Mg	24.31	26	铁	Fe	55.85	40	锆	Zr	91.22
13	铝	Al	26.98	27	钴	Co	58.93	41	铌	Nb	92.91
14	硅	Si	28.09	28	镍	Ni	58.69	42	钼	Mo	95.94

序数	名称	符号	原子量	序数	名称	符号	原子量	序数	名称	符号	原子量
43	锝	Te	98.91	65	铽	Tb	158.9	87	钫	^{223}Fr	223.2
44	钌	Ru	101.1	66	镝	Dy	162.5	88	镭	^{226}Ra	226.0
45	铑	Rh	102.9	67	钬	Ho	164.9	89	锕	^{227}Ac	227.0
46	钯	Pd	106.4	68	铒	Fr	167.3	90	钍	Th	232.0
47	银	Ag	107.9	69	铥	Tm	168.9	91	镤	^{231}Pa	231.0
48	镉	Cd	112.4	70	镱	Yb	173.0	92	铀	U	238.0
49	铟	In	114.8	71	镥	Lu	175.0	93	镎	^{237}Np	237.0
50	锡	Sn	118.7	72	铪	Hf	178.5	94	钚	^{239}Pu	239.1
51	锑	Sb	121.8	73	钽	Ta	180.9	95	镅	^{243}Am	243.1
52	碲	Te	127.6	74	钨	W	183.9	96	锔	^{247}Cm	247.1
53	碘	I	126.9	75	铼	Re	186.2	97	锫	^{247}Bk	247.1
54	氙	Xe	131.3	76	锇	Os	190.2	98	锎	^{252}Ct	252.1
55	铯	Cs	132.9	77	铱	Ir	192.2	99	锿	^{252}Es	252.1
56	钡	Ba	137.3	78	铂	Pt	195.1	100	镄	^{257}Fm	257.1
57	镧	La	138.9	79	金	Au	197.0	101	钔	^{256}Md	256.1
58	铈	Ce	140.1	80	汞	Hg	200.6	102	锘	^{259}No	259.1
59	镨	Pr	140.9	81	铊	Tl	204.4	103	铹	^{260}Lr	260.1
60	钕	Nd	144.2	82	铅	Pb	207.2	104	𬬻	^{261}Rf	261.1
61	钷	Pm	144.9	83	铋	Bi	209.0	105	𬭛	^{262}Db	262.1
62	钐	Sm	150.4	84	钋	^{210}Po	210.0	106	𬭳	^{263}Sg	263.1
63	铕	Eu	152.0	85	砹	^{210}At	210.0	107	𬭶	^{264}Bh	264.1
64	钆	Gd	157.3	86	氡	^{222}Rn	222.0	108	𬭶	^{265}Hs	265.1

摘自：化学通报.1984,3:58(32号Ge和41号Nb已根据"化学通报"1985,12:53修订值进行了校正)。

附录3　常压下共沸物的沸点和组成

附录表4

共沸物		各组分的沸点/℃		共沸物的性质	
甲组分	乙组分	甲组分	乙组分	沸点/℃	组成(W甲%)
苯	乙醇	80.1	78.3	67.9	68.3
环己烷	乙醇	80.8	78.3	64.8	70.8

续表

共沸物		各组分的沸点/℃		共沸物的性质	
甲组分	乙组分	甲组分	乙组分	沸点/℃	组成(W 甲%)
正己烷	乙醇	68.9	78.3	58.7	79.0
乙 酸	乙酯乙醇	77.1	78.3	71.8	69.0
乙酸乙酯	环己烷	77.1	80.7	71.6	56.0
异丙醇	环己烷	82.4	80.7	69.4	32.0

摘自：RobertCWeast. CRChandbookofChemistryandPhysics. 66thed. 1985—1986：D-12-30.

附录4 有机化合物的标准摩尔燃烧焓

附录表5

名 称	化学式	t/℃	$-\Delta_C H_m^\theta$/(kJ·mol^{-1})
甲醇	$CH_3OH(l)$	25	726.51
乙醇	$C_2H_5OH(l)$	25	1 366.8
草酸	$(CO_2H)_2(s)$	25	245.6
甘油	$(CH_2OH)_2CHOH(l)$	20	1 661.0
苯	$C_6H_6(l)$	20	3 267.5
己烷	$C_6H_{14}(l)$	25	4 163.1
苯甲酸	$C_6H_5COOH(s)$	20	3 226.9
樟脑	$C_{10}H_{16}O(s)$	20	5 903.6
萘	$C_{10}H_8(s)$	25	5 153.8
尿素	$NH_2CONH_2(s)$	25	631.7

摘自：CRCHandbookofChemistryandphysics. 1985—1986,66thed：D-272-278.

附录5 几种化合物的热力学函数

附录表6

物 质	化学式	$-\Delta_f H_m^\ominus$/(kJ·mol^{-1})	$-\Delta_f G_m^\ominus$/(kJ·mol^{-1})	$S^\ominus m$/(J·mol^{-1}·K^{-1})
尿素	$CH_4ON_2(s)$	−333.19	−197.2	104.6
二甲胺	$C_2H_7N(g)$	−18.45	68.41	272.96

物　质	化学式	$-\Delta_f H_m^\ominus/(kJ \cdot mol^{-1})$	$-\Delta_f G_m^\ominus/(kJ \cdot mol^{-1})$	$S^\ominus m/(J \cdot mol^{-1} \cdot K^{-1})$
氨基甲酸胺	$NH_2COONH_4(s)$	-645.05	-448.06	133.47
氨	NH_3	-46.19	-16.64	192.50
二氧化碳	CO_2	-393.51	-394.38	213.64

摘自:印永嘉.物理化学简明手册[M].北京:高等教育出版社,1988:78.

附录 6　18～25 ℃下难溶化合物的溶度积

附录表 7

化合物	K_{sp}	化合物	K_{sp}
AgBr	4.95×10^{-13}	$BaSO_4$	1×10^{-10}
AgCl	7.7×10^{-10}	$Fe(OH)_3$	4×10^{-38}
AgI	8.3×10^{-17}	$PbSO_4$	1.6×10^{-8}
Ag_2S	6.3×10^{-52}	CaF_2	2.7×10^{-11}
$BaCO_3$	5.1×10^{-9}		

摘自,顾庆超,等.代学用表[M].南京:江苏科学技术出版社,1979:6-77

附录 7　25 ℃下醋酸在水溶液中的电离度和离解常数

附录表 8

$C/(mol \cdot m^{-3})$	α	$10^2 K_c/(mol \cdot m^{-3})$
0.111 3	0.327 7	1.754
0.218 4	0.247 7	1.751
1.028	0.123 8	1.751
2.414	0.082 9	1.750
5.912	0.054 01	1.749
9.842	0.042 23	1.747
12.83	0.037 10	1.743
20.00	0.029 87	1.738
50.00	0.019 05	1.721
100.00	0.135 0	1.695
200.00	0.009 49	1.645

摘自:苏联化学手册(第三册)[M].陶坤,译.北京:科学出版社,1963:548.

附录8　不同温度下水的饱和蒸气压

附录表9

$t/℃$	0.0		0.2		0.4		0.6		0.8	
	mmHg	kPa	mmHg	kPa	mmHg	kPa	mmHg	kPa	mmHg	kPa
0	4.579	0.610 5	4.647	0.619 5	4.715	0.628 6	4.785	0.637 9	4.855	0.647 3
1	4.926	0.656 7	4.998	0.666 3	5.070	0.675 9	5.144	0.685 8	5.219	0.695 8
2	5.294	0.705 8	5.370	0.715 9	5.447	0.726 2	5.525	0.736 6	5.605	0.747 3
3	5.685	0.757 9	5.766	0.768 7	5.848	0.779 7	5.931	0.790 7	6.015	0.801 9
4	6.101	0.813 4	6.187	0.824 9	6.274	0.836 5	6.363	0.848 3	6.453	0.860 3
5	6.543	0.872 3	6.635	0.884 6	6.728	0.897 0	6.822	0.909 5	6.917	0.922 2
6	7.013	0.935 0	7.111	0.948 1	7.209	0.961 1	7.309	0.974 5	7.411	0.988 0
7	7.513	1.001 7	7.617	1.015 5	7.722	1.029 5	7.828	1.043 6	7.936	1.058 0
8	8.045	1.072 6	8.155	1.087 2	8.267	1.102 2	8.380	1.117 2	8.494	1.132 4
9	8.609	1.147 8	8.727	1.163 5	8.845	1.179 2	8.965	1.195 2	9.086	1.211 4
10	9.209	1.227 8	9.333	1.244 3	9.458	1.261 0	9.585	1.277 9	9.714	1.295 1
11	9.844	1.312 4	9.976	1.330 0	10.109	1.347 8	10.244	1.365 8	10.380	1.383 9
12	10.518	1.402 3	10.658	1.421 0	10.799	1.439 7	10.941	1.452 7	11.085	1.477 9
13	11.231	1.497 3	11.379	1.517 1	11.528	1.537 0	11.680	1.557 2	11.833	1.577 6
14	11.987	1.598 1	12.144	1.619 1	12.302	1.640 1	12.462	1.661 5	12.624	1.683 1
15	12.788	1.704 9	12.953	1.726 9	13.121	1.749 3	13.290	1.771 8	13.461	1.794 6
16	13.634	1.817 7	13.809	1.841 0	13.987	1.864 8	14.166	1.888 6	14.347	1.912 8
17	14.530	1.937 2	14.715	1.961 8	14.903	1.986 9	15.092	2.012 1	15.284	2.037 7
18	15.477	2.063 4	15.673	2.089 6	15.871	2.116 0	16.071	2.142 6	16.272	2.169 4
19	16.477	2.196 7	16.685	2.224 5	16.894	2.252 3	17.105	2.280 5	17.319	2.309 0
20	17.535	2.337 8	17.753	2.366 9	17.974	2.396 3	18.197	2.426 1	18.422	2.456 1
21	18.650	2.486 5	18.880	2.517 1	19.113	2.548 2	19.349	2.579 6	19.587	2.611 4
22	19.827	2.643 4	20.070	2.675 8	20.316	2.706 8	20.565	2.741 8	20.815	2.775 1
23	21.068	2.808 8	21.342	2.843 0	21.583	2.877 5	21.845	2.912 4	22.110	2.947 8
24	22.377	2.983 3	22.648	3.019 5	22.922	3.056 0	23.198	3.092 8	23.476	3.129 9
25	23.756	3.167 2	24.039	3.204 9	24.326	3.243 2	24.617	3.282 0	24.912	3.321 3
26	25.209	3.360 9	25.509	3.400 9	25.812	3.441 3	26.117	3.482 0	26.426	3.523 2

续表

t/℃	0.0		0.2		0.4		0.6		0.8	
	mmHg	kPa	mmHg	kPa	mmHg	kPa	mmHg	kPa	mmHg	kPa
27	26.739	3.564 9	27.055	3.607 0	27.374	3.649 6	27.696	3.692 5	28.021	3.735 8
28	28.349	3.779 5	28.680	3.823 7	29.015	3.868 3	29.354	3.913 5	29.697	3.959 3
29	30.043	4.005 4	30.392	4.051 9	30.756	4.099 0	31.102	4.146 6	31.461	4.194 4
30	31.824	4.242 8	32.191	4.291 8	32.561	4.341 1	32.934	4.390 8	33.312	4.441 2
31	33.695	4.492 3	34.082	4.543 9	34.471	4.595 7	34.864	4.648 1	35.261	4.701 1
32	35.663	4.754 7	36.068	4.808 7	36.477	4.863 2	36.891	4.918 4	37.308	4.974 0
33	37.729	5.030 1	38.155	5.086 9	38.584	5.144 1	39.018	5.202 0	39.457	5.260 5
34	39.898	5.319 3	40.344	5.378 7	40.796	5.439 0	41.251	5.499 7	41.710	5.560 9
35	42.175	5.622 9	42.644	5.685 4	43.117	5.748 4	43.595	5.812 2	44.078	5.876 6
36	44.563	5.941 2	45.054	6.008 7	45.549	6.072 7	45.050	6.139 5	46.556	6.206 9
37	47.067	6.275 1	47.582	6.343 7	48.102	6.413 0	48.627	6.483 0	49.157	6.553 7
38	49.692	6.625 0	50.231	6.696 9	50.774	6.769 3	51.323	6.842 5	51.879	6.916 6
39	52.442	6.991 7	53.009	7.067 3	53.580	7.143 4	54.156	7.220 2	54.737	7.297 6
40	55.324	7.375 9	55.91	7.451	56.51	7.534	57.11	7.614	57.72	7.695

参考文献

[1] 北京师范大学,等.无机化学[M].4版.北京:高等教育出版社,2002.

[2] 武汉大学,等.无机化学[M].2版.北京:高等教育出版社,1983.

[3] 傅献彩.物理化学[M].4版.北京:高等教育出版社,2005.

[4] 叶芬霞.无机及分析化学[M].北京:高等教育出版社,2003.

[5] 朱权.化学基础[M].北京:化学工业出版社,2008.

[6] 印永嘉.物理化学简明教程[M].3版.北京:高等教育出版社,2004.

[7] 天津大学无机化学教研室.无机化学[M].3版.北京:高等教育出版社,2005.

[8] 朱裕贞.现代基础化学[M].2版.北京:化学工业出版社,2005.

[9] 严宣申.普通无机化学[M].北京:北京大学出版社,1999.

[10] 华彤文.普通化学原理[M].2版.北京:高等教育出版社,1993.

[11] 王宝暄.英汉化学化工词汇[M].3版.北京:科学出版社,1992.

[12] 胡英.物理化学[M].4版.北京:高等教育出版社,1999.

[13] 戴大模.实用化学基础[M].上海:华东师范大学出版社,2000.

元素周期表

按IUPAC 2012编制

图例：
- 原子序数 → 92 U ← 元素符号，红色指放射性元素
- 元素名称 → 铀；注*的是人造元素
- $5f^36d^17s^2$ ← 外层电子的构型
- 238.0 ← 原子量，取四位有效数字加括号为半衰期最长同位数的质量数。

图例方块：金属　非金属　稀有气体　过渡元素

周期＼族	1 (IA)	2 (IIA)	3 (IIIB)	4 (IVB)	5 (VB)	6 (VIB)	7 (VIIB)	8	9 (VIIIB)	10	11 (IB)	12 (IIB)	13 (IIIA)	14 (IVA)	15 (VA)	16 (VIA)	17 (VIIA)	18 (VIIIA)	电子层
1	1 H 氢 $1s^1$ 1.008																	2 He 氦 $1s^2$ 4.003	K
2	3 Li 锂 $2s^1$ 6.941	4 Be 铍 $2s^2$ 9.012											5 B 硼 $2s^22p^1$ 10.81	6 C 碳 $2s^22p^2$ 12.01	7 N 氮 $2s^22p^3$ 14.01	8 O 氧 $2s^22p^4$ 16.00	9 F 氟 $2s^22p^5$ 19.00	10 Ne 氖 $2s^22p^6$ 20.18	L K
3	11 Na 钠 $3s^1$ 22.99	12 Mg 镁 $3s^2$ 24.31											13 Al 铝 $3s^23p^1$ 26.98	14 Si 硅 $3s^23p^2$ 28.09	15 P 磷 $3s^23p^3$ 30.97	16 S 硫 $3s^23p^4$ 32.06	17 Cl 氯 $3s^23p^5$ 35.45	18 Ar 氩 $3s^23p^6$ 39.95	M L K
4	19 K 钾 $4s^1$ 39.10	20 Ca 钙 $4s^2$ 40.08	21 Sc 钪 $3d^14s^2$ 44.96	22 Ti 钛 $3d^24s^2$ 47.87	23 V 钒 $3d^34s^2$ 50.94	24 Cr 铬 $3d^54s^1$ 52.00	25 Mn 锰 $3d^54s^2$ 54.94	26 Fe 铁 $3d^64s^2$ 55.85	27 Co 钴 $3d^74s^2$ 58.93	28 Ni 镍 $3d^84s^2$ 58.69	29 Cu 铜 $3d^{10}4s^1$ 63.55	30 Zn 锌 $3d^{10}4s^2$ 65.38	31 Ga 镓 $4s^24p^1$ 69.72	32 Ge 锗 $4s^24p^2$ 72.63	33 As 砷 $4s^24p^3$ 74.92	34 Se 硒 $4s^24p^4$ 78.96	35 Br 溴 $4s^24p^5$ 79.90	36 Kr 氪 $4s^24p^6$ 83.80	N M L K
5	37 Rb 铷 $5s^1$ 85.47	38 Sr 锶 $5s^2$ 87.62	39 Y 钇 $4d^15s^2$ 88.91	40 Zr 锆 $4d^25s^2$ 91.22	41 Nb 铌 $4d^45s^1$ 92.91	42 Mo 钼 $4d^55s^1$ 95.96	43 Tc 锝 $4d^55s^2$ [98]	44 Ru 钌 $4d^75s^1$ 101.1	45 Rh 铑 $4d^85s^1$ 102.9	46 Pd 钯 $4d^{10}$ 106.4	47 Ag 银 $4d^{10}5s^1$ 107.9	48 Cd 镉 $4d^{10}5s^2$ 112.4	49 In 铟 $5s^25p^1$ 114.8	50 Sn 锡 $5s^25p^2$ 118.7	51 Sb 锑 $5s^25p^3$ 121.8	52 Te 碲 $5s^25p^4$ 127.6	53 I 碘 $5s^25p^5$ 126.9	54 Xe 氙 $5s^25p^6$ 131.3	O N M L K
6	55 Cs 铯 $6s^1$ 132.9	56 Ba 钡 $6s^2$ 137.3	57—71 La-Lu 镧系	72 Hf 铪 $5d^26s^2$ 178.5	73 Ta 钽 $5d^36s^2$ 180.9	74 W 钨 $5d^46s^2$ 183.8	75 Re 铼 $5d^56s^2$ 186.2	76 Os 锇 $5d^66s^2$ 190.2	77 Ir 铱 $5d^76s^2$ 192.2	78 Pt 铂 $5d^96s^1$ 195.1	79 Au 金 $5d^{10}6s^1$ 197.0	80 Hg 汞 $5d^{10}6s^2$ 200.6	81 Tl 铊 $6s^26p^1$ 204.4	82 Pb 铅 $6s^26p^2$ 207.2	83 Bi 铋 $6s^26p^3$ 209.0	84 Po 钋 $6s^26p^4$ [209]	85 At 砹 $6s^26p^5$ [210]	86 Rn 氡 $6s^26p^6$ [222]	P O N M L K
7	87 Fr 钫 $7s^1$ [223]	88 Ra 镭 $7s^2$ [226]	89—103 Ac-Lr 锕系	104 Rf 𬬻* $6d^27s^2$ [265]	105 Db 𬭊* $6d^37s^2$ [268]	106 Sg 𬭳* $6d^47s^2$ [271]	107 Bh 𬭛* $6d^57s^2$ [270]	108 Hs 𬭶* $6d^67s^2$ [277]	109 Mt 䥑* $6d^77s^2$ [276]	110 Ds 𫟼* $6d^97s^1$ [281]	111 Rg 𬬭* $6d^{10}7s^1$ [282]	112 Cn 鿔* $6d^{10}7s^2$ [285]	113 Uut* $7s^27p^1$ [284]	114 Fl* $7s^27p^2$ [289]	115 Uup* $7s^27p^3$ [291]	116 Lv* $7s^27p^4$ [293]		118 Uuo* $7s^27p^6$ [294]	Q P O N M L K

镧系：

57 La 镧 $5d^16s^2$ 138.9	58 Ce 铈 $4f^15d^16s^2$ 140.1	59 Pr 镨 $4f^36s^2$ 140.9	60 Nd 钕 $4f^46s^2$ 144.2	61 Pm 钷 $4f^56s^2$ [145]	62 Sm 钐 $4f^66s^2$ 150.4	63 Eu 铕 $4f^76s^2$ 152.0	64 Gd 钆 $4f^75d^16s^2$ 157.3	65 Tb 铽 $4f^96s^2$ 158.9	66 Dy 镝 $4f^{10}6s^2$ 162.5	67 Ho 钬 $4f^{11}6s^2$ 164.9	68 Er 铒 $4f^{12}6s^2$ 167.3	69 Tm 铥 $4f^{13}6s^2$ 168.9	70 Yb 镱 $4f^{14}6s^2$ 173.1	71 Lu 镥 $4f^{14}5d^16s^2$ 175.0

锕系：

89 Ac 锕 $6d^17s^2$ [227]	90 Th 钍 $6d^27s^2$ 232.0	91 Pa 镤 $5f^26d^17s^2$ 231.0	92 U 铀 $5f^36d^17s^2$ 238.0	93 Np 镎 $5f^46d^17s^2$ [237]	94 Pu 钚 $5f^67s^2$ [244]	95 Am 镅* $5f^77s^2$ [243]	96 Cm 锔* $5f^76d^17s^2$ [247]	97 Bk 锫* $5f^97s^2$ [247]	98 Cf 锎* $5f^{10}7s^2$ [251]	99 Es 锿* $5f^{11}7s^2$ [252]	100 Fm 镄* $5f^{12}7s^2$ [257]	101 Md 钔* $5f^{13}7s^2$ [258]	102 No 锘* $5f^{14}7s^2$ [259]	103 Lr 铹* $5f^{14}6d^17s^2$ [262]